水利水电工程施工技术全书

第二卷 土石方工程

第七册

土石坝沥青混凝土防渗体施工技术

汤用泉 张小华 等 编著

中国水利水电出版社
www.waterpub.com.cn

·北京·

内 容 提 要

本书是《水利水电工程施工技术全书》第二卷《土石方工程》中的第七分册。本书系统阐述了土石坝沥青混凝土防渗体施工技术和方法。主要内容包括：综述、施工规划、沥青混凝土原材料、配合比设计及试验、沥青混合料制备与运输、沥青混凝土心墙施工、沥青混凝土面板施工、施工质量控制、安全监测、工程案例等。

本书可作为水利水电工程施工领域的工程技术人员、工程管理人员和高级技术工人的工具书，也可供从事水利水电工程科研、设计、建设及运行管理和相关企事业单位的工程技术人员、工程管理人员使用，并可作为大专院校水利水电工程及机电专业师生教学参考书。

图书在版编目（CIP）数据

土石坝沥青混凝土防渗体施工技术 / 汤用泉等编著
. -- 北京：中国水利水电出版社，2018.4
（水利水电工程施工技术全书. 第二卷，土石方工程；
第七册）
ISBN 978-7-5170-6554-8

Ⅰ. ①土… Ⅱ. ①汤… Ⅲ. ①土石坝－沥青混凝土－
防渗体－混凝土施工 Ⅳ. ①TV544

中国版本图书馆CIP数据核字（2018）第138006号

书　名	水利水电工程施工技术全书 **第二卷　土石方工程** **第七册　土石坝沥青混凝土防渗体施工技术** TUSHIBA LIQING HUNNINGTU FANGSHENTI SHIGONG JISHU	
作　者	汤用泉　张小华　等 编著	
出版发行	中国水利水电出版社 （北京市海淀区玉渊潭南路1号D座　100038） 网址：www. waterpub. com. cn E - mail：sales@ waterpub. com. cn 电话：（010）68367658（营销中心）	
经　售	北京科水图书销售中心（零售） 电话：（010）88383994、63202643、68545874 全国各地新华书店和相关出版物销售网点	
排　版	中国水利水电出版社微机排版中心	
印　刷	北京瑞斯通印务发展有限公司	
规　格	184mm×260mm　16开本　22.25印张　528千字	
版　次	2018年4月第1版　2018年4月第1次印刷	
印　数	0001—3000册	
定　价	**98.00元**	

凡购买我社图书，如有缺页、倒页、脱页的，本社营销中心负责调换

《水利水电工程施工技术全书》
编审委员会

顾　　问：　潘家铮　中国科学院院士、中国工程院院士
　　　　　　谭靖夷　中国工程院院士
　　　　　　陆佑楣　中国工程院院士
　　　　　　郑守仁　中国工程院院士
　　　　　　马洪琪　中国工程院院士
　　　　　　张超然　中国工程院院士
　　　　　　钟登华　中国工程院院士
　　　　　　缪昌文　中国工程院院士
名誉主任：　范集湘　丁焰章　岳　曦
主　　任：　孙洪水　周厚贵　马青春
副 主 任：　宗敦峰　江小兵　付元初　梅锦煜
委　　员：　（以姓氏笔画为序）

丁焰章	马如骐	马青春	马洪琪	王　军	王永平
王亚文	王鹏禹	付元初	江小兵	刘永祥	刘灿学
吕芝林	孙来成	孙志禹	孙洪水	向　建	朱明星
朱镜芳	何小雄	和孙文	陆佑楣	李友华	李志刚
李丽丽	李虎章	沈益源	汤用泉	吴光富	吴国如
吴高见	吴秀荣	肖恩尚	余　英	陈　茂	陈梁年
范集湘	林友汉	张　晔	张为明	张利荣	张超然
周　晖	周世明	周厚贵	宗敦峰	岳　曦	杨　涛
杨成文	郑守仁	郑桂斌	钟彦祥	钟登华	席　浩
夏可风	涂怀健	郭光文	常焕生	常满祥	楚跃先
梅锦煜	曾　文	焦家训	戴志清	缪昌文	谭靖夷
潘家铮	衡富安				

主　　编：　孙洪水　周厚贵　宗敦峰　梅锦煜　付元初　江小兵
审　　定：　谭靖夷　郑守仁　马洪琪　张超然　梅锦煜　付元初
　　　　　　周厚贵　夏可风
策　　划：　周世明　张　晔
秘 书 长：　宗敦峰（兼）
副秘书长：　楚跃先　郭光文　郑桂斌　吴光富　康明华

《水利水电工程施工技术全书》
各卷主（组）编单位和主编（审）人员

卷序	卷名	组编单位	主编单位	主编人	主审人
第一卷	地基与基础工程	中国电力建设集团（股份）有限公司	中国电力建设集团（股份）有限公司 中国水电基础局有限公司 中国葛洲坝集团基础工程有限公司	宗敦峰 肖恩尚 焦家训	谭靖夷 夏可风
第二卷	土石方工程	中国人民武装警察部队水电指挥部	中国人民武装警察部队水电指挥部 中国水利水电第十四工程局有限公司 中国水利水电第五工程局有限公司	梅锦煜 和孙文 吴高见	马洪琪 梅锦煜
第三卷	混凝土工程	中国电力建设集团（股份）有限公司	中国水利水电第四工程局有限公司 中国葛洲坝集团有限公司 中国水利水电第八工程局有限公司	席　浩 戴志清 涂怀健	张超然 周厚贵
第四卷	金属结构制作与机电安装工程	中国能源建设集团（股份）有限公司	中国葛洲坝集团有限公司 中国电力建设集团（股份）有限公司 中国葛洲坝建设有限公司	江小兵 付元初 张　晔	付元初
第五卷	施工导（截）流与度汛工程	中国能源建设集团（股份）有限公司	中国能源建设集团（股份）有限公司 中国葛洲坝集团有限公司 中国水利水电第八工程局有限公司	周厚贵 郭光文 涂怀健	郑守仁

《水利水电工程施工技术全书》
第二卷《土石方工程》编委会

主　　编：梅锦煜　和孙文　吴高见

主　　审：马洪琪　梅锦煜

委　　员：（以姓氏笔画为序）

王永平　王红军　李虎章　吴国如　陈　茂

陈太为　何小雄　沈溢源　张小华　张永春

张利荣　汤用泉　杨　涛　林友汉　郑道明

黄宗营　温建明

秘书长：郑桂斌　徐　萍

《水利水电工程施工技术全书》
第二卷《土石方工程》
第七册《土石坝沥青混凝土防渗体施工技术》
编写人员名单

主　　编：汤用泉　张小华

审　　稿：梅锦煜

编写人员：张小华　　汤用泉　　喻　玥　　周巧端　　李棉巧

　　　　　邱书茵　　胡方华　　秦淑岚　　虞贵期　　张海莉

　　　　　方凤梅　　雷金年　　董姣芝　　陈　锐　　雷敬伟

　　　　　陈卫烈　　洪　亮　　肖　振　　朱培典　　邹兴文

　　　　　张　敏　　徐腊锋　　李家富　　檀瑞青　　杨小华

　　　　　费波涛　　饶孝国　　廖　斌　　向玉林　　任　超

　　　　　万　霞　　张　荣　　王　辉　　胡云峰　　刘世艳

　　　　　吴清华　　武慧芳　　庞文占　　全黎明　　于润明

　　　　　高秋艳

序　一

水利水电工程建设在我国作为一项基础建设事业，已经走过了近百年的历程，这是一条不平凡而又伟大的创业之路。

新中国成立66年来，党和国家领导一直高度重视水利水电工程建设，水电在我国已经成为了一种不可替代的清洁能源。我国已经成为世界上水电装机容量第一位的大国，水利水电工程建设不论是规模还是技术水平，都处于国防领先或先进水平，这是几代水利水电工程建设者长期艰苦奋斗所创造出来的。

改革开放以来，特别是进入21世纪以后，我国的水利水电工程建设又进入了一个前所未有的高速发展时期。到2014年，我国水电总装机容量突破3亿kW，占全国电力装机容量的23%。发电量也历史性地突破31万亿kW·h。水电作为我国当前重要的可再生能源，为我国能源电力结构调整、温室气体减排和气候环境改善做出了重大贡献。

我国水利水电工程建设在新技术、新工艺、新材料、新设备等方面都取得了突破性的进展，无论是技术、工艺，还是在材料、设备等方面，都取得了令人瞩目的成就，它不仅推动了技术创新市场的活跃和发展，也推动了水利水电工程建设的前进步伐。

为了对当今水利水电工程施工技术进展进行科学的总结，及时形成我国水利水电工程施工技术的自主知识产权和满足水利水电建设事业的工作需要，全国水利水电施工技术信息网组织编撰了《水利水电工程施工技术全书》。该全书编撰历时5年，在编撰过程中组织了一大批长期工作在工程建设一线的中青年技术负责人和技术骨干执笔，并得到了有关领导、知名专家的悉心指导和审定，遵循"简明、实用、求新"的编撰原则，立足于满足广大水利水电工程技术人员的实际工作需要，并注重参考和指导价值。该全书内容涵盖了水利水电工程建设地基与基础工程、土石方工程、混凝土工程、金属结构制作与机电安装工程、施工导（截）流与度汛工程等内容的目标任务、原理方法及工程实例，既有理论阐述，又有实例介绍，重点突出，图文并茂，针对性及可操作性强，对今后的水利水电工程建设施工具有重要指导作用。

《水利水电工程施工技术全书》是对水利水电施工技术实践的总结和理论提炼，是一套具有权威性、实用性的大型工具书，为水利水电工程施工"四新"技术成果的推广、应用、继承、创新提供了一个有效载体。为大力推动水利水电技术进步和创新，推进中国水利水电事业又好又快地发展，具有十分重要的现实意义和深远的科技意义。

水利水电工程是人类文明进步的共同成果，是现代社会发展对保障水资源供给和可再生能源供应的基本需求，水利水电工程施工技术在近代水利水电工程建设中起到了重要的推动作用。人类应对全球气候变化的共识之一是低碳减排，尽可能多地利用绿色能源就成为重要选择，太阳能、风能及水能等成为首选，其中水能蕴藏丰富、可再生性、技术成熟、调度灵活等特点成为最优的绿色能源。随着水利水电工程建设与管理技术的不断发展，水利水电工程，特别是一些高坝大库能有效利用自然条件、降低开发运行成本、提高水库综合效能，高坝大库的（高度、库容）记录不断被刷新。特别是随着三峡、拉西瓦、小湾、溪洛渡、锦屏、向家坝等一批大型、特大型水利水电工程相继建成并投入运行，标志着我国水利水电工程技术已跨入世界领先行列。

近年来，我国水利水电工程施工企业积极实施走出去战略，海外市场开拓业绩突出。目前，我国水利水电工程施工企业在亚洲、非洲、南美洲多个国家承建了上百个水利水电工程项目，如尼罗河上的苏丹麦洛维水电站、号称"东南亚三峡工程"的马来西亚巴贡水电站、巨型碾压混凝土坝泰国科隆泰丹水利工程、位居非洲第一水利枢纽工程的埃塞俄比亚泰克泽水电站等，"中国水电"的品牌价值已被全球业内所认可。

《水利水电工程施工技术全书》对我国水利水电施工技术进行了全面阐述。特别是在众多国内外大型水利水电工程成功建设后，我国水利水电工程施工人员创造出一大批新技术、新工法、新经验，对这些内容及时总结并公开出版，与全体水利水电工作者分享，这不仅能促进我国水利水电行业的快速发展，提高水利水电工程施工质量，保障施工安全，规范水利水电施工行业发展，而且有助于我国水利水电行业走进更多国际市场，展示我国水利水电行业的国际形象和实力，提高我国水利水电行业在国际上的影响力。

该全书的出版不仅能提高水利水电工程施工的技术水平，而且有助于提高我国水利水电行业在国内、国际上的影响力，我在此向广大水利水电工程建设者、工程技术人员、勘测设计人员和在校的水利水电专业师生推荐此书。

2015 年 4 月 8 日

序 二

《水利水电工程施工技术全书》作为我国水利水电工程技术综合性大型工具书之一，与广大读者见面了！

这是一套非常好的工具书，它也是在《水利水电工程施工手册》基础上的传承、修订和创新。集中介绍了进入 21 世纪以来我国在水利水电施工领域从施工地基与基础工程、土石方工程、混凝土工程、金属结构制作与机电安装工程、施工导（截）流与度汛工程等方面采用的各类创新技术，如信息化技术的运用：在施工过程模拟仿真技术、混凝土温控防裂技术与工艺智能化等关键技术，应用了数字信息技术、施工仿真技术和云计算技术，实现工程施工全过程实时监控，使现代信息技术与传统筑坝施工技术相结合，提高了混凝土施工质量，简化了施工工艺，降低了施工成本，达到了混凝土坝快速施工的目的；再如碾压混凝土技术在国内大规模运用：节省了水泥，降低了能耗，简化了施工工艺，降低了工程造价和成本；还有，在科研、勘察设计和施工一体化方面，数字化设计研究面向设计施工一体化的三维施工总布置、水工结构、钢筋配置、金属结构设计技术，推广复杂结构三维技施设计技术和前期项目三维枢纽设计技术，形成建筑工程信息模型的协同设计能力，推进建筑工程三维数字化设计移交标准工程化应用，也有了长足的进步。因此，在当前形势下，编撰出一部新的水利水电施工技术大型工具书非常必要和及时。

随着水利水电工程施工技术的不断推进，必然会给水利水电施工带来新的发展机遇。同时，也会出现更多值得研究的新课题，相信这些都将对水利水电工程建设事业起到积极的促进作用。该全书是当今反映水利水电工程施工技术最全、最新的系列图书，体现了当前水利水电最先进的施工技术，其中多项工程实例都是曾经创造了水利水电工程的世界纪录。该全书总结的施工技术具有先进性、前瞻性，可读性强。该全书的编者们都是参加过我国大型水利水电工程的建设者，有着非常丰富的各专业施工经验。他们以高度的社会责任感和使命感、饱满的工作热情和扎实的工作作风，大力发展和创新水电科学技术，为推进我国水利水电事业又好又快地发展，做出了新的贡献！

近年来，我国水利水电工程建设快速发展，各类施工技术日臻成熟，相继建成了三峡、龙滩、水布垭等具有代表性的水电工程，又有拉西瓦、小湾、溪洛渡、锦屏、糯扎渡、向家坝等一批大型、特大型水电工程，在施工过程中总结和积累了大量新的施工技术，尤其是混凝土温控防裂的施工方法在三峡水利枢纽工程的成功应用，高寒地区高拱坝冬季施工综合技术在拉西瓦等多座水电站工程中的应用……，其中的多项施工技术获得过国家发明专利，达到了国际领先水平，为今后水利水电工程施工提供了参考与借鉴。

目前，我国水利水电工程施工技术已经走在了世界的前列，该全书的出版，是对我国水利水电工程建设领域的一大贡献，为后续在水利水电开发，例如金沙江上游、长江上游、通天河、黄河上游的水电开发、南水北调西线工程等建设提供借鉴。该全书可作为工具书，为广大工程建设者们提供一个完整的水利水电工程施工理论体系及工程实例，对今后水利水电工程建设具有指导、传承和促进发展的显著作用。

《水利水电工程施工技术全书》的编撰、出版是一项浩繁辛苦的工作，也是一个具有创造性的劳动过程，凝聚了几百位编、审人员近 5 年的辛勤劳动，克服了各种困难。值此该全书出版之际，谨向所有为该全书的编撰给予关心、支持以及为此付出了辛勤劳动的领导、专家和同志们表示衷心的感谢！

2015 年 4 月 18 日

前　言

　　由全国水利水电施工技术信息网组织编写的《水利水电工程施工技术全书》第二卷《土石方工程》共分为十二册，《土石坝沥青混凝土防渗体施工技术》为第七册，由中国葛洲坝集团第一工程有限公司编撰。

　　沥青混凝土以防渗性能好，同时有良好的柔性，较好的适应各种不均匀沉陷和易于施工等特点而被应用于水工防渗体。国外从 20 世纪 20 年代开始应用至今已有百年的历史了。随着石油工业技术不断发展，沥青混凝土施工机械不断进步以及施工工艺标准不断提高，使沥青混凝土施工技术得到了很快发展。以目前国内外沥青混凝土施工技术水平，可以快速、高质量地进行各种不同类型的百米以上土石坝沥青混凝土防渗体的施工，所以有必要进行全面总结、归纳和提炼。

　　我国 20 世纪 50 年代开始在水利水电工程中采用水工沥青混凝土防渗体。纵观 40 多年施工技术的发展和工程应用中的各种经验，首先，应注重沥青混凝土所用沥青、骨料、填料、掺合料等原材料的研究和试验，只有对沥青混凝土所选用的原材料有充分的了解，掌握其物理化学性能与指标，才能进行沥青混合料配合比设计，通过场外和生产性试验，确定出满足沥青混凝土防渗体设计和施工要求的施工配合比和工艺施工参数。其次，需要先进的骨料、矿粉加工和筛分设备，自动化控制的沥青混合料拌和系统，自带红外线加热片和有预压功能的摊铺机、配套的运输和碾压设备及辅助设备。最后，要通过精心的施工组织与管理及严谨的施工工艺，才能保证做出施工质量优良的水工沥青混凝土防渗体。

　　本书遵照我国现行的电力和水电行业沥青混凝土面板和心墙设计、施工、试验等标准，依据国内外有关土石坝沥青混凝土防渗体施工技术理论，以简明、实用为原则，结合国内外水利水电工程土石坝沥青混凝土防渗体施工工程实例进行编写。

　　本书是由中国葛洲坝集团第一工程有限公司为主编单位编写的，主编汤用泉、张小华负责统稿，中国人民武装警察部队水电指挥部梅锦煜负责审核，各章编写人员分工如下：第1章汤用泉、张小华；第2章张小华、邹兴文、张敏、徐腊锋、李家富；第3章李棉巧、檀瑞青、洪亮、杨小华、费波涛；第4章秦淑岚、张海莉、方凤梅、雷金年、董姣芝、陈锐、雷敬伟、陈卫烈；第5章饶孝国、廖斌、胡方华；第6章邱书茵、向玉林、任超、万霞、张荣、王辉；第7章张小华、胡云峰、刘世艳、吴清华；第8章喻玥、虞贵期、武慧芳、庞文占、全黎明；第9章周巧端、肖振、于润明；第10章张小华、朱培典。

在编写过程中，中国电力建设集团股份有限公司、中国人民武装警察部队水电指挥部、中国水利水电第五、第十、第十一、第十二、第十三、第十四工程局有限公司的专家，对本书编写提出了宝贵的意见。在此，谨向他们表示衷心的感谢。

由于本书作者实践经验和理论水平有限，书中难免有错误和不妥之处，敬请读者批评指正。

作者

2017 年 1 月

目　录

1 综 述

土石坝是国内外广泛采用的一种坝型，坝体构造主要由坝壳、防渗体、排水设备、护坡和坝顶等部分组成。防渗体主要采用塑性心墙、塑性斜墙、沥青混凝土防渗体、钢筋混凝土斜墙等结构，水工沥青混凝土防渗体主要应用在土石坝和抽水蓄能电站的库盆中。

水工沥青混凝土防渗体所用的沥青材料是一种有机胶结材料，是由许多高分子碳氢化合物及其非金属衍生物组成的复杂混合物。它具有良好的憎水性、黏结性、塑性，能抵抗酸碱侵蚀，抗冲击性能良好，对水质无污染。用它配制的沥青混合料亦具有相同的性质，还有施工方便、经济、修补容易等优点。因而该材料广泛应用在土石坝防渗透体和其他水工建筑物防渗结构中，特别是在坝址所在地缺少适宜的防渗土料或采用土料施工有困难的工程中使用较多。

沥青混凝土防渗体施工相对于其他防渗体施工有以下特点。

（1）防渗体结构较薄，工程量小，施工作业速度要求快，质量标准要求高。

（2）沥青混凝土施工全过程为热施工，其沥青混合料的摊铺和碾压施工必须在合适的温度下进行，施工过程温度控制要求高，需要专用施工设备和熟练操作人员。

（3）不与农田争地；但需外购沥青，储运较为复杂。

土石坝沥青混凝土防渗体结构分为沥青混凝土防渗面板和沥青混凝土心墙两类。

沥青混凝土防渗面板主要布置在土石坝上游迎水面填筑坝体垫层上和抽水蓄能电站水库库盆开挖土质边坡和岩石边坡垫层上，可以替代护坡，抵御风浪冲击。沥青混凝土防渗面板的结构和施工具有以下特点。

（1）沥青混凝土面板位于大坝上游面，其水压力由整个坝体承受，填筑坝的全部断面参与稳定计算，故可大量地节省填筑方量。

（2）填筑料不直接接触水，坝体呈干燥状态，因此，对填筑材料要求较低。

（3）在运行过程中便于对沥青混凝土面板的情况进行监测，如发现问题，修复方便。

（4）对采用复式断面的面板结构，通过将排水层分隔成几个舱室，可较准确地确定面板的渗漏情况。

（5）面板一般在坝体填筑后施工，施工干扰小。

（6）面板受气温影响较大，受外力作用，易老化。

（7）需采用专业化施工机械施工，施工工艺比较复杂。

（8）抗震能力较心墙弱。

沥青混凝土心墙为设置在土石坝坝体内部的防渗体，心墙两侧由坝壳料支撑和保护。坝壳料主要是过渡料和坝体填筑土石料或分区堆石料。沥青混凝土心墙的结构和施工具有以下特点。

（1）沥青混凝土心墙位于土石坝坝壳内，有坝壳的支撑和保护，加之沥青混凝土材料在强震作用下，显示出良好的弹性变形能力，抗震能力优于其他坝型。如日本的武利坝（高16m），挪威的斯图尔法特恩（Storvatn）坝（高 90m）等，都是修建在地震烈度较高的地区。同时，由于上下游坝壳的保护，沥青混凝土心墙受气候变化的影响小，因而使用年限长。

（2）沥青混凝土心墙能可靠地适应坝体的超载，也能适应各种厚度的冲积层以及岩溶基岩随蓄水而引起的基础变位。如奥地利的 Eberlaste 坝（坝高 28m），是建在地表以下 140m还未遇到完整积压的冲积层上，施工期峡谷中心下沉了 2.2m，建成后运行情况良好。

（3）由于坝体和心墙同时填筑，所以在施工过程中可以边填坝边蓄水，这不仅有利于改善坝体应力状态，而且可以提前受益。如我国香港高岛水库东坝填筑到高程 14.00m 时（坝顶高程 65.00m）就开始蓄水，效果良好。

（4）沥青混凝土心墙施工系在平面上进行，布置比较容易，铺设机械较简单，所用沥青混合料品种单一，施工速度快。如我国香港高岛水库东坝平均上升速度为 6.2m/月。

（5）沥青混凝土心墙施工，受自然条件影响小，可在各种气候条件下，甚至在 0℃以下的结冰温度时仍允许进行铺筑工作，雨季也不会有较多的中断，能够保持紧凑、有节奏地施工，填筑时间可以缩短，从而节省费用。

（6）沥青混凝土心墙基础处理较简单，心墙和基础防渗墙接头部位的构造简单，工作量少。此外，由于心墙自重的垂直变形，对接头部位的防渗有利。

（7）沥青混凝土心墙在水压力作用下，可能通过心墙内的缺陷（如空隙和裂隙）而渗漏。但是沥青混合料中的细颗粒不可能被水冲走，因此不可能使这种材料产生"水力劈裂"而破坏。

1.1 沥青混凝土定义

目前，国内由于对沥青混凝土有不同的理解，对于沥青混凝土有多种定义，其定义的主要内容基本相似，但均不全面、完整和准确。所以有必要对沥青混凝土给出一个比较全面、完整和准确的定义。

目前国内对沥青混凝土多种定义如下。

（1）公路工程施工给出的沥青混凝土的定义是：有适当比例的粗集料、细集料及填料组成的符合级配的矿料，与沥青拌和而制成的符合技术标准的沥青混合料（用 AC 表示）简称沥青混凝土。

（2）电力行业标准中沥青混凝土定义有以下几种。

1）沥青混凝土：密实并冷却后的沥青混合料［《土石坝浇筑式沥青混凝土防渗墙施工技术规范》（DL/T 5258—2010）］。

2）沥青混凝土：沥青混合料经压实后冷却凝固的混合物［《土石坝沥青混凝土面板和心墙设计规范》（DL/T 5411—2009）］。

3）沥青混凝土是沥青与矿料经拌和冷却凝固的混合料［《水工沥青混凝土试验规程》（DL/T 5362—2006）］。

（3）水利行业标准中沥青混凝土定义有以下几种。

1）经压实或浇筑密实冷却后的沥青混合料称为沥青混凝土［《土石坝沥青混凝土面板和心墙设计规范》（SL 501—2010）］。

2）经过加热的矿料和沥青，按适当的配合比拌和而成的混合物称为沥青混合料。经压实或浇筑密实后的沥青混合料称为沥青混凝土［《水工沥青混凝土施工规范》（SL 514—2013）］。

（4）技术书籍中沥青混凝土定义有以下几种。

1）沥青混凝土是一种由沥青、适当级配砂石和矿质填料组成的混合物。

2）沥青混凝土就是以沥青材料将天然和人工矿物骨料、填充料及各种参加料等胶结在一起所形成的一种人工合成材料。

3）将沥青、骨料与填料等原材料加热并按适当比例配合，拌和均匀成沥青混凝土混合料，沥青混凝土混合料经过铺筑密实（碾压密实、振捣密实或自密实）、冷却后即成为沥青混凝土。

4）将沥青、矿料与掺合料等原材料按适当比例配合，经加热拌和均匀后成为沥青混合料，再经过压实或浇筑等工艺成型，成为沥青混凝土。

（5）教科书建筑材料中沥青混凝土的定义是：沥青混凝土是由粗骨料（碎石、卵石）、细骨料（砂、石屑等）、填充料（矿粉）和沥青按照适当比例配制而成。在没有浇筑、碾压以前称为沥青混凝土混合料。

综合以上沥青混凝土定义，一个比较全面和完整的沥青混凝土定义应包含以下内容。

1）沥青混凝土原材料的组成。

2）根据设计和施工要求，原材料需要按比例合理地加以配合。

3）所用原材料为加热拌和后满足技术标准的混合料。

4）沥青混凝土从拌和到现场铺筑全过程为热施工作业。

5）经过现场浇筑、铺筑等工艺压实成型后冷却凝固。

综合以上内容，沥青混凝土定义如下。

沥青混凝土：由粗骨料、细骨料、填料和沥青按照适当比例配制，经加热拌和后成为符合技术标准的沥青混合料，再经浇筑、铺筑等工艺压实成型冷却凝固后的混合物，称为沥青混凝土。

定义中沥青混凝土的粗骨料、细骨料、填料统称为矿料。粗、细骨料主要起骨架作用，沥青与填料组成黏结剂，把粗、细骨料黏结成整体，并填充粗、细骨料间的空隙，是由沥青作为胶结材料的人工合成材料。沥青与填充料及骨料之间发生的主要是物理反应，是一种黏塑性材料。

浇筑、铺筑是在人工所安装模板内或摊铺机自身模板内按照规定的厚度，进行层面预热、沥青混合料摊铺、整平、振捣（浇筑式）碾压等工艺，使沥青混合料压实成型。

1.2 水工沥青混凝土性质

自从人类研究出沥青混凝土，首先在公路工程应用比较多，然后在水工建筑防渗结构方面得到了广泛的应用。水工建筑物中所用的沥青混凝土，称为水工沥青混凝土。水工沥青混凝土与公路沥青混凝土相比，具有沥青和填料用料较多、粗骨料用量小、配合比计量精度要求高、拌和时间长等特点。

沥青混凝土在水工建筑物防渗体应用时，要求具有一些性质，需要在设计和施工中进行研究确定，其性质主要为抗渗性、强度、热稳定性、柔性、耐久性及和易性。

1.2.1　抗渗性

沥青混凝土抗渗性能的大小，可通过渗透试验来评定，并用渗透系数来表示。

防渗用的沥青混凝土，其渗透系数一般要求在 $10^{-7} \sim 10^{-10} \mathrm{cm/s}$ 之间。其他用途沥青混凝土的渗透系数，应根据设计要求选择，如沥青混凝土面板防渗体中排水层的渗透系数一般不小于 $10^{-2} \mathrm{cm/s}$。

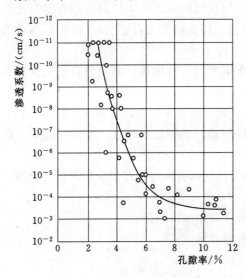

图 1-1　沥青混凝土渗透系数
与孔隙率的关系曲线图

沥青混凝土的渗透系数取决于矿质混合料的级配、填充空隙的沥青用量以及碾压后的密实程度。一般级配良好、填充空隙的沥青用量较多、密实度较大的沥青混凝土，其渗透系数较小。沥青混凝土渗透系数与孔隙率的关系曲线见图 1-1，由图 1-1 的试验结果可以看出：孔隙率越小，渗透系数越小；一般孔隙率在 4% 以下时，渗透系数可小于 $10^{-7} \mathrm{cm/s}$。因此，为了保证防渗沥青混凝土的不透水性，在设计沥青混凝土配合比和施工时，常以 4% 孔隙率作为控制指标。我国水利与电力行业规范采取的是当孔隙率不大于 3% 时，渗透系数不大于 $10^{-8} \mathrm{cm/s}$。

沥青混凝土的渗透系数还随所受压力的增加而减小，有些试验资料指出，当水压力为 $0.2 \mathrm{kgf/cm^2}$❶ 时，沥青混凝土的渗透系数为 $10^{-7} \mathrm{cm/s}$；当水压力增加为 $10 \mathrm{kgf/cm^2}$ 时，渗透系数可降低至 $10^{-10} \mathrm{cm/s}$。

1.2.2　强度

沥青混凝土的力学性质，可用抗剪强度、抗压强度、抗拉强度等指标来表示。沥青混凝土的力学强度主要取决于其内摩擦角和黏结力，可通过闭式三轴压力试验，利用莫尔-库仑方程计算求得。然后根据黏结力和内摩擦角计算沥青混凝土的抗剪强度、抗压强度及抗拉强度等。

沥青混凝土的内摩擦角取决于矿物混合料颗粒之间的互相嵌挤作用。它与粗骨料的用量、骨料的颗粒形状与表面粗糙程度和矿物混合料的密实度有关。矿料中粗骨料用量增多或带棱角的、表面粗糙的颗粒增加时，则内摩擦角增大；矿物混合料的密实度越大，内摩

---

❶　压力单位 $\mathrm{kgf/cm^2}$ 为非法定计量单位，$1\mathrm{kgf/cm^2} = 9.80665 \times 10^4 \mathrm{Pa}$。本书以下各处同此。

擦角也越大。

沥青混凝土的黏结力取决于沥青与矿物混合料颗粒表面的黏结能力。它与沥青的黏滞度和沥青表面活性、沥青膜的厚度、矿物混合料的比表面积和亲水程度等因素有关。沥青的黏滞度越大、沥青的表面活性越高、沥青膜越薄及矿物混合料的比表面积越大时，沥青混凝土的黏结力越大。使用憎水性的或碱性矿料时黏结力较大。

沥青混凝土的力学性质随温度、加荷速度及加荷时间等因素而异。在低温或短时间负荷下，它的性能近乎弹性，而在高温或长时间负荷下就表现出黏弹性。因此在研究沥青混凝土的力学性质时，应分别考虑此特性。

1.2.3 热稳定性

热稳定性是指沥青混凝土在最高使用温度下，抵抗塑性流动的性能。当温度升高时，沥青的黏滞性降低，沥青与矿料之间的黏结力也降低，因此使沥青混凝土的强度降低，塑性增加。特别是当温度升高至某一温度时，沥青混凝土中各矿料颗粒在自重作用下产生相互移动，使变形不断增加，最后导致沥青混凝土因丧失稳定而破坏。一些经常暴露在大气作用下的表层沥青混凝土，由于沥青混凝土呈黑色，具有吸热作用，在阳光直射下，它的温度可以比气温高出 20~30℃。因此，必须具有足够的热稳定性。

沥青混凝土的热稳定性取决于沥青的性质和用量、矿物混合料的级配和性质，以及填充料的用量。

为了提高沥青混凝土的热稳定性，可选用软化点较高的沥青。沥青用量不能过多，否则将降低沥青混凝土的热稳定性。

矿料级配良好的沥青混凝土具有较高的热稳定性，其中级配偏粗的比级配细的、碎石比卵石、憎水性的矿料比亲水性的矿料热稳定性高。

当填充料用量增加时，矿料表面的沥青膜减薄。因此，能使沥青混凝土的热稳定性提高。但若矿粉量过多，将使沥青混凝土的内摩擦阻力减少，反而使热稳定性降低。

此外，当温度升高，沥青的体积要增大，一般石油沥青的膨胀系数为 $6.4×10^{-4}$，因此压实后的沥青混凝土应保留一定的孔隙率，以适应高温下沥青本身的膨胀。为此，一般认为沥青混凝土中以保留 2% 的孔隙率为宜。

沥青混凝土的热稳定性，应根据工程具体情况，通过三轴压力试验或斜坡流淌试验，求出在规定温度下，沥青混凝土的力学性质或斜坡流淌值来予以评定。

沥青混凝土的热稳定性还常用马歇尔稳定度试验来评定。热稳定性合格的水工沥青混凝土，在 60℃ 时，其稳定度应大于 300kg，流淌值在 30~80 (1/100cm) 范围内。

1.2.4 柔性

柔性是指沥青混凝土在自重或外力作用下适应变形而不产生裂缝的一种性能。柔性也就是沥青混凝土的变形性。柔性好的沥青混凝土具有良好的塑性，适应变形而不裂缝的能力大，即使产生裂缝时，在高水头作用下裂缝也能自行封闭。所以水工沥青混凝土的柔性应满足设计要求。

沥青混凝土的柔性，可以根据工程中的具体情况，通过梁或圆板的弯曲试验，测出试件不发生裂缝时的最大挠跨比，也可由拉伸试验测出其极限拉伸变形，予以评定。沥青混凝土的柔性具有以下特性。

（1）沥青混凝土的变形能力随温度和变形速度（加荷速度）而变。温度越高，变形能力越大。但在高温区域内，不管加荷速度如何，破裂应变是一定的。

当温度降低时其变形能力减小，加荷速度增快时其变形能力也减小。但在低温区，不同加荷速度的破裂应变也很接近。

一些表面防渗沥青混凝土，当温度降低时，由于沥青混凝土的体积收缩受到基层的约束产生强迫变形，当强迫变形超过沥青混凝土低温时的极限拉伸变形时，就要出现裂缝。特别是在接缝或断面变化等部位，应力集中，更容易出现裂缝。为了防止裂缝的产生，必须使沥青混凝土在低温时仍具有良好的柔性。

（2）沥青混凝土的柔性主要取决于沥青的性质和用量、矿物混合料的级配以及填充料与沥青用量的比值。

1）为了提高沥青混凝土的柔性，应选用针入度大、延伸度大且温度稳定性较高的沥青。在满足热稳定性的前提下多用沥青，可使柔性增加。但是随着沥青用量的增多，沥青混凝土的温度变形也随之增大，因而受温度影响而产生裂缝的可能性也要增加。因此，沥青用量必须适宜。

2）一般连续级配或级配细的沥青混凝土，比间断级配或级配粗的柔性好。

3）填充料与沥青用量的比值（重量比），对沥青混凝土的柔性影响较大。比值过大，将使沥青混凝土的柔性降低；但比值过小，其抗渗性等则不能保证。该比值一般应控制在1.5左右。

1.2.5 耐久性

水工沥青混凝土的耐久性主要包括大气稳定性、水稳定性等。

（1）大气稳定性。在大气综合因素作用下，沥青是否易于老化，这是工程上较为关心的问题。

根据阿尔及利亚格里布坝沥青混凝土斜墙运用 18 年后取样试验结果证明：对水上部分，其孔隙率为 2%～5% 的沥青混凝土中，沥青软化点仅仅提高 5℃，而在孔隙率较大的沥青混凝土中，沥青软化点提高 25℃ 以上，由此可见，密实的沥青混凝土在一定程度上可以延缓老化现象。对水下部分的沥青混凝土，几乎看不到软化点增高的情况。因此，可以认为水下部分沥青混凝土不容易老化。

（2）水稳定性。这是指水工沥青混凝土长期在水作用下，其物理力学性质能保持稳定的性能。由于水分侵入，破坏了沥青与矿料间的黏结力，因此使强度降低，最后导致沥青与矿料之间产生剥离而破坏。沥青混凝土的水稳定性，取决于沥青混凝土的孔隙率及沥青与矿料间的黏结力。

1）沥青混凝土的孔隙率越小，水稳定性越高。一般认为沥青混凝土的孔隙率小于4%时，其水稳定性是有保证的。

2）沥青与矿料表面的黏结力，对沥青混凝土的水稳定性有决定性的影响，因此应选用憎水性或碱性的矿料。为了改善沥青与酸性矿料之间的黏结力，可以用消石灰或水泥对矿料进行处理，也可在石油沥青中掺入少量煤沥青或其他表面活性物质（如粗环烷酸、皂角、棉籽油等）以改善沥青的表面活性。潮湿的矿料或沥青中水分未脱尽时，都将影响沥青混凝土的水稳定性。

1.2.6 和易性

沥青混凝土的和易性是指它在拌和、运输、摊铺及压实过程中与施工条件相适应，既保证质量又便于施工的性能。沥青混凝土的和易性取决于所用材料的性质、用量及拌和质量。

（1）沥青黏滞度过大，容易结块不易摊铺。沥青用量过多，运输容易出现泛油。卸料时，容易结成大块或黏住车槽，使卸车困难，并且难于铺平。

（2）填充料的特性及其含量对沥青混凝土混合料的和易性影响较大，如未烘干的湿矿粉，易使混合料结块，不易铺平。湿矿粉和结团的矿粉易使混合料中出现矿粉团，碾压时易被压碎，施工后易被水冲走出现麻点或蜂窝等现象。矿粉用量过多，使混合料黏稠，难以摊铺。矿粉少，混合料松散性好，容易摊铺，但矿粉用量过少，混合料难以整平压实，而且要降低沥青混凝土的抗渗性、强度、耐久性等。因此，矿粉用量应适宜。

（3）沥青混凝土混合料的拌和质量，对沥青混凝土的性质影响较大。一般机械搅拌比人工搅拌的好，强制式拌和机拌制的沥青混凝土混合料比自落式拌和机拌制的质量好。下料次序，应先加骨料再加矿粉，经干拌一定时间后，才可加入沥青，否则要影响沥青混凝土混合料的质量。

1.3 水工沥青混凝土分类

目前水工沥青混凝土主要用于防渗，按照结构型式、施工方法、沥青含量、压实后密实度等方法进行分类，其种类很多。

1.3.1 按结构型式分类

按结构型式分类就是按照水工沥青混凝土防渗体结构布置位置进行分类。水工沥青混凝土应用的部位很多，主要应用于土石坝和抽水蓄能电站水库的防渗，也有应用于渠道、水池等方面建设的实例。水工沥青混凝土防渗体结构可分为沥青混凝土心墙、沥青混凝土面板、沥青混凝土板组合结构三大类。

（1）沥青混凝土心墙。沥青混凝土心墙就是在土石坝中间以沥青混凝土作为防渗体的一种特殊的防渗结构型式。它最显著的特点就是，沥青混凝土相对于坝体而言，防渗薄壁，在受力方面存在一定的缺陷，必须通过受力的土石坝坝体的坝壳料来支撑和保护。沥青混凝土心墙有良好的黏弹性变形能力，两者相辅相成，来满足坝体防渗要求。

（2）沥青混凝土面板。沥青混凝土面板是将沥青混凝土通过浇注或碾压的方式，在迎水面坝坡形成防渗体，依靠坝体坝坡承担由沥青混凝土传来的外力荷载的一种水工结构型式。

（3）沥青混凝土板组合结构。沥青混凝土心墙与面板联合运用，主要应用在具有较厚的河床沉积层中修建沥青混凝土面板防渗结构土石坝及沥青混凝土面板防渗工程扩建中。

1.3.2 按施工方法分类

沥青混凝土按施工方法可分为碾压式沥青混凝土、浇筑式沥青混凝土、装配式沥青混凝土、预制拼装式沥青混凝土、填石式沥青混凝土。

（1）碾压式沥青混凝土是将热拌沥青混合料摊铺后，采用机械碾压成型的混凝土。这种沥青混凝土混合料流动性较小，在施工铺筑时需要碾压或振动才能使其密实，其施工工艺包括沥青原材料加热、混合料拌和、摊铺、碾压。主要用于土石坝的面板或心墙防渗体。

（2）浇筑式沥青混凝土或称灌注式沥青混凝土是将所用沥青混凝土浇筑后，靠自重达到密实的一种沥青混凝土。该种沥青混凝土沥青含量高，沥青除填充矿料空隙外，其余量应能在适宜温度下自由流动。主要用于土石坝心墙，也可用于砌石上游的防渗面板坝。

（3）装配式沥青混凝土是将沥青混合料提前制作成沥青板或沥青席，然后运到现场再装配成防渗整体结构的沥青混凝土。一般仅用于表面防渗，如渠道或其他临时建筑物。

（4）预制拼装式沥青混凝土在场外将沥青混凝土预制成块，在施工现场拼装成防渗整体结构，缝间用热沥青进行胶结。也有用预制混凝土块，在土石坝体内或迎水侧坡面，在施工现场进行拼装，然后用沥青作为填缝胶结成防渗体。主要用于土石坝心墙或迎水侧坡面。

（5）填石式沥青混凝土。将热拌细颗粒沥青混合料摊铺好，在其上摆放块石，然后用大型振捣器将块石振捣沉入混合料中，同时细粒沥青混凝土振捣密实形成防渗体。用以修建块石沥青混凝土心墙，目前很少采用。

1.3.3 按沥青含量分类

水工沥青混凝土的沥青含量，一般都在 6%～8% 的范围内。沥青材料具有很强的流变特性，用量不足会造成施工和易性差，用量过多则会使沥青混凝土的力学特性受损失。

水工沥青混凝土按沥青含量可以划分为超量沥青混凝土、致密沥青混凝土、透水沥青混凝土。

（1）超量沥青混凝土。当沥青混凝土孔隙率等于零则为超量沥青混凝土。水工沥青混凝土在满足使用要求的前提下，存在一个最优的沥青含量，使得沥青材料全部用于骨料的胶结和充填，自由沥青的成分为零。这时的沥青用量称为临界沥青用量，超过临界沥青用量的沥青混凝土称为超量沥青混凝土。

超量沥青混凝土通常存在以下两种形式。

1）细粒料的沥青混凝土。骨料的最大粒径不超过 9mm，沥青用量可达总混合料重量的 10%，不用压实也可具备极佳的抗渗性能。

2）纯沥青砂浆加块石。骨料均为砂子，沥青含量大于 9%，常常用振动器压入 35%～45% 的 10～40cm 的块石。由于增加了块石料作为骨架，提高了强度，减少了沥青的总用量。

超量沥青混凝土或砂浆沥青大部分用来连接致密沥青混凝土的防渗体与刚性体，具有较好的柔性，同时对面层也具有一定的保护作用。在个别情况下，还有用超量沥青砂浆直接做防渗结构材料的。

（2）致密沥青混凝土。致密沥青混凝土与超量沥青混凝土的不同之处在于前者允许保留少量孔隙率，在施工中进出一些气体又能保持足够的抗渗性能。

根据粗骨料的最大粒径，致密沥青混凝土分为粗粒、中粒、细粒三种。

1）粗骨料最大粒径为 35mm 的称为粗粒沥青混凝土，较多地应用于沥青混凝土心墙堆石坝。

2）粗骨料最大粒径为 25mm 的称为中粒沥青混凝土。

3）粗骨料最大粒径为 15mm 的称为细粒沥青混凝土。

（3）透水沥青混凝土。透水沥青混凝土就是孔隙率较大的沥青混凝土，主要应用在面板防渗体内整平胶结层、排水层中，具有以下两种作用。

1）整平胶结层。整平胶结层在面板垫层以上，防水面层以下，主要起到基础整平和支撑防渗面板，改善沥青混凝土与垫层连接的作用。其孔隙率一般为 10%～15%。整平层没有截渗要求，因而可以采用沥青砂浆砌石、沥青石屑砌石和沥青混凝土砌石等多种材料。

2）排水层。透水沥青混凝土排水层是设置在两层不透水的沥青防渗层之间，能将防渗层的渗水迅速排出，避免在防渗面板下面形成水压力，防止面板鼓包破坏。排水层孔隙率一般为 15%～25%。较高的坝，分段设置透水沥青混凝土带，以监视和检查渗水位置。

1.3.4 按压实后密实度分类

按沥青混凝土压实后密实度划分为：密级配沥青混凝土、开级配沥青混凝土、沥青碎石。

（1）密级配沥青混凝土是用粒径较小的粗骨料、含量较多的细骨料、填料和沥青，制备成渗透系数很小的沥青混凝土。密集配沥青混凝土主要用于心墙和面板防渗层。

（2）开级配沥青混凝土也称为多孔性混凝土，是用粒径较大、含量较多的粗骨料，少量填料和沥青制备成渗透系数较大的沥青混凝土。这种沥青混凝土主要用于基层作整平黏结或排水之用。

（3）沥青碎石这种沥青混凝土的矿物混合料中没有细骨料，压实后的孔隙率大于 15%，主要用于基层作整平黏结或排水之用。

1.3.5 其他分类

随着石油化工技术的飞速发展，人们对沥青材料生产及化工材料研究的不断深入，沥青混凝土的应用越来越广泛，种类也会越来越多。

（1）按混合料的拌和与摊铺温度，沥青混凝土可以划分为：热拌热铺沥青混凝土、冷拌冷铺沥青混凝土及热拌冷铺沥青混凝土。

（2）按沥青混凝土组成骨料的最大粒径（方孔筛）可以划分为：特粗粒沥青混凝土（最大骨料粒径 37.5mm）、粗粒沥青混凝土（最大骨料粒径 26.5mm 或 31.5mm）、中粒沥青混凝土（最大骨料粒径 16mm 或 19mm）、细粒沥青混凝土（最大骨料粒径 9.5mm 或 13.2mm）和砂粒沥青混凝土（最大骨料粒径 4.75mm）。

（3）按沥青原油的性质，沥青混凝土可划分为：渣油沥青混凝土、普通（道路）沥青混凝土、高等级（道路）沥青混凝土。

（4）按是否添加改性材料划分为：沥青混凝土、改性沥青混凝土。

其中，改性沥青混凝土又可根据改性材料或改性后的力学性能变化特点划分为：高温抗流淌沥青混凝土、低温抗裂性沥青混凝土、耐磨沥青混凝土、高应变沥青混凝土、高强沥青混凝土、抗拉沥青混凝土、抗压沥青混凝土、高柔性沥青混凝土等。

（5）按使用特点和用途划分为：防滑式沥青混凝土、排水性沥青混凝土、沥青玛琋脂碎石、浇筑式沥青混凝土、高强沥青混凝土、改性沥青混凝土、彩色沥青混凝土、再生沥青混凝土及储存式沥青混凝土等。

随着对沥青改性材料研究的广泛深入，各种具有相应特性的沥青混凝土将不断产生。

1.4 水工沥青混凝土的发展

水工沥青混凝土的发展是从人类发现自然界天然沥青和开采出石油后对石油副产品石油沥青的研究开始的，随着沥青加工技术水平的提高，沥青的品质性能越来越稳定。沥青混凝土配合比设计和试验不断优化，施工机械的快速发展，使水工沥青混凝土作为防渗体，在国外和国内的水利水电工程中得到广泛的应用和快速发展。

1.4.1 国外应用发展情况

国外沥青混凝土在土石坝面板防渗中应用较早，20 世纪 20 年代，德国的阿姆克尔（Amecker）坝开始采用黏土心墙作为防渗体，由于坝体出现渗漏，为了堵漏，1934 年在 1∶2 的上游坝面铺筑了厚 6cm 的沥青混凝土防渗层，对已建成的坝作表面防渗处理，为世界上最早采用沥青混凝土作为面板防渗体的大坝。

沥青混凝土心墙在土石坝中应用稍晚，1949 年葡萄牙建成的瓦勒多盖奥（Vale de Gain）坝，坝高 45m；1954 年原德国建成的汉堡（Henne）坝，坝高 58m，都是在上游设置斜墙防渗体后，又在坝内部增设半渗透性的沥青混凝土阻水体作为附加安全措施，当上游斜墙遭到破坏时，也能确保坝体安全。于是出现了沥青混凝土心墙防渗体。

国外已建成的有代表性的沥青混凝土心墙坝有 1980 年建成的奥地利芬斯特尔（Finstertal）坝，坝高 150m，沥青混凝土心墙高 149m；1987 年建成的挪威斯图尔法特恩坝，坝高 100m，沥青混凝土心墙高 90m；1997 年建成的挪威 Storglomvoatn 沥青混凝土心墙堆石坝，坝高 125m，心墙高 120m。苏联的特尔曼斯卡亚坝和伊尔加赖卡斯亚坝，坝高分别为 140m、100m，均为沥青混凝土心墙坝。

国外已建成的有代表性的沥青混凝土面板工程有 1934 年德国首先建成阿姆克尔（Amecker）沥青混凝土面板堆石坝。1952 年德国建成的 Genkel 沥青混凝土复式结构面板坝，是世界上第一座沥青混凝土复式面板坝。1957 年建成的美国蒙哥马利沥青混凝土简式结构面板坝，坝高 34m，是世界上第一座沥青混凝土简式面板坝。1992 年建成的日本八汐沥青混凝土面板坝，最大坝高 91.5m。

国外水工沥青混凝土施工专用施工机械和技术及结构理论不断发展，具体表现为土石坝沥青混凝土防渗心墙的高度越来越高，很多已经突破百米大关；防渗面积也越来越大，特别是抽水蓄能电站的上库底板及岸边防渗面积均在增加；同时，工程施工的相对成本也逐步降低。

1.4.2 国内应用发展情况

20 世纪 50 年代，甘肃玉门和新疆奎屯等地区将沥青混凝土用于渠道衬砌，江西上犹江水电站混凝土坝上游面采用沥青砂浆防渗层。20世纪70年代沥青混凝土开始应用在土石坝工程防渗中，1973年建成的吉林白河水电站拦河坝，坝高24.5m，堆石坝采用沥青混凝土防渗心墙。1977年竣工的九里坑水库拦河坝，坝高44m，采用沥青混凝土防渗心墙。1980年完成的碧流河水库，左岸堆石坝坝高32.3m，右岸土坝坝高38.3m，都采用沥青混凝土防渗心墙。1984年完工车坝一级水库拦河坝为石渣坝，坝高66.2m，采用沥青混凝土防渗面板。1989年投入运行的牛头山水库拦河坝为砂砾石坝，坝高49.3m，采用沥青混凝土防渗面板。

在20世纪90年代以前，我国沥青混凝土施工为国内自主发展时期，多数采用人工与机械摊铺相结合或使用自制简易摊铺机摊铺的施工技术，从原材料生产、施工机械设备配置到现场施工，总体施工技术水平相对落后，施工质量不令人满意。沥青混凝土防渗心墙出现墙体开裂、层间渗漏问题，沥青混凝土防渗面板出现裂缝、层间鼓包、斜坡流淌、封闭层老化等问题，致使工程界人士对沥青混凝土防渗工程的安全性和耐久性产生了疑虑。20世纪80年代后期，水工沥青混凝土在土石坝工程的应用进入一个停滞期。

为提高我国水工沥青混凝土防渗技术水平，保证施工质量，1987年6月原水利电力部颁发了《土石坝碾压式沥青混凝土防渗墙施工规范（试行）》（SD 220—87），该规范是我国沥青混凝土技术指导文件，也是对我国当时沥青混凝土施工的技术总结。

在进入20世纪90年代以后，针对我国沥青混凝土施工存在的问题，采用国际合作和自主研发改造方式，从设计到施工大量引用国外先进技术、设备和管理经验，我国沥青混凝土在土石坝防渗体应用施工技术方面得到了很快的发展，取得了很好的效果，设计和施工水平得到了全面提高。在此基础上我国对引进国外先进技术和设备进行研究和试验，解决了高寒地区快速施工、夜间和雨季施工等很多现场施工中的技术问题。在国外先进的第三代摊铺机和斜坡移动式牵引台车的基础上，研究改造出能够满足工程使用的先进沥青混凝土心墙摊铺机和斜坡移动式牵引台车，并制造适合沥青混凝土防渗体施工所用的中小型摊铺设备、运输设备、斜坡面牵引台车等专用设备，使我国的沥青混凝土防渗体施工技术、设备制造水平都取得了很人进步，采用沥青混凝土作为土石坝防渗体的工程项目不断增多，规模也不断扩大。

我国已建成的有代表性的沥青混凝土面板防渗工程是1997年建成的天荒坪抽水蓄能电站，最大坝高72m，其上库的库岸边坡、库底，采用沥青混凝土面板防渗。2007年建成的张河湾抽水蓄能电站，坝高57m，其上水库全池采用沥青混凝土面板防渗；西龙池抽水蓄能电站，上库坝高50m，下库坝高97m，其上水库全池、下水库库底和坝坡均采用沥青混凝土面板防渗；宝泉抽水蓄能电站，上水库坝高93.9m，其上水库和库岸也是采用沥青混凝土面板防渗。

我国已建成的有代表性的沥青混凝土心墙坝有1994年建成的党河水库沥青混凝土心墙砂砾石坝，最大坝高74m，沥青混凝土心墙最大高度为70.5m。2003年建成的三峡水利枢纽工程茅坪溪土石坝，最大坝高104m，沥青混凝土心墙最大高度为94m。2005年6月建成的尼尔基水利枢纽沥青混凝土心墙主坝，最大坝高41.5m，沥青混凝土心墙最大高度为36.26m，心墙顶部长1676m。2005年11月建成的冶勒水电站碾压沥青混凝土心墙堆石坝，最大坝高124.5m，沥青混凝土心墙最大高为120m。2014年2月截流，即将开始施工的世界级高坝，去学水电站沥青混凝土心墙堆石坝，最大坝高 171.2m，沥青混凝土心墙最大高度为 153.5m。

国内外部分工程采用沥青混凝土心墙防渗体特性见表 1-1，国内外部分工程采用沥青混凝土面板防渗体特性见表 1-2。

表 1-1　　　　　　国内外部分工程采用沥青混凝土心墙防渗体特性表

大　坝　名　称	所在国家（地区）	坝高/m	坝顶长/m	完成年份	心墙厚度/m
Henne	德国	58	376	1955	1.0
Wahnach	德国	13		1957	0.6～1.0
Kleine Dhuenn	德国	35	265	1962	0.7/0.6/0.5
Bremge	德国	20	125	1962	0.6
Eichhagen	德国	21		1964	0.7～0.9
Eberlaste	澳大利亚	28	475	1968	0.6/0.4
Loedel	德国	17	90	1969	0.4
Poza Honda	厄瓜多尔	28	330	1971	0.6
Legadadi	埃塞俄比亚	26	35	1969	0.6
Wiehl	德国	53	360	1971	0.6/0.5/0.4
Meiswinkel	德国	22	190	1971	0.5/0.4
Findenrath	德国	14	130	1972	0.4
Wiehl. Main Outer Dam	德国	18	255	1972	0.5/0.4
白河	中国	25	250	1973	0.15
党河（一期）	中国	58	230	1974	1.5～0.5
Eixendorf	德国	28	150	1975	0.6/0.4
Eicherscheid	德国	18	175	1975	0.4
九里坑	中国	44	107	1977	0.5～0.3
郭台子	中国	21	290	1977	0.3
High Island West	中国香港	95	720	1977	1.2/0.8
Laguna de los istales	智利	31	190/140	1977	0.6
Verviers St	比利时	6		1977	0.6
大厂	中国	22	180	1978	0.3
High Island East	中国香港	105	420	1978	1.2/0.8
Antnift	德国	18		1978	0.5
Breitenbach	德国	13	370	1978	0.6
Kamigazawa	日本	14	170	1978	0.6
Buri	日本	16	173	1979	0.6
Finstertal	奥地利	100	652	1980	0.7/0.6/0.5
杨家台	中国	15	135	1980	0.3

大 坝 名 称	所在国家（地区）	坝高/m	坝顶长/m	完成年份	心墙厚度/m
Megget	苏格兰	56	568	1980	0.7/0.6
Grosse Dhuenn	德国	63	400	1980	0.6
Vestredal	挪威	32	500	1980	0.5
P. de Soulcem	法国	67		1980	0.6
Katlavatn	挪威	35	265	1980	0.5
Langavatn	挪威	26	290	1981	0.5
二斗湾	中国	30	320	1981	0.2
库尔滨	中国	23	153	1981	0.2
Dhuenn. Outer Dam	德国	12	115	1981	0.5
Kleine Kinzig	德国	70	345	1982	0.7/0.5
碧流河（左坝）	中国	49	288	1983	0.8~0.5
碧流河（右坝）	中国	33	113	1983	0.5~0.4
Feldbach	德国	14	110	1984	0.4
Wiebach	德国	12	98	1985	0.5
Shichigashuko	日本	37	300	1985	0.5
Doerpe	德国	16	118	1986	0.6
Lenneper Bach	德国	11	93	1986	0.5
Wupper	德国	40	280	1986	0.6
Riskallvatn	挪威	45	600	1986	0.5
Storvatn	挪威	100	1472	1987	0.8~0.5
Berdalsvatn	挪威	65	465	1988	0.5
Borovitza	比利时	76	218	1988	0.8~0.7
Rottach	德国	38	190	1989	0.6
Styggevatn	挪威	52	880	1990	0.5
Feistritzbach	澳大利亚	88	380	1990	0.7/0.6/0.5
Hinterrnuhr	澳大利亚	40	270	1990	0.7/0.5
Schmalwasser	德国	76	325	1992	0.8
Muscat	阿曼	26	110	1993	0.4
党河（二期）	中国	74	304	1994	0.5
Urar	挪威	40	151	1997	0.5
Storglomvatn	挪威	128	830	1997	0.95~0.5
Holmvatn	挪威	60	396	1997	0.5
Greater Ceres	南非	60	280	1998	0.5
Algar	西班牙	30	485	1999	0.6

大 坝 名 称	所在国家（地区）	坝高/m	坝顶长/m	完成年份	心墙厚度/m
Goldisthal Outer Dam	德国	26	142	1999	0.4
洞塘	中国	48	142	2000	0.5
坎儿其	中国	51	319	2000	0.6～0.4
马家沟	中国	38	264	2001	0.5
牙塘	中国	57	407	2003	1.0～0.5
茅坪溪	中国	104	1840	2003	1.2～0.6
New Hatta Main Dam	迪拜	37	228	2003	0.6
冶勒	中国	125	411	2005	1.2～0.6
尼尔基	中国	40	1829	2005	0.7～0.6
照壁山	中国	71	121	2005	
Miduk Dam	伊朗	43	250	2006	0.6
Murwani Saddle Dam	沙特	30	437	2008	0.5
龙头石	中国	72.5	371	2008	1.0～0.5
玉滩	中国	50	320	2010	0.5～0.8

表 1-2 国内外部分工程采用沥青混凝土面板防渗体特性表

坝 名	所在国家（地区）	坝高/m	坝顶长/m	完成年份	坡 比 上游	坡 比 下游
Genkel	德国	43	200	1952		1：1.5/1：1.75
Perlenbach	德国	18	125	1954	1：1.75	
Henne	德国	55	376	1955	1：2.15、1：2.07	1：1.65、1：2
Riveris	德国	45	180	1956	1：2	1：1.75、1：2
Wahnbach	德国	48	379	1956	1：1.6	1：1.5、1：1.75
Montgomery	美国	34		1957	1：1.7	1：1.7
Mariental Hardap	纳米比亚	32	865	1961	1：1.7	1：1.15
Bigge	德国	55	640	1963	1：1.75	1：2、1：1.75、1：1.6
Kessenhammer/Bigge	德国	18		1964	1：2	1：2
Venemo	挪威	58	238	1964	1：1.7	1：1.4
Steinbach	德国	35	330	1964	1：1.75	1：1.75
Ulmbach	德国	19	290	1965	1：1.8	1：1.5、1：1.8
Innerste	德国	35	750	1966	1：1.75	1：1.5/1：2
Kindaruma	肯尼亚	28		1967	1：1.7	1：1.5
Ronkhausen	德国	26		1967	1：1.8	1：1.5

坝　　名	所在国家（地区）	坝高/m	坝顶长/m	完成年份	坡　比	
					上游	下游
Sackingen	德国	30	230	1967	1：75	1：75
Homesfake	美国	69		1967		
Almendra/Villarino	西班牙	23		1968	1：1.75	1：1.4
Otsumata	日本	52	165	1968	1：1.7	1：1.6
Manzanares EI Real	西班牙	29		1969	1：1.75	1：1.4
Coo-Trois Ponnts（Lower）	比利时	20	600	1969	1：2	1：2
Coo-Trois Ponts（Lower）	比利时	25		1969	1：2	1：2
Grane	德国	35	600	1969	1：1.75	1：1.5/1：2
Legadadi	埃塞俄比亚	20		1969	1：1.55	1：1.4
Abono/Gijon	西班牙	15		1969	1：1.95/1：2.35	1：2.15/1：2.55
Ninokura	日本	37	106	1969	1：2	1：1.9
Pedu	马来西亚	63	220	1969	1：1.7	1：1.5
Poza Honda	厄瓜多尔	39	330	1971	1：2.5	1：2
Ponte Liscione	意大利	54	540	1970	1：2	1：8/1：2
Obemau	德国	69	300	1971	1：1.95/1：2.35	1：2
Cervatos	西班牙	30		1971	1：1.75	1：1.3
Guajaraz	西班牙	48		1971	1：1.75	
Miyama	日本	75	334	1972	1：1.95/1：2.35	1：1.9
Valea de Pesti	罗马尼亚	55	230	1972	1：1.75	1：1.3
Tataragi	日本	65	278	1973	1：1.8	1：1.7
Wehra Hotzenwaldwerk	德国	52	250	1973	1：1.75	1：2
Losheim	德国	25	380	1973	1：2	1：2
Ry de Rome	比利时	27	250	1973	1：1.85	1：2
Ludington	美国	52		1973	1：2.5～1：1.5	1：2.5
Gross-see	澳大利亚	45	425	1974	1：1.5	1：1.3
Galgenbichl	澳大利亚	50	115	1974	1：1.6	1：1.5
Kronenburg	德国	19	325	1975	1：1.75	1：2
Gosskar	澳大利亚	55	260	1975	1：1.6	1：1.5
Sigalda	冰岛	38	932	1975	1：1.8	1：1.75
Okutataragi	日本	64.5		1975	1：1.8	1：1.75
Oschenikdamm Innerfragant	澳大利亚	65	530	1976	1：1.5	1：1.5
L'Eau d'Heure	比利时	25	250	1976	1：1.75	1：2.5
Feronval/L'Eau d'Heure	比利时	16	170	1976	1：2	1：2
Rodund	奥地利	50		1977	1：1.7	1：1.5

坝　名	所在国家（地区）	坝高/m	坝顶长/m	完成年份	坡　比	
					上游	下游
Pymos Vally	希腊	79		1977	1∶2	
Futaba	日本	60	234	1978	1∶1.85	1∶1.85
Marchlyn	英国	68	635	1979	1∶2	1∶2
Langental	澳大利亚	42	407	1979	1∶1.6	1∶1.5
Oscheniksee	奥地利	106		1979		
Wehebach	德国	50	435	1979	1∶1.6	1∶1.6
Coo－Troin ponts	比利时	55		1980	1∶2	1∶1.6～1∶2.4
Prims	德国	62	306	1980	1∶1.75	1∶2.5
Sinni	意大利	65		1980	1∶2	1∶1.7
Annabrucke	澳大利亚	40	104	1980	1∶1.75	1∶1.75
Gross－see（heightening）	澳大利亚	57	425	1980	1∶1.5	1∶1.3
Marbach	德国	18	160	1980	1∶2	1∶2
Hochwurtendanm	澳大利亚	16	250	1980	1∶1.65	1∶1.65
Villacidro/Rio Leni	意大利	59		1982	1∶2	1∶2
Olivo	意大利	45	412	1982	1∶2	1∶1.75、1∶2.25
Sulby	英国	65	250	1982	1∶1.75	1∶1.75
车坝一级	中国	66	300	1982	1∶2.5、1∶2.75	1∶2、1∶2.25
Hayaseno	日本	56	289	1983	1∶2.8	1∶2.14
Sallente	西班牙	60	398	1984	1∶1.75	1∶1.75
Negratin	西班牙	75		1984	1∶1.6	1∶1.4
Riedingtal	澳大利亚			1984		
Martin Nuovo	意大利	65		1988	1∶1.7	1∶1.6
Wald	澳大利亚			1987		
Martin Gonzalo	西班牙	55		1989	1∶1.5	1∶1.5
Lentini	意大利	33		1989	1∶1.8	
Huesna	西班牙	70	278	1989	1∶1.6	1∶1.5
Steinbach（Rehabilitation）	德国	21	330	1989	1∶2.4	1∶1.9
Roadford	英国	40.5	500	1989	1∶2.25	1∶2.25
Redisole	意大利	33		1990	1∶1.75	
Sabigawa Yashio	日本	91		1992	1∶2	1∶2
Apartadura	葡萄牙	50	280	1991	1∶1.6	1∶1.6
Las Yeguas	西班牙	19		1992	1∶1.8	1∶1.8
Las Yeguas	西班牙	19		1992	1∶1.8	1∶1.8
天荒坪（上库）	中国	72		1997	1∶2.0～1∶2.4	1∶2.0～1∶2.2

坝　　名	所在国家（地区）	坝高/m	坝顶长/m	完成年份	坡　　比	
					上游	下游
Piedralaves	西班牙	42		1998	1：1.5	1：1.4
Goldisthal（Lower）	德国	61	240	1999	1：1.6	1：1.6
峡口（甘肃）	中国	36	176	1999	1：2.25	1：1.8
Arcichiaro	意大利	70	1180	2001	1：1.8	1：1.8
Lam Ta khong	泰国	50		2001	1：2.0	1：2.5
南古洞（加固）	中国	78.5	205	2004	1：1.25～1：3	1：1.4～1：1.6
张河湾（上库）	中国	57		2007	1：1.75	1：1.5
西龙池（上库）	中国	50		2007	1：2	1：1.7
西龙池（下库）	中国	97		2007	1：1.7	1：1.7
宝泉（上库）	中国	72		2007	1：1.7	1：1.5
呼和浩特（上库）	中国	69.85	1818	2013	1：1.75	1：1.6

随着我国沥青混凝土应用施工技术、装备水平的提高及水工沥青混凝土施工工艺的改进和创新，水利水电行业对 1987 年颁发的《土石坝碾压式沥青混凝土防渗墙施工规范（试行）》（SD 220—87）进行修订，由《水工碾压式沥青混凝土施工规范》（DL/T 5363—2006）替代，并且不断完善设计和施工标准，2006 年颁发了《水工沥青混凝土试验规程》（DL/T 5362—2006）；2009 年颁发了《土石坝沥青混凝土面板和心墙设计规范》（DL/T 5411—2009），2010 年颁发了《土石坝浇筑式沥青混凝土防渗墙施工技术规范》（DL/T 5258—2010）和《土石坝沥青混凝土面板和心墙设计规范》（SL 501—2010）；2012 年颁发了《水电水利基本建设工程　单元工程质量等级评定标准　第 10 部分：沥青混凝土工程》（DL/T 5113.10—2012）和《水利水电工程单元工程施工质量验收评定标准——混凝土工程》（SL 632—2012）；2013 年颁发了《沥青混凝土面板堆石坝及库盆施工规范》（DL/T 5310—2013）和《水工沥青混凝土施工规范》（SL 514—2013）。这些标志着我国沥青混凝土应用施工技术从设计到施工有了比较全面和完整的执行标准，质量控制标准进入了新的阶段。

尽管我国沥青混凝土设计与施工水平取得了很大的进步，但与世界先进水平仍然存在差距，特别是在成套施工机械设备的开发、基础应用理论研究等方面，需要进一步努力，才能全面达到世界先进水平。

1.4.3　施工技术展望

随着水工沥青混凝土防渗技术在工程中大量的成功应用，促进了沥青混凝土的理论研究和施工机械技术的不断发展。

（1）沥青混凝土的理论研究。目前，世界上对沥青混凝土应用技术本身的研究主要是以马歇尔试验为基础。国内外很多沥青混凝土应用研究的学者都对其产生的基础条件提出了质疑，认为马歇尔理论是基于经验的设计方法，无法反映新的沥青混合料（如改性沥青、水工沥青混凝土）的力学性能，马歇尔稳定度反映的物理意义不明确，不能反映沥青混凝土实际的受力状态，不能很好地反映沥青混合料的骨架结构与恰当评估沥青混凝土的抗剪切强度等，马歇尔试验在试件成型方法上与实际运用的模拟性也不强。

针对马歇尔试验存在的问题，欧美一些国家已经在寻找其替代方法。美国于20世纪90年代组织大量的人力物力，实施SHIP试验计划，提出了一套完整的沥青混凝土设计理论及试验方法，只是基于设备的稀缺和价格的昂贵，目前尚难以推广，但其理论基础已为广大学者所接受。尽管一些学者主张放弃马歇尔理论，但马歇尔理论及其相应的试验方法在设计理念上并没有错误，还具有可操作性。因此，目前尚还不具备全部否定马歇尔理论的基础，而新的设计理论也需要得到生产实践的进一步验证，故目前沥青混凝土设计理论仍以采用马歇尔理论为主流。

随着研究人员、工程技术人员工程实践的增加且实践经验不断丰富，技术理论的发展与生产实践的结合日趋紧密。目前，沥青混凝土试验方法及设计理论都在朝着不断完善的方向发展，特别是沥青混凝土试件成型、试验方法，都在尽量模拟工程实际的施工过程或工程运行期沥青混凝土的实际荷载情况，使得试验具有针对性，试验结果具有说服力，回避如马歇尔试验中试验条件、物理意义不太明确或者试件成型方式受质疑的问题。

另外，对于土石坝的结构计算，在处理沥青防渗体时，目前国内外均采用有限元法进行计算，并在此基础上建立了多个较好的模型，如Duncan-Chang即$E-\mu$力学模型。大量的工程实践证明这些模型是可靠的。

（2）主要施工设备。水工沥青混凝土主要施工设备由沥青混凝土拌和设备、运输设备、摊铺设备及碾压施工设备，以及其他设备组成。随着施工要求不断提高，主要施工设备也相应地不断改进和发展，今后的发展趋势根据施工要求向着先进成套的方向发展。

1）沥青混凝土拌和设备将向着系列化、技术性能先进化、控制操作自动化发展。型号规格齐全，产品已形成系列，每小时产量从几吨到上千吨不等。在水利水电工程中，还是以使用间歇式的拌和设备为主。

2）运输设备除了专用自卸汽车外，还有必不可少的专用卸料设备。如在沥青混凝土面板施工中，在水平面上施工时，可以采用汽车直接向摊铺机供料的方式，在进行斜坡摊铺施工时，采用牵引式设备配备能向摊铺机卸料的移动绞车。

3）摊铺设备。在沥青混凝土面板施工中，沥青混凝土混合料摊铺将使用专用斜坡摊铺机，斜坡上的运料、摊铺、碾压机械采用移动式卷扬台车牵引。在沥青混凝土心墙施工中，沥青混凝土混合料摊铺采用能够同时进行心墙沥青混凝土混合料和两侧过渡料摊铺，前面装有红外线加热器，具备摊铺高度和摊铺宽度可调功能，设有预压实装置的第三代履带式摊铺机。

4）碾压设备。沥青混凝土心墙采用小型自行式和手扶式振动碾。斜坡沥青混凝土面板采用斜坡振动碾。边角部位采用电动或油动振动夯碾压。

（3）施工工艺。

1）在水工沥青混凝土防渗体采用成套设备施工时，对施工全过程的质量要求更高，工艺要求更严格。

A. 原材料的选择与控制。从设计阶段就对原材料进行选择、试验、检测，在骨料加工和沥青混合料拌制前对骨料级配进行控制，保证所选择的原材料和拌制的沥青混合料满足沥青混凝土防渗体设计要求。

B. 配合比。要求进行沥青混凝土室内配合比复核试验、沥青混凝土现场摊铺试验及沥青混凝土生产性摊铺试验，来确定满足质量和施工要求的配合比。

C. 施工参数。要求进行现场摊铺试验以选择合理工艺参数和施工质量控制指标。

D. 温度控制。在沥青混合料的生产、运输、沥青混凝土铺筑及检验的全过程中，都要求进行严格温度控制，从而保证沥青混凝土质量。

E. 现场检测。采用进行无损检测、钻孔取芯检测两种方式，通过检测结果及时发现和处理施工中存在的缺陷问题。

2）普及提高在高寒地区快速施工技术水平。随着我国水利水电工程逐步向西部发展，也有一些采用沥青混凝土作为防渗体的工程项目，其位置属高原寒冷地区，工程所在地在海拔 2000.00～3000.00m，甚至更高。冬季时间长度 6～7 个月，最低气温在 -20～-30℃。雨季为 5—10 月，多年平均降雨天数也较多。

在高海拔地区施工造成人员和设备存在缺氧问题，-5℃以下低温、雨雪天将造成有效施工时间减少。其施工受高寒、多雨雪、冬季低温时间长等因素影响，存在每年适合进行沥青混凝土防渗体施工的天数较少等困难。高寒地区进行土石坝沥青混凝土防渗体施工，若采用正常气温的技术要求和方法进行施工，其施工质量和进度会受到气候影响的严重制约，很难按期完成。

冶勒水电站大坝碾压沥青混凝土心墙防渗体，尼尔基水利枢纽工程主坝沥青混凝土心墙防渗体，坎儿其水库沥青混凝土心墙砂砾拦河坝等工程都处在高寒地区。这些工程在进行沥青混凝土防渗体施工时，都是根据工程所在地的实际情况，首先通过科学研究和现场试验，研制出适合高寒地区施工的摊铺设备，气温 -5℃ 时沥青混凝土施工方法，摊铺层厚 30cm 施工方法，当日连续铺筑 2～3 层及夜间快速施工方法，然后应用到工程施工中。首先保证了沥青混凝土防渗体施工质量，同时加快了施工进度，从而使施工工程能够按期完成。这些成果是我国在高寒地区从事土石坝沥青混凝土防渗体施工的技术人员、试验人员、作业人员，通过不懈的努力得来的，其成果来之不易，需要在今后的土石坝沥青混凝土防渗体工程施工中进行普及，并进一步得到提高。

（4）在其他领域的应用。在国外，水工沥青混凝土除了广泛用于土石坝和水库的防渗面板及防渗墙外，还广泛地用于渠道防渗、蓄水池、防浪堤、垃圾填埋场等，取得较好的经济效益。我国在这方面还是空白，大有发展的空间，为此应积极开展工作，把水工沥青混凝土的技术尽早应用于这些领域。

我国水工沥青混凝土另一个大有发展潜力的应用领域是垃圾填埋场。目前，我国处理垃圾的主要方式是填埋式，填埋场防渗效果不理想。如采用混凝土防渗，混凝土易产生裂缝，形成渗漏，防渗的效果不很理想。垃圾特别是一些有毒的化学垃圾一旦渗漏到地下，将会形成对地下水和环境的污染。而采用沥青混凝土防渗结构，由于沥青混凝土的渗透性极小，适应变形的能力强且出现细微裂缝后又可以自愈。因此，就防止了渗漏的发生。随着国家对环保的重视，沥青混凝土施工机械的国产化带来的沥青混凝土成本的下降，水工沥青混凝土也将逐步用于垃圾填埋场和蓄污池等的防渗处理。

2 施 工 规 划

为搞好土石坝沥青混凝土防渗体的施工，施工前首先要进行施工规划，然后在施工规划的基础上编制详细的施工组织设计和各单项施工方案。

土石坝沥青混凝土防渗体施工规划是根据工程项目合同文件，国家和行业标准，施工单位技术水平和资源配置情况进行的。对土石坝沥青混凝土防渗体施工项目的总体进行分析研究，找出控制和影响工程项目的施工进度、质量、安全和环保的主要关键项目，并制定所采取的应对方案和方法。施工规划是指导整个沥青混凝土防渗体施工的大纲，通过施工规划能够综合体现施工单位技术水平。

施工规划主要包括施工布置、设备配置、施工程序、施工进度计划、安全与环保等内容。施工规划也可理解为施工部署。

2.1 施工布置

土石坝沥青混凝土防渗体施工是土石坝施工的组成部分，可直接使用土石坝施工已形成的布置，同时还应根据沥青混凝土防渗体施工要求进行施工布置。

土石坝沥青混凝土防渗体施工布置主要包括施工道路布置，矿料加工系统布置，沥青混凝土拌和系统布置，沥青混凝土铺筑试验场布置，风、水、电供应布置等项目，三峡水利枢纽工程茅坪溪土石坝沥青混凝土骨料加工混凝土拌和系统平面布置见图 2-1。

2.1.1 施工道路布置

沥青混凝土施工道路分为场内和场外道路两部分。场内道路是从石料开采到骨料加工系统，沥青混凝土拌和系统到施工部位。场外道路是施工场地通向外界的道路，主要用于原材料采购和设备进出场运输。

施工道路的布置，一般是利用土石方开挖、填筑时已布置的道路。没有可利用部分的施工道路时，需根据现场情况修建施工道路。施工道路宽度一般按双车道布置，路面宽8m，坡度不大于10％，路面一般为泥结石路面。为保证道路在雨天、雪天也能畅通，可将拌和楼到土石坝施工部位之间的施工道路采用混凝土路面结构。

2.1.2 矿料加工系统布置

为满足沥青混凝土配合比要求，一般需要将从采石场开采的大块粒径的矿料，通过破碎和筛分等工序进行加工，将大块粒径的矿料加工成各种级配粒径的骨料，需要布置矿料加工系统。

根据工程项目的要求，沥青混凝土骨料加工一般分为当地采购和现场加工两种

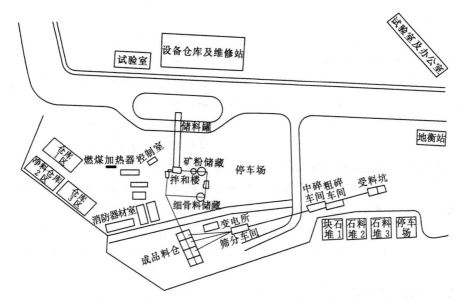

图 2-1　三峡水利枢纽工程茅坪溪土石坝沥青混凝土骨料加工混凝土拌和系统平面布置图

方式。

当地采购方式是矿料在当地矿料加工系统采购成品净料,自卸汽车运输到现场,现场只需布置净料存放场。这种方式主要在沥青混凝土工程量不大和施工现场没有可开采石料的工程项目时应用。

现场加工方式就是在现场布置矿料加工系统,将现场的采矿场开采矿料或现场石方开挖料进行分级破碎、筛分成施工所需的骨料,这种方式主要应用在沥青混凝土工程量大和施工现场有可开采石料的工程项目时。

矿料加工系统主要由原矿料堆场及受料坑、粗碎车间、中碎车间、细碎车间、筛分车间、粉磨车间、分选车间、成品料堆存场、胶带输送机及链斗式输送机、配电房和供电线路、供排水系统、修理车间、办公室、宿舍等组成。

矿料加工系统和所使用的加工设备种类、工艺流程与混凝土骨料生产系统基本相同,只是从开采矿场运到矿料加工系统的是比较干净、不含泥土的块石,粗、细骨料采用干法筛分。在有粉料加工的系统中,系统布置时需增加粉料磨制与分选工艺生产流程。

在矿料干法筛分中,骨料不需筛洗,不设大流量供水、排水系统和洗砂工艺、沉砂处理系统。为满足环境保护要求,矿料加工系统需要设置和安装降尘设施。

骨料加工系统布置一般尽量靠近拌和系统,成品骨料用胶带运输机直接送到拌和系统配料仓内,可减少成品骨料的运输量。如三峡水利枢纽工程茅坪溪土石坝防渗心墙工程,尼尔基水利枢纽沥青混凝土心墙主坝工程,车坝一级水库沥青混凝土斜墙工程,天荒坪抽水蓄能电站上水库沥青混凝土面板工程,冶勒水电站碾压沥青混凝土心墙堆石坝工程等,都是将骨料加工系统布置在靠近拌和系统处。

在沥青混凝土骨料加工系统布置时,其布置设计规模和成品骨料的各种级配骨料储藏量都应满足 5d 以上的生产需要。

2.1.3 沥青混凝土拌和系统布置

为满足沥青混凝土施工强度、温度控制和质量等要求，在土石坝沥青混凝土防渗体施工时，需要在土石坝施工现场附近布置沥青混凝土拌和系统。

沥青混凝土拌和系统主要由原材料存放场，冷骨料配料、输送、加热设备，填料储存罐、输送、称量设备，沥青储存、熔化及加热设备，搅拌设备，除尘设备，以及试验室、办公室、宿舍等组成。其中原材料存放场，冷骨料配料、输送、加热设备，填料储存罐、输送、称量设备，沥青储存、熔化及加热设备，搅拌设备，除尘设备属于拌和楼的设施。因此，也将沥青混凝土拌和系统简称为沥青混凝土拌和楼。

（1）布置程序。沥青混凝土系统布置程序是首先选择系统位置，然后根据所选沥青混凝土拌和楼的形式和生产能力以及所选择附属设施估算所需的范围和面积。在所选系统布置位置和范围内，首先根据沥青混凝土运输方式和路线，进行拌和楼楼体布置，然后依次进行由冷骨料配料、输送、加热设施组成的骨料生产线布置，由沥青熔化、脱水、加热输送设备组成的沥青生产线布置，由矿粉储料罐、输送设施组成的矿粉生产线布置，原材料存放场，供排水设施，试验室、办公室、仓库及维修车间、职工宿舍、系统厂区内道路等项目的布置。

（2）系统位置选择。沥青混凝土拌和系统在生产过程中会产生较大粉尘、有毒烟气与噪声，影响周边环境，还易爆、易燃。在《水工碾压式沥青混凝土施工规范》（DL/T 5363）中对于沥青混凝土系统布置有明确规定。系统位置一般根据工程具体情况和规范要求，结合工程施工总体布置统筹研究确定。

在系统位置确定之后，要估算场地面积是否满足系统设施布置要求。场地布置面积主要根据所选沥青混凝土拌和楼的形式和生产能力以及所选择附属设施所需的面积。大中型工程一般选择固定式间歇式沥青混凝土拌和系统，其场地面积见表2-1。国内外沥青混凝土拌和系统面积实例见表2-2。

表2-1   沥青混凝土拌和系统所需场地面积表

生产能力/(t/h)	搅拌器容量（间歇式）/kg	场地面积/m²
30～35	500	3000
35～40	750	4500
60～80	1000	6500
90～110	1500	9000
120～140	2000	12000

表2-2   国内外沥青混凝土拌和系统面积实例表

工程名称	日本二仓	中国正岔	中国半城子	中国南谷洞	中国碧流河	中国三峡茅坪溪
机械化程度	机械化	半机械化	半机械化	半机械化	半机械化	机械化
生产方式	综合式	循环式	循环式	循环式	循环式	综合式
铺筑强度/(t/h)	30	2	7.3	约10	7	40
场地面积/m²	3000	400	2900	800	2800	27000

（3）系统布置方法。沥青混凝土拌和系统布置，首先是按照所选择的拌和系统形式，进行结构布置设计，确定系统搅拌楼楼体和骨料、沥青、矿粉三条生产线结构布置位置，原材料存放场，供排水设施，试验室、办公室、仓库及维修车间、职工宿舍、系统厂区内道路等项目的结构和设施布置位置，然后进行结构设计和计算，确定系统基础结构和房屋结构尺寸，编制系统建设工程量清单和预算，编制施工方案和进度计划。

沥青混凝土拌和系统布置设计完成后，首先进行拌和系统的基础开挖和混凝土浇筑等土建项目的施工和拌和系统设备采购、运输，然后进行原材料存放场，供排水设施，试验室、办公室、仓库及维修车间、职工宿舍等项目的布置。系统结构基础混凝土达到设计强度后，进行系统金属结构和机电设备安装、调试，拌和系统联动试运行和验收。

拌和楼一般是定型综合性设备，设备布置由生产厂家提供，现场按照设计图进行布置，只有原材料存放场、试验室、办公室、仓库及维修车间、宿舍等属于现场布置内容。

系统布置是一项综合性很强的项目，其布置设施项目多、质量和安全要求高，需要在多方案布置设计后再进行比较选择，以达到设施基础稳定可靠的目的，设备应布置集中、紧凑，场内交通方便设备安装和材料运输，排水系统畅通，还要符合消防安全、文明施工等要求。

在进行沥青混凝土拌和系统布置时应注意，目前国内生产的沥青混凝土拌和楼，都是为适应公路部门道路沥青混凝土而设计的，其额定生产率和技术要求不能满足水工沥青混凝土拌和要求，有些设备需要根据土石坝沥青混凝土防渗体施工要求进行修改和调整。

2.1.4 沥青混凝土铺筑试验场布置

在土石坝沥青混凝土防渗体正式施工前，需要进行室外铺筑试验，以验证沥青混凝土配合比和施工工艺流程、施工设备的适应性，以确定施工工艺和施工参数。在沥青混凝土施工布置时需要进行沥青混凝土铺筑试验场布置。

沥青混凝土铺筑试验场地位置一般选择现场施工部位以外，试验场地面积应满足试验段结构布置要求和机械操作与停放要求。

（1）心墙铺筑试验场地布置。沥青混凝土心墙为水平分层铺筑施工，场外铺筑试验和生产性试验的试验场地位置一般选择在弃渣场、拌和系统等场地。试验场地长30～50m，宽约10m。心墙铺筑试验段地面，应按照结构设计断面尺寸浇筑基础混凝土，与现场施工情况一致。

（2）面板铺筑试验场地布置。沥青混凝土面板铺筑施工分为水平面和斜坡面铺筑施工两种工况。沥青混凝土面板铺筑试验分为场外试验和生产性铺筑试验两种，所以试验场地布置要求各不相同。

1）沥青混凝土面板场外铺筑试验布置。沥青混凝土面板场外铺筑试验应选择在工程铺筑部位以外的场地进行。沥青混凝土面板现场铺筑试验场地尺寸，根据试验所确定的摊铺条幅数量和碾压试验长度要求来选择。摊铺条幅的宽度根据摊铺机的情况，应尽可能窄；长度以振动碾能够正常碾压为宜，以节约沥青混凝土混合料，场外水平摊铺试验场地长20～30m，宽10～25m。

2）沥青混凝土面板生产性铺筑试验布置。沥青混凝土面板生产性铺筑试验场地，应选择在工程铺筑施工部位上。生产性沥青混凝土面板水平铺筑试验场地长25～30m，宽10～25m。生产性沥青混凝土面板斜坡铺筑试验场地布置斜坡长70～80m，宽10～25m。

2.1.5 风、水、电供应布置

在土石坝沥青混凝土防渗体施工时，需要使用风、水、电。为满足施工要求，需要进行施工风、水、电供应布置。

（1）施工供风。沥青混凝土防渗体施工现场缝面处理时需要用风将缝面水分和灰尘吹干净，使缝面达到干净和干燥的要求。施工用风量不是很大。土石坝沥青混凝土防渗体施工用风布置，主要是在施工现场布置电动或油动移动式空压机来进行供风。

（2）施工供水。施工供水部位主要有矿料加工系统、拌和系统，沥青混凝土防渗体施工现场心墙基座混凝土面冲洗，施工用水量不是很大。

1）矿料加工系统、拌和系统供水。在系统内修建蓄水池，用水车在基坑内的集水井抽水，将水送到所建水池内。也可在围堰外江边用油桶制作浮筒平台，在平台上布置抽水机，从所建水池到抽水机直接布置供水管道，将水直接送到水池内。

施工现场山体内有泉水时，可在泉水处修建集水池，若山体泉水位置比水池高，从泉水处安装水管到水池，采取自流方式将水送到水池内。若泉水位置低于水池时，需在泉水位置处布置抽水机和管道将水送到水池内。

2）施工现场施工供水。主要是使用沥青混凝土心墙基座混凝土施工所布置的供水设备和管道进行供水，随着坝体不断增高，供水压力减小，采取在供水管道中间安装加压泵加压的方式进行供水。

（3）施工供电。施工供电主要包括矿料加工系统供电布置、拌和系统生产供电布置和沥青混凝土防渗体现场施工供电布置。

矿料加工系统供电主要是破碎、筛分、胶带机运输设备、现场照明供电。系统设备功率较大，用电设备多，用电量也大，需要配置变压器和控制室。

沥青混凝土拌和系统供电主要是搅拌楼和骨料、沥青、矿粉三条生产线，试验室、办公室、厂区内照明等位置的供电。供电量相对矿料加工系统要小。

沥青混凝土防渗体现场施工供电主要是施工现场照明，包括空压机、斜坡卷扬机、缝面加热器、试验取芯钻孔等。

1）矿料加工系统、拌和系统生产供电布置。首先在矿料加工系统和拌和系统之间，根据用电量要求选择和布置施工供电变压器，工程量大的工程可分别在矿料加工系统、拌和系统布置变压器。然后从施工现场供电的电源点开始架线到所布置的变压器，形成供电线路。接着分别在矿料加工系统、拌和系统内布置电气控制室，将所布置的变压器与控制相连，系统内所有用电设备的线路与控制室相连，由控制室对系统用电设备进行控制。

2）沥青混凝土防渗体现场施工供电布置。一般利用土石方开挖、填筑时已布置的用电设施，不足部分再按照沥青混凝土防渗体施工要求进行补充和完善。

2.2 设备配置

土石坝沥青混凝土防渗体施工机械主要是骨料加工系统设备、沥青混凝土拌和系统设备、运输设备、摊铺设备、碾压设备和其他设备。施工设备的配置主要是根据沥青混凝土防渗体施工强度、施工进度、工期等要求进行选择与配置。

2.2.1 骨料加工系统设备

骨料加工是用机械的方法，将开采出来的矿料（通常称骨料）加工成水工沥青混凝土防渗体所需要的各种不同规格的粒径集料。骨料加工系统设备主要包括粗碎、中碎、细碎、筛分、分选、粉磨、输送等设备。

骨料加工系统设备配置一般是根据沥青混凝土防渗体施工强度来确定骨料加工生产能力，根据防渗体配合比确定各种粒径骨料需用量，确定加工系统中各工序设备机械性能指标。通过设备配套调整各工序设备规格型号和数量，系统所配置的设备生产能力一般要大于设计生产能力。

（1）破碎设备。粗碎选择颚式破碎机、旋回破碎机，中碎选择反击式破碎机、锤式破碎机、圆锥式破碎机，细碎选择锤式破碎机、反击式破碎机、圆锥式破碎机、立式冲击破碎机。颚式破碎机机械性能见表2-3，颚式破碎机结构见图2-2，旋回破碎机机械性能见表2-4，旋回破碎机结构见图2-3。圆锥破碎机机械性能见表2-5，弹簧式圆锥破碎

表2-3　　　　　　　　　　　颚式破碎机机械性能表

类型		复摆动颚式破碎机						简单摆动颚式破碎机		
破碎机规格 /(mm×mm)		400×600	500×750	600×900	900× 1200	1200× 1500	1500× 2100	900× 1200	1200× 1500	1500× 2100
给料口尺寸 /mm	宽	400	500	600	900	1200	1500	900	1200	1500
	长	600	750	900	1200	1500	2100	1200	1500	2100
推荐最大给料块 尺寸/mm		340	400	500	750	1000	1250	750	1000	1250
排料口调整范围/mm		350~70	55~100	65~170	100~200	130~210	170~240	110~180	130~200	170~220
偏心轴转速/(r/min)		290	270	250	225	190	160	180	135	100
偏心距尺寸/mm		12	14	16	18	20	22	30	35	40
电动机功率/kW		30	55	80	110	200	310	110	170~180	260~280
给料口尺寸与排料口 开度比值		5.8~9.7	4.0~7.3	2.9~7.7	3.8~7.5	4.8~7.7	5.2~7.4	4.2~6.8	5.0~7.7	5.7~7.4
生产能力/(t/h)		21~42	44~80	78~204	180~360	325~525	580~815	165~270	260~400	460~600

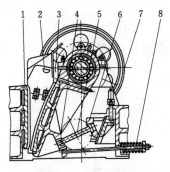

（a）复摆动颚式破碎机结构

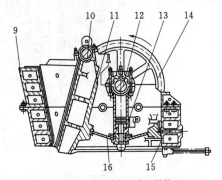

（b）简单摆动颚式破碎机结构

图2-2　颚式破碎机结构图

1—固定额衬板；2—边护板；3—动颚衬板；4—肘板座；5、16—肘板；6—前斜铁；7—后斜铁；8—拉杆；9—机架；10—动颚轴；11—动颚；12—主轴；13—液压连杆；14—飞轮；15—液压调整部

表 2-4　　　　　　　　　　　　**旋回破碎机机械性能表**

型号	进料口尺寸 /mm	排料口尺寸 /mm	最大进料尺寸 /mm	功率 /kW	生产能力 /(t/h)	重量（不含电机）/kg
PXZ500/60	500	60	420	130	140～170	44.1
PXZ500/75	500	75	400	130	170	42.0
PXZ700/100	700	100	580	145,155	310～400	91.2
PXZ700/130	700	130	580	155	300	82.9
PXZ900/90	900	90	750	210	380～510	141.0
PXZ900/130	900	130	750	210	625～770	141.0
PXZ900/150	900	150	750	180	500	139.8
PXZ900/170	900	170	750	210	815～910	141.0
PXZ1200/160	1200	160	1000	310	1250～1720	228.2
PXZ1200/180	1200	180	1000	310	1000	224.0
PXZ1200/210	1200	210	1000	310	1560～1720	229.0
PXZ1200/250	1200	250	1000	310,350	1500	224.0
PXZ1400/170	1400	170	1200	430～400	1760～2060	310.0
PXZ1400/220	1400	220	1200	430～400	2160～2370	309.0
PXZ1600/180	1600	180	1350	310	2400～2800	481.0
PXZ1600/230	1600	230	1350	310	2950～3200	481.0
PXQ700/100	700	100	580	130	200～240	45.0
PXQ900/130	900	130	750	145	350～400	86.0
PXQ900/170	900	170	750	210	675～770	86.0
PXQ1200/150	1200	150	1000	210	720	144.0
PXQ1200/170	1200	170	1000	210	815	144.0

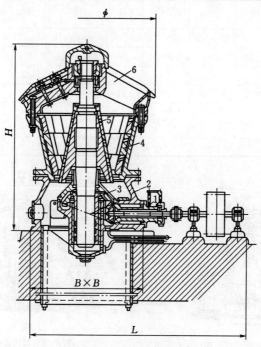

图 2-3　旋回破碎机结构图

ϕ—直径；L—长度；B—宽度；H—高度；

1—传动轴部；2—底座部；3—偏心套部；4—中架体部；5—破碎锥部；6—横梁部

机结构见图 2-4（a），液压式圆锥破碎机结构见图 2-4（b）。锤式破碎机机械性能见表 2-6，锤式破碎机结构见图 2-5。反击式破碎机机械性能见表 2-7，单转子反击式破碎机结构见图 2-6（a），双转子反击式破碎机结构见图 2-6（b）。

表 2-5　　　　　　　圆锥破碎机机械性能表

型　号		圆锥大端直径/mm	进料口宽度/mm	最大进料尺寸/mm	排料口调整范围/mm	功率/kW	生产能力/(t/h)	重量/t
弹簧型	PYD-900	900	50	40	3～13	55、80	15～50	10.90
	PYZ-1200	1200	115	100	8～25	110	42～135	25.00
	PYB-1750	1750	250	215	25～60	155	280～430	50.30
	PYB-2200	2200	350	310	30～60	280、260	590～1000	80.00
	PYZ-2200	2200	275	230	10～30	280、260	200～580	85.00
	PYD-2200	2200	130	100	5～15	280、260	120～340	81.40
西蒙式	PYS-B0917	900	175		13～38		58～162	
	PYS-B1215	1200	156		13～38		99～198	
	PYS-B1324	1295	241		19～51		171～346	27.60
	PYS-B1626	1676	269		25～64		297～630	
	PYS-B2133	2134	334		25～51	400	603～990	
	PYS-BC2133	2134	334		25～51	400	855～1413	101.70
	PYS-D0907	900	76		6～19		58～126	
	PYS-D1207	1200	73		10～16		90～144	
	PYS-D1310	1295	109		10～25		108～225	
	PYS-D1613	1679	133		10～19		189～333	
	PYS-D2110	2134	105		5～16		216～459	
	PYS D2113	2134	133		10～19	400	459～702	
液压式	PYY-900/135	900	135	115	15～40	55	40～100	9.14
	PYY-1200/190	1200	190	160	20～45	95	99～200	17.93
	PYY-1200/170	1200	170	145	20～50	110	110～168	18.30
	PYY-1200/150	1200	150	130	9～25	110	45～120	17.58
	PYY-1650/258	1650	285	240	25～50	155	210～425	37.80
	PYY-1650/230	1650	230	195	13～30	155	120～280	37.70
	PYY-1650/100	1650	100	85	7～14	155	100～200	37.60
	PYY-1750/250	1750	250	215	25～60	155	280～480	
	PYY-1750/100	1750	100	85	5～15	155	75～230	47.75
	PYY-2200/350	2200	350	300	30～60	280	450～900	74.50
	PYY-2200/290	2200	290	230	15～35	280	250～580	78.50
	PYY-2200/130	2200	130	110	8～45	280	200～380	78.50

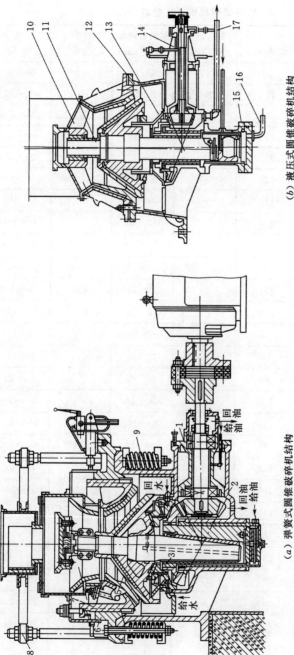

（a）弹簧式圆锥破碎机结构

（b）液压式圆锥破碎机结构

图 2 - 4　圆锥破碎机结构图

1、12—机架部；2、14—传动部；3—偏心套部；4—碗形轴承座；5、11—破碎圆锥部；
6—支撑套部；7—调整套部；8—进料部；9—弹簧部；10—上机架；
13—偏心套部；15—破碎圆锥部；16—液压系统；17—润滑部

表 2-6　　　　　　　　　　　　　　　　锤式破碎机机械性能表

型号	转子直径 /mm	转子长度 /mm	进料口尺寸 /mm	出料口尺寸 /mm	功率 /kW	生产能力 /(t/h)	重量 /t
PC-ϕ1000×800	1000	800	<250	≤15	110	30~90	6.0
PC-ϕ1250×1250	1000	800	≤200	≤20	180	100	20.0
PC-ϕ1300×1600	1300	1600	≤300	≤10	200	150~200	18.0
PC-ϕ1400×1400	1400	1400	≤250	≤20	280	170	30.0
PC-ϕ1600×1600	1600	1600	≤350	≤20	480	250	34.0
PC-ϕ1800×1600	1800	1600	≤330	≤20	480	300	27.0
PC-ϕ2000×1200	2000	1200	≤450	≤20	30	60	
PC-ϕ2000×2000	2000	2000	≤1100	≤25	630	300	160.4
PC-ϕ1600×1300	1600	1300	≤200	≤10	480	150~200	12.3
PC-ϕ800×800	800	800	≤120/80	≤3	115	50~70/ 25~30	27.0
PC-ϕ2000×2220	2000	2220	≤1500	≤25	800	600~650	89.0
PC-ϕ1000×1000	1000	1000	≤200	≤15	130	600~80	6.1
PC-ϕ1413×1300	1413	1300	≤80	≤3	550	400	34.3
PC-ϕ1413×1300	1413	1300	≤80	≤3	370	200	20.2

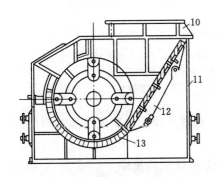

（a）锤式破碎机横向剖面结构

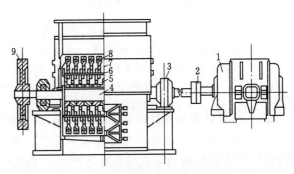

（b）锤式破碎机纵向剖面结构

图 2-5　锤式破碎机结构图

1—电动机；2—联轴器；3—轴承；4—主轴；5—圆盘；6—销轴；7—轴套；
8—锤子；9—飞轮；10—进料口；11—机壳；12—衬板；13—筛板

表 2-7　　　　　　　　　　　　　　　　反击式破碎机机械性能表

型号	转子直径 /mm	转子长度 /mm	进料口尺寸 /mm	排料口尺寸 /mm	功率 /kW	生产能力 /(t/h)	重量 /t
PF-ϕ1000×700	1000	700	≤250	0~30	40	15~30	5.32
PF-ϕ1250×100	1250	1000	≤250	0~50	95	40~80	13.42
PF-ϕ1100×850	1100	850	≤200	0~15	130	100	5.40
PF-ϕ1100×1200	1100	1200	≤200	0~15	240	200	7.22

型 号	转子直径 /mm	转子长度 /mm	进料口尺寸 /mm	排料口尺寸 /mm	功率 /kW	生产能力 /(t/h)	重量 /t
2PF－ϕ1250×1250	1250	1250	≤700	0～20	180	80～150	54.00
PF－ϕ1250×1400	1250	1400	≤80	0～3	380	300	9.05
PF－ϕ1400×1500	1400	1500	≤300	0～25	380	300	13.02
PF－ϕ1600×1600	1600	1600	≤80	0～3	625	500	14.5

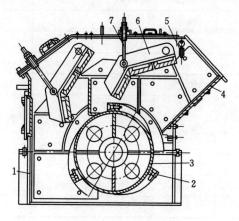

（a）单转子反击式破碎机结构

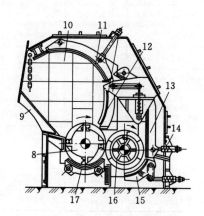

（b）双转子反击式破碎机结构

图 2-6　反击式破碎机结构图

1—机体；2—板锤；3—转子；4—给料斗；5—链幕；6—反击板；7—拉杆；8—第一转子；
9—给料口；10—机体；11—第一反击板；12—反胶反击板；13—第二反击板；
14—调整弹簧；15—第二调整栅板；16—第二转子；17—第一均整栅板

（2）筛分设备在骨料筛分中对于 5mm 以上的物料，选择单层、双层或三层筛网的圆振动筛、直线振动筛、双轴振动筛及共振筛；对于小于 5mm 的粉细物料，选择直线筛、等厚筛。YA 型圆振动筛机械性能见表 2-8，YA 型圆振动筛结构见图 2-7。ZKX 系列直线振动筛机械性能见表 2-9，ZKX 系列直线振动筛结构见图 2-8。

表 2-8　　　　　　　　　　　YA 型圆振动筛机械性能表

型号	筛箱尺寸 /(mm×mm)	工作面积 /m²	筛面层数	最大入料尺寸/mm	功率 /kW	生产能力 /(t/h)	重量 /kg
YA1236	1200×3600	4.3	1	200	11	80～240	4906
2YA1236	1200×3600	4.3	2	200	11	80～240	5311
YA1530	1500×3000	4.5	1	200	11	80～240	4675
YA1536	1500×3600	5.4	1	200	11	100～350	5137
2YA1536	1500×3600	5.4	2	200	15	100～350	5624
YAH1536	1500×3600	5.4	1	400	11	160～650	5621
2YAH1536	1500×3600	5.4	2	400	15	160～650	6045

型号	筛箱尺寸 /(mm×mm)	工作面积 /m²	筛面层数	最大入料 尺寸/mm	功率 /kW	生产能力 /(t/h)	重量 /kg
YA1542	1500×4200	6.3	1	200	11	110～385	5516
2YA1542	1500×4200	6.3	2	200	15	110～385	6098
YA1548	1500×4800	7.2	1	200	15	120～420	5457
2YA1548	1500×4800	7.2	2	200	15	120～420	6035
YAH1548	1500×4800	7.2	1	400	15	220～780	6842
2YAH1548	1500×4800	7.2	2	400	15	220～780	7405
YA1836	1800×3600	6.5	1	200	11	140～420	5205
2YA1836	1800×3600	6.5	2	200	15	140～420	5946
YAH1836	1800×3600	6.5	1	400	11	200～750	5900
2YAH1836	1800×3600	6.5	2	400	15	200～750	6353
YA1842	1800×4200	7.6	1	200	15	140～490	5793
2YA1842	1800×4200	7.6	2	200	15	140～490	6473
YAH1842	1800×4200	7.6	1	400	15	250～800	6352
2YAH1842	1800×4200	7.6	2	400	15	250～800	6941
YA1848	1800×4800	8.6	1	200	15	150～525	6290
2YA1848	1800×4800	8.6	2	200	15	150～525	6624
YAH1848	1800×4800	8.6	1	400	15	250～1000	7122
2YAH1848	1800×4800	8.6	2	400	15	250～1000	7140
YA2148	2100×4800	10.1	1	200	18.5	180～630	8816
2YA2148	2100×4800	10.1	2	200	22	180～630	9852
YAH2148	2100×4800	10.1	1	400	18.5	270～1200	10205
2YAH2148	2100×4800	10.1	2	400	22	270～1200	11930
YA2160	2100×6000	12.6	1	200	18.5	230～800	99191
2YA2160	2100×6000	12.6	2	200	22	230～800	11249
YAH2160	2100×6000	12.6	1	400	30	350～1500	12491
2YAH2160	2100×6000	12.6	2	400	30	350～1500	13858
YA2448	2400×4800	11.5	1	200	18.5	200～700	9712
YAH2448	2400×4800	11.5	1	400	30	310～1300	11830
2YAH2448	2400×4800	11.5	2	400	30	310～1300	13012
YA2460	2400×6000	14.4	1	200	30	260～840	12102
2YA2460	2400×6000	14.4	2	200	30	260～840	13511
YAH2460	2400×6000	14.4	1	400	30	400～1700	13096
2YAH2460	2400×6000	14.4	2	400	30	400～1700	14455

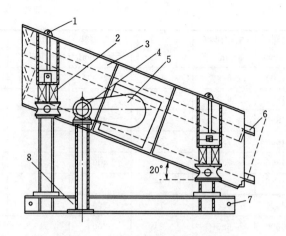

图 2-7　YA 型圆振动筛结构图

1—吊耳；2—弹簧减振装置；3—筛箱；4—电机；5—振动器；6—排料口；7—起吊孔；8—支撑底架

表 2-9　　　　　　　　ZKX 系列直线振动筛机械性能表

型号	筛箱尺寸 /mm	工作面积 /m²	筛面层数	最大入料 尺寸/mm	功率 /kW	生产能力 /(t/h)	重量 /kg
ZKX936	900×3600	3.36	1	0～100	7.5	20～35	4998
2ZKX936	900×3600	3.36	2	≤300	7.5	20～35	5494
ZKX1236	1200×3600	4.40	1	0～100	7.5	30～50	4843
2ZKX1236	1200×3600	4.40	2	≤300	7.5	30～50	5825
ZKX1248	1200×4800	4.50	1	≤300	7.5	33～53	5700
2ZKX1248	1200×4800	4.50	2	≤300	11	33～53	7285
ZKX1536	1500×3600	5.00	1	≤300	7.5	35～55	5307
2ZKX1536	1500×3600	5.00	2	≤300	7.5	35～55	7215
2ZKX1542	1500×4200	5.50	2	≤300	11	40～55	7070
ZKX1548	1500×4800	6.00	1	≤300	11	42～70	6611
2ZKX1548	1500×4800	6.00	2	≤300	11	42～70	8026
ZKX1836	1800×3600	7.00	1	≤300	7.5	45～85	5715
2ZKX1836	1800×3600	7.00	2	≤300	11	45～85	7463
2ZKX1842	1800×4200	7.50	2	≤300	11	50～90	8816
ZKX1848	1800×4800	8.90	1	≤300	11	60～100	6919
2ZKX1848	1800×4800	8.90	2	0～100	15	60～100	10074
ZKX2148	2100×4800	10.40	1	0～150	11	70～110	8738
2ZKX2148	2100×4800	10.40	2	0～150	22	70～110	14161
ZKX2448	2400×4800	12.00	1	≤300	15	80～125	9228
2ZKX2448	2400×4800	12.00	2	≤300	22	80～125	13755
ZKX2460	2400×6000	14.90	1	0～100	22	95～170	13330
2ZKX2460	2400×6000	14.90	2	≤300	30	95～170	15246
2ZKX2160	2100×6000	13.00	2	≤300	30	90～150	13991
ZKX2160	2100×6000	13.00	1	≤300	22	90～150	10426

（3）粉磨与分选设备。粉磨设备选择复合反击式破碎机、棒磨机、球磨机、立磨机、锤式破碎机，分选设备选择离心式选粉机、旋风式选粉机。MQG干式格子型球磨机规格技术性能见表2-10，MQG干式格子型球磨机结构见图2-9。MB中间周边排料型棒磨机规格机械性能见表2-11，MB中间周边排料型棒磨机结构见图2-10。悬辊式立磨机又称雷蒙机（Raymond）或碗形磨（Bowl mill），其机械性能见表2-12，悬辊式立磨机（雷蒙机）配套风力分析机机械性能见表2-13，悬辊式立磨机结构见图2-11，风力分析机结构见图2-12。

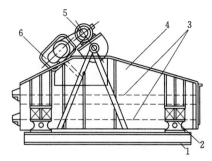

图2-8　ZKX系列直线振动筛结构图

1—筛座；2—弹簧座；3—筛网；4—筛框；5—电动机；6—激振器

表2-10　　　　　　　　　MQG干式格子型球磨机规格技术性能表

筒体规格 （直径/长度） /mm	给料尺寸 /mm	排料尺寸 /mm	介质装入量 /t	生产能力 /（t/h）	筒体转速 /（r/min）	电机功率 /kW	外形尺寸 （长×宽×高） /（m×m×m）	重量 /t
900/1800	≤40	0.075～0.6 0.14～0.83	1.92 2.05	0.33～1.6 0.6～2	39.2	22	3.62×2.2×2.02	3.29
900/2400	≤25	0.83～3	2.7	1.8～4.7	39.2	30		6.6
900/3000	≤25	0.075～0.6	2.7	0.8	37.4	30	6.17×2.03×2.07	
1200/1200	≤20	0.075～0.6	2.4	0.16～2.6	31.33	30	5.15×2.8×2.54	
1200/2400	≤20	0.075～0.6	4.8	0.3～4.3	31.33	55	6.52×2.85×2.54	
1500/1500	≤25	0.075～0.4	5	1.1～3.6	29.2	60	6.08×3.19×2.7	
2100/3000	≤25	0.075～0.8	20	6.5～36	23.8	210	8.8×4.84×3.74	
3600/4000	≤25		80			1250	3.62×2.2×2.02	

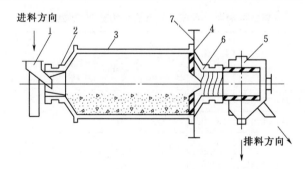

图2-9　MQG干式格子型球磨机结构图

1—给料器；2、6—进出料端盖；3—筒体；4—格板；5—轴承；7—齿轮

表2-11　　　　　　　　　MB中间周边排料型棒磨机规格机械性能表

筒体规格 （直径/长度） /mm	筒体转速 /（r/min）	装棒重量 /t	给料尺寸 /mm	排料尺寸 /mm	生产能力 /（t/h）	电机功率 /kW	外形尺寸 （长×宽×高） /（m×m×m）	重量 /t
900/1800	29.0～31.3	2.3	＜25	0.16～5	1.6～6	22	5900×2365×2015	6.2

筒体规格 （直径/长度） /mm	筒体转速 /(r/min)	装棒重量 /t	给料尺寸 /mm	排料尺寸 /mm	生产能力 /(t/h)	电机功率 /kW	外形尺寸 （长×宽×高） /(m×m×m)	重量 /t
900/2400	29.0～35.4	3.1	<25	0.16～5	2.9～10	30	5250×2480×2127	6.6
1200/2400	27.0～34.0	6.5	<25	0.16～5	5.0～13	55	5829×2867×2540	13.5
1500/3000	26.5～29.8	11.5	<25	0.16～5	6.0～25	95	7635×3329×2749	18.17
1800/3000	21.6～22.8	17.5	<25	0.16～5	4.8～28	155	8007×3873×3023	35.0
2100/3000	19.0～21.0	23.5	<25	0.16～5	12.6～30	155	9000×2800×3800	43.0
2100/3600	19.0～21.0	23.2	<25	0.16～5	15.1～45	210	9000×2800×3800	58.0
2700/3600	17.2～18.5	47.0	<25	0.16～5	25.0～75	400	10870×6100×4950	71.5
2700/4000	17.2～18.5	51.0	<25	0.16～5	27.7～90	410	11500×6100×4950	73.6

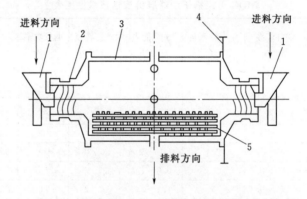

图 2-10　MB 中间周边排料型棒磨机结构图

1—给料器；2—进料端盖；3—筒体；4—齿轮；5—钢棒

表 2-12　　　　　　　悬辊式立磨机（雷蒙机）配套风力分析机械性能表

型号	最大进料 尺寸 /mm	成品尺寸 /mm	生产能力 /(t/h)	中心轴 转速 /(r/min)	磨环内径 /mm	磨辊规格				电机 功率 /kW
						数量 /个	直径 /mm	高度 /mm	自转速 /(r/min)	
3R-2714A	30	0.044～0.125	0.3～1.5	145	830	3	270	140	445	22
4R-3216	35	0.044～0.125	0.6～2.0	124	970	4	320	160	385	30
4R-3216A	35	0.044～0.125	1.0～3.0	130	970	4	320	160		40
5R-4018A	40	0.044～0.125	1.1～6.0	95	1270	5	400	180	95	75

表 2-13　　　　　　　悬辊式立磨机（雷蒙机）配套风力分析机机械性能表

型号	悬叶式分析器			鼓风机			储料斗 容量 /m³	进料机驱 动电机功 率/kW	外形尺寸 （长×宽×高） /(m×m×m)	重量 /t
	直径 /mm	转速 /挡数	电机功率 /kW	风量 /(m³/h)	风压 /mmHg	电机功率 /kW				
3R-2714A	1096	11	3	12000	170	15	1	1.1	4.8×8.0×7.9	9.12
4R-3216	1340		5.5	19000	275	30	1.5	1.1		14.2

型号	悬叶式分析器			鼓风机			储料斗容量/m³	进料机驱动电机功率/kW	外形尺寸（长×宽×高）/(m×m×m)	重量/t
	直径/mm	转速/挡数	电机功率/kW	风量/(m³/h)	风压/mmHg	电机功率/kW				
4R-3216A		11							4.9×7.8×18.6	14.2
5R-4018A	1710	11	7.5	134000	275	55	2.5	1.1	11.8×8.0×14.0	28.32

注 1mmHg＝133.332Pa；R 为雷蒙机。

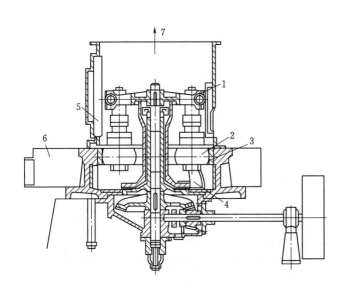 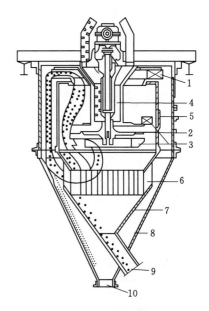

图 2-11　悬辊式立磨机结构图　　　　　　图 2-12　风力分析机结构图
1—梅花架；2—辊子；3—磨环；4—铲刀；　　　1—鼓风叶轮；2—甩料盘；3—辅助叶轮；
5—给料器；6—返回风箱；7—排料部　　　　　4—给料管；5　内筒；6　风箱；7—椎
　　　　　　　　　　　　　　　　　　　　　　体；8—外筒；9—粗料排出口；
　　　　　　　　　　　　　　　　　　　　　　10—细料排出口

（4）输送设备。骨料加工系统半成品及成品粗骨料的输送一般采用通用型 TD75 型胶带输送机，胶带输送机根据破碎、筛分设备能力，选择胶带机的胶带宽度和输送驱动电机和钢结构支架系统。

胶带输送机各种带宽适用最大块度见表 2-14，TD75 型通用胶带输送机生产能力见表 2-15，胶带输送机的输送角度见表 2-16。

表 2-14　　　　　　　　　　　　**胶带输送机各种带宽适用最大块度表**

带宽/mm	500	650	800	1000	1200	1400
最大块度/mm	100	130	180	250	300	350

矿料中的填料粉细矿粉输送，采用正压气力输送、负压气力输送、螺旋输送机、埋刮板机、爪链机、斗提机等。

表 2‒15　　　　　　　　　　　　TD75 型通用胶带输送机生产能力表

断面形式	带速/(m/s)	不同带宽的输送能力/(m³/h)					
		500mm	650mm	800mm	1000mm	1200mm	1400mm
槽型托辊	0.8	78	131	—	—	—	—
	1.0	97	164	278	435	655	891
	1.25	122	206	348	544	819	1115
	1.6	156	264	445	696	1048	1427
	2.0	191	323	546	853	1284	1748
	2.5	232	391	661	1033	1556	2118
	3.15	—	—	824	1233	1858	2528
	4.0	—	—	—	—	2202	2996
平行托辊	0.8	41	67	118	—	—	—
	1.0	52	88	147	230	345	469
	1.25	66	110	184	288	432	588
	1.6	84	142	236	368	553	753
	2.0	103	174	289	451	677	922
	2.5	125	211	350	546	821	1117
功率/kW		1.5～30	1.5～40	2.2～75	4～100	4～185	4～185

表 2‒16　　　　　　　　　　　　胶带输送机的输送角度表

散装物料	输送角度/(°)	摩擦系数	内摩擦角/(°)	静摩擦角/(°)
矿石	≤30	0.58～1.19	30～50	30～50
砾石	≤16	0.287	33.5	30
积土	≤18	0.325	31～45	25
褐煤	≤18	0.325	35	30
砂	≤20	0.364	31	15

2.2.2　沥青混凝土拌和系统设备

沥青混凝土拌和系统设备是土石坝沥青混凝土生产的关键设备,其实际生产能力应满足沥青混凝土施工铺筑强度和质量要求。能够对沥青混凝土组成的各级骨料进行称量、加热、筛分、配重、拌和、储存及卸料等,使它能连续生产,同时又具有较高强度的生产能力。根据沥青混凝土拌和施工工艺的不同,沥青混凝土拌和楼分为强制间歇式及滚筒式两种类型。

拌和设备选择通常根据沥青混凝土工程规模、工期和坝址气候条件、铺筑强度和质量要求、设备经济技术指标等条件,综合比较后进行选择。选择时应注意,拌和设备额定生产能力是以公路沥青混凝土为对象的,由于水工沥青混凝土沥青与公路沥青混凝土相比较,施工配合比要求和计量精度要求高,搅拌时间要长。因此,拌和系统设备生产能力要比生产公路施工时要低。根据国内施工经验，其生产能力一般为设计能力的 50%～70%。同时所选择的系统设备生产能力一般要高于摊铺能力的 5%左右。

大型、中型工程选择固定式和半固定式拌和设备，小型工程可选择移动式。当铺筑强度较大时，一般选择连续烘干、间歇计量和间歇拌和的综合式生产方式，采用强制间歇式沥青混凝土拌和楼和配套的附属设备。

（1）强制间歇式沥青混凝土拌和楼。强制间歇式沥青混凝土拌和楼通常采用固定楼体形式，拌制沥青混凝土的工艺是，先将各种级配的冷骨料（包括人工骨料及天然骨料），在干燥筒内加热、烘干后，经过二次筛分储存，对每级骨料中心配重，通常采用累计称量的办法，与单独称量计量的填充料、沥青，按照设定的配合比，分批投入搅拌灌内进行强制搅拌，成品料也分批卸出。强制间歇式沥青混凝土拌和楼通带采用楼体式，其拌和楼组成见图 2-13。

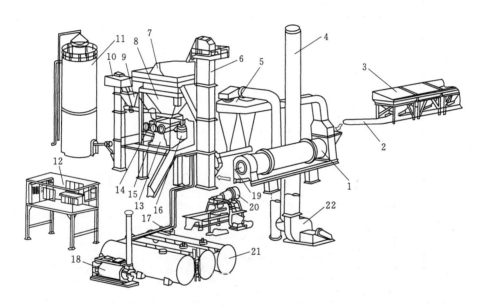

图 2-13　强制间歇式沥青混凝土拌和楼组成图
1—干燥滚筒；2—冷矿料输送机；3—冷矿料储存及配料装置；4—烟囱；5—集尘器；
6—热矿料提升机；7—振动筛；8—热矿料储料仓；9—矿粉输送机；10—矿粉
提升机；11—矿粉筒仓；12—操纵控制室；13—搅拌器；14—矿粉称量斗；
15—热矿料称量斗；16—沥青称量桶；17—沥青输送泵；18—导热油加
热装置；19—燃烧器；20—鼓风机；21—沥青保温罐；22—排风机

强制间歇式沥青混凝土拌和楼生产应用的历史悠久，并且采用相对简单的计量技术，可以获得相对精确的配合比，特别是在道路沥青混凝土的施工中，有了广泛的应用。在土石坝沥青混凝土防渗体工程应用时，其计量方式、计量精度难以满足水工沥青混凝土的技术要求，需经过一定的改造才能满足精度要求。如三峡水利枢纽工程茅坪溪土石坝心墙沥青混凝土拌和楼经改造后，成功实现了对沥青混凝土配重及称量的控制，保证了沥青混凝土的配合比精度。国内部分间歇式沥青混凝土搅拌设备性能见表 2-17。

表 2－17　　　　　　　　　国内部分间歇式沥青混凝土搅拌设备性能表

型　号		LB500	LB1000	LB2000	M3000
1. 冷骨料配料装置	料斗数量	4	4	5	4
	料斗总容积/m³	2.6×4	5.4×4	9.3×5	9×4
	皮带机功率/kW	2.2	4	4	7.5
2. 干燥滚筒	直径×长度/(m×m)	1.2×5.17	1.5×6.5	2.2×8	2.8×9.5
	电机功率/kW	7.5	18.5	15×4	30×4
	滚筒传动方式	链条传动	链条传动	摩擦传动	摩擦传动
3. 主燃烧器	型式	油压雾化式	油压、空气混合雾化式		
	燃烧能力（max；min）/(L/h)	600；100	955；95.5	1677；167.7	2400；240
	控制方式	全自动	全自动	全自动	全自动
	温度控制误差/℃	≤±5	≤±5	≤±5	≤±5
4. 热骨料提升机	型式	链斗式	链斗式	链斗式	链斗式
	电机功率/kW	5.5	7.5	18.5	15
5. 振动筛	筛网	2层4段式	2层4段式	2层4段式	2层4段式
	电机功率/(kW×个)	2.2×2	5.5×2	11×2	18.5
6. 热骨料储存仓	型式	4个斗仓	4个斗仓	4个斗仓	4个斗仓
	总容积/m³	5	6.25	20	25.5
7. 砂石料计量秤	型式	拉力式承重传感器、4点悬挂			
	称量斗容量/kg	500	1000	2000	3000
8. 矿粉计量秤	型式	拉力式承重传感器、3点悬挂			
	称量斗容量/kg	100	200	400	600
9. 沥青计量秤	型式	拉力式承重传感器、3点悬挂			
	称量斗容量/kg	100	150	300	480
10. 搅拌机	型式	双卧轴桨式搅拌			
	电机功率/kW	22	30	75	75
	搅拌周期/s	36～60	36～60	36～60	45～60
	搅拌能力/(kg/锅)	500	1000	2000	3000
11. 粉料供给系统	型式	矿粉料斗、螺旋机输送	新粉筒仓、回收粉筒仓、螺旋输送机供给		
	筒仓容积/m³	1.3	31×2	31×2	67×2
	电机功率/kW	11	11×2	11×2	18.5×2
12. 沥青供给系统	沥青保温方式	导热油加热			
	保温罐容量/L	24000	40000	54000×2	60000×2
	沥青泵功率/kW	7.5	7.5	15	15
	沥青泵流量/L	25	25	50	50

型　号			LB500	LB1000	LB2000	M3000
13. 集尘装置	（1）一级集尘器		4管离心式	12管离心式	惯性式	惯性式
	旋风管（直径×长度）/(mm×mm)		450×1780	300×1010	—	—
	引风机功率/kW		11	37	—	—
	（2）二级集尘器		文丘里湿式	布袋式或文丘里湿式	布袋式集尘	布袋式集尘
	水泵	功率/kW	3	(5.5)	—	—
		流量/(m³/h)	30	(60)	—	—
		扬程/m	18	(18)	—	—
	引风机	功率/kW	30	75（75）	132	185
		风量/(m³/h)	13723	37600（35099）	68760	103700
		风压/Pa	5000	3606（5266）	4030	3981
	布袋	数量/只	—	384	768	1152
		过滤面积/m²	—	444.2	888.4	1332.6
		清理方式	—	大气反吹式	大气反吹式	大气反吹式
14. 导热油加热装置	型号		1120	2250	3300	3300
	油泵电机功率/kW		7.5	7.5	7.5	7.5
15. 成品料储存仓	型式		单仓矿渣棉保温电加热	双仓矿渣棉保温电加热	双仓矿渣棉保温电加热	单仓矿渣棉保温电加热
	储存仓容积/m³		37	48＋37	48＋37	29.5
	运料斗车	容量/kg	800	1600	3200	4800
		电机功率/kW	22	30	37	45
		运行周期/s	36～60	36～60	36～60	45～60
16. 电气控制系统	控制方式		手动、半自动、全自动		手动、全自动（计算机控制）	
	总装机容量/kW		180	348	510	725
	电源		380V/50Hz，3相4线			
	控制电源		110V			
	空压机	型式	往复式		螺杆式＋往复式	
		电机功率/kW	7.5	7.5×3	30＋7.5	30＋7.5
		排量/(m³/min)	0.8	0.8×3	3＋0.8	3＋0.8
		风压/MPa	0.8	0.8	0.8	0.8
生产能力/(t/h)			30～40	60～80	120～160	180～240

　　（2）滚筒式沥青混凝土拌和楼。滚筒式沥青混凝土拌和楼一般采用移动楼体结构型式，全套设备分为若干个运输单元，在现场可快速组装，投入使用。沥青混凝土拌和工艺是冷骨料的烘干、加热与热沥青的拌和在同一滚筒内进行，其拌和方式是非强制式的，依靠骨料在旋转筒内的自行跌落而实现沥青材料对骨料的裹覆。

滚筒式沥青混凝土拌和楼的最大特点，就是简化了拌和工艺，从而简化了施工设备。这是因为具有一定含水量的湿骨料，在进入干燥筒之初，其中细颗粒的粉尘含水且黏附在骨料上，随着骨料被烘干，水分被蒸发出来，在筒内形成了惰性水蒸气的氛围，随后烘干加热了的骨料又被沥青裹覆，使得细颗粒的粉尘向外散发的机会大为减少，无须设置复杂的除尘设备，容易满足环保对施工的要求。

滚筒式沥青混凝土拌和设备的外部结构型式、驱动方式、支撑方式等，与强制间歇式拌和设备的干燥滚筒基本一致。两者之间的最大区别是前者的加热装置设在进料端，集尘装置设在滚筒的出料端，物料与气流同向流动。滚筒式沥青混凝土拌和楼组成见图2-14。国内部分滚筒式沥青混凝土拌和楼设备技术性能见表2-18。

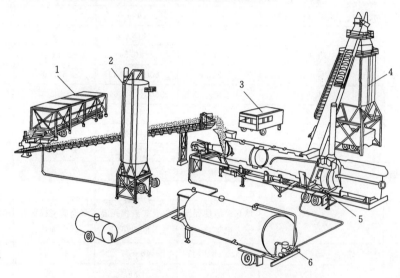

图 2-14　滚筒式沥青混凝土拌和楼组成图
1—冷集料和配料装置；2—矿粉供给系统；3—操作、控制中心；4—成品
料储存仓；5—干燥拌和除尘系统；6—沥青供应和喷洒系统

表 2-18　　　　　国内部分滚筒式沥青混凝土拌和楼设备技术性能表

型号	功率/kW	生产能力/(t/h)	控制系统	混合料温度/℃	燃料品种	燃料消耗/(kg/h)
HHR25		25	电器控制	140～170	重油、渣油、柴油	106
DHNB25	70.58	25	电器控制	140～170	重油、渣油、柴油	150
DHNB63	170	63	电器控制	140～170	重油、渣油、柴油	165～570
DHNB80	170	80	微机自动控制	140～170	重油、渣油、柴油	210～720
DHNB100	190	100	任选	140～170	重油、渣油、柴油	260～910
DHNB160	200	160	任选	140～170	重油、渣油、柴油	400～1450
LHB20		20	电器控制	140～160	重油、渣油、柴油	120
LHB30		30	电器控制	140～160	重油、渣油、柴油	180
LHB60		60	电器控制	140～160	重油、渣油、柴油	360
LHB100		100	电器控制	140～160	重油、渣油、柴油	600
LHB150		150	电器控制	140～160	重油、渣油、柴油	900

2.2.3 运输设备

沥青混凝土运输设备是指从拌和系统到现场作业面铺筑设备之间的水平和垂直运输设备。运输设备主要是保温自卸车、汽车吊车、底开式立罐、平板汽车、带保温罐的装载机等设备。运输方式一般有以下两种基本方式。

（1）汽车运输。沥青混合料装在汽车上的底开式立罐中运到施工现场作业面吊车旁，现场吊车吊起立罐，将沥青混合料卸入喂料车转运至摊铺机受料斗内。

（2）沥青混合料由保温自卸车运至施工现场，卸入装载机改装的保温罐内，装载机将保温罐内沥青混合料转运卸入摊铺机内。

运输设备一般是根据铺筑强度、运距、运输方式、保温要求等，选择运输设备型号和数量。其中所选择汽车运输设备数量要按照出勤率进行选择，还要配备防雨篷布。

2.2.4 摊铺设备

沥青混凝土摊铺设备是土石坝沥青防渗体施工的关键设备。土石坝沥青混凝土防渗体分为沥青混凝土面板和沥青混凝土心墙两种结构型式，两种结构防渗体施工时摊铺要求各不相同。在土石坝沥青混凝土防渗体施工中将摊铺设备分为防渗沥青混凝土心墙摊铺设备和防渗面板沥青混凝土摊铺设备两类。摊铺设备一般根据摊铺强度、施工进度计划、设计技术要求选择设备型号和数量配置摊铺设备。

（1）心墙沥青混凝土摊铺设备。沥青混凝土心墙为变截面的墙体结构，其摊铺宽度较窄，心墙两侧为过渡料。随着沥青混凝土心墙施工质量和施工要求不断提高，对沥青混凝土心墙摊铺设备要求也相应提高。

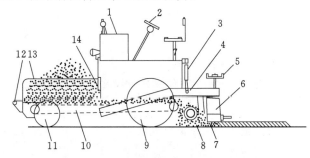

图2-15 摊铺机结构与工作过程图

1—发动机；2—方向盘；3—侧臂提升油缸；4—侧臂；5—烫平器升降操纵手把；6—烫平器；7—振捣器；8—螺旋摊铺器；9—驱动轮；10—刮板输送器；11—转向轮；12—顶推滚；13—沥青混合受料斗；14—闸门

大型工程选择的摊铺机前面装有红外线加热器，具备摊铺高度和摊铺宽度可调功能，能够同时进行心墙沥青混凝土和两侧过渡料摊铺，设有预压实装置的第三代履带式摊铺机。中小型工程选择自行式和牵引式心墙沥青混凝土的摊铺机，摊铺机结构与工作过程见图2-15。德国第三代心墙摊铺机结构见图2-16。

（2）面板沥青混凝土摊铺设备。土石坝面板沥青混凝土摊铺设备，主要是选择带烫平装配的斜坡履带式摊铺机和带斜坡供料机、移动牵引台车的摊铺机。后一种摊铺机在斜坡距离较长时使用。沥青混凝土斜坡摊铺机结构见图2-17，斜面振动碾牵引车结构见图2-18。

2.2.5 碾压设备

碾压设备是沥青混合料摊铺后的压实形成结构的设备。一般根据工程设计技术要求和规范选择设备型号和数量。

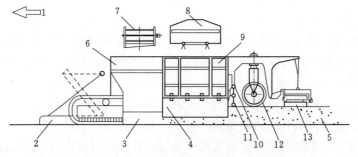

图 2-16　德国第三代心墙摊铺机结构图

1—摊铺方向；2—加热器；3—钢模板；4—沥青混凝土摊铺厚度调制器；5—过渡料；6—沥青混合料受料漏斗；
7—沥青混合料链板式运输器或其他方法装料；8—装载机装过渡料；9—过渡料漏斗；10—过渡料整平器；
11—沥青混凝土预压装置；12—橡胶轮；13—三个振动板（中间一个有加热器）

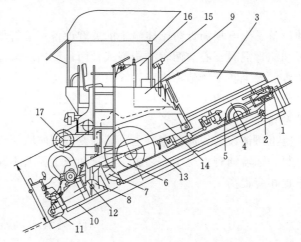

图 2-17　沥青混凝土斜坡摊铺机结构图

1—推辊；2—牵引滑轮；3—料斗；4—前轮；5—转向系统；6—后轮；7—刮板运输机；8—螺旋铺平器；
9—操作平台；10—振动烫平器（包括烫平板、柴油预热系统、倾角调整机构、大臂、横梁刮刀
侧板、激振器和减振机构）；11—压边器；12—柴油预热系统；13—接缝加热器；14—机架；
15—信号灯；16—液压控制系统；17——次碾压卷扬机

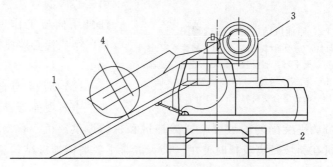

图 2-18　斜面振动碾牵引车结构图

1—跳板；2—行走底盘；3—液压绞车；4—拖式振动碾

（1）心墙碾压设备。为防止陷碾和满足正常工作要求，心墙压实选用小型设备。当宽度大于80cm的沥青混凝土心墙，选择自重1.0～1.5t，宽度为80cm、90cm的自行式振

动碾。当宽度小于 80cm 的沥青混凝土心墙，可选择宽度为 50cm 的手扶式振动碾。两侧过渡料选择自重小于 10t 的振动碾。

（2）面板碾压设备。当沥青混合料设有初压摊铺机摊铺沥青混合料后，选择小于 1.5t 的振动碾进行初压，待摊铺机从摊铺条幅上移除后，选择 3.0～6.0t 的振动碾进行二次碾压。若摊铺机没有初压设备，可选择 3.0～6.0t 的振动碾进行初压和二次碾压。斜坡振动碾作业时需要配置可移动的牵引设备控制振动碾上下行驶速度。

（3）边角部位碾压设备。心墙和面板沥青混凝土防渗体边角部位，选择蛙式和内燃打夯机。

2.2.6　其他设备

其他设备是指辅助沥青混凝土施工的专用设备。可根据工程设计和施工要求进行选择设备型号和数量。主要包括沥青洒布机、沥青玛𫟼脂专用拌和机、沥青玛𫟼脂专用施工设备、沥青混凝土斜坡施工牵引设备、沥青混凝土人工摊铺使用的红外线加热设备及煤气燃气加热设备。

2.3　施工程序

沥青混凝土防渗体是土石坝施工的重要组成部分，在沥青混凝土防渗体开始施工后，将直接控制土石坝的施工进度和施工质量。其施工程序主要是根据土石坝结构布置和沥青混凝土防渗体结构型式、施工导流方式、施工总进度、气象与水文条件等资料，来确定沥青混凝土防渗体的施工设施布置、施工试验等现场施工各项准备，沥青混凝土防渗体铺筑施工与土石坝、水库库盆等结构基础开挖，沥青混凝土防渗体基础混凝土浇筑，坝体填筑等项目的先后次序和逻辑关系，并且满足后续其他工序施工程序要求。

2.3.1　沥青混凝土心墙施工程序

土石坝沥青混凝土心墙防渗体是在沥青混凝土心墙的底部混凝土基座浇筑提供施工部位后开始进行的施工项目，其施工程序如下。

（1）在土石坝基础开挖至心墙的底部混凝土基座施工期间，进行沥青混凝土骨料加工系统、拌和系统布置，设备安装调试，混凝土配合比设计，沥青混凝土场外和生产性铺筑试验等项目的施工准备。

（2）在沥青混凝土心墙的底部混凝土基座提供部位后，按照沥青混凝土心墙机械摊铺、人工摊铺施工分区和分层要求，从下往上分层进行沥青混凝土心墙施工和质量检测，直到沥青混凝土心墙防渗体达到设计高程。

（3）在沥青混凝土心墙施工的同时，按照设计要求进行监测仪器埋设与施工期监测。

（4）土石坝的沥青混凝土心墙防渗体采用铺筑法施工，沥青混凝土心墙应与两侧的过渡料同时铺筑施工，并与过渡料两侧坝壳料同步上升。在坝壳料与过渡料填筑连接处，由于土石坝的坝壳料填筑一层厚度比沥青混凝土防渗体和过渡料铺筑一层的厚度要厚，存在填筑高差，为满足土石坝沥青混凝土和坝体填筑均衡同步上升要求，在施工期间，沥青混凝土和过渡料与相邻坝壳料的填筑高差不大于 80cm。相当于填筑一次坝壳土石料，铺筑

3～4层沥青混凝土和过渡料。

2.3.2　沥青混凝土面板施工程序

沥青混凝土面板防渗体主要用在土石坝工程和抽水蓄能电站水库库盆工程中，各自施工程序如下。

（1）土石坝工程沥青混凝土面板防渗体施工程序。土石坝面板防渗体施工是在土石坝坝体填筑提供部位后开始施工的施工项目，其施工程序如下。

1）在土石方开挖、面板底部的基础混凝土齿墙或混凝土防渗墙施工、坝体填筑到设计高程或分级施工设计高程期间，进行沥青混凝土骨料加工系统、拌和系统布置和设备安装调试，混凝土配合比设计，沥青混凝土场外和生产性铺筑试验等项目的施工准备。

2）坝体填筑到设计或分级施工高程后，按照沥青混凝土面板条带划分和面板防渗体结构设计要求，进行斜坡面各条带沥青混凝土防渗面板施工和质量检测。

3）在斜坡面体施工完成后及时进行面板岸坡、顶部、施工冷缝、狭窄地段等特殊部位面板施工。

4）在分级施工的土石坝中，当坝体继续填筑到分级高程后，继续按照沥青混凝土面板条带划分，将沥青混凝土面板的垫层、面板、封层工序施工到设计高程。

（2）水库库盆工程沥青混凝土面板防渗体施工程序。水库库盆工程沥青混凝土面板防渗体施工是在库盆边坡和库底开挖完成后开始的施工，其施工程序如下。

1）在水库库盆结构开挖期间，进行沥青混凝土骨料加工系统、拌和系统布置和设备安装调试，混凝土配合比设计，沥青混凝土场外和生产性铺筑试验等项目的施工准备。

2）在水库库盆边坡和库底开挖验收后，按照先库底后斜坡面的顺序和面板防渗体结构设计要求，进行库底、斜坡面各条带沥青混凝土防渗面板施工和质量检测。

3）在库底和斜坡面沥青混凝土防渗面板施工完成后及时进行面板岸坡、顶部曲面、施工冷缝、隔水带、混凝土等刚性建筑物狭窄地段等特殊部位沥青混凝土防渗面板施工。

2.4　施工进度计划

沥青混凝土防渗体是土石坝、水库库盆等水工建筑物施工的重要组成部分，在沥青混凝土防渗体开始施工后，作为主要施工项目，直接影响工程总进度计划的按期完成。其施工进度计划编制，应根据水工建筑物的结构布置、沥青混凝土防渗体结构型式、施工程序中确定的先后次序和逻辑关系，计算各单项工程和工序的相对延时时间，确定相互间的搭接起止时间，从而找到关键线路和完成总工期时间，得出关键施工项目的施工强度和资源配置要求。

2.4.1　沥青混凝土心墙防渗体施工进度计划

沥青混凝土心墙防渗体是土石坝内结构的一部分，在心墙底部的混凝土基座提供部位后与坝壳土石料一起同步进行的施工。由于沥青混凝土心墙防渗体摊铺层厚、一天内连续铺筑的层数等直接影响施工进度的快慢，同时还受气温和雨、雪天等因素影响，造成有效天数减少，使沥青混凝土心墙防渗体施工成为土石坝工程控制性施工项目。

沥青混凝土心墙防渗体施工进度编制关键是，在沥青混凝土心墙防渗体心墙基础沥青混凝土提供部位前完成各项准备工作，同时根据现场环境情况、有效施工天数、设备配置，通过现场试验，选择合适的摊铺层厚和每天连续铺筑层数，以满足坝壳土石料的填筑施工进度要求，从而保证土石坝总进度按期完成。

（1）施工准备。主要是沥青混凝土骨料加工系统、拌和系统布置设计，土建施工、金属结构和设备安装调试，沥青混凝土配合比设计，沥青混凝土场外和生产性铺筑试验等项目；现场土石坝基础开挖、填筑、防渗体基础混凝土浇筑等准备工作。施工准备在沥青混凝土心墙能否正常进行的基本要求之上，还具有施工项目多、工程量大、施工难度大、工序多、质量要求高、时间紧等特点。在编制施工进度时应首先编制完成骨料加工系统、沥青混凝土拌和系统土建施工、金属结构、机电设备采购、运输、制作、安装和调试各单项工作所需要的工序、工程量，根据施工结构设计和施工方案计算持续施工，然后进行施工先后顺序和逻辑关系分析，确定搭接起止时间和各项单项工作完成时间。

（2）摊铺层厚。就是摊铺一层的厚度，我国心墙沥青混凝土防渗体摊铺厚度一般为20～25cm，压实的厚度为15～20cm，并以此编制施工进度。冶勒水电站心墙沥青混凝土摊铺层厚达到25～30cm，压实厚度为20～25cm。

（3）每天连续铺筑层数。心墙沥青混凝土防渗体铺筑一般为一天内连续铺筑1～2层，并以此编制施工进度，冶勒水电站一天内连续铺筑2～3层。

（4）通过工程水文气象等条件，确定有效天数。根据现场试验所确定的摊铺层厚进行沥青混凝土心墙铺筑分层，绘制本工程沥青混凝土心墙铺筑分层图。根据一天连续铺筑层数和有效施工天数，就可计算出完成心墙沥青混凝土防渗体的最后时间。

2.4.2　沥青混凝土面板施工进度计划

沥青混凝土面板主要应用在土石坝、抽水蓄能电站水库库盆等水工建筑物表面的沥青混凝土防渗结构。各自施工进度计划要求如下。

（1）土石坝沥青混凝土面板施工进度计划。在土石坝工程中，当土石坝填筑到分区度汛拦洪高程后开始施工，因其直接控制土石坝的施工总进度，故成为关键施工项目。

土石坝沥青混凝土面板施工进度计划编制关键是要在土石坝填筑到分区度汛拦洪高程前完成各项施工准备工作，同时根据现场环境情况、有效施工天数、设备配置，确定通过现场试验，选择合适的平面、斜坡面摊铺条带宽度和一个条带各层结构铺筑所需时间及作业面数量，以达到满足面板防渗体施工进度的要求，从而保证土石坝总进度按期完成。

1）施工准备。在土石坝填筑为沥青混凝土施工之前，完成沥青混凝土骨料加工系统、拌和系统布置和设备安装调试，混凝土配合比设计，沥青混凝土场外和生产性铺筑试验等项目的施工各项准备工作。

2）垫层施工。垫层施工部位在土石坝的上游迎水面，其施工是与坝体填筑同时施工，垫层每升高3.0～4.5m，用反铲进行削坡，削坡后坡面预留出斜坡碾压的预沉降量，削坡后由人工进行坡面整修，用斜坡碾进行斜坡面碾压，表面喷射乳化沥青。

3）摊铺条带宽度。面板防渗体的摊铺条带宽度是控制施工质量和进度的重要参数，一般尽量选择较大摊铺条带。加大沥青混凝土面板摊铺宽度，可以减少施工接缝，提高面板的抗渗性和整体性，同时也减少施工条带数量，加快施工进度。土石坝坝体斜坡面沥青混凝土摊铺条带宽度一般为3～5m。峡口水电站土石坝斜坡面摊铺宽度为3m。

4）每个条带各层结构铺筑的施工时间。是指一个条带中各层结构作业完成时间与上下层间隔的时间之和。各层结构作业完成时间一般都是通过试验来确定，上下层间隔时间一般不超过48h。

5）通过工程水文气象等条件，确定有效天数。根据所选摊铺设备的摊铺条带宽度，绘制面板铺筑施工条带划分布置图，根据现场试验所确定的一个条带各层铺筑施工所需的时间，然后进行施工区和作业面施工顺序和逻辑关系分析，确定搭接起止时间，得出完成施工所需时间，对照总进度计划，选择作业面数量。

6）进度计划编制完成后，为保证计划能够按期实现，还要根据施工进度和质量要求，找出影响施工的关键工序和项目，制定施工组织、技术、资源配置、质量、安全等保证措施，从而保证土石坝工程总进度计划按期完成。

（2）水库库盆沥青混凝土面板施工进度计划。水库库盆开挖验收后开始施工，因其直接控制水库库盆的施工总进度，成为关键施工项目。

水库库盆沥青混凝土面板施工进度计划关键是要在水库库盆开挖完成前完成各项施工准备工作，同时根据现场环境情况、有效施工天数、设备配置，确定通过现场试验，选择合适的水库库底平面、水库库岸斜坡面摊铺条带宽度和一个条带各层结构铺筑所需时间及作业面数量，以达到满足面板防渗体施工进度要求，从而保证水库库盆工程总进度计划按期完成。

1）施工准备。在水库库盆开挖完成前，完成沥青混凝土骨料加工系统、拌和系统布置和设备安装调试，混凝土配合比设计，沥青混凝土场外和生产性铺筑试验等项目的施工各项准备工作。

2）垫层施工。垫层的施工部位为库盆的库底和斜坡库岸，库底为开挖土质、岩石平面基础，库岸为开挖形成土质或岩石边坡基础。垫层施工方法：首先要进行库底平面和库岸斜坡面整修，土质平面和边坡还要碾压喷洒除草剂；然后分层进行垫层料铺筑施工，表面喷射乳化沥青。水库垫层施工是占直线工期的施工项目，沥青混凝土面板防渗施工进度应从垫层施工开始计算。

3）摊铺条带宽度。水库库底平面摊铺条带宽度为5～9m，库盆岸坡沥青混凝土摊铺条带宽度一般为3～5m。

天荒坪抽水蓄能电站的库底和坡面摊铺宽度均为5m。张河湾抽水蓄能电站的斜坡面摊铺条带宽度为4m，库底摊铺条带宽度为6m。西龙池抽水蓄能电站上水库斜坡面摊铺条带宽度为4.15m，库底摊铺条带宽度为6.4m。呼和浩特抽水蓄能电站上水库库底条带宽度为6.4m，库岸条带宽度为4.25m。

4）每个条带各层结构铺筑的施工时间。是指一个条带中各层结构作业完成时间与上下层间隔的时间之和。各层结构作业完成时间一般都是通过试验来确定，上下层间隔时间一般不超过48h。

5）通过工程水文气象等条件，确定有效天数。根据所选摊铺设备的摊铺条带宽度，绘制水库库底和库岸沥青混凝土面板铺筑施工条带划分布置图，根据现场试验所确定的一个条带各层结构铺筑施工所需的时间，然后进行施工区和作业面施工顺序和逻辑关系分析，确定搭接起止时间，得出完成施工所需时间，对照总进度计划，选择作业面数量。水库库底一般选择1～2个作业面，库岸选择2个作业面。

6）进度计划编制完成后，为保证计划能够按期实现，还要根据施工总进度和质量要求，找出影响施工的关键工序和项目，制定施工组织、技术、资源配置、质量、安全等保证措施，从而保证水库库盆工程总进度计划按期完成。

2.5 安全与环保

土石坝中沥青混凝土防渗体施工是骨料开采、筛分，沥青混合料生产，土石坝沥青混凝土防渗体施工三个主要部分。施工中存在许多不安全的因素和对周边环境的影响问题，其造成的后果和影响都是很大的，需要采取有效的措施来保证施工安全和对环境进行保护。

2.5.1 骨料开采

骨料是沥青混凝土的主要原材料，为满足骨料粒径级配要求，一般是在石料场通过钻爆方式开采，然后对运输的骨料加工系统进行筛分，达到设计要求。

（1）骨料开采施工不安全因素与存在的环境影响。

1）施工不安全因素。在骨料开采中一般采用深孔台阶钻爆开挖施工，开采一般包括覆盖层开挖、钻爆作业、爆破料开挖运输。施工中存在的不安全因素主要是，在钻孔作业中出现人员和设备安全事故；在爆破作业中出现早爆、盲炮，爆破时产生的爆破振动、冲击波、飞石等爆破有害效应，超出设计范围造成各种不同情况的爆破事故；在石料开挖和运输过程中出现机械和交通安全事故。

2）存在的环境影响。在骨料开采钻爆开挖中对环境的影响主要是，山体开挖产生边坡稳定问题；爆破产生的振动噪声、飞石等有害效应对当地环境的影响；钻孔施工中产生的噪声、粉尘对周边环境造成污染影响。

（2）骨料开采施工安全与环保措施。在进行骨料开采时，应提前对开采施工中可能出现不安全因素和对环境的问题进行研究，制定有效措施，避免出现安全事故和环保问题。

1）在山体表面覆盖层开挖时，应首先开挖和衬砌截排水沟，然后严格按照设计边坡从上往下分层进行开挖，机械操作人员严格按照操作规程进行作业。施工道路应安排专人和设备进行维修，并配置洒水车预防汽车运输产生的灰尘。

2）石方钻孔作业应采用带有收尘装置的液压钻孔设备，爆破应按照《爆破安全规程》（GB 6722）和《水电水利工程爆破施工技术规范》（DL/T 5135）的规定进行爆破作业。爆破参数应按照设计和规范要求进行选择，并通过爆破试验的结果确定爆破参数。爆破有害影响采取控制单段最大起爆药量，对炮孔孔口采用覆盖砂袋、荆笆和铁丝网的方式防护，装药结构采用间隔装药，起爆采用微差延时起爆网络。对于边坡等环境保护对象，在爆破时布置振动检测仪器进行爆破监测。

2.5.2 骨料筛分

骨料筛分是将所开采的石料运到骨料加工系统，通过破碎、筛分、粉料磨细分选、骨料输送转运等工序,将所开采的石料加工成设计所需的各种级配并储存在净料堆场内的过程。

(1) 骨料筛分施工不安全因素与存在的环境影响。

1) 施工不安全因素。骨料筛分主要工序流程是由破碎设备进行粗细骨料破碎,然后由筛分设备将所破碎的粗细骨料进行分级筛分,通过骨料输送胶带机将所筛分的骨料输送到净料场内分级堆积存放,最后用磨细设备将筛分出来的细骨料进行粉料磨制与分选。整个筛分系统都是机械化和电器化施工。施工中存在的不安全安全因素主要是存在出现人员和设备安全事故。

2) 存在的环境影响。骨料筛分对环境的影响主要是破碎和筛分阶段产生的噪声、粉尘。

(2) 骨料筛分施工安全与环保措施。

1) 骨料半成品进入施工现场,不能直接进入破碎加工的受料坑,以免造成受料斗的破坏。

2) 破碎作业通常分为粗碎、细碎两级,采用皮带机进行输送。因此,不仅要确保输送皮带本身的牢固安全,还必须对输送皮带设置足够的保护设施,避免落石伤人。

3) 成品骨料堆场应设置围栏,限制非施工人员设备进入。由于输送皮带在堆场部位较高,即使是施工人员设备要进入,也必须要按照事先制定的相关安全规定执行,确保安全。

4) 粉料分选、输送等都必须在密闭的设备内进行;所有的皮带输送,特别是在骨料自动称量配重装置时,不得随意伸手,以免造成不必要的伤害。

5) 所有设备的检修、维护必须在停机情况下进行,严禁在施工运行过程中进行任何检修、维护。

6) 在骨料破碎和筛分产生粉尘的设备处安装喷水装置,采取喷洒水雾方式降尘。也可使用全封闭生产线。

7) 在粉料加工时,为防止粉尘产生,磨细设备选用球磨机和立磨机,运输采用封闭型的螺旋机,储存采用封闭储料罐。

2.5.3 沥青混合料生产

沥青混合料的生产是将骨料、填料加热,沥青脱桶、加热,混合拌和成设计要求的沥青混合料的过程。

(1) 沥青混合料生产施工不安全因素与存在的环境影响。

1) 在沥青混合料生产过程中,所用的煤、油加热为易燃易爆物品。所用沥青在常温状态下通常是固态的,随着温度的升高,具有一定的流变特性,将由固态向液态转化,当温度超过其软化点时,它将开始软化并逐步变成液态,当温度升高达到其燃点时,能够引起甲烷燃烧、膨胀剂爆炸等不安全因素和对环境的影响。

2) 用沥青配制沥青混合料,要经过熔化、脱水加热保温等工序,沥青加热熔融后成液态,如有水分进入,容易使沥青溢出锅外造成工伤事故。在加热过程中易造成火灾甚至引起爆炸。

3) 沥青加热系统及其设备,在沥青加热生产运行过程中,一直处于燃烧、高温、高压之中，有的加热方法还是开放式的。当沥青加热温度超过闪点，达到燃点时，沥青本身就要燃烧起来，这些都是发生事故的隐患。

4）矿料供给过程、沥青加热、热集料拌和时会散发烟雾。烟雾中含有颗粒物、烃类蒸汽、极少量的多环芳烃和硫化氢等，都可能对操作人员的身体健康和周围环境造成影响。

（2）沥青混合料生产施工安全与环保措施。

1）应建立安全组织机构，订立健全的安全制度，每项工序要有专人负责，设置安全员。工作人员培训合格后方能上岗，并经常进行安全教育和检查。严格遵守操作规程，建立规章制度，要建立具体的防护抢救措施，杜绝各种事故的发生。严格控制无关人员，未经允许且无专人陪同，不得进入沥青混合料拌和现场。

2）各种施工机械和电器设备，均应按有关安全操作规程、规范进行操作养护和维修。对各种机械设备及施工安全设施进行定期检查，消除安全隐患。

3）沥青混凝土拌制中在配制与使用稀释沥青时，应特别注意防火。沥青的熔化、脱水和加热保温场所均必须有防雨、防火设施。沥青加热宜采用内热式加热锅，加热锅应采取保温措施。当内燃式加热锅采用柴油等油料作燃料时，应调节好风压、油压，使油料充分雾化燃烧。油路、风路应经常检查，严防因管路漏油而引起火灾。当采用外热式加热锅时，加热过程中应防止下部沥青因急剧受热体积膨胀而损坏锅体，并应适时清理锅底，以免沉淀物焦化引起锅底过热而熔裂。

4）拌和系统应布置在工程爆破危险区之外，远离易燃品仓库、不受洪水威胁、排水条件良好的位置，以保证在各种情况下均能正常生产。还应满足远离生活区及其他作业区、施工区的下风处的要求，以避免沥青混合料生产过程中产生的粉尘、废气和发生火灾所造成的影响与危害，有效地保护人员和施工现场环境。

5）沥青混凝土拌和系统应按环保要求做好环保工作，砂石料破碎及筛分系统要安装防尘装置。矿料加工及干燥加热阶段，应尽量进行粉尘回收利用，使粉尘排放达到卫生标准。

2.5.4 土石坝沥青混凝土防渗体施工

沥青混凝土防渗体施工是从沥青混合料生产后运到防渗施工部位，现场进行防渗体摊铺、碾压等工序的施工。

（1）沥青防渗体施工不安全因素与存在的环境影响。

1）拌和好后进行运输的沥青混合料，都处于高温状态，通常在160℃以上，在施工运输过程中存在人员烫伤等安全隐患。

2）沥青混凝土防渗体的摊铺及碾压施工，都是在高温条件下进行的。在施工过程中，施工操作人员和质量检测人员都不可避免地要与高温的沥青混合料接触，容易造成烫伤和火灾等安全隐患。

3）在土石坝坝体填筑中同时进行沥青混凝土防渗体施工，存在不同形式的施工机械和人员伤亡事故隐患。

4）沥青混凝土防渗工程施工中，不可避免地会产生一些废弃料，如沥青混凝土拌和楼试生产的一罐、二罐拌和料，场外生产试验摊铺的沥青混凝土，试验室进行抽检试验的弃料及发生质量事故处理的废料等，都会污染环境。

5）沥青混凝土试验室使用的各种化学试剂，对人体健康和周围环境存在影响。

（2）施工安全与环保措施。

1）沥青混凝土施工系高温作业，必须注意安全，应建立安全组织，订立安全制度，由相关职能部门对参与施工的所有人员进行安全培训，经考核合格后上岗。特殊工种应持有效证件上岗。

2）沥青混凝土摊铺施工进行时，只有在安全保护措施全部落实的情况下，才能进入沥青混合料摊铺面上作业，否则，任何人均不得进入施工作业面。经常检查维修牵引机械、钢丝绳、刹车等，无论是心墙沥青混凝土摊铺还是面板水平面、岸坡斜面的沥青混凝土摊铺，所有的施工运转机械均不得作为交通工具，沥青施工人员不得随意操作机械等。

3）施工现场应备有柴油、纱头、肥皂（或洗衣粉）、毛巾和洗手用具，以便操作人员清洗。还应配备防灼伤、防暑药品，以供急用。

4）沥青混凝土施工出现的废弃料，必须按规定的地点集中堆放，并建立相应的防护措施，避免因废弃料流失或扩散而污染环境。对于沥青混凝土试验室使用的各种化学试剂，必须严格控制，要将其弃料倒入专门的容器进行集中，然后妥善进行处理。

3 沥青混凝土原材料

沥青混凝土所用的原材料主要是沥青、骨料、填料、掺料等几种。骨料又分为粗骨料、细骨料。当有特殊要求时，还需掺加沥青改性材料。

沥青混凝土所用各种原材料都有其特殊的物理化学性质，在沥青混凝土中起着不同的作用。沥青混凝土的各项施工性能和工作性能，在很大程度上取决于其原材料的各项物理化学性质，因此，在进行水工沥青混凝土施工时，需要了解沥青混凝土原材料的各种性质、使用要求、加工工艺等理论，才能合理地使用所选择的各种原材料，解决施工中存在的问题。

3.1 沥青

沥青是一种有机胶凝材料，是由一些极其复杂的高分子碳氢化合物及其非金属（氧、氮、硫等）衍生物所组成的混合物。它不溶于水，但能溶于二硫化碳、四氧化碳、三氯甲烷等有机溶剂中，常温下呈固态、半固态或液态，颜色呈黑色、黑褐色。沥青材料具有良好的憎水性、黏结性和塑性，不导电，基本不挥发，能抵抗酸碱侵蚀，抗冲击性能较好，在预热时逐渐软化。

在沥青混凝土中，沥青为胶结材料，将骨料、填料黏结成整体，应用到水工建筑物防渗结构中，其防渗质量主要取决于沥青质量，应该引起高度重视。因此在沥青混凝土施工中，应对沥青材料的技术要求、分类、组成、结构、物理化学性质、性能等内容进行了解。

3.1.1 沥青的分类

沥青可按产源、生产方法、用途、黏稠程度进行分类。

（1）按产源分类。根据沥青材料的来源，沥青材料常分为地沥青和焦油沥青两大类。其中地沥青按产源可分为石油沥青和天然沥青。

1）石油沥青。石油沥青是将石油炼制后剩余的渣油，经适当工艺处理后得到的产品。石油沥青是石油工业的副产品，产源丰富，在工程应用较广。

2）天然沥青。天然沥青是指存在于自然界的天然沥青或从含有沥青的岩石中提炼的产品。天然沥青产源较少，在工程很少应用。

3）焦油沥青。焦油沥青也称焦油，俗称柏油，是干馏煤、木材、油母页岩、泥炭等有机材料所得的副产品。焦油沥青与石油沥青来源不同，可分为煤沥青、木沥青、页岩沥青、泥炭沥青等，其中煤沥青是炼焦或制造煤气的副产品。页岩沥青按其产源属于焦油沥青类，但其建筑性质与石油沥青相似，故也可将它单独列为一类。但页岩沥青的质量较石油沥青差。

（2）按生产方法分为直馏沥青、氧化沥青、裂化沥青、溶剂沥青、调和沥青、乳化沥青、改性沥青等。

1）直馏沥青。石油经加热蒸馏，提出汽油、煤油、柴油机润滑油后，所得的残留物称渣油或直溜沥青。

2）氧化沥青。将渣油加热至250～300℃，并吹入空气，使沥青中各种分子缩合成更高的分子，而得黏度加高的产品，称为氧化沥青。

3）裂化沥青。为了提高汽油、柴油的产量，采用裂化装置进行化学分裂炼制石油，用此法所得的残留物称为裂化渣油或裂化沥青。

4）溶剂沥青。溶剂沥青是对含蜡量较高的重油采用溶剂萃取的方法，再炼出润滑油后所得到的残留物。在溶剂萃取过程中，一些石蜡溶解在溶液中后被提出，使石蜡成分相对减少，因而改变沥青的物理力学性质。

5）调和沥青。用两种或两种以上的不同稠度的沥青或用一定量的轻油，按一定的比例进行混合，这样所得到沥青称为调和沥青。

6）乳化沥青。沥青熔化后经机械作用，使之以细小的微滴状态分散于含有乳化剂的水溶液中，形成水包油的沥青乳液。因乳化剂电离子的不同，有阳离子、阴离子和非离子乳化沥青之别。乳化沥青涂刷后，水分逐渐蒸发，沥青颗粒凝聚形成薄膜。

7）改性沥青。采用专门工艺，将高分子材料掺入沥青后使其性能得到改善的沥青。SBS改性沥青是目前常用的一种聚合物改性沥青。SBS是苯乙烯（S）—丁二烯（B）聚苯乙烯（S）嵌段共聚物的缩写。

（3）按用途分类。按照用途可分为道路沥青、建筑沥青、水工沥青。

1）道路沥青。用于铺筑道路的沥青称为道路沥青。道路沥青是根据针入度的大小划分牌号，并以针入度的平均值命名。道路沥青分为200、180、100甲、100乙、60甲、60乙等牌号。道路沥青也适用于建筑沥青。

2）建筑沥青。用于建筑工程的沥青称为建筑沥青。建筑沥青也是根据针入度的大小划分牌号，并以针入度的平均值命名。道路沥青分为30甲、30乙、10三个牌号。

3）水工沥青。适合于水利水电工程防渗安全要求的石油沥青。我国目前还没有正式颁布水工沥青国家标准，工程中多采用目前已有的水工沥青行业标准和企业标准，或采用道路沥青标准。

（4）按黏稠程度分类。按在常温条件下的稠度程度分类，可分为黏稠石油沥青、液体石油沥青。黏稠石油沥青又可进一步分为固体沥青和半固体沥青。它们常以25℃时的针入度来划分，针入度大于300者为液体沥青；小于80者为固体沥青；针入度在80～300之间者为半固体沥青。

液体石油沥青是一种沥青溶液，多用30号、10号建筑石油沥青或60号道路石油沥青加入轻柴油、煤油或汽油等溶剂在现场自行配制而成。

3.1.2 水工沥青性质及性能

水工沥青主要指适合于水利水电工程防渗安全要求的石油沥青，它是由原油炼制各种燃料油及润滑油后加工得到的一种石油产品。在国外一般没有专门的水工沥青，水利水电工程中施工使用的是道路沥青。我国 1979 年以前已建的水利水电工程中也主要采用道路 60 石油沥青，也有采用 60 乙或 30 甲。渣油也有采用。在 1979 年第二次全国水工沥青技术讨论会上，针对国内沥青品质较低，所用的牌号较杂以及沥青混凝土防渗墙工程建设中存在的问题，为了确保水利水电工程防渗工程质量，水利部提出了水工沥青技术要求和产品质量标准。

我国现行的《土石坝沥青混凝土面板和心墙设计规范》（DL/T 5411—2009）、《土石坝碾压式沥青混凝土施工规范》（DL/T 5363—2006）、《土石坝浇筑式沥青混凝土防渗墙施工技术规范》（DL/T 5258—2010），以及《沥青混凝土面板堆石坝及库盆施工规范》（DL/T 5310—2013）等规范，都制定了水工沥青材料的技术标准。水工沥青混凝土所用沥青的技术要求见表 3-1。

表 3-1　　　　　　　　　　水工沥青混凝土所用沥青的技术要求表

项　目		单位	质量指标			试验方法
			SG90	SG70	SG50	
针入度（25℃，100g，5s）		1/10mm	80～100	60～80	40～60	GB/T 4509
延度（5cm/min，15℃）		cm	≥150	≥150	≥100	GB/T 4508
延度（1cm/min，4℃）		cm	≥20	≥10	—	GB/T 4508
软化点（环球法）		℃	45～52	48～55	53～60	GB/T 4507
溶解度（三氯乙烯）		%	≥99.0	≥99.0	≥99.0	GB/T 11148
脆点		℃	≤-12	≤-10	≤-8	GB/T 4510
闪点（开口法）		℃	230	260	260	GB/T 267
密度（25℃）		g/cm³	实测	实测	实测	GB/T 8928
含蜡量（裂解法）		%	≤2	≤2	≤2	
薄膜烘箱后	质量损失	%	≤0.3	≤0.2	≤0.1	GB/T 5304
	针入度比	%	≥70	≥68	≥68	GB/T 4509
	延度（5cm/min，15℃）	cm	≥100	≥80	≥10	GB/T 4508
	延度（1cm/min，4℃）	cm	≥8	≥4	—	GB/T 4508
	软化点升高	℃	≤5	≤5		GB/T 4507

注　1. SG90 沥青主要适用于寒冷地区碾压式沥青混凝土面板防渗层；SD70 沥青主要适用于碾压式沥青混凝土心墙和碾压式沥青混凝土面板；SG50 沥青主要适用于碾压式沥青混凝土面板封闭层和浇筑式沥青混凝土。
　　2. 引自 DL/T 5411—2009 表 5.02。

3.1.3　石油沥青的成分与结构

（1）石油沥青的成分。石油沥青是由许多分子量不同的碳氢化合物所组成的复杂混合物。通常将这些碳氢化合物，按照其化学成分及物理性质分为几组，称为化学组丛。各化学组丛的含量不同，能直接影响石油沥青的技术指标。石油沥青的各化学组丛及其特性如下。

1）油分。油分为沥青中分子量最小的黏性液体，比重小于 1，含量为 40%～60%，它使沥青具有流动性。

2）沥青脂胶。沥青脂胶为沥青中分子量比油分大的黏稠物质，比重稍大于1，其中分子量较低的，易受热熔化而使黏滞性降低，分子量较高的则较难熔化。在石油沥青中沥青脂胶含量为15%～30%，其中绝大部分属于中性脂胶，它使沥青具有良好的塑性和黏结性。另有少量（约1%）酸性脂胶，称为地沥青酸及酸酐，是沥青中的表面活性物质，能增强沥青与矿物质材料的黏结力。

3）地沥青质。地沥青质为分子量较大的固体物质，比重大于1，受热时不熔化，含量为10%～30%。它能提高沥青的黏滞性和耐热性，但含量增多时将降低沥青的塑性。

4）沥青碳和似碳物。沥青碳和似碳物为沥青中分子量最大的物质，固体物质比重大于1，正常沥青中含量不多，约2%，它们都会降低石油沥青的黏结性。

5）固体石蜡。固体石蜡是沥青中的有害成分，一般不列入化学组丛。呈鳞片状粒结晶的石蜡，对沥青质量的危害较大，能使沥青的黏结性、塑性、耐热性和温度稳定性降低。呈针状细粒结晶的石蜡（称为地蜡），对沥青质量危害较小。

（2）石油沥青结构。石油沥青是胶体物质，具有复杂的胶体结构，它随着化学组丛的含量及温度变化而变化，因此是石油沥青形成了不同类型的胶体结构。这些结构赋予石油沥青各种不同的技术性质。在石油沥青的胶体结构中，分散介质是熔有低分子沥青脂胶的油分，分散相是吸附部分高分子沥青脂胶的地沥青质。

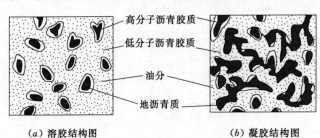

（a）溶胶结构图　　（b）凝胶结构图

图3-1　石油沥青胶体结构图

当沥青质含量较少，油分及沥青脂胶含量较多时，地沥青质在胶体结构中运动较为自由，形成了溶胶结构［见图3-1（a）］。这是液体石油沥青的结构特征。具有溶胶结构的石油沥青，黏滞性小，流动性大，塑性好，但温度稳定性较差。当地沥青含量增多，油分及沥青脂胶含量减少，地沥青质成为不规则空间网状的凝胶结构［见图3-1（b）］。这是固体石油沥青在常温下的结构特征。这种结构的石油沥青具有弹性及触变性质，且黏结性及温度稳定性较好，但塑性较差。

在常温下的黏稠石油沥青，是处于以上两种结构之间的一种溶胶—凝胶结构，其性质也介于两者之间。

石油沥青的结构状态，还随温度的不同而改变。当温度升高时，固体石油沥青中易熔成分逐渐转变为液体，因此使原来的凝胶结构状态逐渐转变为溶胶结构状态。但当温度下降时，它又可以恢复为原来的结构状态。在浇筑或振捣密实过程中，还可以采用振动作用来改变沥青的结构状态。

3.1.4　物理性质

水工沥青物理性质主要是黏滞性、塑性、耐热性及温度稳定性、大气稳定性等。水工沥青技术标准中的各项技术指标，就是水工沥青各种物理性质的评定指标。

（1）黏滞性。石油沥青的黏滞性是指沥青在外力作用下抵抗变形的性能。石油沥青的黏滞性与其各化学组丛的含量及胶体结构特征有关。当其中地沥青质含量较多时，黏滞性较大；将石油沥青加热，使凝胶结构转变为溶胶—凝胶结构或继而转变为溶胶结构时，则黏滞性随之降低。沥青的黏滞性可用密度来说明，黏稠石油沥青的黏滞性常用针入度指标来评定，液体石油沥青的黏滞性用黏滞度指标来评定。

1）沥青密度。沥青的密度是试样在25℃下单位体积所具有的质量。沥青的密度一般都在 1g/cm³ 左右，水工沥青混凝土长期浸泡在水下，密度小于 1g/cm³ 的沥青受到水的浮力较大，沥青与骨料的黏附力被削减；而密度大于 1g/cm³ 的沥青受到的这种作用力较小，沥青与骨料的黏附力被削减得很小甚至没有削减，使得沥青混凝土的运用及其耐久性都受到影响。

沥青的密度是沥青混凝土配合比设计所必需的数据，在某种程度上还可说明沥青的品种和所含杂质的情况。

2）黏稠石油沥青针入度测定方法。通常是在 25℃ 的条件下，以比重为 100g 的标准针，经 5min 插入沥青试样中的深度（1/10mm 为 1 度）来表示，针入度测定见图 3-2。针入度数值较小者，表示其黏滞性较高。

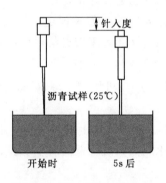
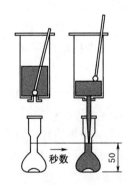

图 3-2　针入度测定示意图　　　　图 3-3　黏滞度测定示意图（单位：mL）

3）液体石油沥青黏滞度测定方法。将液体沥青在规定温度（25℃或60℃）下通过规定孔径（3mm、5mm 或 10mm）流出 50mL 沥青所需的时间（秒数）来表示，黏滞度测定见图 3-3。黏滞度小，表示液体沥青黏滞性低。

（2）塑性。石油沥青的塑性表示其在外力作用下变形能力的大小。

石油沥青的塑性与其化学组丛、温度等因素有关。当组丛中沥青脂胶含量较多时，则塑性较好。温度降低，沥青的塑性将随之降低。石油沥青的塑性可用延伸度指标来评定。

石油沥青的延伸度测定方法：将沥青制成标准试件，在规定温度（一般为25℃）和规定速度（5cm/min）的条件下拉伸，当试件拉断时，被控伸的长度即为延伸度，以 cm 来表示，延伸度测定见图 3-4。延伸度数值越大，表示沥青的塑性越好。

（3）耐热性及温度稳定性。

1）耐热性。耐热性是石油沥青在高温下不软化、不流淌的性能。黏稠沥青的耐热性，通常以软化点表示。软化点是指沥青受热由固态转变为一定流动状态的温度。软化点越高，表示沥青耐热性越高。

软化点测定方法：一般采用"环球仪"测定。即将沥青注入小铜环内，表面放置一个重为 3.5g 的小球，以每分钟 5℃ 的速度加热使沥青软化下垂，当沥青下降到与底板接触时的温度即为软化点（见图 3-5）。

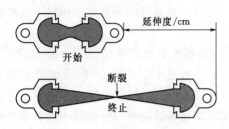

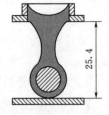

图 3-4　延伸度测定示意图　　　　　图 3-5　软化点测定示意图（单位：mm）

2）温度稳定性。温度稳定性是表示沥青的黏滞性和塑性随温度升降而不致产生较大变化的性能。温度稳定性越高的石油沥青，其随温度升降而产生的黏滞性和塑性的变化越小，在使用时可以保证沥青夏天不软化，冬季不脆裂。①石油沥青的温度稳定性与其化学组丛及结构特征有关，当地沥青质、沥青碳等含量较多时，其温度稳定性较高；石蜡含量增加，会降低沥青的温度稳定性；②石油沥青的温度稳定性评定，可用 25℃、100g 附重、经 5s 的针入度与 0℃、200g 附重、经 60s 两种针入度的比值来评定；针入度比值越小，说明石油沥青的温度稳定性越高；③沥青的温度稳定性还可用熔点与硬化点两个变态温度之间的差值 Δt 来表示，即 $\Delta t = t_0 - t_1$，差值越大说明温度稳定性越好。

熔点（t_0）是指沥青由固态转变为液态的温度。熔点可用"环球仪"测定，但所用钢球较小，直径为 4.52mm，重量为 0.44g。

硬化点（t_1）（亦称脆化点简称脆点）是指涂在金属薄片上的沥青层，逐渐冷却至因金属片的弯曲断裂的温度，以℃表示。沥青的脆化点低，说明低温时不易脆裂。硬化点采用"脆点仪"测定。

（4）大气稳定性。大气稳定性是指石油沥青在热、氧气、阳光等因素的长期综合作用下，性能不显著降低的性质。在上述各因素作用下，首先，石油沥青中各化学组丛将不断转变，一部分油分先挥发；其次，各化学组丛发生转化：

油分 ⟶ 沥青脂胶 / 地沥青酸及酸酐 ⟶ 地沥青质 ⟶ 沥青碳 ⟶ 似碳物

由于油分、沥青脂胶的含量逐渐减少，地沥青质等固体组丛的含量逐渐增多，而使石油沥青的塑性降低、脆性增加、黏结力减低，这种现象称为石油沥青的"老化"。

石油沥青的大气稳定性，常用蒸发减量试验及残渣针入度试验来评定。即将沥青试样加热到 160℃，经 5h 的蒸发后，用其重量损失的百分数及针入度降低的百分数来表示。如重量损失及针入度降低都小，则表示沥青"老化"较慢，大气稳定性较高。

以上四项性质是石油沥青的主要物理性质，也是主要的技术性质。针入度、延伸度、软化点是黏稠石油沥青划分牌号的主要依据，通常称为沥青的三大技术指标。

（5）溶解度、闪点、含水量、蜡含量。为了保证质量和安全施工，在鉴定石油沥青品质时还应当了解沥青的溶解度、闪点、含水量、蜡含量等物理性质。

1）溶解度。溶解度是指沥青在有机溶剂中能够溶解有效物质的含量。沥青中不溶于有机溶剂（三氯乙烯、四氯化碳、二硫化碳、苯等）的杂质过多，会导致其技术性能的降低。溶解度指标表示沥青的纯净程度，一般规定不小于99％。

2）闪点。闪点是指沥青加热时遇火闪火的温度，它是保证安全施工所需的指标。沥青加热至一定温度时，沥青中的轻质油分将挥发，与周围空气形成混合气体。当加热继续至某一温度（闪点温度），气体油分增加到一定浓度时，混合气体遇火就能闪光，若继续升温到一定温度（燃点温度），油浓度继续增加，混合气体遇火就能燃烧。测定闪点的目的，就是为了控制沥青的加热极限温度，防止火灾发生。

闪点的测定方法是将沥青试样放入标准杯，以4℃/min的速率对沥青加热升温，混合气体接触火焰发生闪光的最低温度就是闪点，称为开口杯法（COC）闪点。继续加热到气体接触火焰能被点着，并燃烧不短于5s时的最低温度就是燃点，称为开口杯法（COC）燃点。

3）含水量。含水量是指沥青中含水量的百分数。沥青中若含有水分，当加热熔化时，水分形成泡沫，泡沫体积随温度增高而增大，常使沥青溢出熔锅，使材料受到损失，还容易引起火灾。沥青是一种良好的防水材料，憎水性强，又不溶解于水，组织密实，又无毛细管孔隙，所以水不能通过毛细管孔隙进入沥青。但是，水还会以扩散的方式进入沥青内部，特别是在沥青与黏结物的界面上更为明显，在使用时应特别注意。

4）蜡含量。所谓蜡是指原油、渣油或沥青在冷冻时能结晶析出的、熔点在25℃以上的混合组分，其中主要是高熔点的烃类混合物。石油中的蜡是沥青中的有害成分，对沥青质量的危害较大，能使沥青的黏结性、塑性、耐热性和温度稳定性降低。

3.1.5 化学性质

石油沥青的化学反应性能是有条件性的。在常温、常压、阴暗条件下，沥青对大部分化学反应剂是惰性的，进行氧化反应也是缓慢的。当条件发生变化时，沥青表现出一定的反应活性，例如在200℃以上吹风氧化，沥青进行氧化、脱氢、缩合等一系列反应就会明显加快，使沥青的化学组成和物理性质产生变化，得到氧化沥青产品。

由于沥青的化学组成极为复杂，具有不同的分子结构和极性基团，因此只要改变温度、压力、反应剂和催化剂等条件，沥青就能发生氧化、加氢、加成、磺化、取代、缩合等反应。

在某些情况下，这些反应的存在是有利的，可以利用这些反应来改善沥青的某些性能，或利用这些反应制备出许多新产品；而在某些情况下，这些反应的存在又是不利的，因为反应破坏了沥青原有的性质。如沥青的磺化反应，使沥青增加了磺酸基团，导致沥青的极性增加，遇到碱性物质后，发生中和反应，使沥青的水溶物含量增多，最终导致沥青的黏结性和抗水损害性变差。

（1）磺化反应。浓硫酸及发烟硫酸均可作为石油沥青的磺化剂。用96％的浓硫酸与溶于三氯甲烷中的沥青质反应，当沥青质的浓度在0.35％～3.27％的范围内，硫酸：沥青质溶液为0.3：100～15：85时，只要搅拌10min就能生成不溶于三氯甲烷的物质。随着硫酸用量的增多，这种由沥青质缩合成的不溶于三氯甲烷的物质还会增多，同时比重也逐渐变大。如用发烟硫酸作为磺化剂，反应就更加剧烈。

对胶质磺化作用的研究表明，在80℃下用20％的发烟硫酸与胶质反应2h后，会生成磺化、氧化和缩合等反应产物。当把发烟硫酸的用量提高到40％时，磺化和氧化的程度会继续加深。如再提高发烟硫酸的用量，对反应深度的影响便会逐渐减弱，而且随着发烟硫酸用量的增加，某些反应的速率开始下降。

用浓硫酸代替发烟硫酸时，同样可使胶质进行上述的各种反应，只是程度稍差些。

（2）氧化反应。氧化反应是指沥青与氧接触后，产生一系列的脱氢、氧化和缩聚反应，同时不断释放水、二氧化碳、低分子烃类和低分子含氧物等，使原料的组成和性质发生重大变化。

沥青的氧化反应分为沥青与氧的氧化反应和沥青与氧化剂的氧化反应。沥青与氧的反应又分为高温氧化反应和低温氧化反应。

在一定温度下，各沥青组分与空气中的分子氧起作用而被氧化。温度越高，化合于沥青中的氧就越少。大部分的氧以水、二氧化碳的形式存在于排出的气体中。这种氧的分配关系说明，在用吹气氧化生产沥青时，主要的反应是脱氢反应。对同一沥青而言，温度升高时与沥青化合的氧量减少。

沥青通常是在常温或稍高于常温的环境下使用。从广义上讲，在这样的条件下，可以认为沥青的性质是稳定的。但在漫长的使用过程中，沥青会与空气中的氧发生氧化反应，使其成分发生变化，从而使沥青的性质发生变化。

将低温吸氧后的沥青样品进行四组分分析和凝胶渗析色谱分析证明，经过低温氧化的沥青，其胶质和沥青质均有所增加，相对分子量的分布明显地向大分子方向偏移。

（3）沥青与硫的反应。在180℃以上时，沥青与元素硫的反应进行得相当迅速，反应的结果生成硫化氢及沥青质。反应过程中，硫的原子可能是直接连到沥青分子上生成更大的分子，也可能是沥青断裂后生成较小的分子后又加硫。在高温（240℃）下加硫时，主要进行的是脱氢反应；在低温（140℃左右）下则是硫元素直接加到沥青上的反应。

（4）与卤素的反应。当沥青质与卤素氯、溴及碘等相互作用时，生成相应沥青质的卤素取代物，即主要进行的是取代反应。

（5）与酸、碱的反应。在常温时，沥青常作为一些物体不受酸侵蚀的保护层，它的作用与酸浓度有关。绝大部分沥青都有抵抗稀酸的能力，所以在相当长的时间内，沥青保护层都不会有明显的变化。当酸浓度达到一定程度时，就会对沥青产生腐蚀作用，随着浓度的提高，腐蚀将逐步加剧。因此，沥青对酸的保护作用并不是无限的。

稀碱能侵蚀某些沥青，这很可能是稀碱与沥青中酸性物质反应使沥青生成乳化液的结果。当用0.1％的氢氧化钠与酸值高的软沥青反应时，这种现象更为明显。但浓碱如20％氢氧化钠或10％碳酸钠在常温下与沥青反应时反而看不到有这种现象；在60℃时，即使用这样浓度的碱，在沥青的表面也会出现类似乳化的迹象。

3.1.6　沥青的性能

（1）沥青的感温性。感温性就是沥青的黏度随温度变化而改变的程度。常用针入度指数（PI）来衡量。

针入度指数反应沥青偏离牛顿流体的程度。$PI<-2$的沥青为溶胶状，其感温性强，相同温度条件下更接近牛顿流体，低温时显示出脆性性质。溶胶型沥青油分和胶质含量较

多，沥青质在胶体中运动自如，结构黏度小，热稳定性较差；$PI > +2$ 的沥青为凝胶型，其感温性小，低温脆性较小，但耐久性较差，低温难。实际工程中 PI 应有个范围，过高过低都不好。对于大坝运行时，希望沥青具有较小的感温性，且具有较好的热稳定和低温抗裂性；但是在施工过程中，感温性太低可能增加施工管理的难度。因此，综合考虑这些因素，目前普遍要求 PI 在 $-2.0 \sim +2.0$ 之间，相应的沥青为溶凝胶型，这类沥青含有适量的油分和胶质。

（2）沥青的高温性能。水利水电工程中应予注意的沥青材料高温问题有：在工程运用期的斜坡稳定性问题和施工期间的各种施工温度问题，包括拌和温度、摊铺温度和碾压温度问题。这些问题应当是针对沥青混合料的。但仅从沥青的角度，这些问题基本上是关于沥青的黏度及其变化规律的问题。黏度的概念源于牛顿内摩擦公式，即流体的剪应力与剪应变速率之比，单位为 Pa·s。黏度一般与温度有关。例如当温度在 $0 \sim 60℃$ 时，水的黏度为 $0.0018 \sim 0.0005$Pa·s。对于非牛顿流体，黏度不是常数，还与剪切应变速率有关。

对于沥青混凝土的斜坡稳定性，通常采用斜坡流淌试验来判定，当试验标准条件下的流淌值小于临界值时，即可判断斜坡稳定性满足要求。对于沥青材料，则通常要求其软化点满足一定要求。

另外在高温区，大多数沥青属于牛顿流体，100℃时沥青可以自由流动，黏度可小于 1Pa·s。在中温区接近软化点附近，沥青的流动受阻，并受剪切速率影响，黏度不再是常数。如 60℃时沥青黏度在 $1 \sim 1000$Pa·s 之间。在公路工程中，夏季路面温度可达 $50 \sim 70℃$，测定 60℃下的沥青黏度可以反映路面沥青的实际稳定情况。因此，美国、澳大利亚等国采用 60℃作为沥青的分级指标。面板坝坝面的斜坡稳定与此类似，在选择沥青时，也可以把 60℃黏度作为参考指标，具体指标数值还需在实践中积累经验。60℃黏度的测试方法采用《石油沥青黏度测定法（真空毛细管法）》（SH/T 0557—1998）进行。

在制备沥青混合料时，合适的拌和温度应能使沥青处于最佳的黏度状态。黏度太大，集料得不到充分的裹覆；黏度太低，集料虽易于裹覆，但在沥青混合料的储存过程中将被离析。在沥青混合料压实过程中，黏度太大，则沥青混合料不易压实；黏度太低，则沥青混合料流动性太大，材料易在碾子前推挤，或造成陷碾，影响摊铺层外观。根据国外资料介绍，适宜裹覆的沥青黏度约为 0.2Pa·s，适宜压实的沥青黏度约为 $0.2 \sim 20$Pa·s。各类施工的沥青适宜黏度范围见表 3 - 2，可供参考。

表 3 - 2　　　　　　　　　　各类施工的沥青适宜黏度范围表

施　工　项　目	运动黏度/（mm²/s）	动力黏度/（Pa·s）
沥青混合料摊铺碾压沥青泵送	$300 \sim 2000$ $1000 \sim 1500$	$0.3 \sim 2.0$ $1.0 \sim 1500$
沥青混合料拌和 沥青喷嘴喷洒	$100 \sim 300$ $30 \sim 50$	$0.1 \sim 0.3$ $0.03 \sim 0.05$

（3）沥青的低温性能。沥青混凝土低温性能主要是沥青的低温抗裂性能。而沥青材料的相关低温性参数有：反映其相转变的玻璃化温度、低温延度和 15℃针入度等。

1）低温延度和 15℃针入度。沥青的低温抗裂性能主要取决于其低温拉伸性能，通常采用低温延度指标表示。试验结果表明，低温延度和针入度是沥青裂缝、剥落的重要因素，延度下降，裂缝明显增加。沥青针入度相同时，延度较大的抗裂性能明显较好。目前国内的重交通等级路面所用沥青，15℃延度都能大于100cm，甚至150cm；薄膜烘箱老化后的15℃延度也能大于100cm，因此低温延度作为技术指标已失去了其控制的意义。但对于我国普通沥青含蜡量较高的实际情况，低温延度还起到了限制含蜡量的意义。由于延度试验结果受到许多与沥青品质无关的因素影响，如水温、拉伸速率、沥青杂质等，实际上结果波动较大，影响了其使用。目前国际上对15℃针入度越来越重视。美国的沥青混合料低温开裂试验研究结论是，15℃针入度与沥青混合料的冻断温度有良好的相关关系，15℃针入度越大，抗裂性越好。

2）玻璃化温度。从沥青材料物质性角度来看，玻璃化温度也是反映沥青低温性能的一个参数。沥青为非结晶性高分子材料，随着温度由低到高的变化，将从玻璃态成为橡胶态，最后成为黏流态。其玻璃态与橡胶态之间的转化温度就是玻璃化温度 T_g，橡胶态与黏流态之间的转化温度是黏流化温度 T_f。沥青处于玻璃化温度时，其物理参数与温度的变化将发生变化，测定这些变化就可以得到玻璃化温度。比如测定不同温度 T 下沥青的体积膨胀系数 α_v，当 α_v 发生变化时的温度即为玻璃化温度 T_g。一般升温过程和降温过程测得的 T_g 不同，降温过程测得的 T_g 数据要小一些。玻璃化温度也是衡量沥青低温性能的重要参数，由于其测量精度相对脆点温度高，且数据比较稳定，对于评价沥青的低温性能具有特殊意义。用体积膨胀系数法得到不同沥青的玻璃化温度，其测验结果见表3-3。

表3-3　　　　　　　　　　各种沥青的玻璃化温度测验结果表

试样	沥青质含量/%	密度（20℃）/(g/cm³)	玻璃化温度 T_g/℃	体积膨胀系数/(1×10^{-4}/℃)		
				高于 T_g	低于 T_g	差
沥青质	100	1.079	无法测定	—	—	—
	75	1.053	无法测定	—	—	—
氧化沥青	61.9	1.039	2	3.7	5.8	2.1
	58.6	1.034	0	3.8	6.0	2.2
	57.1	1.030	−2	4.0	6.3	2.3
	52.5	1.027	−6.5	3.9	6.6	2.7
	50.8	1.026	−7.5	3.9	6.8	2.9
直溜沥青	28.6	1.014	−22.5	3.7	6.9	3.2
软沥青质（油分）	0	1.004	−37.5	3.4	7.6	4.2

（4）沥青的老化。沥青在储运、加工、施工及应用过程中，由于长期遭受温度、空气、阳光、风雨雪等因素的作用，沥青发生蒸发、脱氢、缩合、氧化等复杂的物理化学变化，逐渐硬化变脆，这种变化称为沥青的老化。随着时间的持续，沥青材料逐渐老化。沥青的老化主要表现为材料硬化、变脆和变形性能力降低、针入度和延度降低、软化点升高。沥青老化可引起沥青表面开裂，与基材或集料黏附性不好、剥落。

（5）沥青的耐久性。耐久性是指在各种自然和工程应用因素共同作用下沥青材料保持其性能稳定性的能力。

1）自然因素作用下性能稳定性。自然因素的作用主要是气温、空气中氧气、阳光等的作用。

A. 沥青中的轻质组分在温度的作用下出现蒸发损失，导致其原有的化学组成发生改变，柔性降低、性质变硬老化，使沥青性能降低。

B. 空气中氧气与沥青会接触时发生氧化反应，导致沥青中的部分油分转变为胶质，胶质又部分转变为沥青质，其结果是油分显著减少而沥青质增加，引起沥青的塑性和黏附性降低，脆性增大，沥青出现老化而性能降低。

C. 沥青受到阳光照射时，沥青所受光量子能量的作用远大于热能的影响，在与氧气的共同作用下，使氧化反应速度增大，加速沥青性能降低。

D. 沥青在浸水条件下，对老化没有明显的影响，沥青材料保持性能稳定能力强，时间长。

2）工程应用因素的性能稳定性。工程应用因素主要是沥青热施工，沥青混凝土的水稳定、密实程度或孔隙率。

A. 沥青热施工因素。沥青材料在工程应用热施工沥青混合料的拌和过程中，集料和填料均被沥青均匀地裹覆，沥青膜的厚度一般为 $5 \sim 15 \mu m$。沥青在拌和机内与热矿料拌和时扩散成薄膜，极易发生氧化和挥发，造成沥青在拌和过程中的硬化使沥青性能降低。

B. 沥青混凝土的水稳定因素。水工沥青混凝土长期在水作用下，破坏沥青与骨料间的黏结力，强度降低，最终导致沥青与骨料之间剥离而破坏。在工程应用中沥青混凝土心墙、面板将水稳定系数控制为不小于 0.9。

C. 密实程度或孔隙率的因素。沥青混凝土的透水性主要取决于集料级配、沥青用量和压实性，并最终取决于沥青混凝土的密实程度或孔隙率。沥青混凝土的孔隙率越大，空气入侵造成的硬化越严重。在工程应用中沥青混凝土心墙、面板将孔隙率控制为不大于 3%。

3.2 骨料

骨料是沥青混凝土的骨架组成部分，骨料在沥青混凝土中占质量组成的 80%。骨料与沥青胶结承受外力，在温度变化时控制沥青混凝土的变形。

为使骨料在沥青混凝土中充分发挥作用，满足设计和施工要求，应了解所选择和使用骨料的特性，骨料各项技术要求，所选骨料岩性与沥青胶结黏附力性能，骨料加热后岩石性质是否变化等内容，才能解决骨料施工中遇到的问题，才能选择出符合沥青混凝土设计和施工要求的骨料。

3.2.1 骨料特性

水工沥青混凝土防渗结构的骨料是按照配合比设计要求，经加热与沥青和填充料搅拌黏结后成为的沥青混凝土防渗结构骨架。它能承受外力，在温度变化时控制沥青混凝土的变形，从而保证沥青混凝土的强度、抗渗性和耐久性等应用要求。

在料源选择、加工、配料、加热、拌和、现场铺筑施工等全过程中，要求水工沥青混凝土中的骨料应质地坚硬、新鲜，岩石性质稳定，骨料与沥青黏附性能好，还应具有合适的粒形、粒度和级配。其骨料的坚固性、结构特性、粒度特性、物理化学特性等如下。

（1）坚固性。骨料颗粒需质地坚固，保证其形成的骨架结构并能够承受一定的外力作用和受热后的热稳定性。

1）水工沥青混凝土承受的外力主要是在施工过程中，摊铺机、振动碾等施工机械在其上运行产生对骨料作用力，在沥青防渗体形成后受土石坝坝体填筑土石料挤压和运行水压力作用力。因此，水工沥青混凝土要求其骨料应有足够的坚固性，要能承受施工时沥青混凝土铺筑荷载作用而不致颗粒破碎，在土石坝坝体填筑和运行水压力作用时的外力不出现破坏。

2）制备沥青混合料时，骨料要进行烘干、加热，骨料的性质应能保持稳定，虽然骨料加热温度一般不超过200℃，但天然岩石的组成、构造及其复杂性，应考虑到加热过程不致对骨料带来不利影响，因此要求骨料具有一定的热稳定性。

（2）结构特性。骨料是沥青混凝土的结构骨架，尤其粗骨料是结构骨架的主要部分，在结构骨架中起着十分重要的作用。骨料骨架结构的特性，除骨料颗粒的质地外，还可用骨料的密实度（或孔隙率）及内摩擦力等指标来表征。骨料的密实度对沥青混凝土的性质有重要的影响，合理选择级配可以增大骨料的密实度。骨料密实度越小，即孔隙越大，沥青用量也越大；而自由沥青的含量增多，沥青混凝土的塑性则急剧增大，热稳定性将显著降低。

（3）粒度特性。骨料粒度是指骨料颗粒形状和最大粒径的大小。骨料分为人工碎石和天然卵石两类，颗粒大小分为粗细两种。

骨料的内摩擦力随粒径的增大而提高，采用棱角尖锐的碎石，特别是采用坚实岩石破碎的人工砂，能有效地提高内摩擦力，使沥青混凝土具有抵抗外力的特性。骨料的内摩擦力随沥青用量的增加，尤其是随自由沥青数量的增大而减小。

1）碎石骨料粒形。骨料粒形对沥青混凝土性能有较大影响，规则的多角形的骨料稳定性良好。针片状颗粒含量较高时，将会降低骨料的密实度和骨料相互嵌挤的程度，从而增大沥青混凝土的孔隙率和渗透系数。因此骨料应有合适的粒形，一般以表观粗糙、粒形近于方圆状较为适宜。

2）碎石最大粒径。粗骨料的最大粒径选用与沥青混凝土的部位及特性有关。

A. 按粒径大于2.5mm的骨料为粗骨料控制粒径时，防渗沥青混凝土的粗骨料最大粒径，不得超过压实后的沥青混凝土铺筑层厚度的1/3，且不得大于25mm，其目的是提高沥青混凝土的匀质性，保证工程性能。对于非防渗沥青混凝土，如沥青混凝土面板的底层（持力层），因其起整平胶结作用，没有防渗要求或防渗要求不高，为了降低加工费用，提高沥青混凝土的内摩擦力，最大粒径可适当放宽，一般控制其不得超过铺筑层厚的1/2，且不大于35mm。这样可提高沥青混凝土的内摩擦角。

B. 按粒径大于2.36mm的骨料为粗骨料控制粒径时，防渗沥青混凝土的粗骨料最大粒径，不得超过压实后的沥青混凝土铺筑层厚度的1/3，且不得大于19mm；对于非防渗沥青混凝土，不应超过铺筑层厚的1/2，且不大于26.5mm。骨料粒径尺寸应以方孔筛尺寸测量。

国内外部分工程一次铺筑厚度和所用粗骨料最大粒径实例见表3-4。

表3-4　　　　　国内外部分工程一次铺筑厚度和所用粗骨料最大粒径实例表

国　别	工程名称/防渗类型	铺筑层厚 /mm	骨料最大粒径 /mm	最大粒径/层厚
中国	天荒坪/面板	100	16、11	1/6.25、1/9.09
中国	张河湾/面板	80、100	13.2	1/6.06、1/7.57
中国	西龙池/面板	100	19	1/5.26
中国	宝泉/面板	100	19、13.2	1/5.26、1/7.57
中国	茅坪溪/心墙	200	20	1/10
中国	冶勒/心墙	200、250	20	1/10、1/2.5
中国	尼尔基/心墙	200	20	1/10
中国	玉滩/心墙	200	19	1/10.53
意大利	佐科罗/面板	40	12.7	1/3.15
美国	蒙哥马利/面板	89	25	1/3.56
美国	霍姆斯特柯/面板	89	38.1	1/2.33
日本	沼原/面板	50	15	1/3.33
日本	大津歧/面板	50	15	1/3.33
西班牙	赛恩扎/面板	50	12.7	1/3.94

3）卵石料粒形。当使用天然卵石加工制作粗骨料时，卵石的粒径宜大于3倍的粗骨料最大粒径；若使用小的卵石、砾石作粗骨料，需做好试验确定。如使用酸性岩石加工制作粗骨料或酸性天然骨料，需采取有效措施（如加入防剥离剂），改善或提高骨料与沥青的黏附性能，并进行充分的试验，论证其可行性。

4）细骨料粒形。细骨料是沥青混凝土结构骨架的辅助部分，可使用河砂、人工砂（但不得使用风化砂）等。加工碎石时，筛余的石屑应作为细骨料加以充分利用。细骨料主要起充填密实结构骨架的作用，细骨料的粒形及其物理化学性质，对沥青混凝土的流动性、可压实性等施工性能及沥青混凝土的抗渗性、黏-弹-塑性、耐久性等工作性能，都会产生重大和长久的影响。

（4）物理化学特性。沥青与矿料表面的黏附力，取决于界面上所发生的物理化学过程，也影响到沥青混凝土的性质。

酸性岩石（SiO_2含量大于65%的岩石）与沥青主要是物理吸附作用，故黏附力较差。

碱性岩石（$CaCO_3$含量大于85%纯石灰岩）可以与沥青中的表面活性物质产生化学吸附，故黏附力大。因此，沥青混凝土的矿料，一般应采用碱性岩石加工制作。

沥青与骨料的黏附性具有下列特性。

1）岩石与沥青的黏附性与其矿物组成、结晶大小、排列方向、结构等有关。岩浆岩的黏附性随FeO、MgO及CaO等氧化物含量的增大而提高，随SiO_2含量增大而降低，

Na_2O、K_2O 含量增多，黏附性也将降低。

2）岩浆岩风化后，表面可能产生部分高岭土化（如凝灰岩）、蒙德石化（如玄武岩）、水云母化（如云母）、绿泥石化（如角闪石）、蛇纹石化（如橄榄石）。对原来黏附性较好的岩石，风化后黏附性将有所降低，但对原来黏附性就较差的岩石，风化后黏附性反而会有所提高。对于酸性岩石（如花岗岩）、中性岩（如正长岩），经轻微风化后其黏结性将有所改善，而对基性岩（如辉长岩）、超基性岩（如橄榄石）则有所降低。

3）以 MgO、CaO 为主要成分的沉积岩，与沥青的黏附性好，但随 SiO_2 含量增加而降低，SiO_2 含量达 50％时，黏附性显著降低。同类灰岩的黏附性主要受岩石密度和孔隙率大小的影响，孔隙多则会由于沥青的渗入使沥青膜牢固黏附。

4）变质岩以铁、镁、钙含量高的硅酸盐类矿物和碳酸盐类矿物所组成的岩石的黏附性最好，其中有蛇纹岩、绿泥石片岩、滑石片岩、千枚岩、钙质板岩、大理岩、白云岩等。而石英片岩、云母石英片岩、花岗片麻岩、石英岩则最差。

5）将岩石在 160℃的沥青中浸渍后，切片用偏光显微镜观察，发现有岩石内部的矿物解理及颗粒表面、胶结质中有淡黄色的渗入物，渗入深度与矿物成分、节理发育程度、胶结质孔隙的性状等有关。这些渗入物经水煮 30min 亦不脱落，可能已形成稳定的难溶盐类，无疑将使黏附性改善。

3.2.2 骨料的技术要求

骨料分为粗骨料和细骨料两种。过去，国内水工沥青混凝土骨料曾采用 5mm 作为粗、细骨料的界限，但不能确切地反映细粒矿料的影响和作用。目前国内设计规范、水利行业施工规范、电力行业试验规程对沥青混凝土中粗、细骨料界定是粗骨料指粒径大于 2.36mm 的石料。国外和电力施工规范对沥青混凝土中粗、细骨料界定是粗骨料指粒径大于 2.5mm 的石料。本书中采用的是 2.36mm 界定方法。

细骨料指粒径在 2.36～0.075mm 的石料。粗、细骨料技术要求如下。

（1）粗骨料。粗骨料是沥青混合料中主要骨架部分，为满足设计和施工要求，其技术要求如下。

1）粗骨料岩性选择。水工沥青混凝土粗骨料一般选用与沥青黏附性好的，经过人工破碎筛分后的碱性岩石和未破碎的天然卵砾石料。当采用未经破碎天然卵石时，其用量不宜超过粗骨料用量的一半。常用的碱性岩石有石灰岩、白云岩、玄武岩、辉绿岩等。岩石酸碱性分析根据 SiO_2 含量多少来判别，粗骨料与沥青黏结力采用试验确定。

2）粗骨料酸性、碱性判别。最简单的方法是用稀盐酸滴在岩石上，能发生气泡的就是碱性岩石。还可用矿物分析的方法，根据 SiO_2 含量的多少确定岩石的酸碱性。如：SiO_2 含量小于 45％时为碱性，SiO_2 含量在 45％～65％范围内为中性，SiO_2 含量大于 65％时为酸性岩石。《水工沥青混凝土试验规程》（DL/T 5362—2006）中采用骨料碱值试验的方法来判别岩石的酸碱性。

3）粗骨料与沥青黏结力的试验。采用水煮法，取 5 个粒径为 13.2～19.0mm，形状接近立方体的骨料颗粒洗净，置于 105℃±5℃的烘箱内烘干，取出冷却至室温备用。将盛水的烧杯放在垫有石棉网的加热炉上，将水煮沸。将骨料颗粒逐个系牢，置于 105℃±5℃的烘箱内烘 1h。将烘后的骨料颗粒逐个提起，浸入预先加热至 130～150℃的沥青中

45s，使骨料颗粒表面完全被沥青裹覆。将裹覆沥青的骨料悬挂于试验架上，使多余的沥青流掉，并在室温下冷却15min。待骨料颗粒冷却后，逐个提起，浸入盛有沸水的烧杯中央，加热使烧杯中的水保持微沸状态，但不允许有沸开的泡沫。浸煮3min后将骨料从水中取出，观察骨料颗粒表面沥青膜的脱落程度，按表3-5中的规定评定其黏结力等级[表3-5为《水工沥青混凝土试验规程》（DL/T 5362—2006）表8.9.4]。

表3-5　　　　　　　　黏　结　力　等　级　表

煮沸后骨料表面沥青膜剥离情况	黏结力等级
沥青膜完全保存，剥离面积百分率接近零	5
沥青膜小部分被水移动，厚度不均匀，剥离面积百分率小于10%	4
沥青膜局部明显被水移动，基本保留在骨料表面，剥离面积百分率小于30%	3
沥青膜大部分被水移动，局部保留在骨料表面，剥离面积百分率小于30%	2
沥青膜完全被水移动，骨料基本裸露，沥青全浮于水面上	1

4）粗骨料粒径分级。

A. 国内按照粗细骨料以粒径2.5mm的石料分界时，粗骨料一般根据粒径分为4级：20～15mm、15～10mm、10～5mm、5～2.5mm。当粒径组过多时，可将10～5mm、5～2.5mm两组合并。

B. 国内按照粗细骨料以粒径2.36mm的石料分界时，粗骨料一般根据粒径分为5级：19～16mm、16～13.2mm、13.2～9.5mm、9.5～4.75mm、4.75～2.36mm。当粒径组过多时，可将19～16mm、16～13.2mm两组合并。当摊铺层较薄（≤6cm）时，粗骨料可采用9.5～4.75mm、4.75～2.36mm两级级配。

在我国土石坝沥青混凝土防渗体施工中，茅坪溪防护大坝粗骨料粒径分级为20～10mm、10～5mm、5～2.5mm。天荒坪水库粗骨料粒径分级为16～11mm、11～8mm、8～5mm、5～2mm。尼尔基水电站大坝粗骨料粒径分级为20～15mm、15～10mm、10～5mm、5～2.5mm。冶勒水电站大坝粗骨料粒径分级为20～10mm、10～5mm、5～1.2mm。玉滩水库粗骨料粒径分级为19～9.5mm、9.5～4.75mm、4.75～2.36mm。

5）粗骨料技术指标。粗骨料应质地坚硬、新鲜，不因加热而引起性质变化。沥青混合料粗骨料质量技术要求见表3-6。表3-6为《水工沥青混凝土施工规范》（SL 514—2013）表3.2.6，表3-6中规定与设计规范的技术要求相同，并增加了超径、逊径的施工规定。

表3-6　　　　　　　沥青混合料粗骨料质量技术要求表

指标		单位	技术要求	试验方法
超径、逊径	超径	%	≤5	8.1
	逊径	%	≤10	8.1
表观密度		g/cm³	≥2.6	8.2
吸水率		%	≤2	8.2
含泥量		%	≤0.5	8.4

指　标	单位	技术要求	试验方法
针片状颗粒含量	％	≤25	8.6
压碎率	％	≤30	8.7
坚固性	％	≤12	8.8
与沥青黏附性	级	≥4	8.9

注 1. 试验方法按《水工沥青混凝土试验规程》（DL/T 5362—2006）的规定执行，表中试验方法一栏所列数字为该试验规程中的章节号。

　　 2. 超径率为相对骨料最大粒径的超径率，逊径率为相对于 2.36mm 粒径的逊径率，当进行粗骨料组的检验时，没有超径率要求。

（2）细骨料。细骨料属于沥青混凝土骨架部分，也单独与沥青、填料配置成沥青砂浆。技术要求如下。

1）细骨料可采用人工砂和天然砂。人工砂宜采用碱性岩石加工。人工可单独使用或与天然砂混合使用，将碎石筛余的石屑也可利用，但其级配应符合要求。

2）细骨料为 2.36～0.075mm 粒径的石料。

3）细骨料应质地坚硬、新鲜，不因加热而引起性质变化。沥青混合料细骨料质量技术要求见表 3－7，表 3－7 为《水工沥青混凝土施工规范》（SL 514—2013）表 3.2.7，表 3－7 中规定与设计规范的技术要求相同，并增加了超径、逊径的施工规定。

表 3－7　　　　　　　　　沥青混合料细骨料质量技术要求表

指　标	单　位	技术要求	试验方法
超径、逊径	％	≤5	7.1
表观密度	g/cm³	≥2.55	7.2
吸水率	％	≤2	7.2
含泥量	％	≤2	7.4
坚固性	％	≤15	7.5（硫酸钠溶液法）
有机质含量	—	浅于标准色	7.7
水稳定等级	级	≥6	7.8

注 1. 试验方法按《水工沥青混凝土试验规程》（DL/T 5362—2006）的规定执行，表中试验方法一栏所列数字为该试验规程中的章节号。

　　 2. 本表超径、逊径率为相对于 2.36mm 粒径的超径、逊径率。

3.2.3　骨料的选择

由于沥青混凝土中的骨料用量大，骨料材质直接影响沥青混凝土的各种性能，因此，在骨料选择时应根据工程所在地的地质矿料岩石和天然砂石料储量、岩石的酸碱性、岩石各项技术指标、沥青混凝土的使用功能等进行选择。

（1）碱性骨料的选择。沥青与骨料表面的黏附力取决于界面上所发生的物理化学作用。碱性岩石（特别是碳酸盐类岩石）加工的骨料与沥青中的表面活性物质能够产生化学吸附作用，使骨料与沥青具有很好的黏附性能，是一种优选的矿质材料。而酸性骨料（一般指岩石中的 SiO_2 含量大于 65％）与沥青材料主要依靠物理作用，由于沥青材料属微酸性，故两者间的黏附性差。

为了保证沥青混凝土的水稳定性，在沥青混凝土防渗工程中多采用石灰岩、白云岩等岩石加工骨料。自然界中碳酸盐岩的分布仅占 0.25%，资源极为有限。而在我国，石灰岩、白云岩资源分布十分广泛，尤其是在水资源丰富的东南及西南地区，可谓得天独厚。在这些地方建设沥青混凝土防渗工程，可以就地取材，获得优质矿质材料，保证工程质量。

（2）酸性骨料的选择。国内外一些沥青混凝土防渗工程中，常有因缺乏碱性骨料料源，而不得不考虑使用酸性骨料通过加入改性沥青生产沥青混凝土的情况。对缺乏碱性骨料的工程，必须通过试验研究，论证采用当地其他（酸性或中性的）材料的可行性，并采取有效的改性措施。

由于碳酸盐岩资源十分有限，1977 年第一次全国水工沥青技术讨论会就提出了酸性骨料在水工沥青混凝土中应用问题。1979 年举行的第二次讨论会上又指出"对于缺乏碱性骨料的工程，研究采用当地酸性骨料，有很大的经济意义"。

1981 年召开了的酸性骨料利用技术讨论会，在总结已有研究成果的基础上，明确提出了以下结论性的意见：酸性骨料未经处理即用于工程，短期内即可能出现严重剥蚀或破坏现象。室内外试验成果表明，消石灰、硅酸盐水泥、电石渣、三氯化铁、煤焦油、聚酰胺等用作防剥离剂，在适当剂量下，对提高酸性骨料与沥青的黏附性能均有一定的效果。消石灰是目前工程上广泛应用的防剥离剂，酸性骨料沥青混凝土延续浸水 7～8 年的试验成果表明，酸性骨料经过适当处理后，沥青混凝土的长期水稳定性也是有保证的。

国内外沥青混凝土心墙工程已有采用酸性骨料的实例。我国正岔水库铺设的酸性骨料试验段，自 1976 年蓄水以来已运行 13 年；坑口水库的酸性骨料试验段也已运用 7 年，至今运行情况良好，未发现异常现象。

影响酸性骨料黏附性的因素较复杂，对防剥离剂的作用机理和掺加工艺还有待进一步探讨，因此工程上对酸性骨料的利用必须慎重。目前国内有些小型水工沥青工程采用了酸性骨料，一些人中型工程的非防渗层沥青混凝土也采用了酸性骨料，但在大中型工程防渗体中尚无应用。现在，酸性骨料试验段的观测工作仍在继续进行，随着试验研究工作的深入及沥青改性材料的发展完善，酸性骨料亦将得到更为合理可靠地利用。

（3）卵石的选择。沥青混凝土必须有足够的强度，才能承担施工期的车辆荷载及运行期的外荷、自重等作用。沥青混凝土强度取决于沥青-填充料相的黏度和骨料的内摩擦力，水工沥青混凝土的沥青用量较大，骨料内摩擦力显得更为重要。为了增大骨料的内摩擦力，提高沥青混凝土的强度，一般均推荐采用碎石骨料。

我国有些地区卵石资源丰富，并缺乏适于加工沥青混凝土骨料的岩石，从而提出了在水工沥青混凝土中如何有效地利用卵石骨料的问题。卵石用作沥青混凝土骨料存在两方面问题：一是卵石粒形圆滑，内摩擦力小，沥青混凝土强度较低；二是卵石的岩性复杂，由多种不同的矿物岩石组成，其中也有些酸性岩石的表面光滑，它与沥青材料的黏附性能差。

沥青混凝土心墙主要承受水压力的作用，对强度的要求没有沥青混凝土路面那样高。水工沥青混凝土的沥青用量较大，与道路沥青混凝土相比较，骨料内摩擦力的影响也相对要小一些，这为水工沥青混凝土直接采用卵石作骨料提供了可能。国内工程在这方面也已取得了一些实践经验，如党河水库沥青混凝土心墙采用的骨料就是当地的砂卵石，其骨料最大粒径25mm，混凝土内摩擦角为20°左右；湟海渠沥青混凝土衬砌也是采用当地卵石作骨料，卵石为酸性石英砾石，质地坚硬，为了提高黏附性掺入聚酰胺（沥青重量的0.02%）和消石灰（矿粉重的2%）。

为了合理利用天然卵石料，在国内外工程应用实践和参考挪威有关工程的规范要求的基础上，对于与沥青黏附性好的天然卵石料已可用作沥青混凝土的粗骨料，其使用要求在《土石坝沥青混凝土面板和心墙设计规范》（DL/T 5411—2009）中规定：当采用未经破碎的天然卵砾石时，其用量不宜超过粗骨料用量的一半。在DL/T 5411—2009中规定当采用卵石加工碎石时，卵石的粒径不宜小于碎石最大粒径的3倍。这个规定的意思是如果采用天然卵石加工碎石时，增大卵石与碎石最大粒径比例，目的在于增大碎石破碎面，满足卵石与沥青的黏附性。

由于对卵石沥青混凝土特性还缺乏深入的研究，工程经验也还不多。因此，当采用卵石骨料时，首先应认真做好试验工作，采取有效的技术措施，以保证工程质量。

（4）天然砂的选择。在细骨料中掺用一定数量的天然砂，可以使相同沥青含量的混合料更易摊铺压实，在斜坡摊铺施工中尤为必要。然而天然砂掺量过多对斜坡稳定性不利，且河砂多为酸性，掺量过多对沥青混凝土耐久性不利。

3.2.4　骨料的加工

沥青混凝土中所用的各种粒径的骨料，一般都是将开采后天然矿料，运到骨料加工系统，通过机械方式破碎、筛分等工艺加工后分别堆积存放在骨料仓内。

（1）骨料加工系统的特点。沥青混凝土骨料加工系统包括料场开采、原矿料堆存、粗碎、中碎、细碎、分选、粉磨、成品料堆存及输送等工艺过程。从生产的角度分析，主要有破碎粉磨工艺和筛分分选工艺。因水工沥青混凝土矿料的使用量不大，在实际过程中采用较多的方式是购买成品骨料，或采用半成品骨料按水工沥青混凝土对骨料的要求进行加工。

沥青混凝土骨料的加工系统除具有水泥混凝土骨料加工系统的一些特性外，还具有下列特性。

1）生产规模及生产总量相对较小。

2）生产一般采用干法生产，在没有保护措施时，雨雪天停止生产，以免粉料潮湿。

3）骨料分级较多，级配要求严格，因此生产高品质骨料的难度较大。

4）因沥青混凝土对骨料的粒径有一定的要求，针片状含量一般控制在小于10%，因此对骨料加工设备的选型有一定要求。

5）当加工系统工艺流程生产的粉料不足时，需设置粉磨工艺，以补充生产粉料的不足。

（2）破碎设备的选型。我国水利工程中用于加工骨料的主要破碎机型包括旋回破碎机、圆锥破碎机、颚式破碎机、反击式破碎机、旋盘制砂机及柱磨机等。旋回破碎机、圆锥破碎机为重型设备，投资巨大；颚式破碎机破碎的物料针片状含量高、岩石结构破坏严重，用于粗碎较为合适；旋盘制砂机进料粒度有限，破碎比小；柱磨机则适用于湿法生产。从破碎机工作原理及工程使用情况看，反式破碎机、立式复合破碎机、柱磨机一般适于石灰石类中等硬度岩石，破碎比大、效率高、产品粒度好、粒级易于调整、骨料结构完整。反式破碎机是传统的破碎机型，在破碎领域有着广泛的作用，它可明显改变颗粒粒径，降低针片状含量。立式复合破碎机和立磨机是近年开发的新机型，主要用于建材企业矿石破碎，其显著的特点是适于生产粉细物料，使物料具有良好的粒形。

根据各类破碎设备的性能和工程施工时间，粗碎设备宜选用颚式破碎机、旋回破碎机及颚旋式破碎机。中碎设备可选用反式破碎机、圆锥式破碎机和锤式破碎机，其中当中碎进料粒度控制在 120mm 以下时，尤其应选用反式破碎机。细碎设备可配置反击式破碎机、锤式破碎机和立式冲击式破碎机，以配置冲击式破碎机为最佳。

从国内已建沥青混凝土工程来看，如牛头山、白河、碧流河等工程，其矿料一般采用反击式破碎机破碎，而矿粉则在破碎系统以外加工。在我国天荒坪上水库面板工程，德国Strabag 公司采用锤式破碎机加工骨料。茅坪溪土石坝则在水利行业首次应用立式复合破碎机和柱磨机，并与反击式破碎机联合组成破碎-粉磨单元，吸取了三者的优点，满足了沥青混凝土对矿料粒径、级配、粉细料含量的要求，取得了良好的经济效益。

（3）筛分设备的选择。骨料破碎后进入筛分系统进行筛分，施工沥青混凝土的矿料加工一般采用分级筛分作业，筛分系统设置两套筛，每套筛具筛网和筛孔尺寸是根据骨料分级情况设定的，如加工的骨料最大粒径为 20mm，骨料分级为 5 级，则每套筛具设 3 个筛子，第一套粗筛将碎石分成超径部分（大于 20mm、20～15mm，15～10mm、小于 10mm等级），其中超径部分筛除，并返回到破碎系统进行二次破碎。20～15mm，15～10mm 级进入成品料仓，小于 10mm 的骨料进入第二套筛具进一步筛分，筛分成 10～5mm，5～2mm 及 2mm 以下的骨料。筛分后的骨料通过输送带送到成品料堆。在骨料破碎和筛分过程中，需设置防尘及粉尘收集系统，收集的石粉可以作为填料补充。

水工沥青混凝土骨料筛分设备主要是振动筛，振动筛的类型较多，主要有圆筒筛、摇动筛、直线振动筛、共振筛、电磁振动筛等，可根据工程需要选用。一般配置圆振动筛进行一级筛分，使用弧线筛、弛张筛、等厚筛或直线筛进行二级筛分，以使粉细物料实现充分透筛。

（4）骨料加工的工艺流程。骨料加工的方式分为两种：一种是包括粗碎的完整加工系统；另一种是将半成品骨料加工成成品骨料。骨料加工系统主要包括以下部分：粗碎车间、中碎和细碎车间、筛分车间、分选车间、粉磨车间、成品料堆存及物料输送等，骨料加工工艺流程见图 3-6。

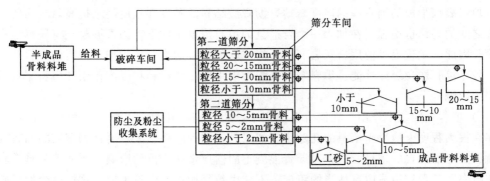

图 3-6　骨料加工工艺流程图

3.3 填料

为了改善沥青混凝土的和易性、抗分离性和施工密实性，在沥青混凝土中使用适量的粒径小于0.075mm的矿质粉状填料，使其与沥青共同组成沥青-填料相，即沥青胶结料，将沥青混凝土混合料黏结成整体，并填充骨料的孔隙。填料也称矿粉。

在沥青混凝土生产中，关于填料与粉料（或称矿粉）是两个很容易混淆的概念，两者都是粉细料，都是使用于沥青混凝土，但两者在实质上还是有严格区别的。填料是沥青混凝土结构中小于0.075mm粒料骨料的总称，是一种理论概念，是直接参与沥青混凝土配合比计算的细粒料；而粉料是生产过程中筛分后准备用作填料的细粒料，它是生产应用中的一种概念，具体而言就是指生产过程中经分选后储存于分料罐的细粒料，它含有一部分超径粒料。在进行沥青混合料配比计算时，必须将其大于0.075mm粒料通过估算或其他方式，计入细骨料总量而非填料总量。

3.3.1 填料的特性

填料掺入沥青后在沥青混凝土所起的作用主要是填料与沥青组成沥青胶或称黏结剂，将粗细骨料黏结成整体，并填充骨料孔隙。为使填料起到应有的作用，填料的特性主要是填料与沥青的黏结性能，填料颗粒级配性能。

（1）填料与沥青的黏结性能。主要包括填料颗粒大小与沥青的黏附性能和填料材质与沥青的黏附性能。

1）填料颗粒大小与沥青的黏附性能。填料是小于0.075mm的矿质粉状的颗粒，具有极大的比表面积和极大的表面积，比表面积一般为$2500\sim5000cm^2/g$，表面积约占沥青混凝土矿料的总表面积的$90\%\sim95\%$。如果填料的黏附性良好，它与沥青就能牢固结合，能够满足沥青混凝土的质量与耐久性的要求。

虽然填料的颗粒越小，表面积就越大，但若对填料细度提出过高的要求，不仅会使加工费用显著增加，而且过细的填料颗粒易聚集成团而不易分散，对沥青混凝土的质量和耐久性不利。

2）填料材质与沥青的黏附性能。填料为碱性矿质粉末，能在沥青中高度分散，并与沥青很好地黏结在一起，使原来容积状的沥青变为薄膜状的沥青。随着填料的浓度的增大，填料表面形成的沥青膜的厚度减薄，沥青胶结料的黏度和强度随之提高，从而使骨料颗粒之间的黏结也增强。在加入一个合适量的填料浓度条件下，沥青混凝土将获得最大的强度。因此，工程上多使用石灰岩、白云岩或其他碳酸盐岩石作为加工填料的骨料。

（2）填料颗粒级配性能。填料颗粒级配性能主要是填料颗粒级配作用和填料用量对孔隙率的影响。

1）填料颗粒级配作用。在沥青混凝土中，粗、细的孔隙是由填料来填充，矿料的孔隙率在很大程度上取决于填料的孔隙率。如果骨料的孔隙率较大，要得到密实的沥青混凝土就必须增加沥青的用量，这就对沥青混凝土的性质带来严重的影响。要使填料具有较小的孔隙率，其颗粒组成应有适当的级配，不能由粒径相近的微粒组成，这样就会形成较多和形状相近的封闭孔隙。

目前国内只能对粗、细骨料级配进行控制，而对填料颗粒级配还缺乏实用可靠的测试方法，现场施工的填料级配难以控制，主要是通过对填料颗粒细度进行控制，作为填料级配控制方法。

2）填料用量对孔隙率的影响。在骨料级配选定的情况下，当填料用量较多时，沥青混凝土内部能够形成许多细小的封闭孔隙。填料用量少时，则多形成连通的开口孔隙。因此，填料用量影响着沥青混凝土的结构和性质，是沥青混凝土配合比设计的重要参数之一。

目前国内只能对粗、细骨料级配进行控制，而对填料颗粒的合理级配还缺乏实用可靠的测试方法，现场施工的填料级配难以控制，主要是通过对填料 0.6mm、0.15mm、0.075mm 三种规格粉料颗粒细度进行控制，作为填料级配控制方法。

3.3.2　填料技术要求

为了使沥青混凝土满足设计和施工要求，填料的技术要求如下。

（1）填料应采用黏附性良好的石灰岩、大理岩、白云岩、滑石粉、水泥等碱性矿粉。粉煤灰也可作为填料，但需经试验研究论证。

（2）填料应不含泥土、有机质和其他杂质，无团粒结块，其技术要求见表 3-8。表 3-8 为《水工沥青混凝土施工规范》（SL 514—2013）表 3.3.2，表 3-8 中规定与现行设计规范的技术要求相同，只是增加了试验方法。

表 3-8　　　　　　　　　　沥青混合料用填料质量技术要求表

项　　目		技　术　要　求	试　验　方　法
密度/(g/cm³)		≥2.5	6.3
含水率/%		≤0.5	6.4
细度/%	<0.6mm	100	6.2
	<0.15mm	>90	
	<0.075mm	>85	
亲水系数		≤1.0	6.5

注　试验方法按《水工沥青混凝土试验规程》（DL/T 5362—2006）规定的方法执行，表中试验方法一栏所列数字为该试验规程中的章节号。

（3）填料的储存应防雨、防潮、防止杂物混入。散装填料应采用灌装储存，袋装填料应存入仓库，堆高不宜超过 1.5m，距地面、墙边不应少于 30cm。

3.3.3　常用填料的选择与使用

用作填料的矿粉种类很多，如天然岩石加工成的石灰岩粉、白云岩粉、大理石粉等，工业废料加工成的磨细矿渣、粉煤灰、燃料炉渣粉等，亦可采用工业产品如水泥、滑石粉等。在我国沥青混凝土防渗墙工程中，采用的矿粉主要有石灰岩粉、白云岩粉、水泥和水泥熟料、滑石粉、粉煤灰等。

（1）石灰岩粉、白云岩粉。石灰岩粉、白云岩粉为碱性岩石加工的矿粉，为最常用的填料。这两种碱性填料与沥青可发生较强的化学吸附，可有效提高沥青混凝土的性能。这类岩石的强度不高，粉磨加工较为容易，成本也较低，因此石灰岩粉、白云岩粉是我国沥青混凝土防渗墙工程中应用最多的矿粉种类。随着小水泥工业的普遍发展，为矿粉的粉磨加工提供了有利条件，一般可以就近解决。从过去的施工经验来看，在实际使用中矿粉存在的主要问题是细度不够，质量不稳定，这是因为矿粉加工需要价格较贵的球磨设备，其用量又很有限，所以通常都是委托附近的水泥厂加工。对水泥厂来说，只是临时性的加工任务，如果工艺上控制不严格，质量就难以保证。因此，在委托加工或外购时，必须提出明确的质量指标，认真进行产品抽检。

（2）水泥和水泥熟料。水泥和水泥熟料是一种烧结粉磨材料，一些工程用其作填充料，收到了良好效果。粉磨的水泥熟料优于水泥，这是因为水泥是由水泥熟料与石膏及其他材料混合磨制而成，成分相对复杂。一般地，当工地缺乏加工条件或委托加工时，采用水泥作为矿粉，使施工趋于简便，例如，上犹水电站沥青砂浆防渗层采用火山灰水泥、湖南镇水电站采用硅酸盐水泥、香港高岛水库碾压式沥青混凝土心墙坝采用水泥作填充料等。

（3）滑石粉。滑石粉是一种憎水性材料，与沥青黏附性好，颗粒很细，在 0.075mm筛上的总通过率可达 100%，滑石粉有较稳定的质量，是一种很好的矿粉材料。由于滑石粉资源短缺、价格较高，只在特殊部位使用。由于滑石粉在沥青中能均匀分散而不易沉淀，故可使涂层均匀，质量提高。国内有些面板工程的封闭层用滑石粉作填充料，取得了极佳的效果。

（4）粉煤灰。粉煤灰是一种烧结矿物材料，主要成分为 SiO_2、Al_2O_3、Fe_2O_3、CaO等，化学成分与石灰石矿粉有较大区别。粉煤灰中含有 K_2O、Na_2O 等碱性氧化物，其pH 值呈现碱性，尤其是高钙粉煤灰，其物理化学性质被证明可作为沥青混凝土填料。由于粉煤灰颗粒具有一定的微孔结构，对沥青有选择性吸附和渗入作用，能显著提高沥青的黏度，使混合料的沥青用量增加、热稳定性提高，使其和易性和可压实性相对降低。

国内外在浇筑式沥青混凝土心墙的部分工程中使用粉煤灰作填料。例如，苏联博古恰斯卡亚水电站浇筑式沥青混凝土心墙，我国 1986 年建成坑口水库浇筑式沥青混凝土面板工程中使用粉煤灰作为填料。

国内工程考虑过利用粉煤灰作为填料研制碾压式沥青混凝土，但室内的试验结果表明，所拌沥青混合料的和易性差，施工很困难，而且热稳定性也较低，因而未能在实际工程中应用。分析其原因，有可能是所用粉煤灰的颗粒较粗，级配不良，以致孔隙率过大；或粉煤灰对沥青有强烈地选择性吸附作用而造成。

3.4 掺料

掺料是为改善沥青混凝土的性能而在沥青或矿料中掺加的物料。掺料也称为改性剂，主要是有机纤维、矿物纤维和矿物掺料。有机质纤维有木质纤维、多兰纤维（为聚酯合成）、玻璃纤维等，矿物纤维主要有玄武岩纤维，矿物掺料主要有消石灰、水泥。掺料可以是粉状固体、液体，是以小剂量渗入沥青混凝土中的一些特殊材料。

在沥青混凝土防渗面板结构中，应具有较好的柔性适应坝体或基础的不均匀变形和防止低温开裂。为满足此要求，沥青混凝土中除需采用针入度大的沥青外，就是加大沥青的用量。但沥青用量加大后，沥青热稳定性下降，易发生斜截面剪切破坏和流淌。当采用软化点高的沥青时，沥青混凝土的热稳定性得以改善。因此，水工沥青混凝土对沥青技术指标的要求是高针入度和高软化点，然而高针入度和高软化点的要求是相互矛盾的。为了兼顾沥青混凝土的柔性和热稳定性，工程中一般通过在沥青中掺加改性沥青、纤维等掺料来解决。西龙池抽水蓄能电站上水库斜坡部位防渗层采用 AH-90 号沥青作为基质沥青的 SBS 改性沥青，其沥青混凝土冻断温度可达−38℃。张河湾抽水蓄能电站上库工程的试验研究表明，木质素掺量为 0.3%的沥青混凝土，斜坡流淌值仅为不掺纤维沥青混凝土的 1/5。

此外在使用酸性骨料时，由于酸性骨料与沥青的黏附性较差，导致水稳定性差。为提高酸性骨料与沥青的黏附性，提高水稳定性，工程中是通过在沥青中掺加石灰石、水泥等剥离剂掺料来解决。

沥青的组成极其复杂，同一种掺料用于不同的沥青，效果不尽相同，甚至出现较大的差异，所以实际效果只能通过试验检验，最佳的掺量也要经试验确定。如消石灰及水泥是为了增强沥青与骨料之间的黏附性，其防止剥离的效果较好。但日本的试验表明，掺量超过 5%，会导致沥青混凝土的柔性降低。若采用有机表面活性掺料改善酸性骨料的黏附性，应通过试验论证。因有些有机物的耐热性差，如长时间受高温作用，其防止剥离效果会降低。

目前，国际上沥青生产与使用各方都十分重视掺料或添加剂的开发研究与利用，已开发出功能各异、品种繁多的各种专利产品。在沥青混凝土防渗工程中，使用掺料或添加剂改善沥青或沥青混凝土性能，已得到广泛应用。国外承包人在承包我国沥青混凝土工程或向我国沥青混凝土工程供应沥青时，所用的沥青一般均为改性沥青。我国已在很多沥青混凝土工程中通过添加掺料，达到或改善了沥青混凝土某项性能，获得了良好的技术经济性能。

3.4.1　掺料作用

掺料的主要作用是改善沥青混凝土的某些物理性能，使其满足工程要求。掺料主要作用如下。

（1）改善沥青与矿料的黏附性。提高矿料对水的抗剥落能力，在沥青中掺加消石灰、水泥等无机矿质掺料，提高骨料与沥青的黏附性。

（2）提高沥青混凝土的低温抗裂能力或热稳定性。在沥青混合料中掺加各种天然橡胶、再生橡胶或各种河床聚合物，经过充分物理化学混溶，使之均匀分散在沥青中，从而使沥青性能得到改善而成为改性沥青，对沥青混凝土进行改性，提高沥青混凝土的低温抗裂能力或热稳定性。

（3）改善沥青混凝土斜坡热稳定性。在混合料中加入聚酯纤维、木质纤维、矿物纤维等掺料，稳定和吸附沥青，从而提高热稳定性。

3.4.2　掺料的种类

掺料根据施工及工作性能的需要，主要分为以下几个种类。

（1）抗剥离剂。改善沥青与矿料的黏附性，提高矿料对水的抗剥离能力的抗剥离剂。

如掺入醚胺类化合物、咪唑类和胺类化合物、环烷酸金属皂类化合物，以及消石灰、水泥等无机矿质掺料。

（2）抗裂剂。提高沥青混凝土的低温抗裂能力的抗裂剂。如掺入各种天然橡胶、再生橡胶或各种合成聚合物，如氯丁橡胶、丁基橡胶、丁苯橡胶、丁腈橡胶或其他热塑性树脂等掺料。

（3）增黏剂。提高沥青的黏度，加速吹氧过程的氧化速度的增黏剂。如掺入 $FeCl_3$ 和 P_2O_5 作催化剂。

（4）热稳定剂。提高沥青混凝土的热稳定性的热稳定剂。如掺入聚酯纤维、木质纤维、矿物纤维等掺料。

（5）抗老化剂。用于提高沥青及沥青混凝土的抗老化的抗老化剂。

3.4.3 掺料的技术要求

为改善沥青混凝土的物理性能，所用的掺料种类较多，功能各异，目前在水工沥青混凝土设计和施工中还未出具体掺料的技术要求指标，主要是一些技术规定。

（1）为改善沥青混凝土的物理力学性能，可按以下措施在沥青混凝土中掺入合适的掺料，但掺料品种及其用量应通过试验确定。

1）可在沥青中掺加抗剥离剂或在矿料中掺用消石灰、普通硅酸盐水泥或其他高分子材料，改善沥青与酸性骨料的黏附性。

2）在沥青中可掺用 SBS（苯乙烯-丁二烯-苯乙烯嵌段共聚物）材料，改善沥青混凝土低温抗裂性和热稳定性；在沥青中可掺用 SBR ［苯乙烯-丁二烯橡胶（丁苯橡胶）］材料，改善沥青混凝土低温抗裂性能；在沥青中可掺用 EVA（乙烯-醋酸乙烯共聚物）和PE（聚乙烯）材料，改善沥青混凝土热稳定性。

（2）掺料如为矿质粉状材料，其细度与填料细度规定相同。

（3）采用纤维作掺料时，宜选用木质素纤维、矿物纤维等，纤维应在 210℃ 的干拌温度下不变质、不发脆，并应符合环保要求，不危害操作人员的健康。在混合料拌和过程中，纤维应能充分发散均匀。纤维应存放在室内或有棚盖的地方，松散纤维在运输机使用过程中应避免受潮、不结团。木质素纤维质量技术要求见表 3-9。

表 3-9　　　　　　　　　木质素纤维质量技术要求表

项　　目	指　　标	试　验　方　法
纤维长度/mm	≤6	水溶液用显微镜观测
灰分含量/%	18±5	高温 590～600℃ 燃烧后测定残留物
pH 值	7.5±1.0	水溶液用 pH 试纸或 pH 计测定
吸油率，不小于	纤维质量的 5 倍	用煤油浸泡后放在筛上经振敲后称量
含水率（以质量计）/%	≤5	105℃烘箱烘 2h 后冷却称量

注　引自《水工沥青混凝土施工规范》（SL 514—2013）表 3.4.3。

（4）矿物纤维宜采用玄武岩等矿石制造，且不应使用石棉纤维。

3.4.4 常用的掺料及其作用

在水工建筑物防渗结构施工中，使用的掺料种类较多，国内工程上常用的是消石灰和水泥、橡胶和树脂、木质纤维等几种。

（1）消石灰和水泥。消石灰和水泥一般作防剥离剂用，以改善骨料与沥青的黏附性。

国内外许多工程及其室内外试验表明，当采用酸性骨料时，掺用一定量的防剥离剂，对改善酸性骨料与沥青的黏附性，提高沥青混凝土的水稳定性，效果显著，是一种合理有效的措施。消石灰和水泥都是国内外广泛应用的防剥离剂，对于消石灰和水泥的防剥离效果，试验表明，掺用 1%～3% 的消石灰或水泥，对改善用酸性骨料拌制的沥青混凝土的水稳定性，确实有良好的作用，在我国正岔、石矼峪和坑口等沥青混凝土工程中的应用也都非常成功。此外，电石渣、$FeCl_3$、煤焦油、聚酰胺等材料，也能起到良好的防剥离作用。

（2）橡胶和树脂。橡胶和树脂一般用作抗裂剂和热稳定剂。在沥青混凝土中掺入橡胶或树脂，其低温抗裂性及高温热稳定性有极大的改善，具体表现为：黏度增加，针入度降低，软化点上升，感温性下降，脆点下降，韧性及黏附性增加。

橡胶是沥青的重要改性材料之一，橡胶与沥青的混溶性较好，掺入后可使沥青获得一些橡胶所具有的特性，如高温下变形小，低温下仍具有一定的柔性等。橡胶材料有天然橡胶、合成橡胶（丁苯橡胶、氯丁橡胶）及再生橡胶等。按其状态又可分为粉末橡胶、液状橡胶（乳剂型、溶剂型）、固体橡胶。若要预先将橡胶掺合、溶解到沥青中去时，以上三种状态都可；如要在拌和时掺入，则多用液状橡胶。我国橡胶资源尚不丰富，主要着重在废旧橡胶改性剂的开发和利用。再生橡胶是废旧橡胶经过磨细、脱硫、混炼后得到的产品，是用来制造其他橡胶产品的原料。再生橡胶粉是其中间工序的半成品，根据原料的不同有很多种类：用废旧轮胎加工成的胎胶粉，它的质量最高，价格最贵；用废旧胶鞋加工成的鞋胶粉；还有含较多织物纤维的纤维胶粉，质量差，价格最低。再生橡胶粉有经脱硫处理和未经脱硫处理的，目前工程上使用的通常是未经脱硫的再生橡胶粉。

在沥青中掺入各种树脂，例如聚乙烯、聚醋酸乙烯树脂、环氧树脂等，它比掺橡胶制造方法简单一些，因为沥青与树脂的相溶性较好。因此，将沥青加热到 130～160℃，直接掺入树脂，利用搅拌方法可使其均匀分散混合。沥青的性能随着树脂的种类与掺量的不同而性质变化较大。在沥青中掺入树脂后，脆点降低，延伸度变小，黏度变高，感温性降低，热稳定性变好。

国内通过在沥青中添加橡胶和树脂掺料形成的改性沥青种类如下。

1）橡胶类改性沥青。主要有丁苯橡胶（SBR）改性沥青、氯丁橡胶（CR）改性沥青。应用较多的是丁苯橡胶（SBR）改性沥青。

2）树脂类改性沥青。以热塑性树脂改性沥青为主，主要有聚乙烯（PE）改性沥青、乙烯-醋酸乙烯共聚物（EVA）改性沥青。

3）热塑性橡胶改性沥青。主要有苯乙烯-丁二烯-苯乙烯嵌段共聚物（SBS）改性沥青、苯乙烯-异戊二烯-苯乙烯嵌段共聚物（SIS）改性沥青。由于 SBS 比 SIS 价格低，实际应用以 SBS 改性沥青为主。

（3）木质纤维。木质纤维是木材经破碎、高温化学处理得的有机纤维，闪点为 250℃以上，化学稳定性较好，不会被一般的溶剂、酸、碱腐蚀。一种木质纤维是直径 3～5mm 的不规则球体的颗粒纤维，含 30% 的沥青，添加方便；另一种是松纤维，其规格见表 3-

10。松纤维拌和时易于分散，其均匀性优于颗粒状纤维，具有吸油性好、拌和时间短的优点。

表 3-10 　　　　　　　木 质 素 纤 维 规 格 表

纤维素含量 /%	pH 值	松散密度 /(g/cm³)	最大纤维长度 /μm	平均纤维长 /μm	平均纤维厚 /μm	比表面积 /(m²/g)	吸附沥青量 /(g/g)
75～80	7.5±1	0.028～0.029	5000	1100	64	2.6	5.8

3.5　工程实例

国内外部分水工沥青混凝土工程中沥青混凝土原材料应用实例如下。

（1）日本武利碾压式沥青混凝土心墙坝，最大坝高 25m，采用碎石、天然砂作沥青混凝土骨料，填充料为碳酸钙粉，沥青采用 JISK2207 标准及 80～100 号水工沥青。

（2）苏联博古恰斯卡亚水电站浇筑式沥青混凝土心墙坝，心墙高 79m，采用粗玄武岩作骨料、粉煤灰作填充料、BND40/60 号道路沥青，沥青胶采用水泥、粉煤灰与沥青分别拌制。

（3）中国吉林白河水电站浇筑式沥青混凝土心墙坝，最大坝高 24.5m，采用玄武岩碎石和天然砂，填充料为石灰石粉，用大庆渣油与兰州 10 号沥青作胶结料。

（4）中国辽宁碧流河水库碾压式沥青混凝土心墙坝，最大坝高 49m，采用石灰石碎石和矿粉，砂为天然砂，沥青为 100 甲道路沥青。

（5）中国香港高岛水库碾压式沥青混凝土心墙坝，最大坝高为东坝 105m、西坝 90m，采用流纹岩骨料和天然砂，用水泥作填料。

（6）中国浙江牛头山水库碾压式沥青混凝土斜墙坝，坝高 49.3m，使用碱性岩石加工骨料，采用道路石油沥青 60 甲与 60 乙。

（7）中国浙江坑口水库沥青混凝土斜墙坝，采用石灰岩骨料，填充料为砺灰粉，并通过对比试验，证明砺灰粉对改善酸性骨料与沥青的黏附性有明显的效果。

（8）挪威西达尔杰恩碾压式沥青混凝土心墙坝，坝高 32m，使用天然砾石作骨料，填充料总含量 12.5%，其中骨料中含量 6.5%，另掺加 6% 石灰岩粉，沥青为 B65。

（9）挪威斯泰格湖碾压式沥青混凝土心墙坝，坝高 52m，使用花岗片麻岩碎石作骨料，填充料总含量 12%，其中骨料中含量 5%～7%，另掺加 5%～7% 石灰岩粉，沥青为 B60。

（10）挪威斯图湖碾压式沥青混凝土心墙坝，坝高 90m，使用破碎片麻岩碎石作骨料，填充料总含量 12%，其中骨料中含量 4%～5%，另掺加 7%～8% 石灰岩粉，沥青为 B60。

（11）挪威斯图格洛湖碾压式沥青混凝土心墙坝，坝高 125m，使用天然砾石作骨料，填充料总含量 13%，其中骨料中含量 6.5%，另掺加 6.5% 石灰岩粉。实施过程中，骨料为卵石、碎石各 50% 组成，填充料的 1/13 为碎石骨料中的岩粉，12/13 为石灰岩粉。

（12）中国浙江天荒坪抽水蓄能电站上库碾压式沥青混凝土面板，坝高 72m。使用石灰岩碎石作骨料，掺加部分天然砂、填充料为石灰石粉，沥青为沙特阿拉伯 B80、B45 沥青和阿联酋 GBAB80 沥青。

（13）中国三峡水利枢纽茅坪溪工程防护沥青混凝土心墙坝，骨料和填充料均选用坝区附近王家坪灰岩块石加工制作，细骨料掺入了部分天然砂，在第一期工程中使用的是新疆克拉玛依炼油厂生产的沥青，在二期工程中更改为中海 36-1 牌号沥青。

（14）中国四川冶勒水电站沥青混凝土心墙堆石坝，坝高 125m。采用当地石英闪长岩作为骨料，采用当地天然河砂和由石英闪长岩破碎的人工砂，填料采用当地水泥厂生产的石灰岩粉，沥青采用新疆克拉玛依石化公司生产的 AH-70 号水工沥青。

（15）中国山西西龙池抽水蓄能电站上下水库，上库坝高 50m，下库坝高 97m。采用当地石灰岩作为骨料，细骨料采用当地天然河砂和由石灰岩破碎的人工砂，填料采用水泥，沥青采用辽河石化欢喜岭 B-90 沥青，掺料采用 SBS 材料、木质素纤维、矿物纤维。

4 配合比设计及试验

在水工沥青混凝土防渗体结构设计时，对所使用的沥青混凝土都提出了各项技术要求。在进行土石坝沥青混凝土防渗体施工时，首先需要根据设计技术要求和现场原材料生产、加工情况及施工环境特点，进行沥青混凝土配合比设计与试验，选择出满足设计和现场施工要求的施工配合比。

4.1 配合比设计

沥青混凝土配合比设计就是将粗骨料、细骨料、填料和沥青合理地加以配合，使所得的沥青混凝土既能满足工程的各项技术要求，同时又符合经济原则。

沥青混合料配合比设计的内容，主要包括选择和确定粗骨料、细骨料、填料的级配及沥青用量，以及为改善沥青混凝土某些技术性能而掺入掺料的用量。

由于沥青混凝土中的沥青品种、用量和粗骨料、细骨料、填料级配等对沥青混凝土的各种性质都有一定的影响，甚至有时会出现矛盾，如增加沥青用量虽可提高抗渗性、柔性和耐久性等，但热稳定性等将要降低。因此，为了使所设计的沥青混凝土配合比满足设计和施工要求，还需要通过室内外试验，对沥青混凝土配合比设计进行符合、验证，在对室内配合比进行调整后，确定满足设计要求的沥青混凝土配合比，推荐用于现场铺筑施工的各种工艺参数，并掌握沥青混凝土材料的制备、储存、拌和、运输、铺筑及检测等完整的工艺流程和工艺参数。

（1）沥青混凝土配合比应满足的设计和施工工艺要求。

1）沥青混凝土质量均匀，施工过程中粗骨料不易发生分离。

2）确保沥青混凝土拌和物的色泽均匀、稀稠一致，无花白料、黄烟及其他异常现象，沥青混凝土拌和物较易碾压密实，密度较大。

3）沥青混凝土拌和物温度适当，易于保证沥青混凝土施工层面的良好黏结，层面物理力学性能好。

4）沥青混凝土力学强度、抗渗性能等满足设计要求，具有较高应变能力。对于建筑物外部的沥青混凝土，要求具备适应建筑物环境条件的耐久性。

（2）沥青配合比设计形成过程。适合设计和施工要求的水工沥青混凝土配合比设计，一般需要分为室内配合比设计试验、现场铺筑试验和生产性试验三个阶段。

第一阶段，室内配合比设计试验。室内配合比设计也可称为目标配合比设计，就是依据水工沥青混凝土的技术要求，首先进行原材料的试验，在选择合适的原材料后进行一系列的配合比组合，开展相应的室内试验，优选出能满足各项技术要求的配合比参数，确定

2～3个配合比用于现场铺筑试验。

第二阶段，现场铺筑试验。因室内配合比设计所用的原材料一般是从现场抽取，经过室内加工处理，其规格不可能与现场原材料完全一致，需要通过现场铺筑试验对室内配合比进行验证，并掌握沥青混凝土材料制备、储存、拌和、运输、铺筑（浇筑）及检测等一套试验的工艺流程，并取得各种有关的施工工艺参数，以指导沥青混凝土施工。

第三阶段，生产性试验。现场摊铺试验只能验证室内配合比和掌握施工参数和工艺流程，此外还需要进行沥青混凝土上坝试生产的生产性试验，验证施工配合比及相应的施工工艺和质量检测与控制方法。

4.1.1 配合比设计方法

土石坝沥青混凝土防渗体结构分为沥青混凝土防渗心墙和沥青混凝土防渗面板两种。

沥青混凝土防渗心墙布置在坝体内中间部位，横断面为垂直或向下游倾斜形状，沥青混凝土主要功能是防渗。施工方法主要是碾压式和浇筑式。沥青混凝土配合比种类主要是碾压式和浇筑式防渗沥青混凝土两类。其中碾压式沥青混凝土为密级配沥青混凝土，浇筑式分为自密实沥青混凝土和振捣式沥青混凝土。

沥青混凝土防渗面板布置在土石坝坝体迎水面和水库库盆的库表和库岸迎水面上。按照施工方法分为碾压式沥青混凝土面板和浇筑式沥青混凝土面板两种。

碾压式沥青混凝土面板根据防渗的不同要求，防渗结构又分为简式和复式两种结构。简式结构断面分为封闭层、防渗层、整平胶结层、垫层共4层。复式结构断面分为封闭层、防渗面层、排水层、防渗底层、整平胶结层、垫层共6层。除垫层外其余都是沥青混凝土。碾压式沥青混凝土配合比包括碾压式沥青混凝土面板整平胶结层、排水层、防渗层、封闭层共4种配合比，以及沥青混凝土面板与岸边或与混凝土结构连接处的楔形体的沥青砂浆或细粒沥青混凝土配合比。其中封闭层为沥青玛琋脂也称为沥青胶，防渗层为密级配沥青混凝土，排水层为开级配沥青混凝土，整平胶结层为半开级配沥青混凝土。

浇筑式沥青混凝土面板结构由护面板和沥青混凝土防渗层组成。护面板为预制混凝土构件，防渗层为自密实密级配沥青混凝土。

水工沥青混凝土防渗体所用沥青混凝土种类虽然较多但其配合比设计的方法和程序基本相同，只是沥青混凝土的技术要求，骨料级配和沥青用量不同。

目前国内常用的配合比设计所采用的方法是马歇尔试验设计方法，就是首先按照水工沥青混凝土矿料的级配范围，来选定矿料合成级配。通过试验确定沥青用量，再对水工沥青混凝土的技术要求进行全面检验，根据试验结果确定试验室配合比。最后通过现场铺筑试验和现场生产性试验，确定施工配合比。可按以下5个步骤进行。

第一步，进行沥青混凝土原材料的性能试验，根据原材料性能试验结果选择沥青混凝土原材料。

第二步，进行初步设计，根据各级矿料的筛分结果和要求的矿料标准骨料粒径范围来确定矿料的合成级配，由马歇尔试验来决定最优的沥青含量。

第三步，根据设计要求，对沥青混凝土的技术要求进行全面验证试验，确定室内多个配合比。

第四步，在试验场地，模拟现场施工及各种不利条件进行现场试验，最后确定现场施工配合比。

第五步，在坝体进行生产性试验，对配合比、施工工艺及碾压参数进行校核，对沥青混凝土的各种物理力学性能进行复核和确认，在以上项目都满足设计要求后，再确定将其用于大规模生产。

水工沥青混凝土配合比设计流程见图 4-1。

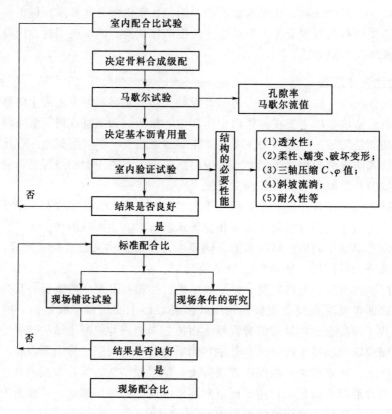

图 4-1　水工沥青混凝土配合比设计流程图

（1）选择材料。沥青混凝土材料的选择，包括沥青、粗骨料、细骨料、矿料以及部分掺料等。

沥青混凝土原材料选择有两条最基本的原则，其一就是不仅要使原材料满足各自的技术指标要求，还必须要保证沥青混凝土整体的物理力学性质满足设计及使用要求；其二就是要坚持经济的原则，除沥青、填料及掺料外，砂石材料应尽可能就近采购、就地组织加工。

在具体设计之前应先对材料的料源进行调查，内容包括材料的质量、产量、价格、运输条件等。对初步选定的材料要取样进行原材料试验，在确认符合要求后，再进行初步的配合比试验，否则应另选材料。

（2）矿料级配选择。矿料级配是矿料中粗骨料、细骨料和填料的合成比例。矿料级配有密级配、半开级配、开级配、沥青碎石等类型。确定矿料级配是沥青混凝土配合比设计中的一项重要工作，它直接制约沥青混合料及沥青混凝土施工质量。一个良好的矿料级配，应该使其孔隙率在热稳定允许的条件下为最小，以及有为形成足够的结构沥青去充分裹覆骨料的表面积，以保证矿料之间处于最紧密的状态，并为矿料与沥青之间相互作用创造良好条件，使沥青混合料最大限度地发挥其结构强度的效能，从而获得最好的使用品质。通常，密实的沥青混合料具有较高的强度、较好的柔性和抗渗性能，耐老化且使用寿命较长。矿料级配一般采用试验或计算方法进行选择。

1）矿料级配的试验选择方法。

A. 根据有关的技术标准或技术资料，在推荐使用的级配范围内，选择一条或几条级配曲线作为矿料标准级配，再根据标准级配曲线选择各种矿料的配合组成，使合成级配尽可能与标准级配相近。水工沥青混凝土矿料级配和沥青用量推荐使用范围见表 4 - 1。

B. 根据现场取样，对粗骨料、细骨料和填料进行筛分试验，按表 4 - 1 筛分结构分别绘出组成材料级配曲线，同时测出各组成材料的相对密度，以供计算物理常数使用。

C. 根据各组成材料的筛分试验资料计算符合要求级配的各组材料用量比例。

D. 最后根据要求对所计算的合成级配作必要的调整。

表 4 - 1　　　　　　　水工沥青混凝土矿料级配和沥青用量推荐使用范围表

类型	筛孔尺寸/mm												按矿料重量计沥青用量/%
	60	35	25	20	15	10	5	2.5	0.6	0.3	0.15	0.075	
	总通过率/%												
密级配			100	80～100	70～90	62～81	55～75	44～61	35～50	19～30	13～22	9～15	4～8	5.5～7.5
				100	94～100	84～95	75～90	57～75	43～65	28～45	20～34	12～23	8～13	6.5～8.5
					100	96～98	84～92	70～83	41～54	30～40	20～26	10～16	8.0～10.0
开级配			100	70～100	50～80	36～70	25～58	10～30	5～20	4～12	3～8	2～5	1～4	4.0～5.0
				96～100	88～98	71～83	40～70	30～40	14～22	7～14	2～8	1～4	5.0～6.0
沥青碎石级配	100	35～70		0～15			0～8	0～5		0～4		0～3	3.0～4.0
			95～100		55～70		10～25	5～15		4～8		0～4	3.5～4.5

2）矿料级配的计算方法。我国水工沥青混凝土矿料级配可按富勒级配公式（4 - 1）计算。

$$P_i = \left(\frac{d_i}{D_{\max}}\right)^r \tag{4-1}$$

或采用丁朴荣教授基于富勒公式提出的式（4 - 2）计算：

$$P_i = P_{0.075} + (100 - P_{0.075})\frac{d_i^r - 0.075^r}{D_{\max}^r - 0.075^r} \tag{4-2}$$

以上两式中　　P_i——孔径为 d_i 筛的总通过率，%；

　　　　　　$P_{0.075}$——填料用量，%；

　　　　　　　r——级配指数；

　　　　　　　d_i——某一筛孔尺寸，mm；

　　　　　　$D_{\max}$——矿料最大粒径，mm。

富勒级配公式（4 - 1）是在对骨料粒径理想化的基础上提出的，即假想各级骨料都是球形，且粒径都对应于各级筛孔，根据填隙理论推算的最小矿料最大密实度（最小孔隙率）时的级配公式。该公式有两大缺点，首先是太理想化，与骨料实际情况差别大，并不能真正反映骨料最优级配；其次是一旦最大粒径一定，任意筛孔上的总通过率均已确定，就无法调整。

丁朴荣教授提出的矿料级配公式（4-2）是针对富勒级配公式存在的问题进行修整的公式。根据式（4-2）计算，不同类型沥青混凝土级配范围及级配指数见表4-2。

表4-2　　　　　　　　　　不同类型沥青混凝土级配范围及级配指数表

编号	级配名称	筛孔尺寸/mm 总通过率/%												矿料级配指数 r	沥青含量 /%
		35	25	20	15	10	5	2.5	1.2	0.6	0.3	0.15	0.075		
1-1	沥青碎石	100	68.4	53.1	38.4	24.3	11.1	5	2.1	0.9	0.4	0.1	0	0.128	3.0
		100	80.6	69.9	58.3	45.3	29.8	20	13.6	9.8	7.5	6	5	0.667	4.0
1-2			100	74.9	51.5	30.4	12.4	5	1.9	0.7	0.3	0.1	0	1.297	3.5
			84.7	68.5	51.1	31.5	20	13	9.3	7	5.8	5		0.777	4.5
1-3				100	66.1	36.9	13.6	5	1.7	0.6	0.2	0.1	0	1.437	4.0
				100	78.8	56.7	33	20	12.6	8.8	6.8	5.5	5	0.868	5.0
2-1	开级配		100	84.7	68.5	51.1	31.5	20	13	9.3	7	5.8	5	0.777	4.0
			100	90	78.6	65.1	47.5	35	25.8	19.6	15.3	12.2	10	0.498	5.0
2-2				100	78.8	56.7	33	20	12.6	8.8	6.8	5.6	5	0.868	4.5
				100	85.9	69.5	48.9	35	25.2	19	14.8	11.9	10	0.566	5.5
2-3					100	67.8	35.8	20	11.9	8.2	6.4	5.5	5	1.016	5.0
					100	77.8	51.5	35	24.2	18	14	11.6	10	0.676	6.0
3-1	密级配一		100	90	78.6	65.1	47.5	35	25.8	19.6	15.3	12.2	10	0.498	6.0
			100	93	86	76.2	61.9	50	39.7	31.7	25.1	19.6	15	0.276	8.0
3-2				100	85.9	69.5	48.9	35	25.2	19	14.8	11.9	10	0.566	6.5
				100	90.9	79.4	631	50	39.1	30.9	24.4	19.2	15	0.328	8.5
3-3					100	77.8	51.5	35	25.2	19	14.8	11.9	10	0.676	7.5
					100	85.3	65.1	50	38.1	29.7	23.4	18.6	15	0.412	9.0
4-1	密级配二		100	93.9	86.6	77	62.4	50	38.9	29.9	22.2	15.7	10	0.227	6.0
			100	96.5	92.1	85.9	75.4	65	54.3	44.3	34.4	24.7	15	0.023	8.0
4-2				100	91.3	80.1	63.6	50	38.2	29.1	21.5	15.3	10	0.276	6.5
				100	94.9	87.8	76.2	65	53.7	43.4	33.6	24.7	15	0.061	8.5
4-3					100	85.8	65.7	50	37.1	27.7	20.3	14.6	10	0.356	7.5
					100	91.1	77.6	65	52.7	42.1	32.4	23.4	15	0.122	9.0
5-1	密级配三		100	96.6	92.3	86.2	75.6	65	53.7	43	32	21.2	10	0.010	6.0
			100	98.5	96.5	93.4	87.3	80	70.8	60.3	47.9	33.1	15	0.253	8.0
5-2				100	95	88.1	76.4	65	53.1	42.1	31.3	20.6	10	0.027	6.5
				100	97.8	94.4	87.7	80	70.4	59.7	47.2	32.5	15	0.227	8.5
5-3					100	91.6	77.9	65	52.1	40.7	29.9	19.8	10	0.005	7.5
					100	90	88.5	80	69.7	58.6	46	31.6	15	0.185	9.0

（3）确定的沥青用量。矿料合成级配确定后，沥青用量成为影响沥青混凝土性质的主要因素。沥青用量一般有沥青含量和沥青用量两种不同的表示方法。工程应用中，沥青用量和沥青含量的概念都在普遍使用，须分清这两个概念。

沥青用量又被称为油石比，它是指沥青材料重量与骨料总和的比率，按式（4-3）计算：

$$沥青用量 = \frac{沥青重量}{骨料总重量} \times 100\%$$ （4-3）

例如：沥青用量 8%，则沥青混合料总重为 100%＋8%＝108%。

沥青含量，就是指沥青材料重量在整个沥青混合料中所占的重量百分比，按式（4-4）计算：

$$沥青含量 = \frac{沥青重量}{沥青混合料总重量} \times 100\%$$ （4-4）

例如：沥青含量 8%，则矿料用量则为 92%，沥青混合料总重为 100%。

目前这两种方法均在应用，但前者将矿料固定为 100%，沥青用量成为独立变量，它的变化不影响矿料的计算，实用上较为方便，故应用较广泛。

为了使沥青混合料具有良好的物理力学性能，并且易于施工，沥青用量确定步骤如下。

1）按确定的矿质混合料材料配合比，计算各矿质材料的用量，一般选择 2～3 种矿料级配。根据表 4-1 推荐的沥青用量范围（或经验的沥青用量范围），估计适宜的沥青用量。

2）以估计沥青用量为中值，以 0.3% 间隔上下变化沥青用量制备马歇尔试件不少于 5 组，然后测定密度、稳定度和流值，同时计算孔隙率、饱和度和矿料间隙率。

3）以估计填料用量为中值，以 1% 间隔上下变化填料用量制备马歇尔试件不少于 5 组，然后测定密度、稳定度和流值，同时计算孔隙率、饱和度和矿料间隙率。

4）试验结果分析。

A. 建立沥青用量、填料用量与沥青混凝土各项指标的关系曲线。以沥青用量为横坐标，以密度、稳定度、流值、孔隙率、饱和度等为纵坐标，将各种试验结果绘制成曲线。

B. 根据测试的物理指标，确定沥青用量范围值。根据各项技术指标的具体要求，分别从绘制的曲线中找出满足各项设计技术指标的沥青用量范围，再将满足各项技术指标的沥青用量范围汇集，从中选出同时满足密度、稳定度、流值、孔隙率、饱和度等基本技术指标的沥青用量范围。

C. 根据力学性能参数，确定最佳的沥青用量范围。在满足沥青混凝土各项物理技术性能的沥青用量范围内，根据工程的特性要求，对沥青混凝土的渗透性、小梁弯曲等试验所获得的各项指标进行分析，找出同时满足各项要求的沥青用量范围，并将其确定为设计推荐的最佳沥青用量范围值。

如果找不到共同的沥青用量范围或范围过于狭窄，说明试验过程、试验数据处理或初选的沥青用量等部分环节可能存在问题，需要对具体问题进行认真的研究和分析，针对问题的具体环节，研究具体的解决方案，重新成型试件、重新进行试验、重新计算，甚至全部从头再来，直到获得满足要求的沥青用量为止。

（4）选定室内配合比。在矿料的级配和沥青用量确定之后，进行室内配合比选定。选定方法如下。

1）根据工程等级、设计和施工规范以及施工要求，确定各级粗骨料、细骨料、填料合成级配的允许范围，沥青用量的允许的范围。《水工碾压式沥青混凝土施工规范》（DL/T 5363—2006）中规定，配合比中沥青含量的允许范围为±0.3%，合成矿料级配的允许范围为：粗骨料±5.0%、细骨料±3.0%、填料±1.0%。

2）制作多组沥青混凝土试件，根据工程特点和试件要求，在室内进行多种配合比试验。试验的项目有：沥青混凝土原材料的性能试验；沥青混凝土矿料级配及最佳沥青用量的选择试验；沥青混凝土物理力学和变形性能试验。

3）根据检验结果，选定各项技术要求必须全面满足设计要求，沥青用量最小，而且当沥青用量稍有波动时，对沥青混凝土的性质影响较小的试件的沥青混凝土配合比，作为试验室选定的沥青混凝土配合比，用于进行现场铺筑试验。

（5）现场沥青混凝土铺筑验证。由于试验室选定的配合比所用原材料与实际施工所用的原材料存在差距，试件成型用的是静载压实，不能取代现场振动碾压实效果。因此，试验室所选定的配合比不能直接用于工程施工，需在实际施工前进行现场铺筑试验进行验证，检验其施工是否方便，施工过程中沥青混合料是否均匀、不产生离析，在正常施工条件下，压实的沥青混凝土性能与室内试验结果是否一致，施工后表面是否达到规定的平整度等，通过场外试验结果选定现场施工配合比。这一配合比将使沥青混凝土的性能全部满足设计要求，同时又要便于施工。如需调整配合比时，必须验证改变后的配合比能否全部满足设计要求。

现场沥青混凝土铺筑试验主要项目是：沥青混凝土配料、拌和试验；沥青混凝土运输试验；沥青混凝土铺筑（浇筑）试验；低温、雨季条件下的施工试验；接缝、层面处理试验。

现场铺筑试验首先应作好原材料的抽样检查，沥青主要检查针入度、软化点、延伸度三大指标，矿料主要检查其级配组成，按标准配合比确定各种材料的配料比例，同时还要根据室内试验结果，选出几组可供现场试铺的配合比备用。

在进行现场铺筑试验中，如达不到设定的要求时，再使用备用的配合比进行试铺。现场铺筑试验质量检测，主要检查孔隙率和渗透系数，配合比的误差则通过沥青抽提试验加以检查。

最后根据试铺试验结果确定的施工配合比，既有室内试验的依据，又有现场实践的数据，可以确保工程质量。施工配合比确定后，不得随意变动。

（6）配合比生产性铺筑验证。为保证质量，需在建筑物的次要部位进行生产性试验，进一步验证现场铺筑试验选定的沥青混凝土配合比，检验和进一步完善现场施工工艺、参数，确定最终应用工程的施工配合比、施工工艺及施工工艺参数等。

生产性摊铺试验是在工程现场进行的试验，试验的项目主要是：原材料加工与质量控制、拌和与配料、出机口沥青混合料质量检测；运输过程中的温度损失、沥青混合料的离析情况检测；层面处理；沥青混合料铺筑（浇筑）工艺控制；沥青混凝土施工质量检测。

生产性摊铺试验其试验步骤与现场摊铺试验基本相同，但对摊铺试验的要求发生了重大变化，对施工组织、施工质量控制、检测等要求，都要高于现场摊铺试验。生产性摊铺试验的产品是沥青混凝土的正式产品，是不允许出现问题的。现场摊铺试验允许失败，生产性摊铺试验如试验失败，就必须进行返工处理。生产性摊铺试验完成后，最后根据试验结果选择和确定最终应用工程的施工配合比、施工工艺及施工工艺参数等。

生产性摊铺试验确定的施工配合比，不得随意变动。生产过程中，如矿料级配发生变化，应及时调整配合比。如沥青或矿料品质发生变化，应重新进行配合比设计试验。

4.1.2 沥青混凝土面板配合比

沥青混凝土面板防渗结构按照施工方法分为碾压式和浇筑式两种。碾压式沥青混凝土防渗面板为多层结构，各层沥青混合料都采用碾压方式达到密实成型。碾压式沥青混凝土防渗面板所需沥青混凝土配合比为整平胶结层、排水层、防渗层、封闭层共4种，以及沥青混凝土面板与岸边、混凝土结构连接处的楔形体的沥青砂浆或细粒沥青混凝土配合比。浇筑式沥青混凝土面板由护面板和沥青混凝土防渗层组成。浇筑式沥青混凝土配合比的种类为防渗层的一种，其沥青混合料靠自重密实成型。两种施工方法所用的沥青混合料组成各不相同。

（1）碾压式沥青混凝土面板配合比设计。碾压式沥青混凝土面板配合比设计，一般根据《土石坝沥青混凝土面板和心墙设计规范》（DL/T 5411—2009）附录A规定的参数范围进行配合比设计，也可根据类似工程配合比参数范围进行配合比设计，然后通过室内外试验等过程确定施工配合比。碾压式沥青混凝土面板配合比选择参考范围见表4-3。

表4-3　　　　　　　　碾压式沥青混凝土面板配合比选择参考范围表

序号	种类	沥青含量 /%	填料用量 /%	骨料最大直径 /mm	级配指数	沥 青 质 量
1	防渗层	7.0～8.5	10.0～16.0	16.0～19.0	0.24～0.28	70号或90号水工沥青、道路沥青或改性沥青
2	整平胶结层	4.0～5.0	6.0～10.0	19.0	0.70～0.90	70号或90号道路沥青、水工沥青
3	排水层	3.0～4.0	3.0～3.5	26.5	0.80～1.00	70号或90号道路沥青、水工沥青
4	封闭层	沥青：填料＝30～40:60～70				50号水工沥青或改性沥青
5	沥青砂浆	12.0～16.0	15.0～20.0	2.36或4.75	—	70号或90号道路沥青、水工沥青

注　引自《土石坝沥青混凝土面板和心墙设计规范》（DL/T 5411—2009）。

（2）浇筑式沥青混凝土面板配合比设计。浇筑式沥青混凝土面板防渗层厚度为6～10cm，厚度薄，为满足施工要求采用的是自密实沥青混凝土种类。浇筑式沥青混凝土防渗面板的配合比参数范围为：沥青占沥青混合料总重的11%～16%，填料占矿料总重的16%～20%，骨料的最大粒径为4.75～13.20mm，级配指数0.24～0.30。沥青可采用50号水工沥青、道路沥青或掺配沥青。

国内部分已建浇筑式沥青混凝土面板配合比见表4-4。

工程名称	最大粒径 /mm	配合比/%				沥青与矿料比 /%	
		碎石	人工砂和河砂	填料	石棉		
丰满水电站	20	32	36	12	5	渣油	氧化沥青10号
上犹江水电站	5	55		26	1	18	
湖南镇水电站	5	51～55		24～26	2～4	18～20	
碧流河水库	15	72.6		15.9		11.5	
坑口水电站	5	61.2		19.8	1	18	
白山水电站	20	60		23.5	2	15	
罗湾水电站	15	34	34	18		14	

4.1.3　碾压式沥青混凝土心墙配合比

土石坝沥青混凝土防渗心墙布置在坝体内中间部位，在上下游过渡层和坝壳的保护下随坝体的变形而变形。心墙沥青混凝土应以适应坝体变形而保持防渗性能为原则进行材料和配合比参数选择。

作为沥青混凝土心墙土石坝的防渗结构，要求沥青混凝土具有一定的抗压、抗拉强度，具有足够的稳定度、一定的流值，同时还要求它具有一定的柔性，以适应坝体结构的变形。

心墙沥青混凝土长期埋在土石坝坝体中，不直接承受空气、阳光（紫外线）、波浪等作用，所承受的气温变化也相对恒定，运行条件优于沥青混凝土面板，但是它没有检修条件，只能在进行沥青混凝土设计时来考虑，一般只能是提高原材料的技术指标要求。

在进行沥青混凝土配合比设计时，要充分结合沥青混凝土使用的功能特点，选择适宜的沥青材料，保证工程的施工质量。另外，使用的沥青出厂时必须经过严格检验，保证满足设计要求。一般要求矿料采用碱性母岩，要求矿料加工系统生产出的骨料比重较大，颗粒形状较好，针片状含量小，结构致密，坚固性指标较好。

土石坝沥青混凝土心墙的沥青混凝土施工配合比的种类主要是碾压式和浇筑式两类。碾压式沥青混凝土为密级配沥青混凝土，浇筑式分为自密实（密级配）沥青混凝土和振捣式（中密级）沥青混凝土。

（1）碾压式沥青混凝土配合比设计。碾压式沥青混凝土心墙配合比设计，根据《土石坝沥青混凝土面板和心墙设计规范》（DL/T 5411—2009）附录 A 规定的参数范围进行配合比设计，也可根据类似工程配合比参数范围进行配合比设计，然后通过室内外试验等过程确定施工配合比。

碾压式沥青混凝土配合比参数范围可为：沥青占沥青混合料总重的 6.0%～7.5%，填料占矿料总重的 10%～14%，骨料的最大粒径不宜大于 19mm，级配指数 0.35～0.44，沥青宜采用 70 号或 90 号水工沥青或道路沥青。

（2）浇筑式沥青混凝土心墙配合比设计。土石坝浇筑式沥青混凝土心墙是在钢模板内浇筑热沥青混合料经自重压密实而形成的沥青混凝土防渗墙，处于上下游过度层和坝壳的保护下随坝体的变形而变形。因此，心墙沥青混凝土配合比的设计，应以适应坝体变形而保持防渗性为原则进行材料和配合比参数的选择。

1）矿料级配。浇筑式沥青混凝土具有一定的骨架性且在浇筑时能够流动，它的骨架性决定了混凝土的力学性能及矿料组成，尤其是影响混凝土密实性的粗骨料的颗粒级配，所以浇筑式沥青混凝土矿料级配的优选仍服从最大密度的原则，即仍应以混合料的最大密实度来确定矿物粒料的颗粒级配，是以矿料级配的最大粒径、粗细骨料的比例、填料用量三个参数来表征。

浇筑式沥青混凝土矿料级配应保持稳定，宜分成 2～4 级进行配料，骨料最大粒径不宜大于 25mm，一般为 16～19mm，填料占矿料总重的 12%～18%，级配指数为 0.30～0.36。

2）沥青用量的确定。矿料合成级配确定后，沥青的用量成为影响沥青混凝土性质的唯一因素。浇筑式沥青混凝土流动性、自身压实性决定于混合料中填料和沥青含量的高低。浇筑式沥青的掺量占沥青混合料总重的 10%～15%，沥青可选用 50 号水工沥青、道路沥青或掺配沥青。

4.2 试验

在室内配合比设计完成了沥青混凝土的各级粗骨料、细骨料、填料的合成级配范围，以及沥青用量的范围后，为了掌握所设计的沥青混凝土性质和各项技术指标能否满足设计要求，需要对所选沥青混凝土配合比，按照设计和规范要求进行抗渗性能、力学性能、变形性能的全面试验检验，根据试验结果选择和确定试验室配合比。

沥青混凝土抗渗性能试验主要包括沥青混凝土的渗透系数和渗透性无损检测等。力学性能试验主要包括沥青混凝土马歇尔稳定度、流值试验、拉伸试验、单轴压缩试验、剪切试验、三轴试验、热稳定性试验、水稳定性试验等。变形等性能试验主要包括蠕变试验、小梁弯曲试验、应力松弛试验等。

在水工沥青混凝土设计和施工规范中对沥青混凝土的原材料和沥青混凝土性能指标作了规定，沥青混凝土配合比设计的各项性能指标都需按照《水工沥青混凝土试验规程》（DL/T 5362—2006）的规定进行试验后确定。

4.2.1 沥青混凝土抗渗性能试验

沥青混凝土渗透性能是评价沥青混凝土质量的最重要的指标，是沥青混凝土被应用于水工建筑结构的最重要的因素。而沥青混凝土防渗性能的好坏主要取决于沥青混凝土的密实程度即孔隙率。由于沥青是憎水性材料，在常温下是不透水的，但在压力水作用下，组成沥青混凝土的材料将发生一定的位移重组，尤其是存在于沥青混凝土中的孔隙将发生压缩变形，在一定温度和压力下，水分子会侵入沥青混凝土中，由于沥青于骨料的界面黏结是靠物理或化学吸附，其界面黏结力远小于沥青之间的亲和力，因而水分会侵入沥青与骨料之间的界面，减弱沥青混凝土的防渗性能。目前评价水工沥青混凝土防渗性能的方法主要有两种：一种是渗透系数法；另一种是抗渗压力法。

渗透系数法是沿用土力学中的达西定律，即单位时间通过稳定材料的水量与其水头和截面积成正比，且在压力恒定时单位时间通过稳定材料单位面积的水量是恒定的。应用达西定律忽视了沥青是憎水性材料，沥青混凝土中虽有吸水性的砂石骨料和填料，但它们已被沥青包裹，防渗沥青混凝土中虽有一定数量的孔隙，但这些孔隙大多是封闭的，在常压水头下，水分是不能渗过未连通的孔隙的，因而利用渗透系数可以评价已现损伤的沥青混凝土，不能评价结构完好的沥青混凝土的防渗性，因而采用抗渗压力法评价结构完好的沥青混凝土的抗渗性能。为减少抗渗压力法对建筑物造成一定的损害，目前开始采用无损检测方法。

（1）渗透系数。渗透试验是以达西定理为依据，在试验室内测定饱和状态下沥青混凝土试件的渗透系数。渗透试验可以采用常水头或变水头进行，前者适用于渗透系数较大的试件，后者适用于渗透系数较小的试件。试验方法如下。

1）试验仪器设备。渗透试验装置及试模，分为适用于变水头和常水头渗透试验装置（见图4-2）和仅适用于常水头渗透试验装置（见图4-3）。装置包括量筒、秒表、温度计、真空泵、止水填料及加热器具等。

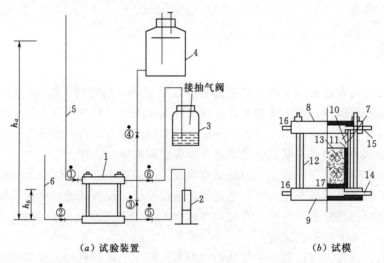

（a）试验装置　　　　　　　　　（b）试模

图4-2　变水头和常水头渗透试验装置图

1—装好试件的试模；2—量筒；3—抽气瓶；4—储水瓶；5—进水测压管；6—出水测压管；
7—试模套筒；8—上盖；9—下盖；10—橡皮垫圈；11—止水填料；12—螺栓；
13—试件；14—出水口；15—进水口；16—测压管口；17—多孔透水板
①、②、③、④、⑤、⑥—阀门

2）按配合比制备沥青混合料，制作内径101.6mm±0.2mm，高63.5mm±1.3mm试件，如采用芯样进行试验，用切割机将芯样上下两端切平，测量试件的平均高度和直径。其试件的标准直径101.6mm±0.2mm，高63.5mm±2.5mm。每组试件不少于3个。

3）将渗透试模的上盖卸下，将试件置入试模中央，清理试件表面，除去油污、粉尘等，避免试件周边与沥青结合不好而渗水，灌入热沥青密封试模与试件周边的缝隙。灌缝时应避免热沥青污染试件表面及沥青外流。待沥青冷至室温后，装好上盖，拧紧螺栓。渗透试件装模后，应加以检查，确认试模密封良好、管道畅通。

4）试验应采用蒸馏水或经过过滤的清水，试验前用抽气法或煮沸法进行排气。试验时水温宜高于室温3~4℃。试验开始前应备够一次试验所需的用水。

5）用图4-2所示的渗透试验装置进行试验。

A. 将渗透试模安装在渗透试验装置上。安装时，关闭全部阀门，防止水流入渗透试模内。

B. 打开阀门③、⑥，开动抽气机进行抽气，至抽气瓶内无气泡排出。关闭阀门⑥，打开阀门④，使试件从上下两端充水饱和，关闭阀门④，打开阀门⑥，进行抽气，至抽气瓶内无气泡排出时，关闭阀门⑥，打开阀门④，使试件充水饱和。如此反复进行，至气泡完全排出。饱和排水结束后，将全部阀门关闭。

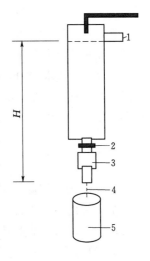

图4-3 常水头渗透
试验装置图
1—溢水管；2—水管开关；
3—渗透试模；4—出水管；
5—量水瓶

C. 常水头试验时，先打开阀门①、④，使进水测压管内水柱上升到稳定的高度，再打开阀门②、③，使出水测压管充水，然后打开阀门⑤，当水从水管口向外渗流后，立即关闭阀门③。应避免出水管口浸没在量筒水面以下。当进水和出水测压管水位稳定后，开始进行观测，记录测压管内的水位，用量筒测定渗透水量，用秒表测定相应的渗透时间，用温度计测定试验开始和结束时的水温，取其平均值。如此反复试验不少于6次，每次渗透水量应不少于5mL。

D. 变水头试验时，先打开阀门①、④，使进水口测压管水位达到一定水平后关闭阀门④，分别记录进水口和出水口测压管的水位，同时开动秒表计时，经时间 t 后，再记录两测压管相应的水位。如此反复试验3~4次后，再打开阀门④，使进水测压管水位重新上升后，再重复进行测试。记录试验开始和结束时的水温。每次试验的水头差应不小于50mm，并应在3~4h内完成。如两次试验结果出现较大偏差时，应在试验前重新抽气饱水，再进行试验。

6）用图4-3所示的渗透试验装置进行试验。

A. 将渗透试模安装在渗透试验装置上。安装时，全部阀门均先关闭，防止水流入渗透试模内。

B. 打开水管开关，开始进行测试，用量筒测定通过试件的渗透流量，用秒表测定相应的时间，记录水头 H 和现场试验温度 T。

7）试验结果处理。

A. 按图4-2所示的渗透试验装置进行试验，常水头试验的渗透系数按式（4-5）计算：

$$K_T = \frac{QL}{A(h_a - h_b)t} \tag{4-5}$$

式中　K_T——温度 T℃时的渗透系数，cm/s；

　　　　Q——渗透水量，mL；

　　　　A——试件面积，cm²；

L——渗径，等于试件厚度，cm；

h_a——进水测压管水位，cm；

h_b——出水测压管水位，cm；

t——渗水时间，s。

B. 按图 4 - 2 所示渗透试验装置进行试验，变水头试验的渗透系数按式（4 - 6）计算：

$$K_T = \frac{aL}{At} \ln \frac{\Delta h_1}{\Delta h_2}$$
(4 - 6)

式中　a——测压管截面积，cm^2；

Δh_1——时段 t 开始时进水测压管和出水测压管的水位差，cm；

Δh_2——时段 t 结束时进水测压管和出水测压管的水位差，cm；

其余符号意义同前。

C. 按图 4 - 3 所示的渗透试验装置进行试验，常水头试验的渗透系数按式（4 - 7）计算：

$$K_T = \frac{QL}{AHt}$$
(4 - 7)

式中　H——水头，cm；

其余符号意义同前。

D. 单个试件几次测试算出的渗透系数，取平均值作为该试件的渗透系数。应平行测定 3～5 个试件，渗透系数小于 1.0×10^{-4} cm/s 时，给出渗透系数的范围；渗透系数不小于 1.0×10^{-4} cm/s 时，取其平均值。

E. K_T 可按式（4 - 8）换算为 K_{20}。

$$K_{20} = K_T \frac{\eta_T}{\eta_{20}}$$
(4 - 8)

式中　K_{20}——温度 20℃时的渗透系数，cm/s；

η_T——温度 T℃时水的动力黏滞系数，Pa·s；

η_{20}——温度 20℃时水的动力黏滞系数，Pa·s。

$\frac{\eta_T}{\eta_{20}}$ 可按表 4 - 5 查得。

（2）渗透性无损检测。在水利水电工程建设中，施工过程中的检测试验都会对建筑物造成一定的损害，尽管这些损害较小，但对于保证建筑物的施工质量而言，仍应该尽量避免和减小各种可能的哪怕是微小的损害。对于水工沥青混凝土而言，通常情况下它都是一种薄体结构，通过钻孔取芯进行检测，一方面破坏了沥青混凝土的整体性，对沥青混凝土的整体质量造成损害；另一方面，由于取芯过程中对沥青混凝土芯样本身的物理力学特性造成了本质的改变，也不可能准确获取沥青混凝土实际的力学性能参数。因此，无损检测技术被广泛地应用于沥青混凝土生产中，尽管无损检测技术仍然存在一些需要改进和完善的地方，它仍然不失为一种非常行之有效的检测技术方法。

表 4 - 5　　　　　　　　　　水的动力黏滞系数、黏滞系数比、温度校正系数表

温度 /℃	动力黏滞系数 η /$(1\times10^{-3}Pa\cdot s)$	η_T/η_{20}	温度校正系数	温度 /℃	动力黏滞系数 η /$(1\times10^{-3}Pa\cdot s)$	η_T/η_{20}	温度校正系数
5.0	1.516	1.501	1.17	18.0	1.061	1.050	1.68
6.0	1.470	1.455	1.21	19.0	1.035	1.025	1.72
7.0	1.428	1.414	1.25	20.0	1.010	1.000	1.76
8.0	1.387	1.373	1.28	21.0	0.986	0.976	1.80
9.0	1.347	1.334	1.32	22.0	0.963	0.953	1.85
10.0	1.310	1.297	1.36	23.0	0.941	0.932	1.89
11.0	1.274	1.261	1.40	24.0	0.919	0.910	1.94
12.0	1.239	1.227	1.44	25.0	0.899	0.890	1.98
13.0	1.206	1.194	1.48	26.0	0.879	0.870	2.03
14.0	1.175	1.163	1.52	27.0	0.859	0.850	2.07
15.0	1.144	1.133	1.56	28.0	0.841	0.833	2.12
16.0	1.115	1.104	1.60	29.0	0.823	0.815	2.16
17.0	1.088	1.077	1.64	30.0	0.806	0.798	2.21

注　引自《水工沥青混凝土试验规程》(DL/T 5362—2006)表9.8.4。

沥青混凝土无损检测技术主要包括密度测定和渗透系数测定。

1）密度测定。沥青混凝土密度的测定，主要是采用核子密度仪进行检测。它是利用辐射的原理，具体而言就是 γ 射线，在不损伤沥青混凝土的前提下，测定其实际密度（容重）。它适用于对碾压式沥青混凝土的压实容重进行检测。

采用核子密度仪进行检测的方法，就是要测定现场沥青混凝土的压实容重，然后对通过现场取沥青混合料样品进行马歇尔抽提试验，计算、确定沥青混凝土的理论密度，从而求出沥青混凝土的孔隙率。用核子密度仪对沥青混凝土测试，可以及时准确地检测沥青混凝土的压实容重，极为方便、快捷地求取沥青混凝土的孔隙率，是控制施工质量的主要手段。在使用时必须对以下几点引起足够的重视。

A. 每次进行测定前，必须按规定要求进行仪器率定。

B. 选取测点位置，要求测点表面平整度较好。

C. 必须将仪器平稳地放在沥青混凝土心墙表面测点位置。

D. 记录沥青混凝土容重值和测试时沥青混凝土的温度值。

在沥青混凝土现场无损测定并记录完成后，须遵循如下步骤进行数据处理及沥青混凝土孔隙率的计算。

A. 统计常温下沥青混凝土无损测试容重与测试点沥青混凝土芯样的容重值。

B. 在大量测点统计基础上，得出仪器测试值与芯样的实测值换算系数。

C. 同沥青材料一样，沥青混凝土密度对温度的变化较敏感。为了得出高温下沥青混凝土容重与常温下沥青混凝土容重之间的换算系数，需进行不同温度下沥青混凝土容重测试，得出高温下沥青混凝土容重的温度换算系数 A_t。

D. 常温下沥青混凝土容重按式（4-9）计算：

$$\gamma_0 = \gamma A_r A_t \qquad\qquad (4-9)$$

式中 γ_0——常温下沥青混凝土容重，kg/m^3；

　　 γ——核子密度仪测试值，kg/m^3；

　　 A_r——仪器测试值与芯样的实测值换算系数；

　　 A_t——测量温度 t 下沥青混凝土容重的温度换算系数。

通过式（4-9）建立的函数关系，可以迅速地对核子密度仪的测定值进行换算、快速求得常温下沥青混凝土容重 γ，从而很快求得沥青混凝土的孔隙率，控制沥青混凝土的渗透性能，确保沥青混凝土的施工质量。

2）渗透系数测定。现场无损检测沥青混凝土的渗透系数是采用渗气仪进行测试，它是一种比较简便测定渗透系数的方法。

渗气仪是利用抽真空的原理，在保证测量室与沥青混凝土接触面无渗漏的情况下，先使测量室内形成真空的状态，然后继续施加负压，通过负压施加的时间和体积变化来计算确定沥青混凝土的渗透系数。沥青混凝土渗气仪试验装置见图4-4。

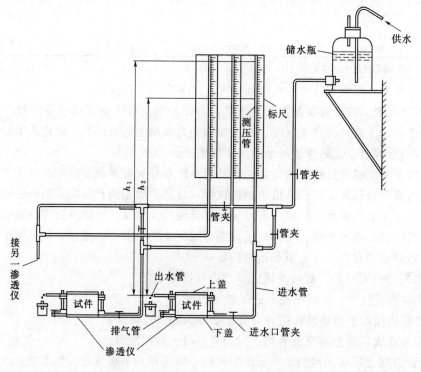

图4-4　沥青混凝土渗气仪试验装置图

测试步骤如下。

A. 将直径为 10cm，高为 6.5cm 的沥青混凝土试件，放入渗透仪中，用 1:1 的石蜡和沥青的热混合物将四周密封。

B. 在渗透仪上装有直径为 2cm、1cm、0.6cm 的三种测压管，可根据试件的参数的大小选用。渗透系数小的可选用细测压管。

C. 将水送入储水瓶，再通过连通管将水送到各测压管内（注意排除各测压管内的气泡）。随后在每一根测压管上接一个渗透仪。打开进水和排气管的管夹，使试件达到水饱和状态，当试件渗出水时，关闭进水和排气管的管夹。对密级配沥青混凝土应先用真空抽水法使试件吸水饱和。

D. 试验开始时，应先将各测压管之间相互连通的橡皮管用夹子夹住，然后再打开进水管夹，记录初始水头和时间。观测各测压管水头下降情况，记录最终水头和时间（密级配的沥青混凝土，试验时间一般要 3h 以上）。

E. 试验结果处理。沥青混凝土的渗透系数按式（4-10）计算：

$$K = 2.3 \frac{Ha}{At} \ln \frac{h_1}{h_2} \tag{4-10}$$

式中　　K——渗透系数，cm/s；

　　　　H——试件高度，cm；

　　　　a——测压管断面面积，cm^2；

　　　　A——试件渗透面积，cm^2；

　　　　t——渗水时间，s；

　　　　h_1——初始水头，cm；

　　　　h_2——最终水头，cm。

取两个试件进行平行试验，以两个试件的算术平均值作为最后结果。若两个试件的误差太大时，应进行第三个试件的测定。

4.2.2　力学性能试验

（1）马歇尔稳定度及流值试验。马歇尔稳定度试验是美国密西西比州公路局马歇尔工程师提出来的，是为确定沥青混合料油石比而用的，试验设备简单，操作方便，被世界许多国家引用。我国目前公路和水工沥青混凝土混合料配合比设计均普遍应用。

马歇尔试验是将沥青混合料制备成直径 10.16cm，高 6.35cm 的试件，在 60℃水温中养护 30～40min 后，将其侧向放入半圆状的压膜中，使试件受到侧限，以一定的加载速度（50mm/min±5mm/min）对试件进行加压，直至试件破坏，最大压力称之为马歇尔稳定度，以牛顿（N）计。最大压力所对应的试件压缩量，反映变形能，称之为流值，以 0.1mm 计。

马歇尔稳定度及流值反映了沥青混凝土在高温、荷载作用下的可靠性。适用于骨料最大粒径不大于 26.5mm 的室内成型的试件和现场钻取的芯样。

1）试验方法。

A. 按配合比制备沥青混合料，制作直径 101.6mm±0.2mm，高 63.5mm±1.3mm 试件。对于现场钻取的沥青混凝土芯样，标准芯样试件的直径为 100mm。

B. 用卡尺测量试件中部相互垂直的两个方向的直径，量取十字对称的四处边缘位置试件高度，精确至 0.1mm，取其平均值作为试件的直径和高度。称取试件质量。

C. 将试件置于 60℃±1℃恒温水槽中恒温 30～40min。将试件垫起离容器底部不小于 50mm，试件顶部浸入水中不小于 100mm。

D. 将马歇尔试验仪的上、下压头放入 60℃±1℃恒温水槽中恒温，将上、下压头从恒温水槽中取出擦干。在下压头的导棒上涂少量黄油，使上、下压头滑动自如。将试件取出置于下压头上，盖上上压头，移至加压平台上。

E. 将流值测定装置安装在导棒上，使导向套管轻轻地压住上压头，同时将流值计或位移传感器读数调零。

F. 在上压头的球座上放妥钢球，并对准荷载测定装置（压力环或压力传感器）的压头，然后将荷重传感器的读数复位为零。

G. 启动加载设备，以 50mm/mim±5mm/mim 速率加荷，当荷载达到最大值开始减少的瞬间自动停机，分别读取压力值和位移值。从水槽取出试件起至试验结束，时间不应超过 30s。

2）试验结果处理。

A. 由荷载测定装置读取的最大荷载值即为试样的稳定度，准确至 0.01kN。试样的高度与要求的高度有出入时，则由实测稳定度乘以高度修正系得到试件的稳定度。每组 3 个试件，取其平均值作为试验结果。当 3 个试件测定值中最大值或最小值之一与中间值之差超过中间值的 15% 时，取中间值。当 3 个试件测定值中最大值和最小值与中间值之差均超过中间值的 15% 时，应重做试验。

B. 由流值计或位移传感器测定装置读取的试件变形量，即为试件的流值，精确至 0.1mm。

马歇尔稳定度和流值是一种经验指标，在以往的沥青混凝土心墙的技术要求中多有马歇尔稳定度和流值这两个指标。根据近年来的大量实践表明，这两个指标往往不能很好反映沥青混凝土的力学性能，在《土石坝沥青混凝土面板和心墙设计规范》（DL/T 5411—2009）中就没有对这两个指标提出要求。

（2）拉伸试验。沥青混凝土具有一定的抗拉强度，在对沥青混凝土试件进行抗拉强度试验时，通常采用的方法有间接拉伸和直接拉伸两种，两种方法各有利弊，都可以在一定的程度上反映沥青混凝土的抗拉强度特性。间接拉伸在公路工程使用较多，水工沥青混凝土拉伸试验一般采用直接拉伸试验方法。

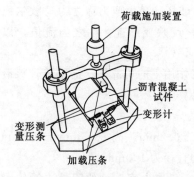

荷载施加装置

沥青混凝土试件

变形计

变形测量压条

加载压条

图 4-5　间接拉伸试验装置图

1）间接拉伸试验。间接拉伸试验又称劈裂试验，是通过加载条加载于圆柱形试件的轴向。试件按一定的变速率加载，施加的压缩荷载，采用非接触型变位计或双轴正交应变计等测出垂直、水平变形，从而获得沥青混合料的劈裂强度和变形数据，间接拉伸试验装置见图 4-5。

试件尺寸采用马歇尔试件，其直径 101.6mm，高 63.5mm。加载速度在《公路工程沥青及沥青混合料试验规程》（JT 052—2000）中规定对于 15℃、25℃ 等采用 50mm/min 加载，对 0℃ 或更低温度建议采用在低温采用 50mm/min 作为加载速率。其评价指标有劈裂强度、变形及劈裂模量等。

2）直接拉伸试验。直接拉伸试验就是采用加载拉伸试验设备对沥青混凝土进行直接加载，从而测量沥青混凝土抗拉强度的试验方法。直接拉伸试验可测定沥青混凝土的拉伸强度、拉伸应变和应力应变过程曲线，用以评定沥青混凝土的拉伸性能，适用于室内成型的试件和现场钻取的芯样，试验方法如下。

A. 试验设备。包括：具有可控制变形速度的功能，最大拉力为 10kN 的试验机，带环境控温箱，控温准确度 1℃ 的试验机；钢制尺寸为 250mm×125mm×50mm、ϕ100mm×250mm 试模；马歇尔标准击石锤；测量精度为 0.01mm 的位移传感器，测量精度为 1% 的力传感器，计算机及数据采集、处理系统；−50～30℃，控温准确度 0.5℃，净空尺寸 1000mm×1000mm×1000mm 的恒温箱；其他，球面拉力接头、夹具、切割机、脱模剂、强力黏结剂等，直接拉伸试验装置见图 4-6。

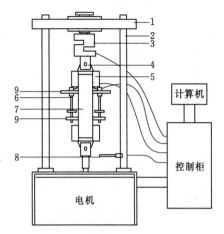

图 4-6　直接拉伸试验装置图
1—顶板；2—立柱；3—荷载传感器；
4—铰接接头；5—拉伸夹具；6—位
移传感器；7—试件；8—温度
传感器；9—传感器固定架

B. 按规范规定的方法制备沥青混合料。

C. 将试模预热至 105℃±5℃，涂刷脱模剂。然后将 150℃±5℃ 的热混合料装入试模中。若成型 250mm×125mm×50mm 板形试件，将沥青混合料铺平后用击实锤均匀击实，可采用每击实 7 次为 1 遍，击实 15 遍，共击实 105 次，击实次数以试件的密度达到马歇尔标准击实试件密度的 ±1% 为准。若成型圆柱体试件，将沥青混合料分 4 层装入试模中，每层击实后高度约为 60mm，击实次数以试件的密度达到马歇尔标准击实试件密度的 ±1% 为准。

D. 带模试件自然冷却后脱模，进行切割。拉伸试件尺寸为 220mm×40mm×40mm，长、宽、高的尺寸偏差分别为 ±2mm、±1mm、±1mm，试件以 3 个为一组。

E. 用强力黏结剂胶黏试件两头于夹具中，安装量测设备，两套位移测量传感器应对称分布在试件两侧的中间部位，标距不小于 100mm。

F. 通过球面拉力接头将带夹具的试件安装到拉伸试验机上。

G. 将恒温室温度调到规定的试验温度，试件恒温不少于 35min。如试验温度没有特殊规定，可采用工程当地平均气温 25℃ 和 5℃。

H. 在规定温度下按规定拉伸应变速率进行拉伸；如对拉伸变形速率没有特殊规定，可按 1%/min 应变速率控制。试验过程中测读并记录荷载及位移值，直至试件破坏。

I. 试验结果处理。

a. 沥青混凝土拉伸强度按式（4-11）计算，精确至 0.01MPa：

$$R_t = \frac{P_t}{A} \tag{4-11}$$

式中　R_t——轴向拉伸强度，MPa；

P_t——轴向最大拉伸荷载，N；

A——试件的断面面积，mm^2。

b. 拉伸应变按式（4-12）计算，精确至 0.01%：

$$\varepsilon_t = \frac{\delta_t}{L} \times 100\% \tag{4-12}$$

式中 ε_t——轴向拉伸应变,%;

δ_t——轴向拉伸变形,取试件两侧位移传感器的变形平均值,mm;

L——轴向量测标距,mm。

轴向拉伸变形值 δ_t 的确定:在拉伸应力和拉伸应变关系曲线中,当拉伸应力峰值比较明显时,拉伸变形值取与之对应的变形值;当拉伸应力峰值比较平缓且不明显时,拉伸变形值取拉伸应力明显下降时对应的变形值。

拉伸变形模量按式(4-13)计算,精确至 0.01MPa:

$$E_t = \frac{R_t}{\delta_t} \tag{4-13}$$

式中 E_t——拉伸变形模量,MPa;

R_t——某一拉伸应力,MPa;

δ_t——相应的某一拉伸应变,%。

拉伸变形模量的确定:当记录的荷载—变形曲线不是直线时,可以取最大荷载 P_t 的 0.1~0.7 的割线斜率计算变形模量。

取一组 3 个试件的平均值作为试验结果。当 3 个试件测值中最大值或最小值之一与中间值之差超过中间值的 15%时,取中间值。当 3 个试件测值中最大值和最小值与中间值之差均超过中间值的 15%时,应重做试验。

(3)单轴压缩试验。单轴压缩试验是把试件置于设定的试验环境中,对沥青混凝土试件进行压缩,并重点监测其抗压强度、应变、轴向压缩变形数值变化的一种试验方法。

单轴压缩试验可测定沥青混凝土轴向抗压强度及相对应的应变和轴向压缩变形模量。适用于室内成型的试件和现场钻取的芯样。

1)试验方法。

A. 试验设备。压力机或万能材料试验机,示值误差不应大于标准值的±1%;击实仪、试模、脱模器,200℃、可自动控温的烘箱;可自动控温,控温准确度为 0.5℃的恒温水槽;最小分度值不大于 0.1mm 的游标卡尺。

B. 按配合比制备沥青混合料,室内用击实方法成型直径 100mm、高 100mm 的试件,现场钻孔芯样试件的尺寸应符合直径 100mm±3mm、高 100mm±2mm 的要求。

C. 用卡尺量取试件尺寸,并检查其外观,试件直径实测尺寸与公称尺寸之差不超过 1mm,可按公称尺寸计算试件的承压面积。试件的尺寸测量精确至 0.1mm。

D. 试件在常温下放置 24h 后,再置于规定试验温度的恒温水槽中恒温,恒温时间不小于 4h。

E. 调节试验机恒温室温度,使之达到试验温度。如无特殊要求时,试验温度采用工程当地年平均气温或采用 5℃和 25℃。将恒温至试验温度的试件取出,安装到试验机上,使试件轴心与底座压板的中心重合。启动试验机,以 1mm/min 的加载速率对试件加荷,并进行数据采集,直至试件破坏。

2)试验结果处理。

A. 试件的抗压强度按式(4-14)计算,精确至 0.01MPa:

$$R_c = \frac{P_c}{A} \tag{4-14}$$

式中　R_c——抗压强度，MPa；

　　　P_c——试件受压时的最大荷载，N；

　　　A——试件的截面积，mm^2。

B. 试件最大应力时的应变按式（4-15）计算：

$$\varepsilon = \frac{\delta}{h} \times 100\%$$　　　　　　　　　（4-15）

式中　ε——试件最大应力时的应变，%；

　　　δ——最大荷载时的垂直变形，mm；

　　　h——试件高度，mm。

C. 绘制试件应力应变过程曲线，若 σ-ε 为直线关系，该直线段斜率为其受压变形模量；若 σ-ε 为曲线关系，则试件的变形模量按式（4-16）计算，精确至 0.1MPa：

$$E_c = \frac{\sigma_{0.5P_c} - \sigma_{0.1P_c}}{\varepsilon_{0.5P_c} - \varepsilon_{0.1P_c}}$$　　　　　　　　　（4-16）

式中　　　E_c——受压变形模量，MPa；

$\sigma_{0.5P_c}$、$\sigma_{0.1P_c}$——对应于 $0.5P_c$、$0.1P_c$ 时的压应力，MPa；

$\varepsilon_{0.5P_c}$、$\varepsilon_{0.1P_c}$——对应于 $0.5P_c$、$0.1P_c$ 时的压应变，%。

D. 抗压强度和轴向受压变形模量不少于 3 个试件测值的平均值作为试验结果，当 3 个试件测值中的最大值或最小值之一与中间值之差超过中间值的 15% 时，取中间值。当 3 个试件测值中的最大值和最小值与中间值之差超过中间值的 15% 时，应重做试验。

（4）剪切试验。剪切试验是对土工材料力学性能进行评价的一项重要的试验指标，剪切试验主要采用简单剪切试验和三轴剪切试验两种方法。在三峡水利枢纽工程茅坪溪沥青混凝土心墙土石坝工程施工中，为了研究和探索沥青混凝土与过渡料接触面之间的剪切特性，并从理论上更加客观地来计算和分析它对两者协调变形的影响程度，提出并进行了沥青混凝土与过渡料接触面直接剪切试验。

1）简单剪切试验。简单剪切试验机是一套液压伺服闭环试验系统，包括加载系统、试验控制系统、数据采集系统、环境控制箱和液压系统。

试验时在保持沥青混合料试件高度不变的情况下，以控制应变的方式对试件施加正弦波形剪切荷载，测量沥青混合料的动态剪切特性。在试验过程中，测定并记录轴向荷载和剪切荷载，试件的垂直位移和水平位移，经计算后直接输出剪切应力、剪切应变、复数剪切模量、相位角、储存模量、损失正切等力学参数，试验结果能较好地反映沥青混合料的高温性能。

2）沥青混凝土与过渡料接触面直接剪切试验。为了研究和探索沥青混凝土与过渡料接触面之间的剪切特性，并从理论上更加客观地来计算和分析它对两者协调变形的影响程度，在三峡水利枢纽工程茅坪溪沥青混凝土心墙施工中进行了沥青混凝土接触面试验，为坝体安全稳定计算及反馈分析计算，提供相关参数。

所采用的试验方法是：试件模拟过渡料与沥青混凝土接触面试验的现场实际情况仿真制作，充分考虑结合面倒梯形状分层（锯齿状），试验只模拟单向错动，接触面不考虑倾角。试验采用直剪仪进行，垂直压力为 200kPa、400kPa、600kPa 及 800kPa，剪切速率为 0.6mm/min。试验采用 150mm×150mm 方形模板，按照现场的施工工艺先铺填砂砾石毛料并振动密实，而后再将加热后的沥青混合料装填到试模中静压密实，接触面考虑沥青混凝土的倒梯形。

坝体中的过渡料与沥青混凝土接触面进行单向剪切试验，其主要影响因素是接触面的粗糙程度、垂直压力及剪切速率。由于受试样尺寸的限制，砂砾石毛料允许最大粒径为 20mm，而在试件成型过程中，沥青混凝土与砂砾石毛料过渡带吸附的粗粒料及细粒料有所差异。

（5）三轴试验。沥青混凝土是一种典型的弹-黏-塑性材料，在低温状态下通常呈现较强的弹性性质，在高温状态则呈现为流态，表现出较强的塑性性能，而在过渡范围内所呈现的状态则包括了黏性、弹性和塑性，并且三种性能共存，难以准确界定。

随着新技术的发展，目前国内外土石坝设计中，广泛采用邓肯-张模型进行应力-应变分析，即采用非线性弹性模型来计算沥青混凝土力学性质和建筑物的变形。确定沥青混凝土非线性参数最常用的方法就是进行沥青混凝土三轴试验。

三轴试验就是取一个圆柱体试件，先在其四周施加围压（最小主应力）σ_3，随后逐渐增加主应力 σ_1，直至破坏为止。根据破坏时 σ_1 和 σ_3 绘制摩尔圆，摩尔圆的包络线就是抗剪强度和法向应力的关系曲线，其倾角为 φ，在纵坐标上的截距为黏结力 c。

沥青混凝土三轴试验就是测定沥青混凝土的抗剪强度参数和变形参数，计算出沥青混凝土的抗剪、抗压和抗拉强度。该方法使用于室内成型的试件和现场钻取的芯样。

1）试验方法。

A. 试验设备。包括：压力室、垂直压力加压装置、侧压力恒压装置、体积变化测量装置及相应的测量传感器等的三轴剪力仪；量程不小于 30mm，精度不大于 0.01mm 的位移传感器；马歇尔击实仪；尺寸为 φ100mm×250mm 的钢制试模；可自动控温，控温准确度为 0.5℃ 的恒温室。

B. 按照配合比制备沥青混合料。制作直径为 100mm，高度为 200mm 试件。

C. 将试件放入压力室后对中，在规定的试验温度下恒温不少于 3h。如无特殊要求时，试验温度采用工程当地平均气温或采用 5℃ 和 25℃。

D. 调整试验仪器轴向位移和体变位移，使轴向压头与试件顶部压盖接触，并使体变位移稳定。开启量测系统，施加设定的围压，并保持恒压 30min。围压的大小分级应根据工程的实际压力情况确定，一般不少于 4 级。每级围压应做 3 个试件。

E. 按规定变形速率施加轴向压力进行剪切。如变形速率没有规定时，可采用应变速率 0.1%/min 控制，对于高 200mm 试件，轴向变形速率为 0.2mm/min。剪切过程中，同时测读和记录轴向压力、轴向变形、体变变形，并控制试验过程中围压、温度和变形速度恒定。当轴向压力出现峰值后，停止试验，如不出现峰值，可按 20% 应变值停止试验。

F. 试验结束后，卸去轴向压力和围压，取出试件，对试件外观进行描述记录。

2）试验结果处理。

A. 以主应力 σ 为横坐标，剪应力 τ 为纵坐标，在横坐标上以 $(\sigma_1+\sigma_3)/2$ 为圆心，以 $(\sigma_1-\sigma_3)/2$ 为半径，绘制不同围压下的应力圆，作为诸圆的包络线，包络线的倾角为内摩擦角 φ，包络线在纵坐标上的截距为黏结力 c。

B. 绘制不同围压下的轴向偏应力 ($\sigma_1 - \sigma_3$)、轴向应变关系曲线及轴向应变 (ε_1)、体积应变 (ε_ν) 关系曲线,按式 (4-17) 由体积应变计算侧向应变 (ε_3),精确至 0.01%。

$$\varepsilon_\nu = \frac{\varepsilon_1 - \varepsilon_3}{2} \tag{4-17}$$

式中 ε_3——侧向应变,%;

ε_ν——体积应变,%;

ε_1——轴向应变,%。

C. 按以上关系曲线,求得沥青混凝土在三向应力状态下的非线性变形模量、泊松比等各参数。

D. 同一围压下测试 3 个试件,取最大偏应力的平均值作为试验结果。当 3 个试件测值中最大值或最小值之一与中间值之差超过中间值的 15% 时,取中间值。当 3 个试件测值中最大值和最小值于中间值之差的均超过中间值的 15% 时,应重做试验。

(6) 热稳定性试验。热稳定性是指沥青混凝土在最高使用温度下,抵抗塑性流动的性能。热稳定性试验是测定沥青混凝土受热后抗压强度的变化,评定沥青混凝土在高温条件下的稳定性。反映沥青混凝土热稳定性的两个主要指标是沥青混凝土的斜坡流淌值和热稳定系数。

1) 斜坡流淌试验。斜坡流淌试验是通过测试标准试件在斜坡上的流淌变形来评定沥青混凝土的相对热稳定性。在沥青混凝土防渗面板施工中必须测定斜坡流淌值,它是确定沥青混凝土配合比设计中沥青用量上限的重要控制因素。斜坡流淌试验可测定沥青混凝土斜坡流淌值,适用于骨料最大粒径不大于 26.5mm 室内成型的试件和现场钻取的芯样。斜坡流淌试验装置见图 4-7。

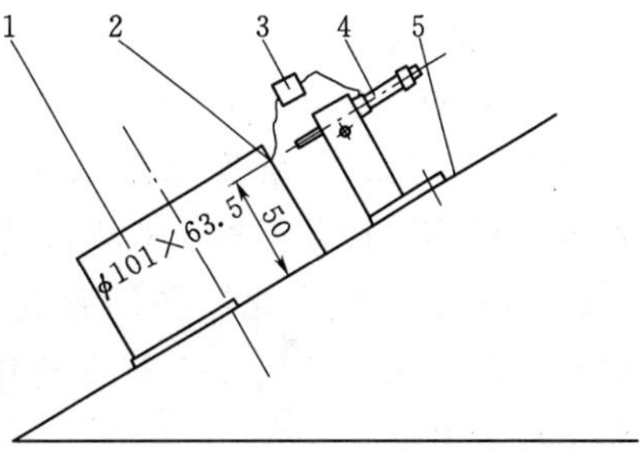

图 4-7 斜坡流淌试验装置图(单位:mm)
1—试件;2—铜片;3—万用电表;4—螺旋
测微器;5—倾角可调斜面板

A. 试验方法。

a. 试验仪器。包括:击实仪、试模、脱模器;钢制,可放置 6 个试件的斜坡流淌仪;万用电表;200℃、可自动控温的烘箱;最小分度值不大于 0.01mm 的位移计。

b. 按照设计配合比制备沥青混合料,制成内径 101mm±0.2mm,高 63.5mm±1.3mm 的试件,每组 6 个。从现场钻取的芯样,应加工成直径 100mm±3mm、高 63.5mm±1.3mm 的试件。试件成型后,在室温条件下放置 24h,测量试件高度。

c. 采用耐高温的高强度黏结剂将每个试件粘贴在斜坡流淌仪上,在距试件底部 50mm 处用高强度黏结剂粘贴 8mm×3mm×1mm 的铜片,在铜片边缘焊接一根导线,在流淌仪板面上焊接一根公用导线;各铜片的导线及公用导线分别与万用表两极连接,调整位移计的位置,使位移计测头与铜片接触,检验电路是否接通。位移计距离斜坡面垂直距离 50mm。

d. 将斜坡坡度调整至设计规定的坡度,如无规定,斜坡坡度可采用 1:1.7。然后将烘箱升至试验温度,温度误差控制在±1℃。试验温度可按工程实际情况确定,如无规定,可采用 70℃。

e. 斜坡流淌仪放入烘箱前，调整位移计，读取各试件的初读数 U_0，然后将斜坡流淌仪平稳放入已升温至试验温度的烘箱内。在烘箱内恒温 48h，读取各试件的变形值 U_e。

B. 试验结果处理。

a. 斜坡流淌值按式（4-18）计算，精确至 0.01mm：

$$U = U_0 - U_e \qquad (4-18)$$

式中　U——斜坡流淌值，mm；

　　　U_0——初读值，mm；

　　　U_e——恒温 48h 时的读数，mm。

b. 以每组 6 个试件数值的平均值作为试验结果，若 6 个试件中有 1 个或 2 个试件的流淌值与平均值之差超过 10%，则取其余试件的平均值作为试验结果；如有 3 个以上试件的流淌值与平均值之差超过 15%，应重新试验。

2）热稳定系数试验。热稳定系数是沥青混凝土试件在 20℃的抗压强度与 50℃的抗压强度的比值。记为 $K_r = R_{20}/R_{50}$。其值越小，则表明沥青混凝土的热稳定性能越好。

热稳定系数试验可测定沥青混凝土在受热后抗压强度的变化，评定沥青混凝土在高温条件下的稳定性。适用于室内成型的试件及现场钻取的芯样。

A. 试验方法。

a. 试验仪器设备。包括：示值误差不应大于标准值的 ±1% 的压力机或万能材料试验机；可自动控温，控温准确度 0.5℃的恒温水槽；击实仪、试模、脱模器；200℃，可自动控温的烘箱；转移平板、双半圆薄铁板模等。

b. 按照设计配合比制备沥青混合料，室内用击实方法成型直径 100mm、高 100mm 的试件，芯样试件的尺寸应符合直径 100mm±3mm、高 100mm±2mm 的要求。试件在常温下放置 24h。

c. 把 6 个试件分为两组，第一组试件放在 20℃±1℃空气浴中不少于 24h，第二组试件放入温度为 50℃±1℃的烘箱中 24h。

d. 第一组试件在 20℃±1℃温度下测定其抗压强度值，第二组试件在 50℃±1℃温度下测定其抗压强度值。按单轴压缩试验方法进行抗压强度试验。

B. 试验结果处理。

a. 沥青混凝土热稳定系数按式（4-19）计算，精确至 0.01：

$$K_r = \frac{R_{20}}{R_{50}} \qquad (4-19)$$

式中　K_r——热稳定系数；

　　　R_{20}——试件在 20℃的抗压强度值，MPa；

　　　R_{50}——试件在 50℃的抗压强度值，MPa。

b. 取一组 3 个试件的平均值作为试验结果。当 3 个试件测值中最大值或最小值与中间值之差超过中间值的 15% 时，取中间值。当 3 个试件测值中最大值和最小值与中间值之差均超过中间值的 15% 时，应重做试验。

（7）水稳定性试验。沥青混凝土的水稳定性是指水工沥青混凝土长期在水的作用下，其物理性质能保持稳定的性能。由于水分的浸入，破坏了沥青与矿料之间的黏结力。因此，使强度降低，最后导致沥青与矿料之间产生剥离而破坏。

沥青混凝土的水稳定性是通过水稳定性试验，用浸水后强度的变化，评定沥青混凝土的水稳定性。适用于室内成型的试件及现场钻取的芯样。

1）试验方法。

A. 试验仪器设备。包括：示值误差不应大于标准值的±1%的压力机或万能材料试验机；可自动控温，控温准确度0.5℃的恒温水槽；击实仪、试模、脱模器；200℃、可自动控温的烘箱；转移平板、双半圆薄铁板模等。

B. 按照设计配合比制备沥青混合料；室内用击实方法成型直径100mm、高100mm的试件。芯样试件的尺寸应符合直径100mm±3mm、高100mm±2mm的要求。试件在常温下放置24h。

C. 把6个试件分为两组，第一组试件放在20℃±1℃空气中不少于48h；第二组试件先浸入水温为60℃±1℃的水中48h，然后移到温度为20℃±1℃的水中2h。

D. 按单轴压缩试验方法进行抗压强度试验。

2）试验结果处理。

A. 沥青混凝土水稳定系数按式（4-20）计算，精确至0.01：

$$K_w = \frac{P_2}{P_1} \qquad (4-20)$$

式中　K_w——水稳定系数；

P_1——第一组试件抗压强度的平均值，MPa；

P_2——第二组试件抗压强度的平均值，MPa。

B. 取一组3个试件的平均值作为试验结果。当3个试件测值中最大值或最小值之一与中间值之差超过中间值的15%时，取中间值。当3个试件测值中最大值和最小值与中间值之差均超过中间值的15%时，应重做试验。

4.2.3　变形性能试验

（1）蠕变试验。通常对材料施加一定水平的荷载或应力时，材料将产生变形，当变形不随时间增加而增大，且撤销外力后，变形立即全部恢复，这种材料称为弹性体。完全弹性的材料是极少的，大多数材料在外力的长时间作用下，作为响应的变形也会随时间增加而不断增长，在取消外力后变形随时间的增长而逐渐恢复甚至一部分变形会永远保持，这种力学行为称为蠕变，这类材料称为黏弹性材料。

沥青及沥青混合料都是典型的黏弹性材料，尤其是在高温下，黏弹性表现得更为突出。沥青永久变形就是沥青混合料黏弹性能的直接反映。

由于马歇尔稳定度和流值是混合料稳定性的一种经验性指标，它不能确切反映永久变形产生的机理，近年来，国际上有以蠕变试验取代它的趋势。蠕变试验可以区别混合料的稳定性，指导沥青混合料的组成设计，比马歇尔稳定度和流值试验更具有现实意义。

蠕变试验通常采用压缩蠕变、弯曲蠕变等几种方法。压缩蠕变一般用于沥青混凝土心墙工程，弯曲蠕变试验一般用于沥青混凝土面板工程。蠕变试验可测定沥青混凝土不同应力水平下的蠕变变形，计算蠕变参数。适用于室内成型的试件和现场钻取的芯样。

1）压缩蠕变和弯曲蠕变试验方法。

A. 试验仪器设备。包括：压缩蠕变仪，可采用与三轴试验相似的三轴剪力仪设备，可控制轴向压力并具有恒压液压系统；弯曲蠕变仪，可采用 1kN 或 5kN 伺服式压力机或万能材料试验机。量测仪器：压缩蠕变采用压力传感器和油压表，弯曲蠕变采用砝码和拉力传感器，以及位移传感器，计算机及数据采集系统。采用可自动控温，控温准确度 0.5℃ 的恒温室。

B. 按照设计配合比制备沥青混合料；压缩蠕变制作尺寸为直径 100mm、高 200mm 试件，弯曲蠕变制作尺寸为 250mm×35mm×40mm 试件。

C. 试验机安放在可控温的恒温室内，直径 100mm、高 200mm 试件在规定的试验温度下恒温不少于 3h，250mm×35mm×40mm 试件在规定的试验温度下恒温不少于 35min。试验温度应根据需要选定，如试验温度没有特殊规定，可采用工程当地年平均气温或 25℃ 和 5℃。

D. 蠕变荷载取试件最大强度的 20%～80%，分 3～5 级进行试验，每级不少于 3 个试件，每个试件按设定的荷载加荷，保持恒定不变。施加荷载前 30s 开始采集数据，采集频率不宜低于 2000 次/s，加荷 5min 后可逐步降低采集频率，直至试件破坏或变形稳定为止。

2）试验结果处理。

A. 各级荷载下的沥青混凝土压缩蠕变按式（4-21）计算，精确至 0.01%：

$$\varepsilon_c(t) = \frac{\delta(t)}{h} \times 100\% \qquad (4-21)$$

式中　$\varepsilon_c(t)$——时间为 t 时的轴向压缩蠕变，%；

　　　$\delta(t)$——时间为 t 时的轴向压缩变形量，mm；

　　　h——试件高度，mm。

B. 各级荷载下的沥青混凝土弯曲蠕变按式（4-22）计算，精确至 0.01%：

$$\varepsilon_0(t) = \frac{6hf(t)}{L^2} \times 100\% \qquad (4-22)$$

式中　$\varepsilon_0(t)$——时间为 t 时的轴向弯曲蠕变，%；

　　　L——试件跨度，mm；

　　　$f(t)$——时间为 t 时的试件中点挠度，mm。

C. 各级荷载下的沥青混凝土压缩蠕变应力按式（4-23）计算，精确至 0.01%：

$$R_c = \frac{P_c}{A} \qquad (4-23)$$

式中　R_c——轴向压缩应力，MPa；

　　　P_c——轴向压缩荷载，N；

　　　A——试件断面面积，mm²。

D. 各级荷载下的沥青混凝土弯曲蠕变应力按式（4-24）计算，精确至 0.01MPa：

$$R_b = \frac{3P_bL}{2bh^2} \qquad (4-24)$$

式中　R_b——轴向弯曲应力，MPa；

P_b——试件中点荷载，N；

　　b——试件断面宽度，mm；

其余符号意义同前。

　　E. 绘制蠕变柔量 $J(t)$-时间 t 关系曲线，按 3～5 级荷载强度求得蠕变柔量 $J(t)=\varepsilon(t)/R$，绘制蠕变柔量与时间的关系曲线。根据蠕变柔量与时间关系曲线的特点选取黏弹性模型表达式，并用非线性回归方法求取黏弹性模型参数。通常条件下可采用式（4-25）的四元 Burgers 流体黏弹性模型求得参数 E_1、E_2、η_2、η_3。

$$J(t)=\frac{1}{E_1}+\frac{1}{E_2}[1-e^{\frac{E_2}{\eta_2}t}]+\frac{1}{\eta_3}t \qquad (4-25)$$

式中　　$J(t)$——蠕变柔量，1/MPa；

　　E_1、E_2——弹性模量，MPa；

　　η_2、η_3——黏性系数，MPa·h。

　　（2）小梁弯曲试验。沥青混凝土弯曲试验是检验沥青混凝土抗弯曲性能、变形适应能力的试验方法。

　　沥青混凝土小梁弯曲试验是利用沥青混凝土制作小型简支梁，向简支梁的轴向施加垂直方向荷载，使其发生弯曲直至破坏的一种试验方法。可测定抗弯强度、弯拉应变、弯曲变形模量及挠跨比，适用于室内成型试件和现场钻取的芯样。试验方法主要有以下几种。

　　1）试验仪器设备。包括：最小分度值不大于 10N，附有量测及数据采集系统和环境控温箱，环境控温箱控温准确度 ±0.5℃，1kN 或 5kN 伺服式压力机或万能材料试验机；支座采用梁式支座，下支座中心距 200mm，上压头及支座为半径 10mm 的圆弧形固定钢棒，上压头位置对中，可以自由与试件紧密接触；可自动控温，控温准确度 0.5℃，液体应能循环回流的恒温水槽；测量范围 0～50℃，分度值 0.5℃ 的温度计；卡尺、平板玻璃等。小梁弯曲试验装置见图 4-8。

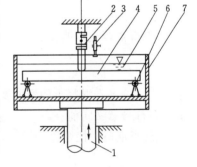

　　2）按照设计配合比制备沥青混合料；制备板形试件或圆柱体试件，再切割成规定的尺寸，试件尺寸采用 250mm×40mm×35mm，长、高、宽的尺寸偏差分别为 ±2mm、±1mm、±1mm。

图 4-8　小梁弯曲试验装置图
1—位移控制压力试验机；2—荷重
传感器；3—位移传感器；4—沥青
混凝土试件；5—恒温控制的水；
6—钢棒支座；7—有足够
刚度的水槽

　　3）在跨中及两支点断面用卡尺量取试件的尺寸，当两支点断面的高度（或宽度）之差超过 2m 时，试件应作废。跨中断面的宽度、高度取相对两侧的平均值，精确至 0.1mm。

　　4）将试件置于规定温度的恒温水槽中恒温不少于 3h，至试件内部温度达到要求的试验温度 ±0.5℃ 为止。恒温时试件应放在支起的平板玻璃上，试件间距应不小于 10mm。

　　5）试验温度如无特殊规定，可采用工程当地平均气温或 25℃ 和 5℃。将试验机梁式试件支座准确安放好，测定支点间距为 200mm±0.5mm，使上压头与下支座保持平行，上压头居中，然后将位置固定。再将试件从恒温水槽取出，立即对称安放在支座上。

6）开动压力机，以规定的变形速率在跨中施以集中荷载，至试件破坏。变形速率如无特殊规定，可采用应变速率1%/min，即跨中变形速率1.67mm/min。自动采集记录荷载、挠度。

7）试验结果处理。

A. 从荷载—跨中挠度的曲线图中量取峰值时最大荷载 P_b 及跨中挠度 f。

B. 沥青混凝土抗弯强度按式（4-26）计算，精确至0.01MPa：

$$R_b = \frac{3LP_b}{2bh^2} \qquad (4-26)$$

式中　R_b——沥青混凝土的抗弯强度，MPa；

　　　b——跨中断面试件宽度，mm；

　　　h——跨中断面试件高度，mm；

　　　L——试件的跨径，mm；

　　　P_b——试件破坏时的最大荷载，N。

C. 沥青混凝土最大弯拉应变按式（4-27）计算，精确至0.001%：

$$\varepsilon_b = \frac{6hf}{L^2} \times 100\% \qquad (4-27)$$

式中　ε_b——沥青混凝土的最大弯拉应变，%；

　　　f——试件破坏时的跨中点挠度，mm；

其余符号意义同前。

D. 沥青混凝土弯曲变形模量按式（4-28）计算，精确至0.1MPa：

$$E_b = \frac{R_b}{\varepsilon_b} \qquad (4-28)$$

式中　E_b——沥青混凝土的弯曲变形模量，MPa；

其余符号意义同前。

E. 沥青混凝土挠跨比按式（4-29）计算，精确至0.1%：

$$W_b = \frac{f}{L} \times 100\% \qquad (4-29)$$

式中　W_b——沥青混凝土的挠跨比，%；

其余符号意义同前。

F. 需要计算加荷过程中任一加荷时刻的应力、应变、变形模量时，读取该时刻的荷载及变形代替上式的最大荷载及变形。

G. 当记录的荷载-变形曲线不是直线时，可以取最大荷载 P_b 的0.1~0.7范围内的割线斜率计算变形模量。

H. 同一样品平行试验3次，取3个试件的平均值作为试验结果。当3个试件测值中最大值或最小值之一与中间值之差超过中间值的15%时，取中间值。当3个试件测值中最大值和最小值与中间值之差均超过中间值的15%时，应重做试验。

（3）应力松弛试验。我国北方地区，沥青混凝土面板常常在冬季出现低温裂缝。为研究这种低温裂缝，防止这种裂缝的发生，设计沥青混凝土面板时，要用黏弹性方法进行沥青混凝土温度应力计算。沥青混凝土低温应力松弛试验可为这种计算提供计算参数。

应力松弛试验是评价沥青混合料低温抗裂性能的重要手段，应力松弛时间、松弛劲度模量是评价应力松弛性能的主要指标。

沥青混凝土在温度骤降时产生的温度收缩应力来不及松弛而被积累，乃至超过抗拉强度时将发生开裂。沥青混凝土应力松弛试验可测定沥青混凝土在不同温度条件下的应力松弛性能。适用于室内成型的试件和现场钻取的芯样。

1）试验方法。

A. 试验仪器设备。包括：10kN 的拉伸松弛机，示值误差应满足标准值的±2％，测读仪器应能读取初始瞬间荷载及对应的变形值，附数据自动采集系统的试验机；－50～＋20℃，可自动控温，控温准确度 0.5℃ 的恒温箱；尺寸为 250mm×125mm×50mm 钢制试模；精度不低于 0.005mm，附测架、测杆的高精度位移计；球面拉力接头 1 对，试件夹具不少于 3 对，以及强力黏结剂。

B. 按照设计配合比制备沥青混合料；制作 250mm×125mm×50mm 试件，以 5～6 个试件为一组。

C. 将两套位移计对称安装在试件两侧的中间部位，标距不小于 100mm。用强力黏结剂将试件两头黏于夹具中。

D. 将试验机置于恒温箱中，通过球面拉力接头将带夹具的试件安装到松弛试验机上。然后将恒温箱内温度调到规定的试验温度，可根据工程当地气温在－40～20℃ 范围内选择 5～6 个试验温度，宜采用温度间隔 10℃，以 0℃ 作为标准温度。试件在试验温度条件下恒温不少于 35min。

E. 对试件瞬间施加一变形值，并保持恒定，记录荷载随时间的衰减过程，直至试件荷载稳定。试件施加的瞬间变形值可按试件在该温度条件下的屈服拉伸应变的 20％～80％选取。

2）试验结果处理。

A. 拉伸应力按式（4－30）计算，精确至 0.01MPa：

$$\sigma(t)=\frac{P(t)}{A} \tag{4-30}$$

式中　$\sigma(t)$——试件于某一时间 t 的拉伸应力，MPa；

　　　$P(t)$——试件于某一时间 t 的拉伸荷载，N；

　　　A——试件断面面积，mm^2。

B. 初始应变按式（4－31）计算，精确至 0.01：

$$\varepsilon_i=\frac{\delta}{L}\times100\% \tag{4-31}$$

式中　ε_i——初始轴向拉应变，％；

　　　δ——瞬间施加的初始变形值，取试件两侧变形平均值，mm；

　　　L——轴向量测标距，mm。

C. 松弛模量按式（4－32）计算，精确至 0.01MPa：

$$E(t)=\frac{\sigma(t)}{\varepsilon_i} \tag{4-32}$$

式中　$E(t)$——某一时间 t 的拉伸松弛模量，MPa；

其余符号意义同前。

D. 绘制各种温度的松弛模量曲线和标准温度下的松弛模量标准曲线。

4.2.4 性能试验存在的问题和解决方法

（1）存在的问题。

1）样品的制备。沥青混凝土力学性能试验样品的来源一方面是采用人工成型试样，另一方面是采用钻芯法获取试样，由于试验样品的来源不同、成型机制不同，因此对沥青混凝土力学性能试验影响较大。

A. 人工成型试样。人工成型试样主要采用击实法、静压法以及振动法三种方法，现有试验研究成果表明，静压法成型的试样所获得的试验结果均大于振动法及击实法，如抗剪强度指标、弹性模量数 K 值指标、拉伸强度、弯曲强度以及抗压强度等。三种不同成型方式对结果的影响是静压法大于振动法大于击实法。

B. 成型试样脱模方式及脱模温度。上述三种不同的成型方式，都需要采用外力将试样脱模，然后开展各项力学性能试验。目前，试样的脱模均采用压力试验机或脱模机顶出试样，由于试样的成型是在有钢试模侧限约束力的条件下进行，但试样在脱模时，样品会产生一个应力释放的过程，特别是随脱模温度越高，应力释放越大，这均会对各种力学性能试验产生影响。

C. 芯样的制备。芯样的制备主要是采用钻机取芯的方式制备，其芯样在制备过程中与芯样钻取时现场碾压体停留的时间有较大的影响，如芯样在 24h 后钻取或 1 个月甚至更长的停留时间钻取，其试验结果有一定的差异；另外对钻取芯样的运输及保护也对沥青混凝土力学性能试验产生影响。

2）力学性能试验过程中的问题。

A. 试验过程中温度控制。沥青混凝土对温度十分敏感，试验过程中的温度变化会直接影响沥青混凝土力学性能试验结果。在进行沥青混凝土力学试验时，温度的影响主要考虑两点。

一是试验前期对试样的恒温处理过程：由于沥青混凝土所有力学性能试验都对试验温度有特殊要求，因此，从试样制备完成到开展试验过程中均需在试验前进行恒温处理。但往往由于试验人员在从事试验时忽略了该过程或恒温时间不能满足要求，所以对试验结果带来较大的影响。如低温存放的试样恒温时间过短，往往会造成试验结果偏高；如室内环境存放试样恒温时间过短，往往会造成试验结果偏低。

二是试验过程中温度变化对试验结果的影响：由于国内现有的沥青混凝土力学性能试验设备在温度控制方面还是存在一定的欠缺，特别是在夏季从事沥青混凝土力学性能试验，其试验过程中的温度变化控制难度较大，尤其是温度越低，控制越难。经验表明，试验过程中温度 $\pm0.5℃$ 的变化，均会对沥青混凝土各种力学性能试验产生影响。

B. 试验速率的影响。沥青混凝土属于一种柔性材料，由于它具有良好的柔韧性、自愈合性以及不透水等性能，因此在水工建筑物防渗体中得到广泛应用。也正是因为它的特性，使得沥青混凝土的力学性能受试验加载速率的影响较大。如三峡水利枢纽茅坪溪工程防护大坝工程沥青混凝土心墙及冶勒土石坝工程沥青混凝土心墙三轴试验结果表明，试验加载速率从 0.6mm/min 提高至 2.0mm/min，其抗剪强度值中的内摩擦角 φ 值提高 3°～

5°，模量数 K 值增大 $150\sim250$（试验温度不同而不同，试验温度越低，增量越大）。

3）渗透试验过程中的问题。由于沥青混凝土具有较好的不透水性，因此，其渗透系数及渗透比降的测试工作难度较大。目前就国内现有的沥青混凝土渗透设备来说，均无法准确地测定沥青混凝土的渗透系数。沥青混凝土渗透系数一般为 $1\times10^{-11}\sim1\times10^{-12}\,\mathrm{cm/s}$，其渗透现象仅表现为沥青混凝土表面"冒汗"而已，因此如何去准确测定还存在一定难度。

（2）解决方法。

1）试件的制备成型。针对人工静压法制备水工沥青混凝土试样存在的问题，在试件制备成型时，可采用振动法成型试件，其试验结果离散性较大，各种力学性指标结果均偏低；振动法成型试样基本上可以模拟现场实际碾压情况，但由于目前该设备的普及率不高，成型工艺比较复杂，目前推广程度不高。

2）试件脱模方式。鉴于在三峡水利枢纽茅坪溪防护大坝工程沥青混凝土心墙力学性能试验不同，检测机构之间差异较大的问题，几家检测机构联合开展这方面的研究工作，采用相同的配合比均采用静压成型试样，其中一家成型的试样试验结果偏大，这是由于静压成型脱模方式不同所产生的差异。脱模时均将试样在室内冷却 24h，采用直接顶出法和采用上部荷载顶出法其试验结果弹性模量数 K 值差异约 100。

3）芯样的制备。鉴于在三峡水利枢纽茅坪溪防护大坝工程、冶勒水电站土石坝工程以及下坂水电站地土石坝工程中沥青混凝土成型试样与芯样力学性能试验差异较大，相关单位开展相关试验研究工作，研究工作的内容主要包括在不同时间段钻取芯样（24h、30d 以及 24 个月）、芯样运输及保护措施、芯样的加工处理等相关内容。通过试验研究成果表明，24h 所取芯样与 30d 所取芯样力学性能试验存在一定的差异，特别是模量数 K 值在试验条件相同时，差异约 $100\sim200$，而 30d 与 24 个月所取芯样无明显差异。试验结果说明芯样取芯的时间是对试验结果有一定影响的。在施工条件允许下，尽量延长沥青混凝土取芯时间间隔。对于芯样的运输和保护工作，通过试验验证，芯样在运输时应采用与芯样直径相同的模具固定试样，从而不使试样在运输过程中因温度的变化产生变形内部应力的变化；芯样的加工采用低温冷冻后分次加工，从而确保芯样在加工过程中不产生变形。

4）力学性能试验。试验前试样恒温处理是需要根据不同力学性能试验温度要求进行，试验研究成果表明，试样在试验前放置在规定的恒温水浴中 48h 效果最好，另外在试验过程中最好采用高精度的恒温箱或恒温水浴，保持试验过程中温度变化不宜超过 $\pm0.5℃$。

5）渗透性能试验。目前对于沥青混凝土的渗透试验没有较好的设备，根据沥青混凝土渗透试验的特点，目前已有单位申报微渗透试验设备专利及测试系统，现还在审核阶段。进行该试验时，需注意试样的饱和方式以及测试方法，其中宜采用真空抽气饱和方式，其测试方法最好采用高精度电子天平进行渗透流量的测试。

4.3 工程实例

4.3.1 金平水电站沥青混凝土配合比室内复核及性能试验

（1）概述。金平水电站位于四川省甘孜藏族自治州的康定县境内，金平水电站为三等中型水利枢纽工程，枢纽建筑物由沥青混凝土心墙堆石坝、左岸竖井溢洪道（与导流隧洞结合）、右岸放空建筑物、右岸引水系统及地下厂房等组成。金平水电站沥青混凝土心墙堆石坝坝顶高程3093.50m，坝顶总长268.0m，最大坝高91.5m。沥青混凝土心墙采用碾压式，其顶部高程3092.30m。

（2）配合比设计。由设计单位提供的，沥青混凝土参考配合比见表4-6。同时提供了推荐用于现场铺筑试验的设计配合比（细骨料为50%人工砂和50%河砂，见表4-7）。

表4-6 　　　　　　　　　　　沥青混凝土参考配合比表

级配指数	骨料通过率/%											油石比/%
	粗骨料/mm						细骨料/mm				填料/mm	
	19.0	16.0	13.2	9.5	4.75	2.36	1.18	0.60	0.30	0.15	0.075	
0.39	100	93.7	87.1	77.0	59.4	45.9	35.7	28.0	22.1	17.5	12~14	6.5~7.0

表4-7 　　　　　　　　　　推荐用于现场铺筑试验的设计配合比表

级配指数	骨料通过率/%											油石比/%
	粗骨料/mm						细骨料/mm				填料/mm	
	19.0	16.0	13.2	9.5	4.75	2.36	1.18	0.60	0.30	0.15	0.075	
0.39	100	93.7	87.1	77.0	59.4	45.9	35.7	28.0	22.1	17.5	14	6.8
0.39	100	93.6	86.8	76.4	58.4	44.6	34.2	26.4	20.2	15.6	12	6.8
0.39	100	93.6	86.8	76.4	58.4	44.6	34.2	26.4	20.24	15.6	12	6.5

因为金平水电站砂石加工系统所用岩石非单一类型岩石，其生产的粗骨料、细骨料岩石性质与材料选择及气候环境、海拔高度都与室内配合比设计试验存在差别，对表4-6推荐的三种配合比沥青混凝土的主要技术性能参数进行了复核，结果如下。

1）沥青。沥青采用中石化"东海牌"70号沥青，其质量要求及试验检测结果见表4-8。

表4-8 　　　　　　　　　　沥青质量要求及试验检测结果表

检测项目		设计技术要求	检测结果
针入度（25℃，100g，5s）/(0.1mm)		60~80	63
软化点（环球法）/℃		48~55	49.5
延度（5cm/min，15℃）/cm		≥150	＞150
密度（25℃）/(g/cm³)		≈1	1.026
闪点（开口法）/℃		＞260	302
薄膜烘箱试验	质量损失率/%	≤0.2	0.03
	针入度比/%	≥68	69.8
	延度（5cm/min，15℃）/cm	≥80	80.9
	软化点增值/℃	≤5	1.0

2）粗骨料。粗骨料采用桥棚子沟灰岩加工的人工骨料，粒径2.36~19.0mm，粗骨料设计技术要求及试验检测结果见表4-9。

表 4 - 9   粗骨料设计技术要求及试验检测结果表

检 测 项 目	设 计 技 术 要 求	检 测 结 果
表观密度/(g/cm³)	≥2.70	2.76
吸水率/%	≤2.0	0.5
针片状颗粒含量/%	≤25（颗粒最大、最小尺寸比大于3）	6.9
含泥量/%	≤0.5	0.1
坚固性/%	≤12	2
与沥青的黏附性/级	≥4	4
压碎率/%	≤30（压力400kN）	20.5

3）细骨料。细骨料采用灰岩加工的人工砂或天然河砂，粒径 0.075～2.36mm，细骨料设计技术要求及试验检测结果见表 4 - 10。

表 4 - 10   细骨料设计技术要求及试验检测结果表

检测项目	设计技术要求	人工砂检测结果	天然砂检测结果
表观密度/(g/cm³)	≥2.70	2.72	2.69
吸水率/%	≤2.0	0.6	0.5
坚固性/%	≤15	2	2
水稳定等级/级	≥6（碳酸钠溶液沸煮1min）	9	8
含泥量（天然砂）/%	≤2	—	1.1

4）填料。填料采用灰岩加工的矿粉，其设计技术要求及试验检测结果见表 4 - 11。

表 4 - 11   填料设计技术要求及试验检测结果表

检 测 项 目		设 计 技 术 要 求	检 测 结 果
密度/(g/cm³)		≥2.60	2.67
含水率/%		≤0.5	0.1
亲水系数		≤1（煤油与水沉淀法）	0.62
细度（各级筛孔通过率）/%	0.60mm	100	100
	0.15mm	>90	93.1
	0.075mm	>85	85.4

（3）沥青混凝土配合比室内试验。

1）根据推荐的沥青混凝土配合比主要参数，考虑到施工过程中配合比允许的误差，即油石比±0.3%、填料用量±1%，在保持矿料最大粒径、级配指数、细骨料采用50%人工砂和50%天然砂不变的情况下，采用油石比波动±0.3%、填料用量波动±1%的方式对设计配合比进行复核，以验证其合理性。经组合复核配合比共 17 个，其主要参数见表 4 - 12。

表 4 - 12　　　　　　　　　　　　复核配合比主要参数表

配合比编号	最大骨料粒径/mm	级配指数	填料用量/%	油石比/%
1				5.9
2				6.2
3			12	6.5
4				6.8
5				7.1
6				5.9
7				6.2
8			13	6.5
9	19.0	0.39		6.8
10				7.1
11				5.9
12				6.2
13			14	6.5
14				6.8
15				7.1
16			11	12%填料用量配合比选定的油石比
17			15	14%填料用量配合比选定的油石比

2）沥青混凝土配合比的选定。对表 4 - 12 中所列的 1～15 号配合比按试验规程要求制备沥青混凝土试件，进行沥青混合料外观评述、沥青混凝土密度、孔隙率、马歇尔流值试验，其试验检测成果见表 4 - 13。

表 4 - 13　　　　　　　　沥青混凝土各项试验检测成果表

配合比编号	试验检测项目					
	沥青混合料外观评述	沥青混凝土密度/(g/cm³)	沥青混凝土最大理论密度/(g/cm³)	孔隙率/%	马歇尔试验	
					稳定度/kN	流值/(0.1mm)
1	黏聚性差，流动性差，外观较差，沥青用量不足	2.477	2.516	1.550	10.20	50.9
2	黏聚性一般，流动性一般，外观有一定的亮泽度	2.473	2.505	1.277	8.08	59.7
3	黏聚性好，流动性较好，外观亮泽	2.468	2.495	1.082	7.51	63.4
4	黏聚性好，流动性较好，外观亮泽	2.457	2.485	1.127	6.54	64.2
5	黏聚性好，流动性较好，外观亮泽	2.446	2.475	1.172	6.29	72.3
6	黏聚性差，流动性差，外观较差，沥青用量不足	2.479	2.515	1.431	8.83	53.3
7	黏聚性一般，流动性一般，外观有一定的亮泽度	2.471	2.505	1.357	8.28	58.3

配合比编号	试验检测项目					
	沥青混合料外观评述	沥青混凝土密度/(g/cm³)	沥青混凝土最大理论密度/(g/cm³)	孔隙率/%	马歇尔试验	
					稳定度/kN	流值/(0.1mm)
8	黏聚性好，流动性较好，外观亮泽	2.466	2.494	1.123	7.86	62.7
9	黏聚性好，流动性较好，外观亮泽	2.455	2.484	1.167	6.32	66.2
10	黏聚性较好，流动性好，外观亮泽，有轻微"返油"现象	2.446	2.475	1.172	6.23	70.5
11	黏聚性差，流动性差，外观较差，沥青用量不足	2.478	2.514	1.432	7.49	52.6
12	黏聚性一般，流动性一般，外观有一定的亮泽度	2.468	2.504	1.438	7.27	56.0
13	黏聚性好，流动性较好，外观亮泽	2.462	2.494	1.283	6.63	64.5
14	黏聚性好，流动性较好，外观亮泽	2.459	2.484	1.006	5.93	68.7
15	黏聚性好，流动性较好，外观亮泽	2.443	2.474	1.253	5.34	69.7

从表 4-13 试验检测成果中可见，在级配指数和填料用量不变的情况下，沥青混凝土稳定度随油石比的增加而降低，沥青混凝土的流值随油石比的增加而增加。而沥青混凝土孔隙率随油石比增加的变化规律呈现了如下特点：在某一填料用量下，存在某一油石比，使沥青混凝土孔隙率达到最低。其关系见图 4-9～图 4-11。

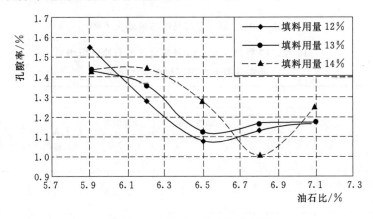

图 4-9 油石比与孔隙率关系图

分析以上试验检测成果，分别在填料用量为 12%、13%、14% 的配合比之中选取一个孔隙率最小及马歇尔流值均满足设计技术要求的配合比，即 3 号、8 号、14 号配合比。以选取的 3 号配合比、14 号配合比的油石比对 16 号、17 号配合比进行复核试验，按试验规程要求制备沥青混凝土试件，进行沥青混合料外观评述、沥青混凝土密度、孔隙率、马歇尔流值试验，其试验检测成果见表 4-14，其试验检测结果均能满足设计技术要求。

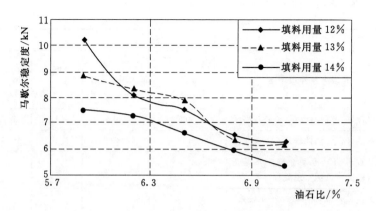

图 4-10　油石比与马歇尔稳定度关系图

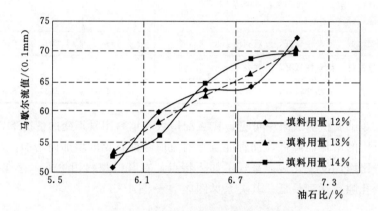

图 4-11　油石比与马歇尔流值关系图

表 4-14　　　　　　16 号、17 号用 3 号、14 号配合比的石油比所作

沥青混凝土各项试验检测成果表

配合比编号	试验检测项目					
	沥青混合料外观评述	沥青混凝土密度 /(g/cm³)	沥青混凝土最大理论密度 /(g/cm³)	孔隙率 /%	马歇尔试验	
					稳定度 /kN	流值 /(0.1mm)
16	黏聚性一般，流动性一般，外观有一定的亮泽度	2.463	2.496	1.322	7.87	52.8
17	黏聚性好，流动性较好，外观亮泽	2.452	2.483	1.248	6.02	61.6

　　综合以上的试验分析，选定配合比为油石比 6.5%、填料用量 12%、级配指数 0.39、油石比 6.5%、填料用量 13%、级配指数 0.39，油石比 6.8%、填料用量 14%、级配指数 0.39 的三组配合比，作为进行沥青混凝土渗透试验、水稳定性试验、小梁弯曲试验、静三轴试验、单轴压缩试验及拉伸试验的配合比，矿料级配（见表 4-15）。

　　3）推荐配合比沥青混凝土的性能试验。

　　A. 沥青混凝土室内静三轴试验。沥青混凝土室内静三轴试验条件：温度 7.1℃；剪

表 4-15   **推荐沥青混凝土配合比矿料级配表**

级配指数	配合比编号	骨 料 含 量/%						油石比/%
		粗骨料/mm			细骨料/mm		填料/mm	
		19.0~9.5	9.5~4.75	4.75~2.36	2.36~0.075（天然砂）	2.36~0.075（人工砂）	≤0.075	
0.39	3	23.57	17.98	13.83	16.31	16.31	12.00	6.5
	8	23.30	17.78	13.68	16.12	16.12	13.00	6.5
	14	23.03	17.58	13.52	15.94	15.94	14.00	6.8

切加载速率为 0.20mm/min；围压采用 0.3MPa、0.6MPa、0.9MPa、1.2MPa 进行试验，试件为室内击实成型，试件尺寸为 $\phi100mm \times 200mm$ 的圆柱体试件。

沥青混凝土静三轴试验检测成果见表 4-16。从表 4-16 试验检测成果可知，所选 3 号、8 号、14 号配合比沥青混凝土的内摩擦角 φ 符合设计不小于 25°、黏聚力 c 符合设计不小于 0.4MPa 的要求。

表 4-16   **沥青混凝土静三轴试验检测成果表**

试件编号	试验温度/℃	加载速率/(mm/min)	围压/MPa	c/kPa	φ/(°)
3-5	7.1	0.20	0.3	692.4	27.7
3-2			0.6		
3-1			0.9		
3-3			1.2		
8-5	7.1	0.20	0.3	618.3	31.3
8-2			0.6		
8-3			0.9		
8-4			1.2		
14-1	7.1	0.20	0.3	611.9	29.1
14-3			0.6		
14-2			0.9		
14-4			1.2		

B. 沥青混凝土小梁弯曲试验。沥青混凝土小梁弯曲试件由击实成型样切割而成，试件规格 35mm×40mm×250mm。试验条件为当地年平均温度 7.1℃，采用应变速率 1‰/min 控制，即跨中变形速率 1.67mm/min。沥青混凝土小梁弯曲试验检测成果见表 4-17、其沥青混凝土小梁弯曲试验力与位移曲线见图 4-12～图 4-14。从表 4-17 中试验检测成果可知，所选的 3 号、8 号、14 号配合比沥青混凝土的抗弯强度符合设计不小于 0.4MPa、最大弯拉应变符合设计不小于 1‰ 的要求。

表 4－17			沥青混凝土小梁弯曲试验检测成果表			
配合比编号	试件编号	最大荷载 /N	跨中挠度 /mm	抗弯强度 /MPa	最大弯拉 应变/％	挠跨比 /％
3	3－2	644.7	5.896	3.29	3.555	2.9
	3－3	808.2	6.413	3.87	3.925	3.2
	3－4	684.3	7.165	3.44	4.299	3.6
	检测结果	712.4	6.491	3.53	3.926	3.2
8	8－1	896.8	6.396	4.83	3.857	3.2
	8－3	900.6	8.225	4.25	5.157	4.1
	8－4	715.4	7.869	3.81	4.733	3.9
	检测结果	837.6	7.497	4.30	4.733	3.9
14	14－1	746.4	6.181	3.80	3.774	3.1
	14－2	754.8	6.930	3.59	4.314	3.5
	14－3	730.2	6.573	3.67	4.033	3.3
	检测结果	743.8	6.561	3.69	4.040	3.3

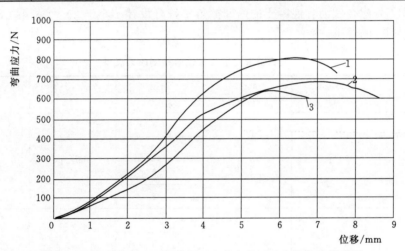

图 4－12　3 号配合比沥青混凝土小梁弯曲试验力与位移曲线图

1—小梁弯曲 3－3；2—小梁弯曲 3－4；3—小梁弯曲 3－2

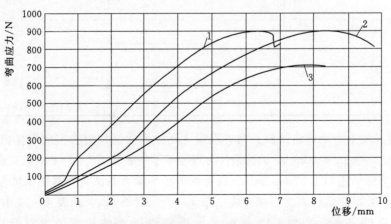

图 4－13　8 号配合比沥青混凝土小梁弯曲试验力与位移曲线图

1—小梁弯曲 8－1；2—小梁弯曲 8－3；3—小梁弯曲 8－4

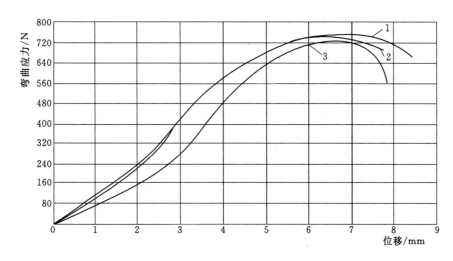

图 4-14 14 号配合比沥青混凝土小梁弯曲试验力与位移曲线图
1—小梁弯曲 14-2；2—小梁弯曲 14-1；3—小梁弯曲 14-3

C. 沥青混凝土拉伸试验。沥青混凝土拉伸试件由击实成型样切割而成，试件规格为 40mm×40mm×200mm。在 7.1℃、变形速率为 1.0mm/min 条件下进行拉伸试验。

沥青混凝土拉伸试验检测成果见表 4-18，其拉伸试验力与变形关系曲线见图 4-15～图 4-17。从表 4-18 试验检测成果可知，所选的 3 号、8 号、14 号配合比沥青混凝土的轴向拉伸强度不满足设计不小于 1.6MPa 的要求。

表 4-18   沥青混凝土拉伸试验检测成果表

配合比编号	试件编号	轴向最大拉伸荷载/N	轴向拉伸变形/mm	拉伸强度/MPa	拉伸应变/%
3	3-1	1686.0	1.015	1.05	1.02
	3-2	2217.5	1.825	1.35	1.82
	3-3	1598.1	1.176	1.00	1.18
	检测结果	1833.9	1.339	1.05	1.18
8	8-1	1261.1	0.897	0.77	0.90
	8-3	1399.0	0.756	0.83	0.76
	8-4	1270.4	0.835	0.79	0.84
	检测结果	1310.2	0.829	0.80	0.83
14	14-2	1788.6	1.055	1.09	1.06
	14-3	1822.2	0.976	1.14	0.98
	14-4	1927.3	0.836	1.18	0.84
	检测结果	1846.0	0.956	1.14	0.96

D. 沥青混合料水稳性试验。水稳定性试验是将同组的 6 个试件分为两组，第一组试件放在 20℃±1℃空气中不少于 48h；第二组试件先浸入温度为 60℃±1℃的水中 48h，然后移入温度为 20℃±1℃的水中 2h，再进行抗压强度试验；两组试件抗压强度的平均值之比

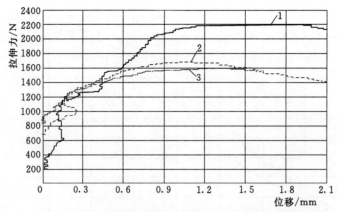

图 4-15　3 号配合比沥青混凝土拉伸试验力与变形关系曲线图

1—拉伸试件 3-2；2—拉伸试件 3-1；3—拉伸试件 3-3

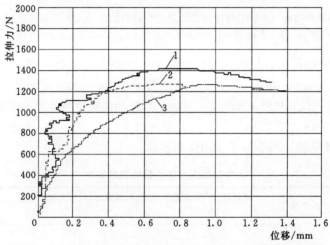

图 4-16　8 号配合比沥青混凝土拉伸试验力与变形关系曲线图

1—拉伸试件 8-3；2—拉伸试件 8-4；3—拉伸试件 8-1

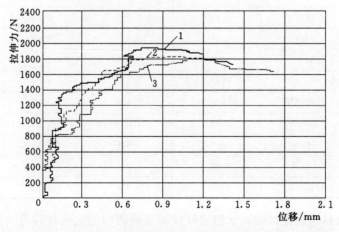

图 4-17　14 号配合比沥青混凝土拉伸试验力与变形关系曲线图

1—拉伸试件 14-4；2—拉伸试件 14-2；3—拉伸试件 14-3

为水稳定系数。试验中试件尺寸为 $\phi100\text{mm}\times100\text{mm}$ 的圆柱体试件，加载速率为 1mm/min，其沥青混凝土水稳定性的试验检测成果见表 4-19～表 4-21。从表 4-19～表 4-21 的试验检测成果可知，所选 3 号、8 号、14 号配合比沥青混凝土水稳定系数符合设计不小于 0.9 的要求。

表 4-19   **3 号配合比沥青混凝土水稳定性试验检测成果表**

试验条件	试件编号	单轴抗压强度 /MPa	单轴抗压强度平均值 /MPa	水稳定系数
浸入温度为 60℃±1℃的水中 48h 后移入 20℃±1℃水中 2h	3-1	2.41	2.31	0.92
	3-7	2.22		
	3-9	2.30		
20℃±1℃ 空气中养护 48h	3-2	2.55	2.52	
	3-5	2.61		
	3-6	2.40		

表 4-20   **8 号配合比沥青混凝土水稳定性试验检测成果表**

试验条件	试件编号	单轴抗压强度 /MPa	单轴抗压强度平均值 /MPa	水稳定系数
浸入温度为 60℃±1℃的水中 48h 后移入 20℃±1℃水中 2h	8-1	2.30	2.27	0.93
	8-6	2.14		
	8-8	2.37		
20℃±1℃空气中 养护 48h	8-2	2.47	2.44	
	8-3	2.35		
	8-7	2.50		

表 4-21   **14 号配合比沥青混凝土水稳定性试验检测成果表**

试验条件	试件编号	单轴抗压强度 /MPa	单轴抗压强度平均值 /MPa	水稳定系数
浸入温度为 60℃±1℃的水中 48h 后移入 20℃±1℃水中 2h	14-3	2.06	2.11	0.98
	14-5	2.12		
	14-6	2.15		
20℃±1℃ 空气中养护 48h	14-1	2.21	2.16	
	14-9	2.07		
	14-8	2.19		

E. 沥青混合料单轴压缩试验。试验中试件尺寸为 $\phi100\text{mm}\times100\text{mm}$ 的圆柱体试件，在常温下放置至少 20h，在试验温度 7.1℃条件下恒温 2h，加载速率为 1mm/min。

沥青混合料单轴压缩试验检测成果见表 4-22。从表 4-22 试验检测成果可知，所选的 3 号、8 号、14 号配合比沥青混凝土的抗压强度符合设计不小于 4.5MPa 的要求。

表 4-22   沥青混合料单轴压缩试验检测成果表

试件编号	最大应力时应变 /%	单轴抗压强度 /MPa	单轴抗压强度平均值 /MPa
3-3	5.19	5.89	5.68
3-4	4.84	5.49	
3-8	5.08	5.67	
8-4	4.46	5.73	5.75
8-5	4.96	5.59	
8-9	5.52	5.93	
14-2	5.73	5.54	5.46
14-4	7.25	5.31	
14-7	6.07	5.54	

    F. 沥青混凝土渗透试验。沥青混凝土渗透试件尺寸直径 100mm×65mm 的圆柱体试件，采用插捣法成型试件，在直径 100mm 的成型试模中插捣 35 次，在温度为 20℃的条件下进行变水头渗透试验。初选的 3 号、8 号、14 号配合比进行沥青混凝土渗透试验，其检测成果表4-23。从表 4-23 试验检测成果可知，所选的 3 号、8 号、14 号配合比沥青混凝土的渗透系数符合设计不大于 $1×10^{-8}$cm/s 的要求。

表 4-23   沥青混凝土渗透试验检测成果表

配合比编号	试件编号	渗透系数/$(1×10^{-9}$cm/s$)$
3	3-1	3.114
	3-2	3.426
	3-3	3.173
	平均值	3.238
8	8-1	2.439
	8-2	2.134
	8-3	2.076
	平均值	2.216
14	14-1	2.671
	14-2	2.405
	14-3	2.218
	平均值	2.431

    （4）结语。金平水电站沥青混凝土配合比复核试验过程中，使用的原材料经检验除天然砂的表观密度不满足设计技术要求外，其他各项指标均满足设计指标的要求。天然砂的表观密度不满足设计不小于 2.7g/cm³ 的技术要求，但符合《水工碾压式沥青混凝土施工规范》（DL/T 5363—2006）对天然砂表观密度大于 2.6g/cm³ 的要求，使用天然砂制备

的沥青混凝土密度均满足设计大于 2.37g/cm³ 的要求。因此，金平水电站试验室对天然砂下的结论是天然砂可用于金平水电站沥青混凝土心墙工程使用。

沥青混凝土配合比复核试验初选 17 个配合比的沥青混凝土密度、孔隙率、马歇尔流值均满足设计技术要求。选择 3 号、8 号、14 号配合比进行沥青混凝土渗透试验、水稳定性试验、小梁弯曲试验、静三轴试验、单轴压缩试验及拉伸试验。经检测，沥青混凝土的渗透系数、水稳定系数、抗弯强度、最大弯拉应变、内摩擦角 φ、黏结力 c、抗压强度满足设计技术要求。

经检测 3 号、8 号、14 号配合比的沥青混凝土轴向拉伸强度小于设计要求，但《土石坝沥青混凝土面板和心墙设计规范》（DL/T 5411—2009）对碾压式沥青混凝土心墙沥青混凝土轴向拉伸强度指标没有强制性的技术要求，对其只是建议根据当地温度、工程特点和运用条件等通过计算提出指标要求。根据以往工程经验，如三峡水利枢纽茅坪溪工程、冶勒水电站等碾压式沥青混凝土心墙高坝，也未对沥青混凝土轴向拉伸强度指标作具体要求。对于金平水电站工程沥青混凝土轴向拉伸强度指标的确定，金平试验室建议进一步进行工程反演计算和试验研究。

综合分析沥青混凝土性能试验检测成果，3 号、8 号、14 号配合比的沥青混凝土渗透系数、水稳定系数、抗弯强度、最大弯拉应变、内摩擦角 φ、黏结力 c、抗压强度均满足设计技术要求，3 号、14 号配合比的沥青混凝土的轴向拉伸强度优于 8 号配合比，因此推荐 3 号、14 号配合比用于现场摊铺试验的施工配合比。

4.3.2 布仑口—公格尔水电站沥青混凝土配合比室内试验及生产性试验

（1）概述。布仑口—公格尔水电站工程位于新疆克尔柯孜自治州阿克陶县境内的盖孜河上，是一项具有灌溉、发电、防洪和改善生态等综合利用效益的大（2）型水电站工程，主要建筑物包括枢纽区右岸开敞式溢洪道，浇筑式沥青混凝土心墙拦河坝，左岸导流兼泄洪冲沙洞、引水发电系统和地面发电厂房。拦河坝坝高 35m。拦河坝填筑时间为 2011 年 8 月 4 日至 2013 年 7 月 14 日，沥青混凝土心墙浇筑时间为 2011 年 10 月 3 日至 2012 年 7 月 19 日。

（2）沥青混凝土设计指标。设计提出浇筑式沥青混凝土要求有良好的防渗性、低温抗裂性；渗透系数不大于 $1×10^{-7}$ cm/s；水稳定系数不小于 0.85，抗流变性能好；浇筑时应有足够的施工流动性和抗分层性。浇筑式沥青混凝土心墙坝对沥青混凝土设计要求指标见表 4 - 24。

表 4 - 24 　　　　　　浇筑式沥青混凝土心墙坝对沥青混凝土设计要求指标表

项 目 名 称	指 标	备 注
容重/(t/m³)	＞2.2	
孔隙率/%	＜4（芯样）	室内试验小于 3
渗透系数/(cm/s)	＜$1×10^{-7}$	
水稳定系数	≥0.85	
热稳定性	≥0.35	
分离度	≤1.05	
施工黏度/(Pa·s)	$1×10^{2}～1×10^{4}$	

（3）原材料试验。

1）沥青。沥青采用70号道路石油沥青，沥青品质试验检测成果见表4-25。从试验检测成果可以看出，沥青各项技术指标满足设计要求。

表4-25　　　　　　　　　　　　沥青品质试验检测成果表

试　验　项　目		质　量　要　求	试验检测成果
针入度（25℃）/(0.1mm)		50～80	65
软化点（环球法）/℃		45～55	53.2
延度（25℃）/cm		＞70	—
延度（15℃）/cm		—	＞150
密度/(g/cm³)		实测	1.024
蜡含量/%		＜3.0	1.23
溶解度/%		＞99.0	99.7
闪点/℃		＞230	244
薄膜烘箱试验	质量损失率/%	＜1	−0.71
	针入度比/%	＞70	72.4

2）骨料。细骨料为天然河砂和人工砂，粒径为2.36～0.075mm；粗骨料粒径分19.0～9.5mm、9.5～4.75mm、4.75～2.36mm三级，骨料粒径分级参照《水工沥青混凝土试验规程》（DL/T 5362—2006）规定的方孔筛尺寸进行分级。粗细骨料在室内进行了超径、逊径处理，其性能试验检测成果见表4-26、表4-27。从试验检测成果可以看出，粗骨料及细骨料所检测性能满足设计要求。

表4-26　　　　　　　　　　　　粗骨料性能试验检测成果表

项目	粒径/mm	表观密度/(g/cm³)	吸水率/%	含泥量/%	耐久性/%	压碎率/%	与沥青黏结力等级
技术要求	—	≥2.60	≤2	≤0.3	＜12	≤20	≥4级
试验检测成果	19.0～9.5	2.71	0.4	0.1	4	10.4	4级
	9.5～4.75	2.71	0.5	0.2	5	—	—
	4.75～2.36	2.71	0.5	0.2	5	—	—

表4-27　　　　　　　　　　　　细骨料性能试验检测成果表

项目	表观密度/(g/cm³)	吸水率/%	耐久性/%	水稳定等级
技术指标	≥2.55	≤2.0	＜15	≥6
人工砂	2.71	0.9	4	8
天然河砂	2.73	1.0	5	8

3）填料。填料是指粒径小于0.075mm的颗粒，目前填料主要使用矿粉。矿粉是指矿料经粉磨后满足一定细度要求的粉料。填料（矿粉）采用石灰石粉，其性能试验检测成果见表4-28，从试验检测成果可以看出，矿粉性能满足设计要求。

表 4-28 矿粉物理性能试验检测成果表

项目	密度 /(g/cm³)	含水率 /%	亲水系数	细度（各级筛孔通过率）/%			
				0.60mm	0.30mm	0.15mm	0.075mm
技术指标	≥2.55	≤2.0	<1	100	—	>90	>85
试验检测成果	2.83	0.4	0.82	100	99.9	96.8	85.2

（4）沥青混凝土室内配合比试验。

1）试验目的及设计配合比参数。设计推荐的沥青混凝土配合比见表4-29。

表 4-29 设计推荐的沥青混凝土配合比表

级配指数 r	最大粒径 /mm	粗骨料比例/%			细骨料比例 /%	填料 /%	沥青含量 /%
		19.0～9.5mm	9.5～4.75mm	4.75～2.36mm	2.36～0.075mm		
0.35	19	18.6	14.6	11.5	29.1	15.5	10.7

2）沥青混凝土配合比设计试验。根据设计推荐的沥青混凝土配合比主要参数，在保持矿料最大粒径和级配指数不变的情况下，采用沥青含量波动±1.0%、填料含量波动−1%～−2%的方式对设计推荐的配合比进行复核，以验证其合理性。经组合复核配合比共9个，其主要参数见表4-30，沥青混凝土试拌配合比见表4-31。

表 4-30 沥青混凝土复核配合比主要参数表

配合比编号	最大骨料粒径 D_{max} /mm	级配指数 r	填料含量 /%	沥青含量 /%
1				9.7
2			15.5	10.7
3				11.7
4				9.7
5	19.0	0.35	14.5	10.7
6				11.7
7				9.7
8			13.5	10.7
9				11.7

注 填料含量、沥青含量按沥青混合料总重的百分数计。

表 4-31 沥青混凝土试拌配合比表（各种材料所占比例）

配合比编号	粗骨料/%			细骨料/%	填料 /%	沥青含量 /%
	19.0～9.5mm	9.5～4.75mm	4.75～2.36mm	2.36～0.075mm		
1	18.8	14.8	11.7	29.5	15.5	9.7
2	18.6	14.6	11.5	29.1	15.5	10.7
3	18.3	14.4	11.4	28.7	15.5	11.7

配合比编号	粗骨料/%			细骨料/%	填料/%	沥青含量/%
	19.0～9.5mm	9.5～4.75mm	4.75～2.36mm	2.36～0.075mm		
4	19.1	15.0	11.8	29.9	14.5	9.7
5	18.8	14.7	11.7	29.6	14.5	10.7
6	18.5	14.6	11.6	29.1	14.5	11.7
7	19.3	15.2	12.0	30.3	13.5	9.7
8	19.1	15.0	11.8	29.9	13.5	10.7
9	18.8	14.8	11.7	29.5	13.5	11.7

注 所有材料比例按沥青混合料总重的百分数计。试拌时应校正砂逊径和矿粉超径。

3）最佳沥青含量的确定。试验所有材料比例按沥青混合料总重的百分数计。固定矿料级配指数 r 为 0.35，填料含量为 15.5%、14.5%、13.5%，参照表 4-30、表 4-31 拟定的参数拌制沥青混合料，利用马歇尔试件试模制备沥青混凝土试件，进行孔隙率试验，对热沥青混合料进行外观评价。试件成型及试验方法参照《水工沥青混凝土试验规程》（DL/T 5362—2006），试验过程中，矿料加热温度控制为 160℃，沥青加热温度为 150℃，成型温度控制在 140～160℃ 之间。热沥青混合料的外观评价见表 4-32。

表 4-32　　　　　　　　　　热沥青混合料的外观评价表

	沥青含量/%	9.7	10.7	11.7
热沥青混合料外观	填料含量 15.5%	流动性差	流动性一般	流动性好
	填料含量 14.5%	流动性差	流动性较好	流动性好
	填料含量 13.5%	流动性较差	流动性好	流动性好

沥青混凝土性能试验检测成果见表 4-33，从试验检测成果可以看出，各试拌配合比的密度均满足设计要求，2～9 号配合比室内孔隙率满足设计要求，2 号、3 号、5 号配合比分离度满足设计要求，2 号、3 号、5 号、6 号、8 号、9 号配合比施工黏度满足设计要求。综合考虑沥青混凝土各项性能指标要求，选定各填料含量情况下的最佳沥青用量参数（见表 4-34）。

表 4-33　　　　　　　　　沥青混凝土性能试验检测成果表

配合比编号	配合比参数				密度/(g/cm³)	最大密度/(g/cm³)	孔隙率/%	分离度	施工黏度/(Pa·s)
	级配指数 r	填料含量/%	D_{max}/mm	沥青含量/%					
1				9.7	2.276	2.350	3.15	—	—
2	0.35	15.5	19.0	10.7	2.273	2.317	1.90	1.03	2007
3				11.7	2.252	2.285	1.44	1.05	1827
4				9.7	2.280	2.349	2.94		
5	0.35	14.5	19.0	10.7	2.274	2.316	1.81	1.03	1728
6				11.7	2.258	2.284	1.14	1.06	1509

配合比编号	配合比参数				密度/(g/cm³)	最大密度/(g/cm³)	孔隙率/%	分离度	施工黏度/(Pa·s)
	级配指数 r	填料含量/%	D_{max}/mm	沥青含量/%					
7				9.7	2.287	2.348	2.60	—	—
8	0.35	13.5	19.0	10.7	2.282	2.315	1.43	1.06	1628
9				11.7	2.260	2.283	1.01	1.06	1411

表 4-34　　　　　　　　各填料含量情况下的最佳沥青用量参数表

配合比编号	级配指数 r	D_{max}	填料含量/%	最佳沥青含量/%
3	0.35	19.0	15.5	11.7
5	0.35	19.0	14.5	10.7

4）沥青混凝土渗透系数试验。沥青混凝土渗透系数试验检测成果见表 4-35、表 4-36。从试验检测成果可以看出，3 号、5 号配合比的沥青混凝土的渗透系数均小于 1×10^{-7} cm/s，满足设计指标的要求。

表 4-35　　　　　　沥青混凝土渗透系数试验检测成果表（3 号配合比）

配合比编号	试件编号	孔隙率/%	渗透系数/(1×10^{-9} cm/s)
3	3-1	1.48	2.1
	3-2	1.32	2.1
	3-3	1.56	2.8
	平均值	1.45	2.3

表 4-36　　　　　　沥青混凝土渗透系数试验检测成果表（5 号配合比）

配合比编号	试件编号	孔隙率/%	渗透系数/(1×10^{-9} cm/s)
5	5-1	1.74	2.7
	5-2	1.68	3.8
	5-3	1.85	3.2
	平均值	1.76	3.2

5）沥青混凝土水稳定性试验。沥青混凝土水稳定性试验检测成果见表 4-37。从试验检测成果可以看出，2 号、3 号、5 号、6 号、8 号、9 号配合比沥青混凝土水稳定系数均大于 0.85，满足设计指标的要求。

6）沥青混凝土热稳定性试验。沥青混凝土热稳定性试验检测成果见表 4-38。从试验检测成果可以看出，2 号、3 号、5 号、6 号、8 号、9 号配合比沥青混凝土热稳定系数均大于 0.35，满足设计指标的要求。

表 4－37				沥青混凝土水稳定性试验检测成果表			
配合比编号	配合比主要参数			R_1 /MPa	R_2 /MPa	水稳定系数 K_w
	级配指数 r	填料含量 /%	沥青含量 /%			
2	0.35	15.5	10.7	0.86	1.01	1.17
3	0.35	15.5	11.7	0.80	0.91	1.14
5	0.35	14.5	10.7	0.87	0.99	1.14
6	0.35	14.5	11.7	0.80	0.87	1.09
8	0.35	13.5	10.7	0.80	0.84	1.05
9	0.35	13.5	11.7	0.67	0.72	1.07

表 4－38				沥青混凝土热稳定性试验检测成果表			
配合比编号	配合比主要参数			R_{20} /MPa	R_{50} /MPa	热稳定系数 K_r
	级配指数 r	填料含量 /%	沥青含量 /%			
2	0.35	15.5	10.7	0.86	0.38	2.26
3	0.35	15.5	11.7	0.80	0.36	2.22
5	0.35	14.5	10.7	0.87	0.42	2.07
6	0.35	14.5	11.7	0.80	0.38	2.11
8	0.35	13.5	10.7	0.80	0.46	1.74
9	0.35	13.5	11.7	0.67	0.41	1.63

（5）室内试验总结。

1）室内试验使用的原材料经检验各项指标均满足设计指标的要求。

2）试验使用的各种配合比沥青混凝土的密度均满足设计要求，2～9号配合比室内孔隙率满足设计要求，2号、3号、5号配合比分离度满足设计要求，2号、3号、5号、6号、8号、9号配合比施工黏度满足设计要求，3号、5号配合比沥青混凝土渗透系数满足设计要求，2号、3号、5号、6号、8号、9号配合比沥青混凝土水稳定系数、热稳定系数满足设计要求。

3）综合分析试验检测成果，3号、5号配合比沥青混凝土的密度、孔隙率、分离度、施工黏度、渗透系数、水稳定性及热稳定性均满足设计指标要求。

4）根据对试验检测成果的分析以及设计指标的要求，推荐用于现场试验的沥青混凝土标准配合比的主要参数见表4－39。

表 4－39			推荐用于现场试验的沥青混凝土标准配合比的主要参数表					
配合比编号	级配指数 r	D_{max} /mm	沥青混合料中各材料比例/%					
			沥青	各级矿料				
				19.0～9.5mm	9.5～4.75mm	4.75～2.36mm	2.36～0.075mm	<0.075mm
3	0.35	19.0	11.7	18.3	14.4	11.4	28.7	15.5
5	0.35	19.0	10.7	18.8	14.7	11.7	29.6	14.5

（6）生产性试验。为了更好地适应于现场施工生产，在室内试验检测成果报告的基础上进行了生产性试验，试验检测成果如下。

1）原材料试验。

A. 沥青。沥青品质试验检测成果见表4-40。

表4-40　　　　　　　　　　　　沥青品质试验检测成果表

试 验 项 目	质 量 要 求	检 测 成 果
针入度（25℃）/(1/10mm)	50～80	68
软化点（环球法）/℃	45～55	53.9
延度（15℃）/cm	—	＞100
密度/(g/cm³)	实测	1.029
溶解度/%	＞99.0	99.5

B. 骨料。粗骨料及细骨料试验检测成果分别见表4-41、表4-42，从试验检测成果可以看出，粗骨料及细骨料所检测性能满足设计要求。

表4-41　　　　　　　　　　　　粗骨料性能试验检测成果表

项目	粒径/mm	表观密度/(g/cm³)	吸水率/%	含泥量/%	耐久性/%	压碎率/%	与沥青黏结力等级
技术要求	—	≥2.6	≤2	≤0.3	<12	≤20	≥4级
检测成果	19.0～9.5	2.73	0.6	0.1	—	11.9	4级
	9.5～4.75	2.74	0.6	0.1	—	—	—
	4.75～2.36	2.74	0.7	0.2	—	—	—

表4-42　　　　　　　　　　　　细骨料性能试验检测成果表

项　目	表观密度/(g/cm³)	吸水率/%	耐久性/%	水稳定等级
技术指标	≥2.55	≤2.0	<15	≥6级
人工砂	2.73	1.4	—	8级
天然河砂	2.72	1.3	—	8级

C. 填料。矿粉填料物理性能试验检测成果见表4-43。从试验检测成果可以看出，矿粉性能满足设计要求。

表4-43　　　　　　　　　　　　矿粉填料物理性能试验检测成果表

项目	密度/(g/cm³)	含水率/%	亲水系数	细度（各级筛孔通过率）/%			
				0.60mm	0.30mm	0.15mm	0.075mm
技术指标	≥2.55	≤2.0	<1	100	—	＞90	＞85
检测成果	2.76	0.2	0.63	100	100	98.2	87.8

2）沥青混凝土生产性试验。

A. 试验目的及推荐配合比。根据验证室内试验后推荐的3号、5号沥青混凝土配合比在施工生产中的合理性和适用性，最终确定施工生产中使用的沥青混凝土配合比。3号、5号沥青混凝土推荐配合比见表 4-44。

表 4-44　　　　　　　　3号、5号沥青混凝土推荐配合比表

配合比编号	沥青混凝土推荐配合比						
	最大粒径/mm	各级矿料比例/%					沥青含量/%
		19.0~9.5mm	9.5~4.75mm	4.75~2.36mm	2.36~0.075mm	填料	
3	19	18.3	14.4	11.4	28.7	15.5	11.7
5	19	18.8	14.7	11.7	29.6	14.5	10.7

B. 热沥青混合料温度及外观评价。沥青拌和楼分别用3号、5号沥青混凝土配合比进行了试拌，并对配料罐沥青、热料仓矿料进行了温度检测，对两个配合比的热沥青混合料也进行了温度检测和外观评价，其检测结果见表 4-45。

表 4-45　　　　　　　　热沥青混合料检测结果表

配合比编号	沥青混凝土推荐配合比							沥青温度/℃	矿料温度/℃	出机口温度/℃	入仓温度/℃	损失温度/℃	热沥青混合料外观评价
	最大粒径/mm	各级矿料比例/%					沥青含量/%						
		19.0~9.5mm	9.5~4.75mm	4.75~2.36mm	2.36~0.075mm	填料							
3	19.0	20.7	16.3	12.9	32.5	17.6	11.7	148	195	174	168	6	流动性较好
5	19.0	21.1	16.5	13.1	33.1	16.2	10.7	148	193	172	166	6	流动性一般

从表 4-45 检测结果可以看出，3号配合比拌制出的热沥青混合料流动性比5号配合比拌制出的热沥青混合料的流动性要好。

3）沥青混凝土性能试验。对3号、5号配合比拌制的沥青混凝土分别进行了沥青混凝土性能试验，其试验检测成果见表 4-46。

表 4-46　　　　　　　　沥青混凝土性能试验检测成果表

配合比编号	沥青混凝土推荐配合比							密度/(g/cm³)	最大密度/(g/cm³)	孔隙率/%	分离度
	最大粒径/mm	各级矿料比例/%					沥青含量/%				
		19.0~9.5mm	9.5~4.75mm	4.75~2.36mm	2.36~0.075mm	填料					
3	19.0	20.7	16.3	12.9	32.5	17.6	11.7	2.259	2.293	1.47	1.04
5	19.0	21.1	16.5	13.1	33.1	16.2	10.7	2.253	2.295	1.83	1.05

从表 4-46 试验检测成果可以看出，两个配合比的密度、孔隙率、分离度均满足设计要求，3号配合比的密度大于5号配合比的密度，3号配合比的孔隙率和分离度都分别小于5号配合比的孔隙率和分离度。

4）沥青混凝土水稳定性试验。3号、5号两个配合比拌制出的沥青混凝土水稳定性试验，其检测成果见表 4-47。

表 4-47　　　　　　　　沥青混凝土水稳定性试验检测成果表

配合比编号	配合比主要参数		R_1 /MPa	R_2 /MPa	水稳定系数 K_w
	填料含量/%	沥青含量/%			
3	17.6	11.7	0.87	0.98	1.13
5	16.2	10.7	0.85	0.95	1.12

从表 4-47 试验检测成果可以看出，3 号、5 号配合比的沥青混凝土水稳定系数均大于 0.85，满足设计指标要求。3 号配合比的沥青混凝土水稳定系数大于 5 号配合比的沥青混凝土水稳定系数。

5）沥青混凝土热稳定性试验。3 号、5 号两个配合比拌制出的沥青混凝土热稳定性试验，其检测成果见表 4-48。

表 4-48　　　　　　　　沥青混凝土热稳定性试验检测成果表

配合比编号	配合比主要参数		R_{20} /MPa	R_{50} /MPa	热稳定系数 K_r
	填料含量/%	沥青含量/%			
3	17.6	11.7	0.87	0.43	2.02
5	16.2	10.7	0.83	0.43	1.93

（7）结语。生产性试验所抽检的原材料检验的各项指标均满足设计指标要求，3 号、5 号配合比沥青混凝土的密度、孔隙率、分离度、水稳定系数及热稳定系数均满足设计指标要求。

1）3 号配合比拌制出的沥青混凝土的孔隙率和分离度分别小于 5 号配合比拌制出的沥青混凝土的孔隙率和分离度，说明 3 号配合比的沥青混凝土较 5 号配合比的沥青混凝土密实。

2）3 号配合比的沥青混凝土的水稳定系数和热稳定系数分别大于 5 号配合比的沥青混凝土的水稳定系数和热稳定系数，说明 3 号配合比的沥青混凝土的水稳定性和热稳定性比 5 号配合比的沥青混凝土的水稳定性和热稳定性要好。

3）从拌制出的热沥青混合料外观上评价，3 号配合比的热沥青混合料的流动性比 5 号配合比的热沥青混合料的流动性要好。

4）综合上述对生产性试验检测成果的分析以及设计指标的技术要求，推荐使用于施工生产、并适用于项目部沥青拌和楼拌制的沥青混凝土标准配合比为 3 号配合比，其配合比见表 4-49。

表 4-49　　　　　　　推荐用于现场试验的沥青混凝土标准配合比表

配合比编号	最大粒径 /mm	沥青混合料中各级矿料比例/%				
		19.0～9.5mm	9.5～4.75mm	4.75～2.36mm	2.36～0.075mm	<0.075mm
3	19.0	20.7	16.3	12.9	32.5	17.6

5 沥青混合料制备与运输

在土石坝沥青混凝土防渗体施工中，沥青混合料的制备与运输，一般都是由现场施工布置的拌和系统，将沥青混凝土所用的原材料按照试验确定的施工配合比和施工要求，拌制沥青混凝土混合料，直接卸入运输设备受料斗内和储备在热料仓内，由所选定的运输设备将制备的沥青混合料运到施工现场。

沥青混合料的制备就是将现场布置的沥青混凝土拌和系统的各种设备，按照设计要求进行安装、调试，投产后能保持正常运行，按照规定对设备进行正常维护，在遇到问题时能够及时处理，使沥青混凝土拌和系统能安全正常运行并按时制备出合格的沥青混合料。

沥青混合料的制备是沥青混凝土施工中的一个重要环节，所制备的沥青混合料的质量对沥青混凝土最终质量的影响很大。沥青混合料制备的工艺技术要求严格，对矿料级配、称量精度、温度控制及拌和均匀性等指标有严格规定，任何一个环节的失误，均可能使沥青混合料成为废料，必须严格控制沥青混合料的制备质量，保证现场沥青混凝土能正常施工。

为管好、用好沥青混凝土拌和系统所布置的各种沥青混合料制备设备，在沥青混合料制备工作时，需要知道常用的沥青拌和系统组成，了解与掌握拌和设备机械、电器等各种性能及工作原理、制备工艺流程，设备调试与维护技能。同时还要知道沥青混合料制备的要求，才能及时解决沥青混合料制备过程中遇到的各种问题，有效地控制沥青混合料的制备质量。

5.1 拌和系统

拌和系统一般是由骨料、矿粉、沥青三条制备生产线，热沥青混合料搅拌与储存，系统内、外相接的道路，以及设备维修车间、库房、生产、生活住房组成。

骨料生产流水线主要包括成品骨料储存、初配称量、运输、冷骨料加热烘干、热骨料提升、热骨料二次筛分、称量等工序。矿粉生产流水线主要包括矿粉储存、往拌和楼输送、称量等工序。沥青生产线包括沥青熔化、脱桶脱水、加热、储存、输送、计量等工序。热沥青混合料搅拌与储存主要包括骨料、填料、沥青热拌和，拌和好的热沥青混合料输送储备到热储料仓内，以及卸入运输设备等工序。

随着沥青混凝土施工技术的不断进步，对沥青混凝土制备装置的性能和功能的要求不断提高，为了满足沥青混凝土的施工要求，将沥青混凝土拌和系统中骨料、矿粉、沥青制备生产工艺和热沥青混合料搅拌与储存组合在一起，形成机、电一体化成品的制备沥青混凝土拌和系统，简称拌和楼。拌和楼具有连续的，较高强度的生产能力和可靠的质量保证，在大中型土石坝沥青混凝土防渗体施工中都采用拌和楼制备沥青混合料。

目前，拌和楼的组成一般包括：冷骨料初配设备、冷骨料加热干燥设备；热骨料提升装置、热骨料二次筛分及储存、称量、搅拌组成的楼体设备；填充料储存罐及输送、计量设备；沥青脱桶脱水设备、沥青储料罐、沥青加热、输送、计量设备；热沥青混合料储存仓等部分组合而成的系统。

沥青混凝土拌和楼是沥青混凝土施工的关键设备，随着机械制造技术和计算机不断发展与进步，生产设备和生产工艺不断完善，自动化程度也越来越高，沥青混合料制备质量得到有效控制。

国内外生产沥青混凝土拌和楼的型号和规格有多种，归纳起来主要分为强制间歇式和滚筒式两种类型，滚筒式又分为单滚筒和双滚筒两种形式。

5.1.1 强制间歇式沥青混凝土拌和楼

（1）拌和楼组成布置。强制间歇式沥青混凝土拌和楼为楼体式，主要由冷骨料储存及配料装置、冷骨料输送机、骨料干燥筒组成骨料加热设备，矿粉储料罐、输送及计量装置组成的矿粉配料设备，沥青储料罐、沥青加热及输送组成的沥青掺量设备，热骨料提升机、热骨料二次筛分、热骨料称量装置、搅拌机组成的拌和楼楼体设备，以及沥青热混合料保温储仓等组成。强制间歇式沥青混凝土拌和楼设备组成布置见图5-1。

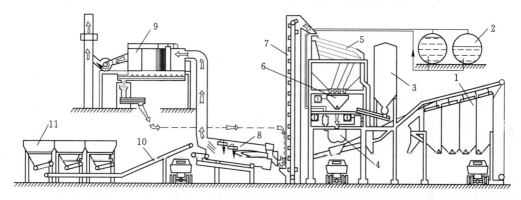

图5-1　强制间歇式沥青混凝土拌和楼设备组成布置图

1—成品料保温储存仓；2—沥青供给、称量装置；3—矿粉储料罐、输送及计量装置；4—搅拌机；
5—热骨料筛分及储料装置；6—热骨料计量装置；7—热骨料提升机；8—冷骨料烘干、
加热系统；9—集尘装置；10—冷骨料输送机；11—冷骨料储存及配料装置

（2）生产工序过程。根据沥青混合料制备要求和强制间歇式沥青混凝土拌和楼的设备组成，其生产工序过程如下。

1）骨料加工系统分级筛分出的粗骨料、细骨料，采用机械方式转运卸到冷骨料配料装置的配料斗内，经带有配料装置的给料机进行初配，输送机将冷骨料送至干燥滚筒内混合加热烘干（一般以柴油、重油或渣油作燃料，由燃烧器雾化燃烧，并采取逆流加热方式），达到设定温度后从滚筒出口排出卸入热骨料提升机受料斗内，由热矿料提升机将热骨料提升到拌和楼楼顶送入筛分装置进行二次筛分，再将热骨料按不同规格粒径重新分开。二次筛分后不同规格粒径的骨料分别储存在热骨料储仓的隔仓内。当进行沥青混合料生产时，按配合比的要求，先后进入热骨料称量斗，采用累计计量法计量。

2）储存在专用筒仓里的矿粉一般不用加热，由螺旋输送机送至矿粉称料斗内计量。

3）将沥青脱桶脱水后，加热至设定温度后储存在保温罐内，由沥青输送泵，经具有保温功能的沥青管道输送至沥青称量桶内计量。

4）骨料、矿粉、沥青等沥青混合料原材料，按设定的配合比分别计量后，按预先设定的程序投入到搅拌机内进行强制拌和，拌和均匀之后，输送至混合料保温储仓内临时储存。

5）由沥青混合料保温储仓卸料装置将制备好的沥青混合料卸入运输车辆中，运输至摊铺施工现场进行摊铺碾压。

（3）工艺流程。根据强制间歇式沥青混凝土拌和楼的生产工序过程，其工艺流程见图5-2。

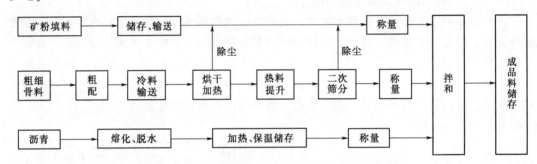

图 5-2　强制间歇式沥青混凝土拌和楼工艺流程图

（4）生产工艺特点。

1）骨料经两次配料，计量精度高。冷骨料粗配后，经烘干、加热、筛分，再按每种骨料累计计量，可保证骨料级配质量。

2）矿粉和热沥青均单独计量，骨料、矿粉及热沥青按照配合比和预先设定的程序分批投料，可精准控制搅拌时间，保证搅拌质量。

3）根据需要可随时调整或变更骨料级配和沥青与骨料的比例，成品料分批卸出和储存。

（5）拌和楼主要设备。

1）骨料烘干加热设备。骨料烘干加热装置的作用是将骨料在装置内反复地抛撒，并使其与热气接触，以除去水分、吸收热量、提高到所需的温度，使沥青很好地裹覆在粗细骨料的表面，并具有良好的施工和易性。

骨料烘干加热装置包括干燥滚筒和加热装置两部分。工作时，干燥滚筒不断地转动，滚筒内的提升叶片不断地将进入的骨料提升、抛撒，同时燃烧器向筒内喷入火焰，骨料逐渐地被烘干加热并卸出。冷骨料烘干加热装置见图5-3。

A. 干燥滚筒。干燥滚筒均采用旋转的、长圆形的筒体结构，在纵轴方向有3°～6°的倾斜度，骨料倾斜而下，燃气与冷骨料逆向运动，骨料吸收热量而被烘干，被烘干加热后从另一端卸出。对其要求是，骨料在滚筒内应撒布均匀，并滞留足够的时间，骨料在滚筒内与热气应充分直接接触，以充分利用热能。滚筒内应有足够的空间，能容纳燃料燃烧后

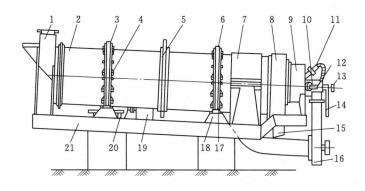

图 5-3 冷骨料烘干加热装置图

1—加料箱和排烟箱；2—滚筒体；3、6—筒箍；4—胀缩件；5—传动齿圈；7—滚筒冷却罩；8—卸料箱；
9—火箱；10—点火喷头；11—燃料燃烧传感器；12—燃烧器；13—燃油调节器；14—燃油管；
15—卸料槽；16—鼓风机；17—支撑滚轮；18—防护罩；
19—驱动装置；20—挡滑滚轮；21—机架

产生的热气和水分蒸发后形成的水蒸气，以免因气压过大而使粉尘逸散。筒体与底架之间有一定的安装倾斜角度，并由支腿的升降来调节，通常为 3°～6°，以便骨料在滚筒内反复提升的过程中不断地向前移动，流向卸料端滚筒内叶片排数和每排数量的选择，取决于干燥滚筒的直径、长度、转速和倾斜角，应保证骨料在筒内滞留足够的时间，以便烘干和加温。

干燥滚筒的烘干能力与其几何尺寸（直径×长度）有很大关系，若筒体过小，达不到充分烘干加热的目的，还会导致环境污染。但是，筒体的直径和长度过大，又会引起不必要的材料和能源消耗。干燥滚筒的烘干能力与筒体几何尺寸及转速的关系见表 5-1。

表 5-1　　　　　　　　干燥滚筒的烘干能力与筒体几何尺寸及转速的关系表

拌和楼生产能力/(t/h)	干燥滚筒直径/mm	干燥滚筒长度/mm	干燥滚筒转速/(r/min)
30～40	1300	4500	10～11
45～60	1400～1500	6000～6500	9～9.4
60～80	1600	7000	7.5～8.5
90～120	2000	7500	6.8～7
120～160	2200	8000	6～6.4
180～240	2600～2800	9000～10000	5～5.3

干燥滚筒的烘干能力还与骨料的颗粒大小及含水量多少有密切的关系。一般情况下，烘干细骨料（砂、石屑等）时，烘干能力约降低 15%～20%；若骨料的含水率增加 1%，则烘干能力降低约 10%，同时排气中的水蒸气将增加 20%。因此，应高度重视骨料的含水率，有条件的应尽量采用库房或筒仓存放，应特别注意细骨料的存放。

B. 加热装置。加热装置是为干燥滚筒提供热源，完成对骨料的烘干加热升温工作。由于液体燃料的热值较高、燃烧的热效率较高、所需的燃烧室容积小、燃烧后没有残渣、火焰稳定、操作方便、温度容易控制和便于运输等，因此与工作滚筒相匹配的加热装置大都采用重油或柴油。

加热装置由燃油箱、油泵、输油管道、燃烧器、鼓风机及控制装置等组成。若采用重油，则必须增加重油预热装置。

燃烧器是调节和雾化燃料，使燃料与空气混合，并能形成一定形状、长度和方向火焰的装置。其作用是将燃油雾化成尽可能多的细小单独液滴，并使这些液滴均匀分布在燃烧区的气流内，与空气充分混合以利于完全燃烧。按照液体燃料在喷嘴中雾化的方法，有机械雾化燃烧器、低压空气雾化燃烧器和混合雾化燃烧器 3 种。

机械雾化燃烧器是依靠燃油泵产生的高压（一般为 1.0～2.5MPa）将燃油从燃烧器的喷嘴喷出，助燃空气通过鼓风机另外进入燃烧室，或使燃烧室形成负压后助燃空气被吸入燃烧室进行燃烧。

低压空气雾化燃烧器的燃油以低压（0.05～0.08MPa）从喷嘴喷出的同时，低压空气（0.3～0.8MPa）从喷嘴油孔周围的缝隙中喷出，低压空气即作为雾化剂使燃油雾化，又作为助燃剂燃烧。

混合雾化燃烧器又称轴流型喷气式燃烧器，是以油压雾化和气压雾化的方式共同雾化燃料的燃烧器。这是一种高效节能型燃烧器，其最大燃烧能力与最小燃烧能力之比，即调节比可达 10∶1。由于其高、低火焰调节范围大，燃烧效果好，更适合含水率变化较大骨料的烘干加温；其操作可以实现全自动控制，是目前较为理想的燃烧器。

2）热骨料提升装置。干燥滚筒中加热后的热骨料，由提升装置将热骨料提升送至拌和楼顶部二次筛分设备进行二次筛分。为防止提升机中途停运时，有料侧的骨料在重力作用产生倒转，致使骨料回落堆积而造成再次启动困难，通常采用封闭式链斗提升机作为热骨料提升装置。链斗式提升机主要由驱动装置、料斗、牵引链、链轮、封闭防护设施等组成。

为减少运料过程中的热量损失，以及作为安全措施，链斗提升机通常安装在封闭的壳体内。链斗提升机一般多选用深形料斗，采用离心卸料方式。在大型拌和设备上，也可用导槽料斗重力卸料方式，重力卸料方式链条运动速度低，磨损和噪声都相对较小。

提升机的链条多选用标准的套筒滚子链，少数采用环形链。在链条上每隔几个链节安装一个料斗，料斗安装数目取决于提升机的生产能力和链轮的转速。提升机在运行中应注意，提升机运转一旦停止，在链条载有未卸出的矿料质量的作用下，提升有可能倒转，使得矿料积存在底部，阻碍了提升机的再启动。因此，在提升机的驱动部分应设有防倒转装置。

3）热骨料二次筛分装置。由于冷骨料经初配后进入干燥滚筒，在干燥滚筒内进行烘干、加热的同时又被混合在一起。为了确保拌和之前对不同粒径的骨料精确计量，需要对混合后的热骨料进行二次筛分。

二次筛分是由布置在拌和楼楼体顶部的振动筛，将热骨料提升机送来的混合粗细骨料，按不同粒径重新分开，分别储存在热料仓内。二次筛分装置所使用的振动筛，筛网为 2 层 4 段式。为了避免筛分时粉尘飞扬和水汽进入热骨料仓，筛分装置应安装在封闭的箱体内。筛箱与除尘装置用通气管连接，以便将粉尘收集再利用。振动筛通过减振弹簧对搅拌楼起隔振作用。为了避免振动筛停机时引起搅拌楼共振，振动筛的驱动电机设有反向制动装置，使其在振动筛停机时的转向与工作时相反。振动筛因具有体积小、生产效率高、筛分质量好、维修简便等优点而被大量采用。

评价二次筛分装置的主要技术经济指标是生产率和筛分效率。生产率是数量指标，其应与沥青混凝土搅拌站的生产能力相匹配，且应大于热骨料提升机的生产能力，以保证充分地筛分。筛分效率，即某一规格筛网实际所得筛下的产品质量与被筛分物料中所含小于这一筛孔尺寸物料的质量比，筛分效率越高越好。

4）热骨料仓。经二次筛分装置筛分的各种规格粒径的骨料从筛网出来后，需要储存起来以满足拌和楼沥青混合料制备要求。在间歇式拌和楼二次筛分装置振动筛的下方设置不同规格粒径的热骨料仓，筛分后的各种骨料分别储存在热储料仓的隔仓内。隔仓的数量根据所需骨料的规格确定，一般为3～5个。各储料仓的下方设有能迅速启闭、且开度与级配相适应的料斗门。料斗门一般采用机械操纵或电磁阀和气缸控制。热骨料仓内一般设有高低料位传感器，以便操作人员在仓满或料不足时，及时调整冷骨料的初配，达到各储料仓内的热骨料基本均衡的目的。各个储料仓内部装有溢流管，防止过量的骨料混仓或堆积影响振动筛运行。

5）冷骨料初配称量装置。其配料装置主要由配料斗、给料机、集料胶带输送机和机架组成。

A. 配料斗。配料斗是用钢板拼焊而成的，配料斗的数量根据工程需要来确定，一般为4～6个，最少为3个。每个料斗可以由独立的机架支撑，也可用同一机架将几个料斗连成一个整体，料斗是按所装矿料粒径范围规格的大小沿运动方向依次排列的，大粒径碎石料斗在前，砂料斗在最后。

B. 给料机。给料机有电磁振动式给料机、胶带式给料机两种型式，其给料方式均属于体积计量，适用于间歇式拌和设备材料的初配。

a. 电磁振动式给料机。在料斗下部弹性地悬挂着倾斜的卸料槽，卸料槽上装有电磁振动器，依靠电磁振动器的高频振动，把在重力作用下压在卸料槽上的材料均匀卸出。供料量的多少，一般是通过改变电磁振动器的振幅和料斗闸门的开度来调节的，闸门的开度用于粗调，并且应在开机前调整好；开机后若要精确调节供料量，则是由调节振动器的振幅来实现的。此外，有些设备通过变更卸料槽的倾角，也可以达到调节供料量的目的。同样，这种调整也必须在开机前调好。另外，目前技术较为先进的振动给料机，在卸料槽上装有振幅传感器，用于检测实际振幅与设定值的差距，并将信息反馈到控制室，随时予以调整，以确保供料量的稳定、均衡。这种给料机体积小，安装、维修简单，无旋转零件，不需要润滑，消耗功率小，便于集中控制，而且造价低，但它的调整变化曲线是非线性的，并且对潮湿的矿料供料效果较差。所以，通常电磁振动给料机只用于含水量变化较小的石料的供给，对于含水量随气候变化较大的细砂料，一般采用胶带式给料机。

b. 胶带式给料机。其作用原理为：材料在重力作用下，压在料斗下的胶带给料机通过胶带给料机的旋转强制将材料卸出。通过调节胶带给料机的转速或料斗闸门的开度，来变更供料量。料斗闸门的开度用于粗调，并在开机前调好，而开机后的精调则是通过改变胶带机的转速来实现的。

C. 集料胶带输送机。每一种骨料经给料机卸出后，便汇集在下面的集料胶带输送机上，再送至冷骨料输送机。在一些小型的或移动式的拌和设备上，两个胶带输送机可以合二为一，但是接近干燥滚筒这一边的胶带输送机，其倾角必须可调，以适应滚筒进料口的高度，这部分采取折叠方式。

D. 机架。配料装置的机架多用型钢拼焊而成。有时为减轻重量、增大刚度，也有用钢板压制成一定截面形状来取代型钢的。机架拼装时，要注意保证它的几何精度，否则容易造成胶带跑偏。

6）热骨料称量装置。经过二次筛分后热骨料分别储存在热料仓内，各级热骨料在进入搅拌机前，由热骨料称量装置进行称量。热骨料计量装置由称量斗、电子秤组成。

A. 电子秤由拉力传感器和电子仪器等组成，间歇式拌和楼热骨料称量装置设有 4 个拉力式承重传感器，一般悬挂在第二层机架上。

B. 热骨料称量方法是，不同规格的热骨料按预先设定的重量依次放入称量斗中，拉力式称量传感器将检测到的信号传给程序控制电子仪器，并且逐个叠加计量，热骨料累计计量精度应控制在 $\pm 0.5\%$ 范围内。热骨料称量达到设定值后，热骨料仓的放料门关闭，称量斗的料斗门开启，将称量好的热骨料卸入搅拌机内，卸空后关闭料斗门即完成热骨料称量操作。

7）矿粉储存与称量装置。矿粉储存与输送装置是对散装矿粉料进行储存，并在沥青混凝土搅拌楼工作时将矿粉送入矿粉称量装置内。

A. 矿粉储存装置。拌和楼制备沥青混合料所用的矿粉，一般储存在专用的储存筒仓内。根据矿粉的供给方式，相应采用不同的方法将矿粉送至筒仓内。若用粉料罐车供给矿粉，一般采用气力输送的方法上料；若供应的是袋装矿粉，则常用斗式提升机上料。

为防止上料时粉尘向外逸散，在筒仓的顶部需设置小型布袋过滤器，大约每分钟通入 2～3 次脉冲压缩空气，将黏附在袋外的矿粉抖落。仓顶一般都为拱形以利于排水，其上通常设有出入孔，孔盖上装有安全阀。当仓内气体压力过大时，顶开安全阀与大气连通，以起到保护筒体的作用，入孔盖连接法兰处的密封一定要保持完好，以防矿粉向外逸散。筒仓内装有料位探测器，其信号输送至控制室，当料位超过高限或低于低限时会发出警报，通知操作人员停止上料或及时上料。筒仓的下部为倒圆锥形。

在筒仓的出口处，设有调节闸门和叶轮给料器（亦称转阀），通过改变闸门的开度和叶轮给料器的转速来调节供粉量的大小。

B. 矿粉称量装置。在沥青混合料制备中，矿粉是单独计量的，在拌和楼专门设置了矿粉称量装置。矿粉称量装置也是由称量斗和电子计量秤组成的。电子秤由拉力传感器和电子仪器等组成，间歇式拌和楼矿粉称量装置设有 3 个拉力式承重传感器，悬挂在所在与热骨料同层楼体的机架上，一般在第二层机架上。

称量斗的斗门内侧附有橡胶板，以便与斗的底部很好地贴合，此外制造时要用水做密封试验，确保其不渗漏；称量斗的斗门是由矿粉计量秤的控制系统来操纵的，称量结果可以从控制台的称量数码显示表上读出。

8）除尘设备。在骨料烘干、筛分、计量和拌和等生产过程中会逸散出大量灰尘，尤其是在烘干过程中，还有一些燃烧废气排出，造成环境污染，因此集尘装置对拌和设备来说是非常重要的组成部分。集尘装置就是将沥青混合料制备中对骨料烘干、筛分过程中逸散出的大量灰尘进行收集、储存和回收。

间歇式拌和楼的集尘装置通过管道连接在干燥滚筒进料端的烟箱之后。它主要有三大类：干式集尘器、湿式集尘器和布袋式集尘器。干式集尘器通常用于一级集尘装置，后两种集尘器常用于二级集尘装置。

A. 一级集尘装置。一级集尘装置主要收集颗粒较大的灰尘，主要采用干式集尘器。它主要由引风机、集尘器和通风管道等部分组成。

集尘器收集的灰尘可通过螺旋输送机送至热矿料提升机的进口处，再重新筛分、计量。回收的粉尘能否再利用，取决于它在烘干过程中是否被污染，以及粉尘颗粒的级配能否满足混合料配合比的要求，因此在重新利用之前，对其进行检测是必不可少的。常用的干式集尘器有两种形式，即离心式和惯性式。

离心式集尘器工作原理为：干燥滚筒中的含尘气体被引风机抽出后，以一定的风速进入集尘器，在离心力的作用下，做旋转运动，灰尘颗粒被甩到筒壁上滑落下来堆集在筒的底部。若回收利用，则由螺旋输送机将其送至热矿料提升机的进口处，否则堆集到一定程度便应从排料口卸出。去掉了灰尘的空气从上部通风管道经引风机，或直接排入大气层，或进入二级集尘装置。旋风筒的直径越小，集尘效果越好，因此大多数拌和设备都设置两个以上的小管旋风筒，有的多达几十个，但这样其阻力也会相应增大。

惯性式集尘器工作原理是：进入集尘器的含尘气体突然改变流动方向，在惯性力的作用下，大颗粒灰尘跌落下来与气体分离，小颗粒粉尘随气体经通风管道进入二级集尘装置。它的阻力和磨损程度要小于离心式集尘器，但只适用于收集颗粒较大的灰尘。因此，现在它已很少单独使用，一般用来与二级集尘装置配合使用。

由于干式集尘器工作时处于负压状态，因此集尘装置各处的密闭性非常重要，若漏入空气会严重影响除尘效果。此外，要及时清理引风机叶片上黏附的灰尘，否则容易造成引风机转子运转不平衡，产生剧烈振动，甚至损坏风机。

同时由于悬浮于大气的粉尘颗粒能起到触媒作用，使大气中若干原来无毒的气态物质以粉尘为凝聚核心，经粉尘的触媒作用（特别是各种煤尘的触媒作用尤为强烈）化合成为有害的物质。另外，粉尘颗粒大小对人类呼吸系统的危害程度不同：一般来说，大于 $8\mu m$ 以上的颗粒，在呼吸过程中通过鼻毛及黏膜可以排除；粒径小于 $0.3\mu m$ 的颗粒，可以经肺器官循环系统排出体外；而粒径为 $0.3\sim8\mu m$ 的粉尘能沉积于肺部或支气管上，对人体的危害最大。通常，干式集尘器的除尘效率见表 5-2。

表 5-2   干式集尘器的除尘效率表

序号	粉尘粒径/μm	除尘效率/%
1	>75	90
2	40~75	80
3	5~40	50
4	<5	10

从表 5-2 中可以看出：含尘气体中粒径大于 $75\mu m$ 的粉尘，90%都沉积在集尘器底部；粒径小于 $5\mu m$ 细粉尘，却有 90%要排入大气，而恰恰是这些飘尘对人体危害较大。

因此，在人员稠密的地区和环保要求高的地方，为进一步净化空气，必须设置二级集尘装置。

B. 二级集尘装置。二次集尘装置主要收集细小颗粒粉尘，主要采用湿式集尘器和布袋式集尘器作为二级集尘装置。湿式集尘器有多种结构型式，如文丘里式、喷淋式等，其中文丘里式除尘效果更佳，是拌和设备最常用的结构型式。文丘里湿式集尘器和布袋式集尘器除尘效率见表 5-3。

表 5-3　　　　　　　　　文丘里湿式集尘器和布袋式集尘器除尘效率表

序号	粉尘粒径/μm	除尘效率/%	
		文丘里湿式集尘器	布袋式集尘器
1	>75	99.9	99.9
2	40~75	99.9	99.9
3	5~40	99.0	99.9
4	<5	98.0	9.0

文丘里式集尘设备主要由文氏洗涤器、文氏喉管和汽水分离罐等部分组成。其工作原理是：含尘烟气经烟箱、通风管道进入集尘器后，与由文氏洗涤器缝隙中喷出的水帘相遇，并一同进入文氏喉管（横断面可调），在"喉管效应"的作用下，气流速度加大，水被雾化，游离在气体中的尘埃被水黏附而与气体分离。与此同时，混杂在气体中的燃烧废气，部分溶于水中，而砂石料中所含的水分蒸发后的水蒸气，也冷凝成水滴，并在汽水分离罐中得以分离。净化后的空气从上部经引风机、烟囱排入大气层，水和泥浆则从底部排入循环水沉淀池中。泥浆慢慢沉淀，清水流入旁边的清水池中循环使用。

由于部分燃烧气体溶于水中（如 SO_2），会使排出的水呈酸性，因此集尘器及输送管道应采取防腐措施，或在水中放入碱性物质予以中和。

布袋式集尘器是一种干式除尘装置。集尘器用布袋隔为两室，含尘气体进入布袋的外侧，由于布袋的过滤作用，灰尘被阻留在这一侧。净化后的气体通过布袋，从内侧排入大气。黏附在布袋上的灰尘逐渐增多，致使布袋内侧、外侧的气体压力差值随之增大，当压差达到设定值后，布袋内侧自动通入脉冲压缩空气将灰尘抖落，落到底部的灰尘经螺旋输送机排出。由于布袋式集尘器排出的灰尘颗粒较小，回收后可作为矿粉利用。

9）沥青脱桶脱水设备。水工沥青混凝土所用沥青在常温下呈固体状态，需进行加热熔化、脱水、加热至设定温度，并用恒温储存罐后才能使用。其中沥青加热熔化、脱水，加热是由沥青脱桶脱水装置来完成的。

间歇式沥青混凝土拌和楼的沥青脱桶脱水装置，一般都是独立设置的，通过沥青泵和连接管路就可以将沥青输送至保温罐内。

沥青脱桶脱水装置是熔化桶装沥青的专用设备，用以将固态桶装的沥青从桶中脱出并加热至泵吸温度。它将沥青的脱桶、脱水、熔化和保温等功能融为一体。沥青脱桶装置可以用于桶装，也可用于纸袋装沥青的脱水、熔化与保温。沥青脱桶脱水装置主要采用的是内燃式熔化方法。主要有火力管式沥青脱桶装置、导热油加热式沥青脱桶装置两种。

A. 火力管式沥青脱桶装置。火力管式沥青脱桶装置由脱桶箱、加热系统、沥青泵送系统、电气控制装置等组成，其装置见图5-4。

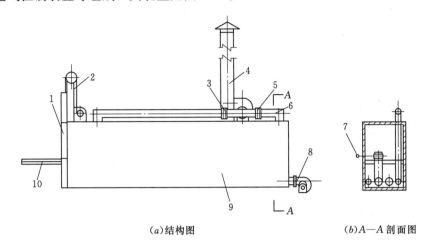

(a)结构图　　　　　　　　　　　　(b)A—A剖面图

图5-4　火力管式沥青脱桶装置示意图

1—滑门；2—滑门升降装置；3、5、7—闸门；4—排烟筒；

6—热气输送管；8—燃烧器；9—脱桶箱；10—台车滑轨

火力管式沥青脱桶装置的脱桶箱上部设置有提升卷扬机以使滑门启闭，脱桶箱侧部设置驱动装置以使台车沿滑轨进出于脱桶箱。其工作过程如下。

进行沥青脱桶时，将沥青桶上端盖打开，侧置于台车上，然后驱动装置使台车进入脱桶箱内，关闭滑门。燃烧器使柴油燃烧，燃气经下室的小U形管进入上室，加热沥青桶后由引风机引入排烟管排出。与沥青桶壁接触的沥青受热融化后，靠自重落入油池，实现脱桶。当台车上的全部沥青落入加热池后，操纵闸门3、5、7，使燃气不经脱桶室而经过加热池中的大U形管加热沥青后，再由引风机直接引入排烟管排出。与此同时，箱体内置的沥青泵转动，强制加热池中的沥青并使其实现内循环，以使其温度均匀、脱水，保证脱水效果。当加热池中的温度升高到110～120℃后，三通阀旋转至切断内循环而接通输出管路，沥青泵将沥青泵入保温罐中备用。

B. 导热油加热式沥青脱桶装置。导热油加热式沥青脱桶装置是一种较为先进的桶装沥青脱桶装置，该装置主要由上桶机构、沥青脱桶室、沥青加热室、导热油加热管道、沥青脱水器、沥青泵、沥青管道与阀门等组成，可完成对桶装沥青的脱桶、脱水、加热和保温作业，其装置结构见图5-5。

导热油加热式沥青脱桶装置的工作过程是：将沥青桶装入上桶机构，卸去口盖并使桶口朝下，用液压缸起升臂架将沥青桶推入脱桶室，直至脱桶室内放满沥青桶。导热油被泵入脱桶装置后，先进入沥青加热室的加热管道，后进入脱桶室的加热管道。当脱桶室内的温度达到沥青融化流动的温度时，沥青从桶内流入加热室。待沥青充满加热室后，拨动三通阀，接通内循环管道，沥青泵将含有水分的、温度为95℃以上的沥青，泵送至脱桶室顶部的平板上，沥青以薄层状态在流动中将水分蒸发，水蒸气由脱桶室顶部的孔口排出。当沥青中的水分排除干净，并被继续加热到所需的工作温度130～160℃以后，便可泵入保温罐中储存或直接输送至沥青混凝土拌和楼使用。

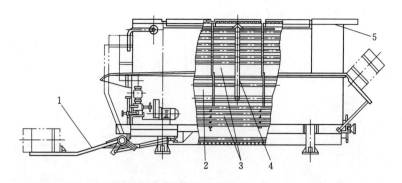

图5-5　导热油加热式沥青脱桶装置结构示意图

1—上桶机构；2—沥青加热室；3—导热油加热管；4—沥青脱水器；5—沥青脱桶室

10）导热油加热装置。导热油加热装置是一种用来加热导热油并使导热油保持一定温度，然后再以导热油为传热介质，实施对沥青系统（有时包括干燥滚筒燃烧器所用的重油供给系统、成品料储存仓的卸料门等）加热和保温的装置。这种以导热油作为传热介质间接加热沥青的方法，使沥青受热持续、稳定、均匀，不易老化，有利于提高沥青混合料的品质。近年来，绝大多数拌和设备都采用这种加热方式，得到了广泛应用。

该装置根据炉体的形式可划分为卧式和立式，根据能源的形式又可以划分为烧油与烧煤型。在成套的沥青混凝土拌和设备中，应用最广泛的还是烧油卧式导热油加热装置。

导热油加热装置根据其发热量的不同而有不同的规格、型号，但其基本结构型式却是相同的，其结构见图5-6。

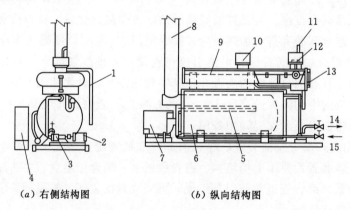

（a）右侧结构图　　　　　　　（b）纵向结构图

图5-6　导热油加热装置结构示意图

1—溢流管；2—电动机；3—热油泵；4—控制柜；5—蛇形管；6—炉体；7—燃烧器；8—烟囱；9—膨胀罐；
10—供油口；11—通气管；12—浮子开关；13—油面指示计；14—热油出口；15—热油入口

导热油加热装置和导热油输送管路形成一个全封闭的循环系统。导热油作为传热介质在加热炉中被燃油燃烧所释放的热量加热，温度得以升高，然后由热油泵泵出，经管路输送，沿途将自身热量传递给被加热的装置（如沥青保温罐、泵、阀门、管路等）。温度降低后的导热油重新回到加热炉中，再次进行加热升温，如此不断循环。

导热油的加热温度是被严格控制的，它有一套完备的自动控制系统，加热温度达到设定值时，燃烧器熄火，停止加热；加热温度未达到设定值时，燃烧器点火，开始加热。

通常情况下，在进行连续的单元施工时，导热油加热装置是不关机的，即使拌和设备停机，加热装置也维持在低温状态下运转，此时它消耗的功率很小。这样既避免了加热装置"再启动"的延误，又可以使保温罐内剩余的沥青维持一定的温度，有利于拌和设备的再投产。

导热油加热装置自动化程度很高，控制系统完备，是一种无人值守的设备。

11）沥青泵及输送管道。储存在保温罐的加热沥青，由沥青泵和沥青输送管道将热沥青输送到沥青称量桶内。

A. 沥青泵。沥青泵的功能是将保温罐内的沥青输送至沥青称量桶的动力设备。拌和设备上所用的沥青泵多为齿轮泵，压力为 0.5～1.0MPa，转速一般采用低转速（500r/min 以下），否则磨损严重。沥青泵的壳体一般为双层结构，在壳体的夹层中通入蒸汽或导热油进行保温，以防止沥青冷凝后产生泵转动困难，甚至卡死的现象。沥青泵应允许正转、反转，以满足输入和输出的不同工况。

B. 沥青输送管道。沥青在低于 90～100℃时，黏度增大，当温度降为常温时变为固体。为防止沥青在输送过程中因热量失散和黏度增大而堵塞管路，沥青管道均采用双层结构，以便通入蒸汽或导热油保温加热。

采用蒸汽保温时，多为内管通沥青，外管通蒸汽。采用导热油保温加热时，双层管的内管通导热油，外管通沥青。在套管的外面包裹保温材料。敷设沥青输送管道时，应将管道倾斜设置，使管道轴线与水平夹角大于 3°，以使沥青泵反转时能将管路中的沥青全部回抽到保温罐内。

拌和设备投入工作前，应先检查保温罐内的沥青温度是否达到要求，若温度不够，不要开机。这时可先启动沥青泵，并将上部的三通阀转到接通回油管路的位置，形成沥青在保温罐和管路内的循环流动，以促进热交换，加快沥青的升温速度。

12）保温罐。保温罐用于储存熔化、脱水后的液体沥青，它将沥青的温度加热并保持在要求的范围之内，它的数量及其容量视生产规模而定。生产进行时，储存在保温罐内的沥青被泵送至称量桶中进行计量。计量完毕，多余的沥青又被三通阀切换至返回油管道返回保温罐，如此形成循环。回油管道多为倾斜设置，以便沥青靠自重流回保温罐；当有两个以上的保温罐时，沥青泵的进油管道也装有三通阀，依靠三通阀的切换，可从不同的罐内供给沥青。

保温罐多为卧式长圆柱体（如采用电加热则多为立式），它是用钢板拼焊而成的，罐内根据加热方式不同而布设有不同管路。若采用直接加热方式，罐内则设有一个大直径的 U 形火管，燃烧热气流从 U 形火管通过，罐中的沥青便被火管加热；若采用间接加热方式，罐内则布有蛇形管，导热介质从蛇形管流过，沥青被加热。罐体的端面设有温度计和液位指示计，用于显示罐内沥青的温度和液面位置。罐体的顶部开有出入孔和出油口，最底部还设有放油口，以排出残余沥青和杂质。保温罐的顶部安装一个溢流管道，若罐内的沥青过满，加热后沥青体积膨胀，便可从溢流管溢出。为防止罐内沥青热量散失，罐体外包有厚 5～10cm 的保温材料，然后再用铁皮防护，形成保温层；除此之外，为补充散失的热量和将沥青加热至工作温度，还设有加热装置，加热装置有直接加热、间接加热和电加热等形式。间歇式拌和楼一般采用导热油炉提供间接加热的热源，使用间接加热式沥青保温罐。

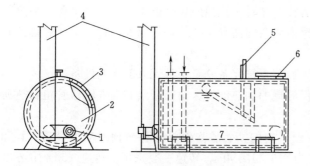

图5-7　直接加热式沥青保温罐结构图
1—燃烧器；2—温度检测仪；3—保温层；4—烟囱；
5—页面指示器；6—检修孔及通气孔；7—火管

A. 直接加热式沥青保温罐。采用直接加热的保温罐，罐体内底部装有U形火管，火管的两端自罐体端盖伸出，一端与喷燃器的燃烧室相通；另一端接烟囱。燃油经喷燃器雾化而燃烧，热气流在火管中流过，沥青便被加热，其结构见图5-7。

现代拌和设备上的沥青加温全部实现了自动控制，即当温度检测仪检测出罐内沥青的实际温度低于设定值时，便自动将喷燃器点着进行加热，达到设定值后则自动熄火。

直接加热式沥青保温罐，加热方式所用设备结构简单，但容易产生局部过热的现象，而且需注意确保罐内火管无裂痕，以及沥青液面必须超过火管时再行加热，否则容易引起火灾。

B. 间接加热式沥青保温罐。间接加热方式的热源有两种：一种是蒸汽；另一种是导热油。前者由于热效率低，燃料耗费大，加热时间长，劳动强度大，近年来在拌和设备上已较少采用，取而代之的是导热油加热方式。因此，导热油加热装置已成为绝大多数拌和设备的基本配置。导热油间接加热方式沥青保温罐结构见图5-8。

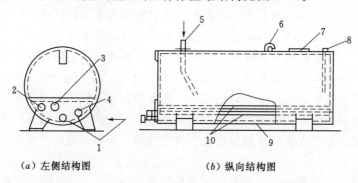

（a）左侧结构图　　　　（b）纵向结构图

图5-8　导热油间接加热方式沥青保温罐结构图
1—热油取出口；2—热油入口；3—温度计；4—热油出口；5—沥青返回口；6—通气孔；
7—检修孔；8—液面检查；9—保温层；10—热油管

C. 电加热式沥青保温罐。在一些工业发达的国家，工业电供应充足且价格便宜，沥青保温罐也有采用电加热的。它是利用低频感应热来加热整个油罐的，此时保温罐多为立式，这种加热方式故障少且安全。

13）沥青计量装置。熔化脱水后的热沥青，由沥青输送泵经管道输送至沥青储料罐或称量桶中计量。沥青计量装置按照计量方式，分为容积式和重量式。

A. 容积式沥青计量装置。容积式沥青计量装置由沥青量桶、浮子、沥青注入阀、沥青排放阀、钢绳、标尺、重块、传感器和保温套等组成。容积式沥青计量装置见图5-9。

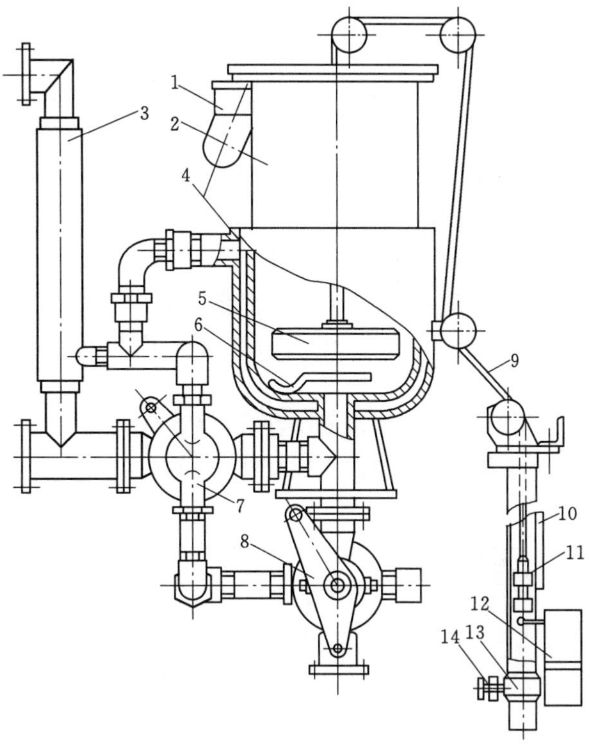

容积式沥青计量装置称量工作过程是：当沥青排放阀关闭、沥青注入阀开启时，通过沥青泵将经输送管道抽送来的沥青注入量桶内。随着沥青的注入，浮子上移，与浮子通过软钢绳相连的重块下移，当重块触及传感器的触点，传感器控制系统发出信号，通过执行机构关闭沥青注入阀。称量过程完成后，按照搅拌机的搅拌控制程序，打开沥青排放阀，沥青经输送系统送至搅拌机内的喷管喷出，沥青排放完，关闭排放阀进行下一次称量。

通过调整传感器的上下位置，即可调整沥青量的用量。工作期间，可将导热油通入沥青量桶、沥青泵、沥青阀的保温层中进行保温。

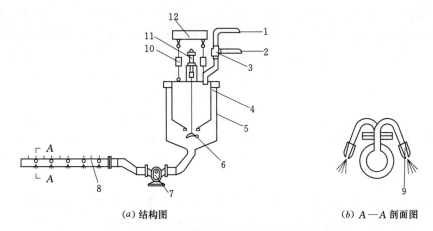

图5-9　容积式沥青计量装置图
1—溢流管；2—沥青量桶；3—沥青注入管；4—保温套；
5—浮子；6—挡板；7—沥青注入阀；8—沥青排放阀；
9—软钢丝绳；10—标尺；11—重块；12—传感器；
13—夹头；14—调整螺钉

B. 重量式沥青计量装置。重量式沥青计量装置由称量桶和电子称量秤等组成。沥青计量桶的容积一般为沥青搅拌机容量的12%以上。重量式沥青计量和喷射装置见图5-10。

(a) 结构图　　　　　　　(b) A—A剖面图

图5-10　重量式沥青计量和喷射装置示意图
1—沥青回流管；2—沥青注入管；3—三通阀；4—沥青量桶；5—沥青罐；6—锥形底阀；
7—沥青喷射泵；8—喷射管；9—喷嘴；10—拉力传感器；11—气缸；12—机架

重量式沥青计量装置称量工作过程是：称量前，气缸使锥形底阀关闭；称量时，三通阀与沥青注入管连通，沥青进入称量桶。当注入量达到设定值后，传感器控制系统发出信号，由操作气缸拨转三通阀，接通回油管路，沥青便在返回保温罐的油路中循环，当称量桶中的沥青按照搅拌机控制程序排放完毕，操作气缸关闭锥形底阀，底阀关闭好后，按照控制指令操作气缸将三通阀拨转回注入位置，接通注入管，进行下一次计量。在沥青称量桶内设置了防溢出的限位装置，即当沥青称重中若出现超过某一设定值时，控制系统会立即使沥青输送泵停机，不再供给沥青。

14）拌和设备。沥青混合料的拌和是由拌和楼称量装置下的搅拌机来完成。搅拌机是把按设定配合比称量好的粗细骨料、矿粉和沥青，均匀地拌和成所需的沥青混合料的设备。

强制间歇式沥青混凝土拌和楼所使用的搅拌机是双卧轴桨式搅拌形式。搅拌机的生产能力在很大程度上取决于搅拌机的容量，搅拌机与拌和楼生产能力关系见表 5-4。

表 5-4　　　　　　　　　　搅拌机与拌和楼生产能力关系表

序号	搅拌机容量/kg	拌和楼的生产能力/（t/h）
1	500	30～40
2	1000	60～80
3	2000	120～160
4	3000	180～240
5	4000	240～320

拌和楼搅拌机的生产能力不是固定值，当冷骨料含水量或所拌制的混合料种类不同时，生产率将有所变化。当冷骨料含水量较高，或者细矿料的比例增大时，为了充分烘干、拌和，必须相应地减少上料量，或延长拌和时间，此时生产率将会降低；反之，生产率将会增加。

15）成品储存设施。由拌和器拌和好的沥青混合料（即成品料）可直接卸入自卸车运往工地，也可用一个单斗提升机（卸料小车）将其运送至成品料储存仓内暂时存放，保证生产供料强度，缓解运输车辆少的矛盾。如果运输车辆充足，也可不配置成品料储存仓。

成品料储存仓根据用途的不同，即物料存放时间的长短不同，其结构也不同。小型储存仓容量有限，在生产过程中仅起到缓冲的作用，成品料在其中存放后 1h 左右便运走了，其结构型式较为简单，它用钢板拼焊而成，也没有任何保温措施。若需存放的时间较长，通常在钢板拼焊的壳体外面包有厚 80～100mm 的保温材料，最外层再用铁皮防护。此外，在储仓下部的倒锥体部分还装有电加热器，有的放料门还是双层结构，可在其中通入导热油。这些保温措施，可使成品料在仓内保持一定温度，以满足生产的需要。

成品料储存仓的配套装置，由运料小车、轨道、电机、传动装置、卷扬机、钢丝绳、滑轮组、制动装置和控制装置等组成。其安装、使用、维修、保养，一定要严格按设备使用说明书的要求进行。小车运行的周期，必须与拌和周期相一致，它的容量不得小于拌和器每批次拌和料的质量。

16）电气控制系统。电气控制系统在沥青混合料拌和设备中占有很重要的地位。就其控制水平来讲，它标志着拌和设备的先进程度，控制系统的水平高低将直接影响拌和设备的性能指标。拌和设备电气控制系统主要功能如下。

A. 各运动部件的启动和停机功能，即按照设定的连锁关系依次顺序启动或停机。此项功能一般为自动控制，即按下一个操作按钮，各运动部件将依次顺序启动，或反向依次停机。

B. 温度控制功能。目前矿料加热温度的控制有开路控制和闭路控制两种形式。前者即当矿料检测温度与设定温度有差时，由操作人员手动调节控制燃烧器的火焰强度；后者则不需要人工干预，即火焰强度的大小根据检测温度的高低自动进行调节。

沥青加热温度控制若采用直接加热方式，多为开路控制，而采用间接加热和电加热方式，一般为闭路控制。

C. 称量与拌和控制功能。称量与拌和控制通常有手动控制、自动控制和半自动控制三种形式。

强制间歇式沥青混凝土拌和楼的控制是一个极为复杂的系统，其控制内容包括电源、电动机、接地、冷骨料配料、干燥滚筒燃烧、振动筛的开机与停机、二次筛分后的称量配重与拌和、除尘装置、导热油加热装置、成品料输送、储存等，涉及的内容较广，其功能根据自动化控制的发展而不断改进。

5.1.2 滚筒式沥青混凝土拌和楼

滚筒式沥青混凝土拌和楼是 20 世纪 70 年代首先在国外研制出的一种新型的沥青混凝土拌和工艺，即将冷骨料的烘干、加热以及与热沥青的搅拌一起放在同一滚筒内完成，其拌和方式为非强制式的，依靠骨料在旋转筒内的自行跌落而被沥青裹覆。

（1）拌和楼组成布置。滚筒式沥青混凝土拌和楼主要由矿料供给系统、冷矿料储存和配料装置、操作控制中心、冷矿料称重皮带输送机、烘干、拌和滚筒、集尘装置，以及成品料输送机、成品料储存仓、沥青供给系统组成。滚筒式沥青混凝土拌和设备见图5-11。

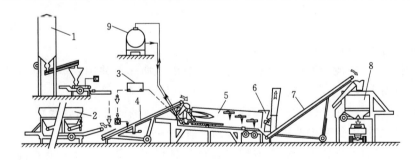

图 5-11　滚筒式沥青混凝土拌和设备示意图

1—矿料供给系统；2—冷矿料储存和配料装置；3—操作控制中心；4—冷矿料称重皮带输送机；
5—烘干、拌和滚筒；6—集尘装置；7—成品料输送机；8—成品料储存仓；9—沥青供给系统

滚筒式拌和楼多为移动式，全套设备分为几个运输单元，有些为全挂式牵引拖车，有些则为半挂式。每个运输单元必须设有牵引装置和刹车装置，其宽度和高度应符合运输要求，工作时，为不使车轮长期承受负荷，各单元的底架都设有可调支腿，运输时可将其收起。

（2）生产工序过程。根据沥青混合料制备要求和滚筒式沥青混凝土拌和楼的设备组成，其生产工序过程如下。

1）将各种不同规格的冷骨料分别储存在配料装置的料斗内，冷骨料经配料装置配料后，卸入胶带式输送机送至称量胶带机受料斗内，由称量胶带式输送机将冷骨料送至干燥搅拌滚筒前半段烘干并加热，当骨料加热到足够温度后，再进入干燥搅拌筒后半段与喷洒沥青一起进行搅拌。

2）储存在储料罐的矿粉，首先由螺旋机将送至称量胶带输送机上称量，称量后的矿粉经螺旋机送至冷骨料称量胶带输送机受料斗内，由冷骨料称量胶带输送机送至干燥搅拌滚筒烘干加热与喷洒沥青一起进行搅拌。称量后的矿粉也可用螺旋机直接送至干燥搅拌滚筒内烘干、加热与喷洒沥青一起进行搅拌。

3）沥青熔化脱水后储存在沥青供给装置内加热、保温，沥青输送系统将加热后的沥青输送到流量计称量，称量后沥青直接进入干燥搅拌滚筒内，由沥青喷管将沥青喷到干燥搅拌滚筒后段，使沥青与加热后的骨料一起搅拌。

4）搅拌好的沥青混凝土混合料由成品料提升机提升送到成品料储存仓内或直接运往工地。

（3）生产工艺流程。滚筒式沥青混凝土拌和楼搅拌生产工艺流程见图5-12。

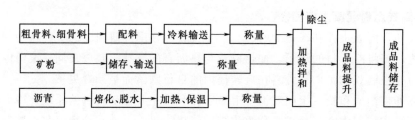

图5-12　滚筒式沥青混凝土拌和楼搅拌生产工艺流程图

（4）生产工艺特点。

1）采取动态计量。冷骨料运送胶带式输送机的带速和沥青的流量，通过控制系统自动调节，使沥青和骨料比例满足配合比要求。

2）采用一个干燥搅拌滚筒就完成骨料、矿粉烘干加热，并用跌落搅拌方式与喷入的热沥青搅拌成沥青混凝土混合料。

3）由于湿冷骨料在干燥搅拌滚筒内烘干，加热后即被沥青裹覆，使粉尘散发量较少。

4）对干燥搅拌滚筒略加改进，就可对旧沥青路面材料回收利用。

5）采用热气顺着骨料流动的方向加热骨料，热利用率低。同时，沥青混合料的含水量较大，且温度也较低。

6）由于连续配料和拌和，不便于改变沥青混凝土的配合比。

7）由于缺少热骨料筛分工序，要求每种规格的骨料粒径和含水量等指标，必须均匀、稳定，严禁不同规格的骨料混杂。因此，对冷骨料的料源质量的要求更高。

虽然连续滚筒式沥青混凝土生产工艺简单，环保，设备的组成较少，能耗小，投资省，维修费用低，但是目前国内连续滚筒式沥青混凝土搅拌站配料精度偏低，难以达到水利水电工程施工的要求，因此水利水电工程不宜采用。

（5）滚筒式拌和设备。

1）冷骨料配料装置。滚筒式拌和设备的冷骨料配料装置包括配料斗、给料机、集料胶带机和机架等。与强制间歇式沥青混凝土拌和楼所不同的是，设备中不再设矿料的二次筛分与计量装置，因此矿料的级配精度取决于冷骨料配料装置的给料精度。作为调节供料量的给料机，多选用胶带式给料机，甚至有的采用电子胶带秤，将体积计量方式改为质量计量方式，以提高配料精度。

2）骨料计量胶带式输送机。各种规格的冷骨料经配料装置配料后，由计量胶带式输送机运送至烘干-拌和滚筒。因此，计量胶带输送机不仅是运输装置，而且是各种级配料质量的计量装置。

计量胶带机的工作原理是：在计量胶带输送机的进料端设有一个备用振动筛，用以去除大于某一限定规格的石料进入干燥搅拌滚筒。中部承载段装有质量传感器和速度传感器，当物料通过时，传感器将检测到的质量和速度信号输入控制室的微机，同时在操作台的面板上可连续、自动地显示冷骨料的瞬时生产量（t/h）和累计生产量（t）。有的拌和设备将质量传感器设在驱动滚筒处，检测驱动滚筒的转速，同样也可以测得胶带式输送机的生产量。不过，这样检测到的质量是包含冷骨料中的水分在内的。

实际生产过程中，通常是对冷骨料进行抽样，找出它们的平均含水率，并事先将其输入计算机，计算机在接到计量式胶带输送机的信号后，通过换算得出干矿料的质量。但这实际上忽略了含水率的瞬时变化，因此存在着一定计算误差。目前，比较先进的办法是，用含水量连续检测仪随时检测冷骨料的含水率，并将此信号同时输入计算机，由计算机换算出较精确的干矿料的瞬时质量。

为满足称量精度要求，在胶带输送机的计量段应加装密封罩，以减少风力对计量精度的影响，同时起到保护传感元件的作用。在输送机的卸荷端，通常装有重力张紧装置，以使胶带的张紧度保持一致。胶带连接不要采用胶带扣，而应使用硫化胶黏法连接，防止胶带扣冲击传感器，以提高信号采集的精度。

3）干燥搅拌滚筒。干燥搅拌滚筒是滚筒式拌和设备的核心部分。它的外部结构型式、驱动方式、支撑方式等与强制间歇式拌和设备的干燥滚筒基本一致。最大的区别是它的加热装置设在滚筒的进料端，集尘装置设在滚筒的出料端，物料与热气流同向流动，即采用顺流加热的方式。另外，滚筒内部的结构和叶片的排列方式也有所不同，干燥搅拌滚筒结构见图 5-13。

通常，沥青经管路从滚筒的出料端口进入滚筒，沥青的出口距出料端口约为滚筒长度的 1/3～2/5，矿料在这一区段内被沥青裹覆并拌和成沥青混合料。

由于沥青和燃烧器的火焰，处在同一滚筒内，为防止沥青老化，在滚筒内部的结构和叶片的布置上采取了一些措施。这些措施的目的是使矿料在滚筒的烘干区和拌和区之间形成一个密布的料帘，一方面将火焰与沥青隔开，防止沥青老化；另一方面有利于矿料与热气流之间的热交换，使矿料迅速烘干和加热。

4）矿粉的供给与称量。矿粉加入干燥搅拌滚筒供给称量常见的有两种方法：第一种是采用电子胶带秤进行称量，即在矿粉仓的底部的叶轮给料器之后设一个电子胶带秤，该胶带秤将连续采集的信号输到控制室的微机里，由微机进行数值比较，若与设定的数值有

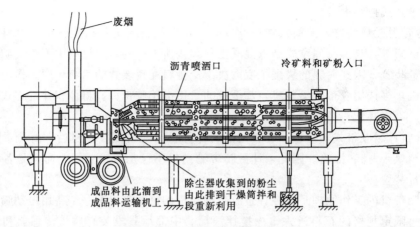

图 5 - 13　干燥搅拌滚筒结构图

差异时，系统将自动变更叶轮给料器的转速，调整供料量。第二种计量方法称为失重计量法，这种称量装置由加料阀、称量给料仓、失重给料秤和微机四部分组成，并与调速电机驱动的螺旋给料机联机运行。

5）沥青的供给与称量。在进行沥青混凝土拌和时，通过流量计检测出沥青喷入量的多少，并将此信号输入控制室的计算机。计算机将根据同时输入的冷骨料和矿粉的称量信号加以运算、比较，若与设定的配合比有差异时，会发出指令自动改变沥青泵驱动电机的转速，从而调整供应量。系统通常都是以矿料的质量作为参照系，并适时、适量地调节沥青的供给量。

6）成品料的输送与储存。成品料储存仓是滚筒式拌和设备的必备装置。由干燥搅拌滚筒卸出的沥青混合料成品，经刮板输送机送至成品料仓储存。刮板输送机是封闭的，在曳引链的牵引下，刮板推动成品料沿机身槽连续不断地向上提升，直达储存仓的进料口。由于沥青混合料的特殊性质，所以工作结束时一定要将刮板输送机内的成品料排空，并用干的热矿料拌和 5～10min，防止沥青黏结在上面，加大再启动时的阻力。每次开工之前，也应先空运转 5min，检查各运动部件有无异常，同时在刮板和曳引链条上涂敷一些轻质油，以避免沥青黏附。为防止在突然断电的情况下，刮板输送机在物料质量作用下产生倒转，通常在驱动轮处设有防倒转机构（如棘轮、棘爪等）。

对于连续式卸料，为减少成品料的离析，在料仓顶部接料槽下增设了一个小料仓，当此仓内的料堆集到一定程度，底部的滑移门将自动打开，集中将料卸入大的筒仓内。筒仓里设有高、低料位检测器，其信号在控制室的操作台上显示，当仓内成品料达到设定最高位时，蜂鸣器会自动发出信号报警，通知操作者尽快排料，否则延迟 20s 后（可根据实际情况设定），接料槽的旁门自动打开，成品料将从废料槽排出。筒仓上部这种排料设施，也可作为系统排出废料之用，如产生了不合格的花白料，就必须从这里排出，而不得卸入储存仓内。

对于较大型的成品料储存仓，在筒仓外包有保温材料和铁皮，锥体部分和底部放料门采取导热油加热或电加热措施。

7）滚筒式拌和设备的除尘设施。滚筒式拌和设备产生的初期，引起人们最大兴趣的不仅是它特有的生产方式，更主要的是在降低粉尘污染方面表现出了巨大的优越性。由于粉尘处理量少，可以降低档次来选配集尘装置。对于中小型的滚筒式拌和设备，有时配一个简单的干式集尘装置即可满足环保要求。

近年来，由于滚筒式拌和设备的生产能力向大型化发展，而且各国的环保标准要求也越来越高，因此它的除尘问题也不容忽视。在许多大型的滚筒式拌和设备上，仍选配除尘效果最好的布袋式集尘装置。

8）计算机自动控制系统。为保证滚筒式拌和设备生产出高质量的沥青混合料，同强制间歇式沥青混凝土拌和楼一样，滚筒式沥青混凝土拌和楼的计算机自动控制系统是一个极为复杂的系统，它包括电源、电动机、接地、冷骨料配料（比强制间歇式的更难控制）、干燥滚筒燃烧、除尘装置、导热油加热装置、成品料输送、储存装置等。

配料的控制系统包括：油石比的控制，冷骨料的计量控制，沥青的计量控制，沥青喷洒延迟时间的控制，矿粉计量控制。

5.1.3 双滚筒沥青混凝土拌和楼

双滚筒沥青混凝土拌和楼由滚筒式拌和设备演变而来，所谓双滚筒，简单地说就是干燥搅拌滚筒采用了双层结构。内筒相当于一个大的旋转主轴，其内部结构、支撑和驱动方式与间歇式拌和设备的干燥滚筒相类似；筒内仍作为冷骨料的加热空间，但采取了逆流加热的方式，冷骨料加热后，从燃烧端的内筒筒壁缝隙中流入到外筒的内腔中，在内筒的外壁上装有许多可更换的拌和叶桨，当内筒旋转时，叶桨就拨动外筒内腔中的各种混合料向与燃烧器相反的方向作螺旋推进运动，变自落式拌和为强制式拌和，并且沿滚筒经历较长的运动轨迹（即较长的拌和时间），从而得到了均质的成品料。外筒与机架是固定的，筒壁外侧包有绝热材料和密封薄铁板，筒壁内侧装有耐磨衬板。外筒的内腔提供了一个大的骨料与沥青裹覆空间：回收材料从燃烧器的一端进入外筒，首先与从内筒流入的、已加热的新鲜骨料混合，吸收新鲜骨料所携带的热量，使旧沥青得以软化、升温。再生料中的水蒸气和轻油气则从新鲜骨料流出的缝隙中被吸入燃烧器而焚化，因而大大降低了因采用回收材料所造成的污染，并使回收料的比例可高达50%。回收材料的热量90%来自新鲜的热骨料，10%来自内筒壁和拌和叶桨的热传导。因此，即使提高骨料的加热温度，也不致造成筒壁的热损失，相反可节约10%的燃料。随后，矿粉等添加剂也从外筒加入到与沥青裹覆空间，由于避开了热气流，所以解决了单滚筒拌和设备难以避免的矿粉失散问题，并且在叶桨的强制搅动下，可以均匀地分散在混合料中。

最后，在外筒壁适当的位置，喷入新鲜的沥青，实现对上述各种集料的裹覆，在这里沥青也因避开了燃烧器的烈焰，而防止了可能出现的老化，其分裂出来的轻质油，同样被吸入燃烧火焰中而焚化。优质成品料从外筒远离燃烧器一端卸出，充分燃烧后不再有烟雾的气体从内筒进料端一侧经集尘装置排入大气。

双滚筒式沥青混合料拌和设备主要结构见图5-14。

从图5-14中可以看出，尽管它是由滚筒式拌和设备演变而来，但是失去了原有滚筒式的基本特征，已成为了一种全新的设备，并具有如下特点。

（1）砂石料与沥青的拌和由连续自行跌落式改变为连续强制式。

（2）砂石料的运动方向和燃烧气体的流动方向由顺流式改变为逆流式。

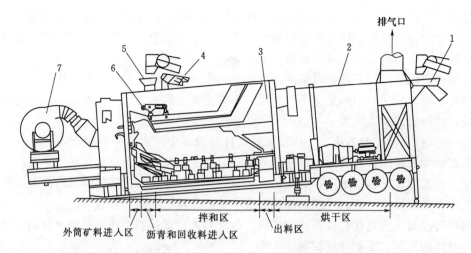

图 5-14 双滚筒式沥青混合料拌和设备主要结构示意图

1—新矿料入口；2—内滚筒；3—外筒；4—矿粉入口；5—回收材料入口；6—新沥青入口；7—燃烧器

（3）沥青的喷洒位置不再直接暴露在高温的燃气流当中。因此，砂石料可以被加热到较高的温度，以利于与回收材料的热交换，沥青也避免了因高温而产生的老化。

（4）由于回收材料和新鲜沥青中的轻质油已被充分燃烧，布袋式集尘装置的过滤袋不再被油污侵蚀，因而大大提高了使用寿命；另外，外筒底侧开有一个液压操纵的大的活门，可供操作人员进入腔内检查、维修之用。

5.2　制备系统安装与调试

水工沥青混凝土防渗体施工所选择的沥青混凝土制备系统一般都是固定式，主要由矿料加工系统、拌和系统组成，其系统的规模和设备选择与布置位置，一般都是按照土石坝沥青混凝土防渗体施工规划要求进行安装与调试。

沥青混凝土混合料制备系统的安装与调试主要包括：骨料加工系统的安装与调试，沥青混合料拌和系统的安装与调试等。

沥青混凝土混合料制备系统的设备安装主要程序是：首先对所选择的系统规模、设备规格型号和设备布置位置进行复核，然后依次根据设备结构和系统布置要求，进行设备基础结构设计、埋件设计。根据施工总进度要求，编制设备采购与进场计划，根据沥青混凝土混合料制备系统总体布置编制安装与调试方案。编制沥青混凝土混合料制备系统的设备安装与调试的施工进度计划，以及沥青混凝土混合料制备系统的设备安装与调试所需的主要设备和劳动力的等资源配置计划，编制为完成沥青混凝土混合料制备系统的设备安装与调试的质量、安全保证措施。

5.2.1　骨料加工系统的安装与调试

骨料加工系统主要包括矿料粗细骨料加工和筛分两部分，主要包括原料堆放场地及受料坑（含天然砂受料坑）、粗碎车间、细碎车间、筛分车间、骨料堆场、磨机、筛分车间、矿料储罐、胶带输送机及链式输送机等。

（1）施工程序。骨料加工系统安装一般是先进行设备基础混凝土施工及设备基础埋件安装，待基础混凝土强度达到设备安装强度后按以下程序进行施工。

破碎、筛分设备安装→胶带输送机及链式输送机安装→电气线路和电器控制设备安装→单机调试→系统整体调试→工程所在地质量、安全和技术监督部门验收。

（2）施工方法。

1）骨料加工系统设备运到现场后，安装单位组织专业人员对照设备清单进行验收，检查设备是否完好，配件是否齐全，验收合格后，根据安装要求对设备进行保养和维护。

新购置的设备应按照采购合同要求进行设备检查验收，大型设备配套设备应请厂家技术人员来现场进行交接验收，并在现场指导和解决骨料加工系统安装与调试中遇到的问题。

2）设备安装前应由测量人员按照设计要求放出设备安装控制点，由专业技术人员和安装人员将吊车组合，安装设备结构和系统布置要求，进行破碎设备、筛分设备安装，胶带式输送机及链式输送机等设备的安装。设备安装完成后应用测量仪器对设备安装中心线和平整度进行检查验收。

3）由专业电器技术人员和电工，按照系统线路布置图和电器设备线路图，进行电气线路和电器控制设备安装。线路和电器设备安装完成后，应采用专用电表和仪器进行测试。

4）系统全部设备安装完成后由施工单位设备安装人员和电器技术人员先进行单机调试，然后进行整体调试。系统整体调试前，应建立调试组织机构，编制调试方案，组织参加调试的机械安装和电器安装人员进行调试方案技术交底，做好应急处置准备。调试时每个设备都要安排人员监视调试情况，及时报告调试情况。调试过程中出现问题时应立即停机，及时分析原因并进行处理，直到系统调试满足设计和规范要求为止。

5）矿料加工系统是安全与环保要求比较高的加工系统，在施工单位完成矿料系统调试后，应邀请工程所在地安全和技术监督部门进行验收，验收合格后才能投入运行。

5.2.2 沥青混合料拌和系统的安装与调试

土石坝沥青混合料拌和系统一般采用间歇式的固定拌和楼，主要由冷骨料储存及配料装置、冷骨料输送机、骨料干燥筒组成骨料加热设备、矿粉储料罐、输送及计量装置组成的矿粉配料设备，沥青储料罐、沥青加热及输送组成的沥青称量设备，热骨料提升机、热骨料二次筛分、热骨料称量装置、搅拌机、成品储料仓等组成。

（1）施工程序。拌和系统安装一般是先进行拌和楼楼体基础、骨料配料、加热设备基础、沥青融化脱桶脱水设备基础混凝土施工及设备基础埋件安装，待基础混凝土强度达到设备安装强度后，按以下程序进行施工。

拌和楼楼体的钢结构安装、搅拌机安装、矿粉、沥青、热骨料称量装置安装、热骨料二次筛分设备安装→热骨料提升机→矿粉储料罐→成品储料仓→骨料干燥筒、沥青加热及输送管道安装→冷骨料储存及配料装置、冷骨料输送机、沥青保温罐安装→单机调试→系统整体调试→工程所在地安全和技术监督部门验收。

（2）施工方法。

1）拌和系统设备运到现场后，安装单位组织专业人员对照设备清单进行验收，检查设备是否完好，配件是否齐全，验收合格后，根据安装要求对设备进行保养和维护。

新购置的拌和系统设备应按照采购合同要求进行设备检查验收，应请厂家技术人员来现场进行交接验收，并在现场指导和解决拌和系统安装与调试中遇到的问题。

2）拌和系统设备安装前应由测量人员按照设计要求放出设备安装控制点，由专业技术人员和安装人员将吊车组合，安装设备结构和系统布置要求，先进行拌和楼楼体的钢结构和楼体内的设备安装，然后分两个作业面进行与拌和楼相连接的设备安装。

一个作业面进行热骨料提升机、骨料干燥筒与除尘装置、冷骨料输送机、冷骨料储存及配料装置等设备的安装；另一个作业面进行矿粉储料罐、成品储料仓、沥青保温罐、沥青融化脱桶脱水加热装置及输送管道等设备的安装。

拌和楼楼体内设备安装方法是在拌和楼楼体钢结构安装后，从下往上依次安装楼体内的搅拌机、矿粉、沥青、热骨料称量装置、热骨料二次筛分设备。

拌和系统所有设备安装完成后应用测量仪器对设备安装中心线和平整度进行检查验收。

3）拌和楼设备安装后由专业电器技术人员和电工，按照系统线路布置图和电器设备线路图，进行电气线路和电器控制设备安装。线路和电器设备安装完成后应用专用电表和仪器进行测试。

4）系统全部设备安装完成后由施工单位设备安装人员和电器技术人员先进行单机调试，然后进行整体调试。系统整体调试前，应建立调试组织机构，编制调试方案，组织参加调试的机械安装和电器安装人员进行调试方案技术交底，作好应急处置准备。调试时每个设备都要安排人员监视调试情况，及时报告调试情况。调试过程中出现问题时应立即停机，及时分析原因并进行处理，直到系统调试满足设计和规范要求为止。

沥青系统的调试主要是对专用设备的加热效果进行调试，保证温度上升的速度；对其加热温度进行检验，要求能够将内部温度控制在最高允许值以下，通常为 110～120℃，避免或减少沥青材料的老化；对系统连续加温进行检验，以确保其连续生产的能力。

沥青混凝土拌和楼是整个沥青混凝土制备系统的核心，对于沥青混凝土混合料拌和楼的调试，应对每个系统、每个设备进行校验，以保证沥青混凝土的整体拌和生产能力。热料二次筛分系统和计量系统是拌和楼调试的重点。二次筛分是在楼体内进行的，筛分后各集料的超径、逊径是否稳定，将决定沥青混凝土混合料的配合比波动程度能否满足设计要求。调整方法是通过调整筛子的倾角、振动幅度、筛孔的大小，使其达到最理想的工作状态，避免欠筛和过筛，使各集料的超径、逊径基本达到设计要求。

在完成了沥青混合料拌和系统中各个独立系统的调试任务后，必须对其进行联合调试，对其整体运行效果进行检验，对各个子系统相互间的协同作业进行试验调试，使之满足整体运行要求，同时使拌和出的沥青混合料能够满足设计配合比的要求，检测现场所布置的沥青混合料拌和楼所能达到生产能力，保证及时为现场施工提供所需各种技术要求的沥青混合料。

5）拌和系统是安全与环保要求比较高的加工系统，在施工单位完成拌和系统安装与调试工作后，应邀请工程所在地质量、安全和技术监督部门进行验收，验收合格后才能投入运行。

6）在沥青混凝土混合料制备系统开始投入使用以前，要按规定整理及编写整个系统（包括沥青储存、熔化、脱水、恒温及燃油储存运输等）的布置图及设备的技术说明。安装工作完成之后，运行操作前需经过复审。对系统设备的复审，不能对设计文件中有关设备要求的内容做任何修改。

5.3 拌和

水工沥青混凝土防渗体的沥青混合料一般都是由施工现场布置的沥青混凝土拌和系统生产。

现场布置的沥青混凝土拌和系统投入生产的要求是，拌和系统经过各种调试和试运行后，并通过工程所在地质量、安全和技术监督部门验收后才能投入运行使用。

沥青混合料拌和生产程序是，由现场施工安排确定的施工部位，向现场试验室提供所需沥青混凝土技术要求和需用量，试验室向拌和楼签发沥青混合料配料单，拌和系统操作人员按照试验室签发沥青混合料配料单进行沥青混合料的原材料的加热，沥青混合料的配料、拌和、储存、卸料等程序的操作。

5.3.1 原材料加热

沥青混合料所用原材料主要是沥青、粗细骨料、填料、掺合料。需要加热的原材料是粗细骨料和沥青，填料和掺合料一般不需要加热，直接使用。

（1）沥青加热。沥青的加热由拌和系统内的布置的脱桶脱水设备，将沥青融化脱水加热至120℃±10℃，然后由沥青泵和输送管道将加热沥青输送到沥青恒温储存罐，继续加热至沥青混凝土配合比试验和规范所限定的温度，沥青加热温度一般为160℃±10℃，由沥青泵和管道输送到沥青称量筒计量。

沥青加热过程中，沥青针入度的降低不宜超过10%。沥青在加热罐的储存保温时间，一般不宜超过24h，以防止沥青老化。现场沥青加热生产应根据沥青施工用量和沥青储存保温时间，控制沥青加热所用量。

（2）骨料加热。粗细骨料加热由拌和系统布置的加热滚筒进行连续烘干加热。骨料的加热温度根据沥青混凝土混合料要求的出机温度确定，一般为180℃±10℃。

骨料的加热控制应根据具体实施的工程情况，结合季节、气温的变化进行调整，最高加热温度不应超过热沥青温度20℃，也不宜大于200℃。骨料温度过高将加速沥青老化而降低沥青混凝土混合料质量。

5.3.2 配料

沥青混合料都是按照沥青混合料的施工配料单的要求进行配料拌和而成。施工配料单以沥青混凝土施工配合比为依据，结合现场原材料的级配所确定的各种原材料的实际配料重量。

现场沥青混合料的施工配料单是由试验室试验人员按照施工配合比的技术要求，结合制备系统热料仓中各级配矿料的超逊径情况和最近一次生产沥青混凝土混合料的抽提试验成果，通过反复计算确定拌和沥青混凝土混合料的各种材料用量，并签发沥青混凝土混合料施工配料单。

拌和楼操作人员根据试验室签发的沥青混凝土混合料施工配料单进行配料。配料时矿料以干燥状态为标准，按重量进行配料，沥青可按重量也可按体积进行配料。沥青混凝土混合料配合比的允许误差不得大于规范规定的要求。碾压式沥青混凝土施工配合比的允许误差见表5-5。浇筑式沥青混凝土施工配合比的允许误差见表5-6。在每天或每层结束时应进行总量偏差检验，并将结果与施工配合比进行比较，沥青混凝土施工配合比允许偏差见表5-7。

表5-5　　　　　　　　　碾压式沥青混凝土施工配合比的允许误差表

材料种类	沥青	粗骨料	细骨料	填充料
配合比允许偏差/%	±0.3	±5.0	±3.0	±1.0

注　引自《水工碾压式沥青混凝土施工规范》（DL/T 5363—2006）。

表5-6　　　　　　　　　浇筑式沥青混凝土施工配合比的允许误差表

材料种类	沥青	粗骨料	细骨料	填充料
配合比允许偏差/%	±0.5	±5.0	±3.0	±1.0

注　引自《土石坝浇筑式沥青混凝土防渗墙施工技术规范》（DL/T 5258—2010）。

表5-7　　　　　　　　　　沥青混凝土施工配合比允许偏差表

检 验 类 别		沥青	填料	细骨料	粗骨料
配合允许偏差 /%	逐盘、抽提	±0.3	±2.0	±4.0	±5.0
	总量	±0.1	±1.0	±2.0	±2.0

注　引自《水工沥青混凝土施工规范》（SL 514—2013）。

　　由于现场矿料级配经常变化，因而施工配料单需要天天调整。拌和楼生产必须按当天签发的沥青混凝土混合料配料通知单进行，配料通知单的依据如下。

　　（1）原料仓的矿料级配、超径、逊径、含水量等指标。

　　（2）二次筛分后热料仓矿料的级配、超径、逊径试验指标。

　　（3）最近一次生产沥青混凝土混合料的抽样试验成果。

　　沥青混凝土混合料采用重量配合比，骨料以干燥状态下的重量为标准，并确保称量准确。每种骨料称好后其重量都应有精确的记录，每批沥青混凝土的物料均应按级配配制，并且总量相符。测温设备应对热储存仓中的沥青、计量前的沥青、干燥筒进口的骨料、热料仓中的骨料及拌和楼出口处的混合料温度进行检测记录。所有计量、指示、记录及控制设备都应有防尘措施，并不受高温作业及环境气候影响。

5.3.3　拌和

　　沥青混合料配料完成后通过储料斗卸入搅拌机内进行拌和，沥青混合料的拌和主要工序是拌和系统预热、称量、加料方式、拌和、混合料储存与卸料。

　　（1）拌和系统预热。因拌和机冷机操作会产生温度损失，为保证拌制前几盘沥青混合料的温度满足规定要求，在拌制沥青混合料前，需预先对拌和楼系统进行预热。预热方式主要通过热骨料进入拌和系统预拌，预拌后，热骨料可回收利用，预拌后要求拌和机内温度不低于100℃。

（2）称量。按照配料单所确定的沥青混凝土混合料的各种材料用量，在进入搅拌机内前，由拌和设备的称量系统进行称量。

在沥青混合料各种称量过程中，主要是控制称量精度。沥青混合料配料称量精度是指拌和楼的称量精度。《水工碾压式沥青混凝土施工规范》（DL/T 5363—2006）要求沥青混合料在生产过程中称量精度应为±0.5%。目前国内生产的拌和楼的称量精度均能达到规范要求的称量精度。

热料仓中的各级骨料，在进入搅拌机前，采用单独称量，以保证沥青混合料的配合比称量精度。填料和沥青称量由各自单独的称量装置进行称量。

沥青混凝土拌和楼中都设有统计系统，可以自动记录每一盘拌和沥青混合料的有关数据。所有的称量设备都应有一个操作人员，工作时便于认读的读数装置，并可根据配合比要求进行调整。

（3）加料方式。沥青混合料拌和有两种不同的加料方式。一种方式是先拌和粗细骨料，再加入沥青，当沥青均匀裹覆粗细骨料后，再将填料加入拌和至均匀为止。这种方式的特点是粗细骨料的表面积小，在未掺入填料前，沥青混合料的黏度小，骨料表面易被沥青均匀地裹覆，此后再加入矿粉，可以较均匀地分散在沥青中。另一种方式是将粗细骨料和填料先拌和均匀，再加入沥青拌和。这种方式的优点是可使各种矿料先进行热交换，特别是温度较低的填料能先升温，使矿料温度均匀，然后加入沥青拌和。但由于填料与沥青同时拌和，混合料的黏度增大，沥青与填料容易成团，使包裹骨料变得较困难，拌和不易均匀，且易产生粉尘飞扬。不过考虑到水工沥青混凝土的沥青用量较大，在强制搅拌条件下，从国内施工的经验来看，只要控制好拌和时间，可以拌和均匀，尚未发现质量问题。又鉴于目前各工程填料加热温度均较低，故采用后一种加料方式。若沥青混合料中掺加纤维掺料时，纤维应在骨料与填料之间投放，以利纤维分散。

（4）拌和。沥青混合料拌制，一般是先将骨料与填料干拌 15～25s，再加入热沥青一起拌和。沥青混合料拌和应均匀，使沥青裹覆骨料良好，满足质量要求。沥青混合料的拌和主要应控制拌和时间与出机口温度，拌和记录，发生故障等其他原因临时停机时间较长时的处理。

1）拌和时间。沥青混合料的拌和时间一般是按照现场试验所确定的时间进行拌制沥青混合料。一般需 1.0～2.0min，不应少于 45s。

2）出机口温度。根据 DL/T 5363—2006 的要求，沥青混合料的出机口温度，应满足摊铺和碾压温度的要求。这条规定的意思就是沥青混合料拌和后的出机温度，应满足使其经过运输、摊铺等热量损失后的温度能满足起始碾压温度的要求。

在工程施工中，沥青混合料的出机口温度可根据当地气温进行适当调整。不同针入度沥青适宜拌和出机温度见表 5－8。拌和出机口温度的允许误差为±10℃，夏季为下限，冬季取上限，最高不得超过 180℃。

表 5－8　　　　　　　　　　不同针入度沥青适宜拌和出机温度表

针入度/(0.1mm)	40～60	60～80	80～100	125～150
拌和出机温度/℃	160～175	150～165	140～160	135～155

3）拌和记录。沥青混合料采用重量配合比，骨料以干燥状态下的重量为标准，并确保计量准确。每种骨料称好后其重量都应有精确的记录，每批沥青混凝土的物料均应按级配配制，并且总量相符。测温设备应对热储存仓中的沥青、称量前的沥青、干燥筒出口的骨料、热料仓中的骨料及拌和楼出口处的混合料温度进行检测记录。

沥青混合料拌和楼中都设有统计系统，可以自动记录每一盘沥青混合料的有关数据。所有的称量设备都应有一个使操作人员工作时便于认读的读数装置，并可根据配合比要求进行调整。每种记录设备都应装在一个可加锁的装置中。所有记录的图表、磁带都应有便于辨认的标记以便于区分，并应标明时间，且应保证一定的时间间隔。记录设备的安放要以便于操作，图表及磁带在每天下班时都应取出妥善保管。沥青混合料拌和记录应完好，作为工程验收的重要档案资料。

4）发生故障等其他原因导致临时停机时间较长时的处理。由于机械发生故障等其他原因临时停机超过 30min 时，应将机内的沥青混合料及时排出，并用热矿料搅拌后清理干净。如沥青混合料已在搅拌机内凝固，可将柴油注入机内点燃加热或用喷灯烘烤，逐渐将沥青混合料放出。此项操作必须谨慎，防止机械损坏，确保操作人员安全。

（5）混合料储存与卸料。为满足沥青混凝土施工过程中对混合料用量、级配及温度的不同要求，保证施工作业面铺筑或浇筑施工的连续性，提高沥青混凝土拌和楼的使用效率。在水工沥青混防渗体施工中，采取提前几个小时时间进行沥青混凝土拌和的方法，拌和出的沥青混合料先储存在拌和系统所布置的保温储料罐内，以满足施工现场沥青混合料的供应要求。

拌和出的沥青混合料达到色泽均匀、稀稠一致、无花白料、黄烟及其他异常现象，卸料时不产生离析等质量要求后，通过卸料口卸入输送机内，由输送机送到保温储料罐内储存。当现场沥青混凝土铺筑施工开始后，拌和好的沥青混合料可以从卸料口直接卸入运输车辆的保温罐内运到现场使用。拌和出的沥青混合料出现下列问题时，应作废料处理。

1）沥青混合料配料单算错、用错或输入配料指令错误。
2）配料时任意一种材料的计量错误或超出控制标准。
3）外观检查不符合要求。
4）拌和好的沥青混合料，出机口温度低于 140℃或储存时间超过 48h。

5.4 运输

沥青混合料的运输就是将拌和系统所拌制的沥青混合料从拌和楼运到施工现场施工部位。

在沥青混合料运输前，应对工地具体摊铺位置、运输路线、运距和运输时间、施工条件、摊铺能力以及所需混合料的种类和数量等作详细核对。

沥青混合料的运输主要是根据沥青混合料的运输要求，选择运输方式、运输车辆。

5.4.1 沥青混合料运输要求

沥青混凝土运输要求能够将拌和楼所拌制出的沥青混合料及时运到施工现场，保证现场连续施工不断料。所运输的沥青混合料不离析，热量损失小，不出现漏料现象。具体要求如下。

（1）沥青混合料运输应根据不同的工程，选择合适的运输方式。运料车辆的容积和数量，应与沥青混合料的拌和能力及摊铺机械的生产能力相适应。

（2）沥青混合料运输道路应具备足够的转弯半径，路面平整。沥青混合料运输道路是保证沥青混合料在运输过程中避免产生明显骨料分离的关键。工程实施过程中，从混合料拌和系统至铺筑地点应尽量建设良好的运输道路，使沥青混合料连续、均匀、快速、及时地运至施工作业面。

施工道路应具备足够的转弯半径，路面平整，并加强维护，尽量缩短运输时间。防止运输过程中发生离析、外漏及温度损失超出允许范围等不利于施工质量保证等现象。

（3）应减少转运次数，缩短运输时间，减少温度损失。

（4）各种运输机具应保证沥青混合料在卸料、运输及转料过程中不发生离析、分层现象。在转运或卸料时，出口处沥青混合料自由落差应小于1.5m。

（5）沥青混合料运输车辆应相对固定，并采取保温防漏措施。运输容器在使用前可涂刷一层防黏剂，防黏剂不得对沥青混合料有损害或起化学反应，其涂刷量由现场试验确定。运输容器停用时应及时清理干净。

防黏剂一般自行配置。配料比例分别为：火碱：硬脂酸：滑石粉：水（80℃）＝1∶20∶30∶400。方法是先将80℃的水与火碱、硬脂酸混溶，后加滑石粉。

（6）沥青混合料的运输时间控制，以保证沥青混合料的温度损失不超过允许范围为前提。对运输时间不能提出统一的、强制性的规定，在施工过程中，应尽量缩短运输时间。

对于运输时间的确定，应结合工程的具体情况包括施工道路的长度、平整度、施工所在地的气候条件、不同季节气温的变化条件等，通过生产试验确定。

5.4.2 运输方式及设备

沥青混合料运输方式主要是指运输沥青混合料采用什么样的设备运输、保温罐形式、转料方法。运输设备主要是运输车辆的规格型号与数量。

（1）运输方式。沥青混合料运输应根据不同的工程，选择合适的运输方式。土石坝沥青混合料的运输一般有水平和斜坡两种方式。

1）水平运输。沥青混合料的水平运输一般有以下两种方式。

A. 汽车运输。沥青混合料装在汽车上的底开式立罐中运到坝顶，起重机吊起立罐，将沥青混合料卸入喂料车转运至摊铺机。

B. 翻斗车运输。沥青混合料由保温自卸车运输，运至施工现场。卸入装载机改装的保温罐内，再运至摊铺机。

2）斜坡运输。沥青混合料在斜坡上的运输由以下两种方式。

A. 斜坡喂料车运输。水平运输车辆将拌和好的热沥青混合料运到施工现场卸入可移动有起重功能的斜坡牵引车料斗内，斜坡牵引车的起重机将料斗内沥青混合料转运卸入停在斜坡上的斜坡喂料车车厢内，斜坡牵引机牵引斜坡喂料车将沥青混合料转运卸入斜坡摊铺机料斗内，斜坡摊铺机完成热沥青混合料的摊铺作业。

B. 摊铺机直接运料。当斜坡长度较短或工程规模较小时，采用摊铺机直接运料。水平运输车辆将拌和好的热沥青混合料运到施工现场卸入可移动有起重功能的斜坡牵引车料斗内，斜坡牵引车的起重机将料斗内沥青混合料转运卸入停在斜坡上的摊铺机料斗内，斜坡上的摊铺机完成热沥青混合料摊铺作业。

（2）运输设备。在运输沥青混凝土的运输设备中从拌和楼到施工现场的水平运输，一般采用5～15t自卸车，在自卸汽车车厢上安装保温车厢或保温立罐。现场转料一般采用装载机上装保温罐和轮胎式或履带式起重机，也有的工程采用缆机转料。

运送沥青混凝土混合料的车辆或料罐的容量应与拌和楼和现场摊铺能力相适应，要求按式（5-1）和式（5-2）计算：

$$V_{py} \geqslant V_b \qquad\qquad (5-1)$$

$$nV_{py} = V_{xy} \qquad\qquad (5-2)$$

式中　V_b——拌和机的出料容量，m^3；

　　　V_{py}——水平运输的车辆或料罐的容量，m^3；

　　　V_{xy}——斜坡运输的车辆或喂料车的容量，m^3；

　　　n——水平与斜坡运输容量的比例系数，一般取3～4。

沥青混凝土混合料运输车辆的台数N，要保证拌和厂的连续生产，即：

$$N = 1 + \frac{t_1 + t_2 + t_3}{T}\alpha \qquad\qquad (5-3)$$

式中　t_1——运往铺筑工地的时间，min；

　　　t_2——由铺筑工地返回拌和厂的时间，min；

　　　t_3——在工地装卸和其他等待的时间，min；

　　　T——车辆的沥青混凝土混合料拌和、装车所需的时间，min；

　　　α——车辆的备用系数，视运输组织情况而定。

三峡水利枢纽茅坪溪工程土石坝沥青混凝土混合料的运输采用5～10t改装的4～6台保温自卸汽车，运至工地卸料平台，通过卸料平台卸入装载机改装的$4m^3$保温罐中，再由该装载机将沥青混凝土混合料直接卸入人工摊铺部位，或卸入专用摊铺机受料斗内。

6 沥青混凝土心墙施工

水工沥青混凝土心墙防渗体主要应用在土石坝工程，施工主要采用碾压式和浇筑式两种方法。施工时，首先需要掌握和了解沥青混凝土心墙结构布置、结构作用及相关技术要求，然后再根据沥青混凝土心墙设计文件，进行施工准备、沥青混凝土试验、沥青混凝土心墙防渗体结构施工。

6.1 结构布置与周边连接

6.1.1 沥青混凝土心墙布置

土石坝沥青混凝土防渗体结构主要由沥青混凝土心墙、心墙两侧过渡料、坝体堆石体组成，过渡料和坝体堆石体组成坝壳。沥青混凝土心墙位于土石坝坝壳内，有坝壳的支撑和保护，加之沥青混凝土材料在强震作用下，显示出良好的黏弹性变形能力，抗震能力优于其他坝型。

土石坝沥青混凝土心墙防渗结构布置一般分为沥青混凝土垂直心墙、沥青混凝土斜心墙、两者组合心墙，共三种结构型式。

（1）沥青混凝土垂直心墙。土石坝坝体内垂直沥青混凝土心墙是指垂直与水平面布置的沥青混凝土心墙。垂直心墙具有最小的防渗面积，所需的沥青混凝土方量较少，在坝基与坝壳沉陷较大的情况下，垂直心墙有较好的适应性。但由于沥青混凝土本身不宜承受较大的垂直荷载，因此，沥青混凝土垂直心墙一般不宜修建得太高，我国目前已建的沥青混凝土心墙防渗土石坝工程中，最高的垂直沥青混凝土心墙土石坝是四川冶勒水电站沥青混凝土心墙堆石坝，最大坝高达124.5m。土石坝沥青混凝土垂直心墙剖面结构见图6-1。

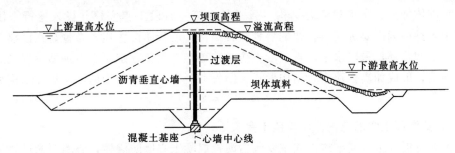

图6-1 土石坝沥青混凝土垂直心墙剖面结构图

（2）沥青混凝土斜心墙。土石坝坝体内倾斜沥青混凝土心墙是指向下游倾斜布置的沥青混凝土心墙，倾斜心墙的坡度垂直∶水平＝1∶0.2～1∶0.4。将沥青混凝土心墙布置成倾斜的主要原因是为了改善坝体受力条件，上游坝体作用在墙体荷载通过心墙直接传递至下游坝壳，可减少蓄水和降水过程在坝顶可能产生的裂缝，降低出现拱效应的可能性。但沥青混凝土倾斜布置也有缺点，坝体沉降过程中在沥青混凝土心墙中产生较大剪切变形，周边缝易产生渗漏通道，在出现质量事故难以处理。土石坝沥青混凝土斜心墙剖面结构见图 6-2。

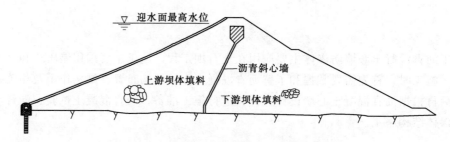

图 6-2　土石坝沥青混凝土斜心墙剖面结构图

（3）沥青混凝土垂直心墙与斜心墙组合的心墙。沥青混凝土垂直心墙与斜心墙组合心墙是最简单的组合结构型式，下部垂直上部倾斜的心墙折坡点的位置一般在坝高的 2/3～3/4 处。垂直心墙与斜心墙组合结构综合了沥青混凝土垂直心墙与沥青混凝土斜心墙两者的优点，发挥了两者的优点，在一定程度上也克服了两者本身的缺陷。土石坝沥青混凝土垂直心墙上接斜心墙剖面结构见图 6-3。

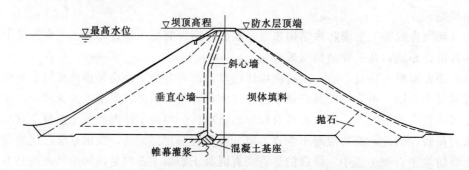

图 6-3　土石坝沥青混凝土垂直心墙上接斜心墙剖面结构图

（4）坝体加高二次扩建组合结构。通常是在第一阶段工程完建并投入运行一段时期后，由于各种原因需要进行再扩建的一种组合结构。沥青防渗体组合布置是在已建沥青混凝土组合结构顶部，采取水平沥青混凝土防渗铺盖与二次扩建加高土石坝沥青混凝土垂直心墙相连接，形成加高扩建组合结构形式。沥青混凝土心墙土石坝的二次扩建结构型式见图 6-4。

6.1.2　沥青混凝土心墙结构作用与技术要求

各种沥青混凝土心墙结构形式主要包括沥青混凝土心墙防渗体，心墙两侧过渡层，心墙底面混凝土基座，黏结心墙与混凝土基座的沥青砂浆。它们在心墙结构中的作用各不相同。

（1）过渡层作用与技术要求。

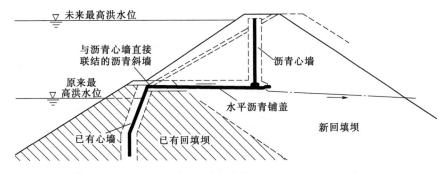

图 6-4　沥青混凝土心墙土石坝的二次扩建结构型式图

1）过渡层作用。过渡料位于沥青混凝土心墙的两侧，属于坝壳结构。在进行结构设计时，一般与沥青混凝土心墙同时考虑。心墙两侧过渡带具有以下作用。

A. 位于心墙沥青混凝土与坝体填料之间，防止沥青混凝土被挤压进入坝壳内，影响密实效果。

B. 防止上游坝壳填料颗粒流失，保证下游墙后渗水顺利排出。

C. 均匀传递心墙与坝壳间应力，协调两者变形，防止心墙开裂。

D. 上游侧过渡层为后期可能出现的墙体渗漏处理提供灌浆区。

沥青混凝土心墙与坝壳堆石料之间必须设置过渡层，不仅可以用于防止填筑体颗粒的流失，也可以让坝体心墙的渗漏水安全地排出。由于过渡层的变形模量介于沥青混凝土和堆石两者之间，有助于协调与坝体沥青混凝土的应力和变形，最大限度地发挥沥青混凝土的作用。

沥青混凝土是黏弹塑性材料，墙体薄，自身承载能力很小，主要是起荷载的传递作用。因此，沥青混凝土心墙与心墙两侧过渡料应同时铺筑、同时碾压，以保证两者间实现犬牙交错，形成紧密贴合的结构，避免心墙成为独立体，受自重或施工荷载作用而发生变形，影响其功能发挥。

2）过渡层技术要求。

A. 过渡层必须保证要足够的厚度，心墙上下游过渡料，一般采用同一种级配，厚度在 1.5～3m 之间，具体厚度可根据坝壳材料、坝高和所处部位而定，堆石坝和高坝取大值。地震区和岸坡坡度有明显变化部位的过渡层应适当加厚。

B. 过渡层填筑材料，一般采用碎石和砂砾石，还可以用两种材料进行掺合。要求致密、坚硬、抗风化、耐侵蚀，颗粒级配应连续，最大粒径不宜超过 80mm，小于 5mm 的粒径的含量宜为 25%～40%，小于 0.075mm 的粒径含量不宜超过 5%。

C. 过渡层与坝体填料相接触，采用的过渡料应满足心墙与坝壳料之间变形的过渡要求，且具有良好的排水和渗透稳定性，具有满足施工要求的承载力。

（2）沥青砂浆作用与技术要求。

1）沥青砂浆作用。沥青砂浆由沥青、细骨料和填料按一定比例在高温下配制而成的沥青混合料。沥青砂浆也称为砂质沥青玛琋脂。沥青砂浆主要用于沥青混凝土与水泥混凝土之间结合部位，施工缺陷处理等，其作用如下。

A. 增强沥青混凝土与水泥混凝土的黏结效果。

B. 增强沥青混凝土与水泥混凝土结合部防渗性。

C. 使柔性的沥青混凝土与刚性的水泥混凝土基础之间增加一个水平变形结构面，增强沥青混凝土基础的水平滑移变形能力。

D. 用于缺陷修补时可增强沥青混凝土之间的黏结。

2）沥青砂浆技术要求。

A. 应保证连接部位黏结牢固、稳定、防渗、变形均匀协调，施工和易性好。

B. 所用材料和配合比应结合工程条件通过试验确定，必要时应进行模型试验论证。

C. 应对沥青砂浆进行试验，试验的重点主要是保证其与沥青混凝土的力学性能尽量一致。

D. 应经过计算分析并结合工程的实际情况确定沥青砂浆铺筑厚度，通常为1～2cm。

E. 用于沥青混凝土施工期缺陷修补沥青砂浆，由于与沥青混凝土与水泥混凝土之间结合部位的作用不同，其配合比、厚度、力学性能的要求也各不相同，应根据工程施工情况通过试验确定，保证与心墙沥青混凝土物理力学性能相一致。

6.1.3 沥青混凝土心墙与周边结构的连接

沥青混凝土心墙与周边结构连接后，才能形成土石坝沥青混凝土心墙的防渗结构。周边连接的结构主要是基岩、混凝土心墙、岸坡及混凝土刚性建筑物等。

因沥青混凝土心墙防渗体下部受基础约束，心墙在与基础连接处存在较大的剪应力，在岸坡部位特别是在较陡峭的岸坡部位，将会因坝体的不均匀沉降而产生纵向剪切变形，形成贯穿上游、下游方向的裂缝。因此，心墙与基础、岸坡的连接面是整个防渗体系的薄弱面，在施工中应对沥青心墙与基岩（或基础心墙）、岸坡及刚性建筑物的连接给予特别的重视。一方面，要保证连接处的止水不发生破坏；另一方面，连接面的形状和斜度应保障沥青混凝土心墙将足够的压力传递给支撑面，防止连接面开裂。

沥青心墙与基岩、基础心墙、岸坡的连接，都设置有水泥混凝土基座。与基座及刚性建筑物连接处的沥青混凝土心墙厚度应逐渐增大。基座表面涂刷乳化沥青或稀释沥青及沥青胶，使心墙在接触面处具有较好的适应变形的能力，防止在连接面产生应力集中，引起裂缝。沥青心墙与基础的连接形式采用平式或弧式连接。

心墙与基岩的连接。沥青混凝土心墙与基岩的连接，一般都是在基岩上浇筑水泥混凝土基座结构来构成心墙和地基防渗部分之间的连接体。混凝土基座不仅为沥青混凝土心墙提供均质的基础，它还可以在沥青混凝土铺筑前用做钻孔和灌浆平台。在基础面上的沥青混凝土心墙厚度比墙体要厚，可以延长渗径和改善心墙底部的受力。心墙与基座的接触面做成平面或弧形，沥青混凝土心墙底部混凝土基座有可设或不设检查廊道两种布置。

（1）沥青混凝土心墙与无廊道基座的连接。在坚硬、均匀和裂隙少的岩基上或在覆盖层很薄的中等高度坝的基础上，可设置无检查廊道的混凝土基座。沥青混凝土心墙与无廊道基座的连接结构见图6-5。

（2）沥青混凝土心墙与有廊道混凝土基座的连接。在中等高度以上的沥青混凝土心墙土石坝，一般在基座混凝土内设置检查廊道，河床中心部位的沥青混凝土心墙与有廊道的混凝土基座与基岩连接。垂直心墙与有廊道混凝土基座连接结构见图6-6，斜心墙与有廊道混凝土基座连接结构见图6-7。

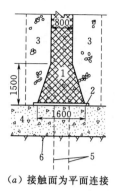 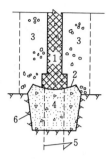 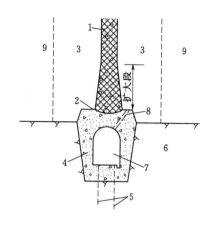

（a）接触面为平面连接　　　（b）接触面为弧形连接

图6-5　沥青混凝土心墙与无廊道基座的
连接结构图（单位：mm）
1—沥青混凝土心墙；2—沥青砂浆；3—过渡层；
4—混凝土基座；5—灌浆帷幕；6—基岩

图6-6　垂直心墙与有廊道混凝土
基座连接结构图
1—沥青混凝土心墙；2—沥青砂浆；3—过渡层；
4—混凝土基座；5—帷幕灌浆；6—基岩；
7—廊道；8—排水管；9—堆石

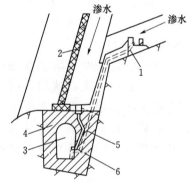 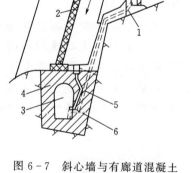

图6-7　斜心墙与有廊道混凝土
基座连接结构图
1—有排水管的混凝土导墙；2—沥青混凝土斜心
墙；3—廊道；4—混凝土基座；5—心墙渗
水排水管；6—地下渗水排水管

图6-8　底梁连接结构图
1—沥青混凝土心墙；2—沥青砂浆；
3—过渡层；4—混凝土底梁；
5—混凝土防渗墙；
6—止水铜片

（3）沥青混凝土心墙与基础混凝土防渗墙的连接。在土石坝基础处理中，对覆盖层较深的基础，难以开挖到完整基岩，通常土石坝坝基下部采用混凝土防渗墙进行防渗，基础以上采用沥青混凝土心墙防渗结构，沥青混凝土心墙与基础混凝土防渗墙连接处采用混凝土底梁和基座方式进行防渗连接。底梁连接结构见图6-8，基座连接结构见图6-9。

（4）沥青混凝土心墙与岸坡结构的连接。沥青混凝土心墙岸坡紧密连接后才能封闭渗漏通道。沥青混凝土心墙与岸坡结构的连接主要是通过在岸坡基岩面上开挖凹槽，槽内浇筑混凝土基座。在平面上心墙厚度局部加厚与基座连接，接触面可做成弧形或平面。岸坡

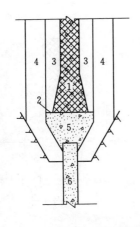

图 6-9　基座连接结构图

1—沥青混凝土心墙；2—沥青砂浆；
3—过渡层1；4—过渡层2；5—混
凝土基座；6—混凝土防渗墙

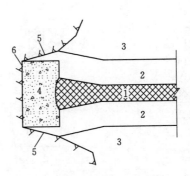

图 6-10　平缓岸坡连接结构图

1—沥青混凝土心墙；2—过渡层；
3—坝壳；4—混凝土基座；
5—开挖线；6—基岩

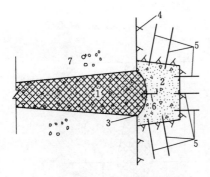

图 6-11　陡岸坡连接结构图

1—沥青混凝土心墙；2—混凝土基座；
3—沥青砂浆；4—岸坡基岩；5—锚
筋；6—止水片；7—过渡层

混凝土基座在立面上一般设置缓于1：0.25的斜坡，以保持沥青混凝土心墙与接触面为压力接缝。中低坝、平缓岸坡可不设止水片，其连接结构见图6-10。高坝、中坝、陡岸坡心墙与基座的接缝一般设有止水片，其连接结构见图6-11。

（5）沥青混凝土心墙与坝顶防浪墙连接。在土石坝防渗结构中，沥青混凝土心墙的顶部为坝顶混凝土防浪墙，为防止防浪墙与沥青混凝土心墙连接处出现渗漏，一般都设有专门的连接结构。垂直心墙与防浪墙连接见图6-12，斜心墙与防浪墙连接见图6-13。

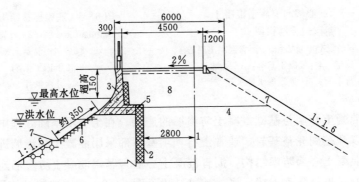

图 6-12　垂直心墙与防浪墙连接图（单位：mm）

1—坝轴线；2—沥青混凝土心墙；3—防浪墙；4—坝体；5—沥青砂浆；
6—干砌石护坡；7—护坡；8—坝顶防冻层

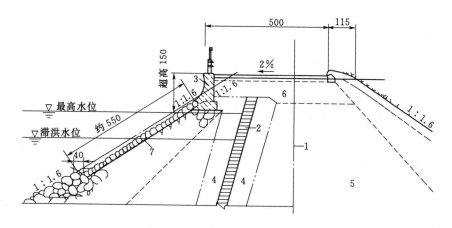

图 6-13　斜心墙与防浪墙连接图（单位：cm）
1—坝轴线；2—沥青混凝土心墙；3—混凝土防浪墙；4—过渡区；5—坝体；
6—坝顶防冻层；7—干砌石护坡

6.2　施工程序

　　沥青混凝土心墙施工是在与沥青混凝土相连接的河床和岸坡混凝土基座按照设计要求已浇筑完成并达到施工所具备的强度，且沥青混凝土心墙相邻土石坝坝体填筑高程满足沥青混凝土心墙铺筑或浇筑要求后开始的施工。按照沥青混凝土心墙结构布置和施工要求，一般按以下程序进行施工：施工准备→场外铺筑试验→现场生产性铺筑试验→基座层面处理→水泥混凝土基座上部心墙的扩大段沥青混凝土心墙人工摊铺施工→扩大段以上沥青混凝土心墙摊铺机摊铺段和人工摊铺段铺筑施工→质量检测。

6.3　施工方法

　　沥青混凝土心墙施工一般分为碾压式和浇筑式两种方法，其施工准备、摊铺试验、沥青混凝土拌和、运输、质量检测等工艺施工方法都基本相同，只是在沥青混凝土铺筑施工方法不同。碾压式采取摊铺机摊铺振动碾碾压成型；浇筑法是采用自密实沥青混凝土，靠沥青混凝土自重流平成型或采用专用振捣器插入沥青混合料中振动行走成型的施工方法。

6.3.1　施工准备

　　为保证沥青混凝土心墙施工能正常和顺利进行，应做好充分的施工准备工作。施工准备主要内容是编制施工组织设计、编制操作规程，进行人员培训和技术交底，施工机械设备配置，骨料加工系统、拌和系统布置，现场施工机械布置，试验室布置，原材料准备等。

　　（1）编制施工组织设计。沥青混凝土心墙施工前，施工单位应根据工程项目合同文件、国家和行业规范标准、国家法律法规等依据编制施工组织设计，主要内容包括工程概况，施工道路、骨料加工系统、沥青混凝土拌和系统、风水电供应、施工机械、现场试验室、生产生活设施等项目的施工布置，施工程序，施工方法，施工总进度计划，主要机械设备、物资、劳动力等资源配置计划，以及施工技术、质量、安全和环境保护保证措施等。施工单位所编施工组织设计应报监理部门审批后才能组织实施。

（2）编制操作规程。为保证沥青混凝土心墙施工质量和施工安全，在施工前应按照国家和行业标准，编制各工序施工操作规程，并编印成册，对参加施工的管理人员、技术人员、作业人员进行培训。施工需要编制的操作规程如下。

1）试验规程。试验规程主要包括试验管理办法、试验仪器率定周期及试验操作规程、原材料试验检测率、现场和室内试验的频率及规程等。

2）原材料及混合料检验规程。原材料及混合料检验规程主要包括原材料进场管理、骨料加工系统操作及维护，粉料分选机的运行及维护，沥青脱桶脱水设备的运行及维护，沥青材料储存及运输的防火防爆，沥青混凝土拌和楼的运行及维护等。

3）混合料运输规程。沥青混合料运输规程主要包括运输车辆的保养维护，运输速度的限制，转运设备的操作程序及保养维护，卸料高度及速度的限制等。

4）施工设备管理规程。施工设备规程主要包括破碎与筛分设备，拌和楼生产设备，运输设备，摊铺机、起重、碾压设备，施工设备的运行维护及操作规程等。

5）施工检测规程。施工检测规程主要包括施工检测项目及顺序、取样方法及频率等。

6）施工记录及检测表格规程。施工记录及检测表格规程主要包括检测设备与仪器使用检验记录原材料、沥青混合料、试验记录、施工原始签证、施工质量评定、单元施工验收等。

（3）人员培训。在沥青混凝土心墙施工前，由施工单位职能部门对参加施工的全体作业人员、技术人员进行培训与考核，培训合格者才能参加现场施工。

培训的主要内容是沥青混凝土心墙施工工艺流程和各工序操作方法，以及施工质量、安全、环境保护要求和编制的操作规程。

（4）技术交底。在沥青混凝土心墙施工前，应由项目总工程师组织有关人员分层次进行技术交底。做到参与施工的人员熟悉工程特点、设计意图、技术要求、施工措施、施工难点、质量关键点、安全措施、工期控制等，做到心中有数，科学组织施工，保证工程施工顺利进行。技术交底主要内容如下。

1）施工图的内容，工程特点。

2）沥青混凝土心墙施工中各项技术和质量要求。

3）沥青混凝土心墙施工中沥青混凝土料拌制、运输、转运、摊铺、碾压或浇筑等工序作业施工方法，可能发生的质量、安全问题预测，所采取的预防措施。

4）冬季、雨季，高温期施工措施，在特殊部位施工中的操作方法，注意事项，要点等。

5）施工工期要求及控制工期的关键项目，资源配置要求等。

（5）施工机械设备配置。沥青混凝土心墙现场施工主要设备配置包括运输设备、摊铺设备、碾压设备及其他附属设备。

施工机械一般都是按照施工组织设计选择的机械设备要求进行配置。施工单位自有设备可直接调运到施工现场，进行保养维护后投入使用。施工单位没有的设备，根据施工要求可以通过设备租赁公司租用或通过招标采购方式进行购买，运到现场进行验收，保养维护后投入使用。

（6）骨料加工系统布置。按照施工总布置和骨料加工系统设计要求进行骨料加工系统布置和设备配置。骨料系统主要由开采石料堆场、粗碎、中碎、细碎、筛分、成品净料、磨细、储料管等组成。

骨料加工系统布置先进行设备基础和骨料净料料仓的土建施工，然后进行机械和电器设备安装、调试，系统试运行，期间进行拌和系统内的道路硬化、修建排水设施、消防设施等项目施工。整个系统验收合格后才能投入运行使用。

（7）拌和系统布置。按照施工总布置和拌和系统设计要求进行拌和系统布置。拌和系统主要由骨料加热系统、填料配料系统、拌和楼楼体、沥青系统组成。

拌和系统布置先进行骨料加热系统、填料配料系统、拌和楼、沥青系统设备基础土建施工，然后进行骨料加热系统、填料配料系统、拌和楼、沥青系统设备安装、调试、系统试运行，期间进行拌和系统内的道路硬化、修建排水设施、消防设施安装、生产生活设施等项目施工。整个系统验收合格后才能投入运行使用。

（8）现场施工机械布置。沥青混凝土心墙施工现场机械布置主要是沥青混合料运输设备、心墙摊铺机械和碾压设备等布置。

1）沥青混合料运输设备布置。根据沥青混凝土心墙施工选择的运输方式来进行运输设备的布置。沥青混凝土心墙施工所用沥青混合料，从拌和楼到施工现场一般采用自卸汽车运输，转运采用装载机配保温罐或起重机配保温罐。沥青混合料运输、转运设备布置，首先应按照运输要求布置施工道路，然后根据现场施工部位情况，选择卸车、调头、转运设备等待位置，施工结束后，一般将运输和转运设备停放指定的停车场内。

2）心墙摊铺机械布置。沥青混凝土心墙所用沥青混合料由运输车辆运到现场后，在机械化施工中都是由摊铺机负责完成沥青混合料摊铺作业。目前，我国大中型工程所用的摊铺机主要使用的是第三代履带式摊铺机，其摊铺机自带模板能够同时进行沥青混凝土心墙和心墙两侧过渡料的摊铺作业，在沥青混合料摊铺中具有预热、摊铺、预压功能。

心墙摊铺机布置方法是心墙摊铺机运到施工现场后，先停在施工部位附近进行保养维护，当心墙结构放样后，再将摊铺机开到施工部位上进行施工，施工结束后将摊铺机停放在指定的位置。

3）碾压设备布置。土石坝沥青混凝土心墙施工分为摊铺机和人工立模摊铺两种施工方法，碾压设备一般也是按照机械化和人工立模摊铺两种施工方法进行布置，碾压设备规格型号都是按照施工规划要求进行选择。在大中型工程机械化施工中，沥青混合料的碾压都是按照同时进行心墙和心墙两侧过渡料碾压要求进行碾压设备布置，碾压设备分别布置在已摊铺的心墙沥青混合料和两侧过渡料上。在人工摊铺施工中按照同时碾压心墙两侧过渡料的要求布置碾压设备，振动设备一般分别布置在已摊铺心墙两侧过渡料上，先同时进行两侧过渡料碾压，在心墙沥青混合料摊铺后再将碾压设备布置在所摊铺的沥青混合料上进行心墙沥青混合料的碾压。施工结束后，一般将碾压停放在指定的停放位置。

（9）试验室布置。为满足沥青混凝土心墙施工要求，现场应布置沥青混凝土试验室，并按试验要求配置试验仪器和设备。工地试验室应结合工程建设的总体平面布置进行，要充分考虑防汛安全、爆破安全、施工环境及试验室废弃物、污水等施工问题，确保试验室人员、设备的安全。

1）布置方法。试验室布置是按照施工总布置选择的位置，先进行试验室设备基础土建施工、房屋建筑与装修，期间进行试验仪器和设备采购安装，房屋装修完成后进行试验仪器安置调试。设备、仪器经验收后才能投入使用。试验室经全面验收合格后才能投入使用。

2）试验仪器设备配置。工地沥青混凝土试验室试验的仪器设备配置应根据工程设计和施工要求及现场实际情况进行配置。主要试验仪器设备配置如下。

A. 沥青混凝土原材料试验检测仪器设备是：精密电子天平、针入度仪、软化点仪、延伸度仪、旋转薄膜供箱试验仪；骨料筛分试验设备点动摇筛机等。

B. 沥青混凝土室内成型、现场取芯试验检测仪器设备是：各类试模、沥青混合料拌和机、马歇尔击实仪、沥青混凝土取芯钻机、电动脱模仪、恒温水浴、压力试验机等试验仪器设备。

C. 沥青混合料抽样试验仪器设备是：马歇尔试验仪、离心式抽提仪、天平、烘箱、高温炉、筛网、量筒、烧杯、其他工具、试验溶液等。

D. 沥青混凝土强度试验仪器设备是：三轴试验仪、压力机或全能机、试模等。

E. 沥青混凝土柔性试验仪器设备是：万能试验机、恒温设备、位移测试设备。

F. 沥青混凝土无损检测试验仪器设备是：核子密度仪、透气仪等。

G. 其他试验仪器设备是：各种不同类型的温度计、相关的化学分析仪器等。

三峡水利枢纽工程茅坪溪土石坝沥青混凝土心墙工程试验仪器见表 6-1。

表 6-1 三峡水利枢纽工程茅坪溪土石坝沥青混凝土心墙工程试验仪器表

序号	设备名称	单位	数量	备 注
1	精密电子天平	台	3	称量 3000g，精度 0.01g
2	针入度仪	台	1	
3	软化点仪	台	1	
4	延伸度仪			可控制试验温度
5	马歇尔试验仪	台	1	
6	马歇尔击实仪	台	1	
7	沥青混合料拌和机	台	1	
8	电动脱模仪			
9	摇筛机			
10	薄膜老化烘箱			
11	恒温水浴	台	1	（2个）
12	核子密度仪	个	2	C200 表面型
13	混凝土取芯机	个	20	
14	离心式抽提仪	台	1	

序号	设备名称	单位	数量	备 注
15	数字温度计	把	1	量程200℃，精度1℃
16	三轴试验仪	台	1	
17	化学分析仪器	台	1	
18	压力试验机	台	2	
19	各类试模	台	1	
20	渗透仪	台	2	
21	透气仪	台	1	

（10）原材料准备。沥青混凝土心墙施工所用原材料主要是骨料、沥青、沥青稀释剂、掺料，填料等。应按照施工进度计划和施工最高强度进行原材料准备。

1）根据施工进度计划、施工强度、沥青混合料配合比，计算出各种原材料的需用量，作为各种原材料准备依据。

2）骨料准备。由骨料加工系统按照骨料需用量计划，进行石料开采，骨料加工、筛分，存放在骨料加工系统净料仓内。

3）沥青、沥青稀释剂、掺料准备。由施工单位物资采购部门通过招标选出合格的供货商，由供货商按照生产计划，进行沥青、沥青稀释剂、掺料的准备，按时供应并运输到现场仓库存放。

4）填料准备。若采用成品水泥作为填料，由施工单位物资采购部门通过招标选出合格的供货商，由供货商按照生产计划，进行水泥填料的准备，按时供应并运输到现场仓库存放。若采用石灰岩粉填料，由骨料加工系统的粉磨车间按照需用量计划进行填料磨制，存放在筒仓内。

6.3.2 现场铺筑试验

在室内配合比设计完成后及骨料加工系统及拌和楼安装可以投入使用后，开始进行沥青混凝土现场摊铺试验，并以室内配合比设计确定沥青混凝土正式施工配合比及工艺参数。

现场铺筑试验前施工单位应编制沥青混凝土心墙现场铺筑试验大纲，经审批后，按照审批的试验大纲进行场外铺筑试验。沥青混凝土心墙现场铺筑试验大纲主要内容包括：试验目的、试验内容、试验程序、试验场地布置、原材料检测、沥青混合料配料、拌和试验、沥青混合料运输试验、沥青混凝土铺筑试验等。

（1）试验目的。

1）通过现场铺筑试验验证室内沥青混凝土配合比，掌握沥青混凝土的制备、拌和、储存、运输、铺筑或浇筑、碾压、检测等一套试验的工艺流程，取得并确定各种有关的施工工艺参数，以指导沥青混凝土心墙的正式施工。

2）检验和评价沥青混凝土拌和楼、摊铺机械设备机械性能和生产能力。

3）对现场施工人员、操作人员也是一个很好的预练。

（2）试验内容。根据土石坝沥青混凝土心墙设计和施工要求，沥青混凝土现场试验主要内容如下。

1）沥青混凝土配料、拌和试验。根据不同的配合比、不同的配料顺序，确定沥青混合料的拌和投料顺序、出机口温度、拌和时间。

2）沥青混凝土的运输试验。观测沥青混合料在运输过程中的离析情况和温度损失情况。

3）沥青混凝土的铺筑试验。根据不同的铺筑工艺流程、不同的铺筑厚度、不同的碾压温度、不同的碾压遍数，在沥青混凝土冷却后，钻取芯样，进行容重、渗透系数、抗压强度、三轴等试验，根据试验结果，确定铺筑施工工艺和铺筑参数。

4）接缝和层面处理的试验。确定接缝和层面处理工艺方法和质量标准。

5）过渡层的铺筑试验。确定过渡层铺筑工艺标准和铺筑参数。

6）心墙与过渡层结合性能试验。现场铺筑全部完成后，有选择地局部挖除过渡层填料，观察心墙与过渡层结合面的情况。

（3）试验程序。按照沥青混凝土心墙铺筑施工技术要求和施工工艺流程，现场沥青混凝土心墙铺筑试验程序是先进行试验场地布置，然后依次进行原材料检测、沥青混凝土配料、拌和、运输、现场铺筑等项目的试验。

（4）试验场地布置。现场摊铺试验地点可根据工程实际情况进行选择，一般选择在沥青混凝土心墙以外，如拌和系统内，弃渣场、公路旁等。试验段的沥青混凝土心墙基座结构型式和心墙两侧过渡层的基础宽度应与沥青混凝土心墙防渗体结构设计要求相同。现场摊铺试验长度，按照一层分三段试验，试验场地的长度一般为30～50m。香港高岛水库现场沥青混凝土心墙铺筑试验场长度为35m，玉滩水库现场沥青混凝土心墙铺筑试验场长度为30m，冶勒水电站堆石坝沥青混凝土心墙和尼尔基水电站大坝沥青混凝土心墙现场沥青混凝土心墙铺筑试验场长度都为50m。

（5）原材料检测。原材料应按设计技术要求进行检测。场外试验的原材料检测内容包括储料罐内沥青针入度、软化点、延伸度、粗骨料、细骨料、填充料及过渡料检测等。

（6）沥青混合料配料、拌和试验。按照质量控制和拌和工艺要求，其试验程序和方法如下。

1）检验拌和楼骨料级配是否符合沥青混凝土技术要求。热骨料经过二次筛分后，对各级储料仓的骨料进行超径、逊径筛分试验，以检验拌和楼的二次筛分是否符合级配要求。

2）检验混合料的比例是否符合施工推荐配合比，同时校验拌和楼称量系统的准确性及精确度。按初步拟用施工配合比，不加沥青进行沥青混凝土混合料干拌试验。当拌和均匀后取样进行筛分试验，以检验混合矿料之间的比例与初步拟用配合比相吻合程度。对超出允许范围的矿料组分进行适当的调整，以保证称量系统和颗粒级配的整体协调性。

3）各矿料及沥青的加热情况及温度控制。检验骨料和沥青加热系统加热骨料和沥青时的均匀性与稳定性，保证热料仓内各种矿料和热沥青温度满足拌和所需温度。

4）检验沥青混合料出机口温度，校准混合料的配合比。骨料与填料干拌级配满足要求后，按推荐配合比沥青进行沥青混合料的拌和，拌和均匀后在出机口检验沥青混合料温度是否满足要求。同时对沥青混合料进行抽提试验，验证沥青混合料中各成分之间的比例与初步拟用配合比例是否相同。

5）沥青混合料投料顺序和拌和时间。沥青混合料拌和有两种不同的投料方式。第一种投料方式是先拌和粗骨料、细骨料，再加入沥青，当沥青均匀裹覆粗细骨料后，再将填料加入拌和直至均匀为止；第二种投料方式是将粗细骨料和填料先拌和均匀，再加入沥青拌和。具体沥青混合料投料顺序按照推荐投料顺序进行试验，拌和时间一般根据拌和楼生产厂家提供的拌和时间进行拌和试验。

（7）沥青混合料运输试验。沥青混合料运输试验应采用施工实际运输方式。试验内容主要是沥青混合料运输温度损失试验和沥青混合料运输离析试验。

1）沥青混合料运输温度损失试验。将拌和好的沥青混合料装入运输设备后，测其混合料的温度，待混合料运至现场，经转料卸入摊铺机摊铺到仓面后再测试其混合料的温度，两者间的温差即为该运输条件下的温度损失。

2）沥青混合料运输离析试验。将拌和好的沥青混合料装入运输设备后运至现场，测试现场运输道路是否造成沥青混合料在运输过程中出现骨料与沥青分离现象。

（8）沥青混凝土铺筑试验。现场沥青混凝土铺筑试验包括基座缝面处理，沥青玛琋脂铺筑试验，沥青混凝土心墙及心墙两侧过渡料的铺筑试验等。摊铺碾压应模拟施工生产的实际情况进行，施工检测频率应适当增大，施工检测项目要系统、全面。

1）基座缝面处理。试验主要内容是混凝土缝面处理工艺流程和方法与质量标准，冷底子油的施工工艺和干燥标准。

2）沥青玛琋脂铺筑试验。铺筑试验内容主要是沥青玛琋脂铺筑工艺方法和检测配合比质量。

3）沥青混凝土心墙及心墙两侧过渡料的铺筑试验。在沥青混凝土心墙施工中左右岸岸坡和基座部分都采用人工摊铺、振动机械碾压的半机械化施工方法，其余施工部位都是采用机械化施工方法。场外铺筑试验将按照半机械化和机械化施工两种施工方法进行试验。试验一般采用交替方法进行，先进行人工铺筑试验，上一层进行机械化铺筑试验。

A. 半机械化铺筑试验是按照试验大纲中拟定的铺筑施工工艺流程和多种工艺参数，组织试验材料、沥青混合料运输和转运设备、碾压设备，各工序的操作人员，进行半机械化铺筑沥青混凝土心墙试验。通过场外铺筑试验掌握半机械化进行沥青混凝土心墙施工工艺和方法，发现和解决试验中遇到的问题。收集整理半机械化铺筑试验中沥青混合料人工摊铺、振动碾碾压工艺参数，心墙两侧过渡料的机械摊铺和振动碾碾压工艺参数，为确定工艺参数提供依据。

B. 机械化施工铺筑试验是按照试验大纲中拟定的铺筑施工工艺流程和多种工艺参数，组织试验所用的沥青混合料运输和转运设备、专用摊铺机、碾压设备、试验所需的操作人员，进行机械化铺筑沥青混凝土心墙试验。通过场外铺筑试验掌握机械化进行沥青混凝土心墙施工工艺和方法，发现和解决试验中遇到的问题。收集整理机械化施工试验中沥青混合料摊铺机和振动碾的工艺参数，为确定工艺参数提供依据。

（9）接缝和层面处理试验。接缝和层面处理试验共分三种情况：一是沥青混凝土与水泥混凝土层间结合；二是沥青混凝土层间结合；三是沥青混凝土横缝之间结合。试验方法是分别取芯样进行结合性性能分析。

（10）心墙厚度与过渡层结合性能试验。沥青混凝土心墙厚度及其与过渡料结合情况的外观检验每两层检验一次，每次挖开两个断面进行检验。在心墙两侧分别选取两处典型位置，挖开过渡料，测量心墙厚度并观测心墙与过渡料的结合情况。

（11）检测。场外铺筑试验沥青混凝土检测包括无损检测、取样检测和钻孔取芯检测。

1）无损检测是指在进行沥青混凝土现场摊铺碾压时，进行对沥青混凝土无损害项目的检测，如入仓温度、摊铺温度、碾压温度检测。用核子密度仪检测沥青混凝土的孔隙率及用渗气仪检测沥青混凝土的渗透系数等。

2）取样检测是指在施工摊铺现场及沥青混凝土拌和楼出机口取样，进行沥青混合料马歇尔抽提检测，采用马歇尔击实成型及静压成型两种方式制作沥青混凝土试样，进行马歇尔稳定度、马歇尔流值和小梁弯曲等试验检测。

3）钻孔取芯检测是指在摊铺生产完成后，在沥青混凝土温度降低到一定程度后进行。一般需在摊铺碾压完成后再等待 3～5d 的时间（以摊铺的沥青混凝土完全冷却为标准），安排钻芯取样，进行沥青混凝土孔隙率、渗透系数、马歇尔稳定度、马歇尔流值、柔性、斜坡流淌值、耐久性等试验检测。

在场外摊铺试验阶段，部分检测结果不满足设计要求的情况时有发生，对此应根据试验过程的分析，对试验参数进行适当的调整，然后重新组织试验，直至所有试验检测成果都应达到设计技术指标的要求。

（12）确定施工工艺参数。首先应根据室内复核的沥青混凝土配合比试验成果，对推荐的一组沥青混凝土、沥青玛𤩏脂配合比及施工工艺参数来进行铺筑试验，通过模拟实际生产来复核、检验室内试验的推荐配合比及相关工艺参数。当推荐的试验参数不能满足生产要求时，启用备用配合比及施工工艺参数。如果沥青混凝土的有关技术指标，特别是关键技术指标仍不能达到设计要求，则需重新进行室内配合比复核试验和现场摊铺试验，直至其相关技术指标特别是关键技术指标全部达到设计要求为止。

施工工艺参数确定后，根据已完成工程的经验，参照现行的国家或行业标准、规程规范，结合具体工程的实际情况，研究确定推荐用于施工生产的施工工艺参数，包括沥青混凝土拌和楼的干拌及湿拌时间、出机口温度、沥青混合料的运输路线与运输时间、用于沥青混凝土及过渡料振动碾的击振力及振动频率、摊铺厚度和碾压厚度、碾压温度、碾压遍数等。

（13）总结。在摊铺试验的沥青混凝土相关技术指标全部满足设计要求后，才表示场外摊铺试验取得成功。如果沥青混凝土的某一项或某几项指标不满足设计要求时，必须调整设定配合比及施工工艺参数，重新进行现场摊铺试验。

在全面完成了现场摊铺的任务后，必须对摊铺试验过程、摊铺施工工艺、摊铺试验检测成果进行全面、系统的总结，形成正式的文字报告。现场沥青混凝土心墙铺筑试验报告主要包括以下内容。

1）现场试验概况。

2）现场试验方案、施工方法及处理措施。

3）试验成果。如出机口温度、摊铺温度、碾压温度之间的关系，碾压温度与碾压遍数，碾压遍数与容重、孔隙率、压缩率、渗透系数、抗压强度、三轴剪切、弹性模量等之间的关系，沥青玛瑞脂、过渡料相关技术指标及其他有关成果等。

4）结论与建议。通过现场试验，从中选择沥青砂浆的施工配合比，沥青混凝土人工摊铺、机械摊铺施工配合比，不同环境温度下的配料、拌和工艺流程、出机口温度、运输方式、铺筑厚度、铺筑温度、碾压温度及碾压遍数，过渡料施工的工艺参数等。

6.3.3 生产性铺筑试验

在沥青混凝土心墙施工中，由于正式施工的连续性以及各工序的配合等因素，使实际心墙施工与现场铺筑试验存在较大差异，需要在土石坝沥青混凝土心墙防渗体施工部位进行生产性试验对现场铺筑试验结果进行验证，对存在的偏差进行调整，以便更好地指导施工。

当沥青混凝土心墙铺筑施工布置完成，并且有可以进行沥青混凝土心墙防渗体施工的部位，生产性铺筑试验施工配合比已审批，沥青混凝土心墙施工的机械设备、材料、施工管理和作业人员等资源配置齐全并经检查符合施工要求，可以进行沥青混凝土生产性铺筑试验。

生产性铺筑试验前施工单位应编制沥青混凝土心墙生产性铺筑试验大纲，经审批后，按照审批的试验大纲进行生产性试验。沥青混凝土心墙生产性试验大纲与生产性铺筑试验大纲内容基本相同，只是试验目的、场地、时间、提交成果要求不同。

（1）生产性铺筑试验的目的。生产性试验是沥青混凝土上坝试生产，试验主要目的如下。

1）验证生产性铺筑试验确定的施工沥青混凝土配合比，确定用于铺筑施工的沥青混凝土施工配合比。

2）验证沥青混凝土拌和系统在连续工作状态下的生产能力与拌和质量。

3）验证沥青混合料运输过程中的温度损失和骨料分离程度。

4）验证铺筑施工的工艺流程与施工工艺。

5）确定沥青混凝土铺筑施工原料加工、采购，沥青混合料拌和、运输，现场铺筑等施工全过程的质量控制指标与检测方法。

（2）试验内容。根据土石坝沥青混凝土心墙设计和施工要求，沥青混凝土生产性试验主要内容如下。

1）拌和工艺验证。主要是原材料加工与质量控制，拌和楼的配料与拌和、出机口沥青混合料质量、拌和楼生产能力等项目的检测，确定沥青混合料拌和工艺和质量控制标准。

2）沥青混合料运输试验。主要是运输过程中的温度损失、沥青混合料的离析情况检测，确定运输质量控制标准。

3）层面处理试验。主要是验证混凝土基座层面、沥青混凝土层面的缝面清理、加热处理方法，确定质量检测标准。

4）沥青混合料、过渡料铺筑工艺验证。主要是验证机械和人工施工部位，进行沥青混合料、过渡料的转运、卸料、摊铺、碾压等工艺和参数指标，确定质量控制标准。

5）沥青混凝土施工质量检测。主要是成型后沥青混凝土无损质量检测和钻孔取芯质量检测，确定质量检测控制标准。

（3）试验程序。在沥青混凝土心墙土石坝选定的铺筑试验部位上进行人工铺筑和机械铺筑施工试验区划分，然后依次进行沥青混合料拌和工艺验证试验，沥青混合料运输试验，人工和机械进行沥青混合料铺筑施工工艺验证试验，层面处理试验，沥青混凝土质量控制标准和检测方法试验。

（4）试验方法。生产性铺筑试验主要是对现场铺筑试验施工配合比及施工技术参数进行验证和调整，其铺筑试验的步骤和方法与现场摊铺试验基本相同。区别就是生产性铺筑试验是在现场沥青混凝土心墙设计施工部位上，试验要求发生了重大变化，对施工组织、施工质量、摊铺、碾压控制、检测等要求，都要高于场外摊铺试验，而且试验成果将要指导今后现场施工。最重要的是生产性试验是在现场沥青混凝土心墙设计施工部位上，试验部位的沥青混凝土将成为沥青混凝土心墙的一部分。因此，试验成果是不允许出现任何质量问题的，若生产性铺筑试验出现质量问题，就必须进行返工处理。

6.3.4 碾压式沥青混凝土心墙施工

在沥青混凝土心墙生产性摊铺试验完成后，并且各项技术指标全部满足设计技术要求，可以进行现场沥青混凝土心墙施工。

碾压式沥青混凝土心墙施工就是采用人工立模和摊铺机滑动模板控制心墙轮廓尺寸，将热拌沥青混合料按一定的厚度和速度摊铺在模板内，用适当的压实机械碾压成型的施工方法。其施工项目主要是层面处理、模板安装、沥青混合料和心墙两侧过渡料运输、摊铺、碾压等工序。

（1）沥青混凝土铺筑技术要求。为确保土石坝沥青混凝土心墙施工质量符合设计要求，在沥青混凝土心墙工程设计施工中都编制有施工技术要求。在碾压式沥青混凝土铺筑施工中，一般都是按照技术要求来选择施工方法、施工材料和设备，并按照碾压式沥青混凝土施工技术要求组织施工。我国碾压式土石坝沥青混凝土心墙铺筑施工的技术要求主要是按照《水工碾压式沥青混凝土施工规范》（DL/T 5363—2006）和《水工沥青混凝土施工规范》（SL 514—2013）的规定和现场实际情况来进行施工。其主要的技术要求如下。

1）水工沥青混凝土施工正常施工的气象条件。

A. 非降雨雪时段。

B. 施工时风力小于 4 级。

C. 沥青混凝土心墙施工时气温在 0℃ 以上。

2）铺筑前的准备。

A. 心墙底部的混凝土基座应按设计要求施工，经验收合格后方可进行沥青混合土施工。

B. 坝基防渗工程，除在廊道内进行的帷幕灌浆外，应在沥青混凝土施工前完成。

3）模板。

A. 沥青混合料机械摊铺施工前，应调整摊铺机的钢模板宽度以满足设计要求。

B. 沥青混合料人工摊铺段宜采用钢模板，并应保证心墙有效断面尺寸。

C. 人工架设的钢模应牢固、拼接严密、尺寸准确、拆卸方便。钢模定位后的中心线距心墙设计中心线的偏差应小于±5mm。

D. 沥青混合料摊铺进入钢模前，应先进行过渡料预碾压。沥青混合料碾压之前，应先将钢模拔出并及时将表面黏附物清除干净。

4）过渡料铺筑。

A. 当采用专用摊铺机施工时，过渡料的摊铺宽度和厚度应由摊铺机自动调节。摊铺机无法摊铺的部位，应采用人工配合其他施工机械补铺。

B. 人工摊铺段过渡料填筑前，应采用防雨布等遮盖心墙表面。遮盖宽度应超出两侧模板 300mm 以上。心墙两侧的过渡层应对称铺填压实，以免钢模移动。距钢模边 150～200mm 的过渡料应待钢模拆除后，与心墙同步碾压。

C. 心墙两侧的过渡料应采用 3.0t 以下的小型振动碾碾压。碾压遍数根据设计密度要求通过试验确定。心墙两侧过渡料压实后的高程宜略低于心墙沥青混凝土面，以利排水。

5）沥青混合料摊铺。

A. 沥青混凝土心墙及过渡料应与坝壳料填筑同步上升，心墙及过渡料与相邻坝壳料的填筑高差应不大于 800mm。

B. 沥青混合料的摊铺宜采用专用摊铺机，摊铺速度以 1～3m/min 为宜，或通过现场摊铺试验确定。专用机械难以铺筑的部位或小型工程缺乏专用机械时可采用人工摊铺，用小型机械压实。

C. 沥青混合料摊铺厚度宜为 200～300mm。机械摊铺时应经常检测和校正摊铺机的控制系统。人工摊铺时，每次铺筑前应根据沥青混凝土心墙和过渡层的结构要求及施工要求调校铺筑宽度、厚度等相关参数。

D. 连续铺筑 2 层及以上沥青混凝土时，下层沥青混凝土表面温度应降至 90℃ 以下后方可摊铺上层沥青混合料。

E. 沥青混合料的入仓温度宜控制为 140～170℃，或通过试验确定。

6）沥青混合料的碾压。

A. 沥青混合料碾压应采用专用振动碾，宜选用小于 1.5t 的振动碾。

B. 沥青混合料与过渡料的碾压宜按先过渡料后沥青混合料的次序或按试验确定的次序进行。

C. 沥青混合料的碾压应先无振碾压，再有振碾压，碾压速度宜控制为 20～30m/min，碾压遍数应通过试验确定。前后两段交接处应重叠碾压 300～500mm。碾压时振动碾不得急刹车或横跨心墙行走。

D. 沥青混合料碾压时应控制碾压温度，初碾温度不宜低于 130℃，终碾温度不低于 110℃，最佳碾压温度由试验确定。

E. 当振动碾碾轮宽度小于沥青混凝土心墙宽度时宜采用贴缝碾压，当振动碾碾轮宽度大于沥青混凝土心墙宽度时宜采用单边骑缝碾压。

F. 各种机械不得直接跨越心墙。在心墙两侧 2m 范围内，不得使用 10t 以上的大型机械作业。

7）施工接缝及层面处理。

A. 与沥青混凝土相接的水泥混凝土表面应采取冲毛、刷毛等措施，将其表面的浮浆、乳皮、废渣及黏附污物等全部清理干净，并使表面干燥。

B. 沥青混凝土心墙宜全线保持同一高程施工，以避免横缝。当无法避免横缝时，其结合部应做成缓于 1∶3 的斜坡，上层、下层横缝应错开 2m 以上。

C. 在已压实的心墙上继续铺筑前，应将结合面清理干净。污染面宜采用压缩空气喷吹清除。如喷吹不能完全清除，可用红外线加热器烘烤污染面，使其软化后铲除。当沥青混凝土心墙层面温度低于 70℃ 时，应采用红外线加热器加热至 70～100℃。

D. 沥青混凝土表面停歇时间较长时，应采取覆盖保护措施。继续铺筑时应将结合面清理干净，使其干燥并加热至 70℃ 以上后，方可铺筑沥青混合料。必要时可在层面上均匀喷涂一层稀释沥青，待稀释沥青干涸后再铺筑上层沥青混合料。

E. 沥青混凝土心墙钻孔取芯后留下的孔洞应及时回填，回填时应先将钻孔吹洗干净，蘸干孔内积水，用管式红外加热器将孔壁烘干并使沥青混凝土表面温度达到 70℃ 以上，再用热沥青混合料按 50mm 层厚分层回填击实。

（2）基座层面处理。当土石坝沥青混凝土心墙底部的基座混凝土、混凝土心墙、岸坡连接的基座混凝土浇筑达到设计要求和坝基帷幕灌浆等防渗工程施工完成后，可以开始进行沥青混凝土心墙施工。为保证沥青混合料与混凝土基座紧密连接好，在施工之前，需要对混凝土基座层面进行处理。

基座层面处理的施工程序是将沥青混凝土与基座混凝土缝面处理干净，然后进行沥青混凝土心墙与混凝土基座连接处理。连接处理有两种方式：第一种是在完成表面处理的干燥的混凝土基座表面，先喷涂 0.15～0.2cm/m² 乳化沥青或稀释沥青冷底子油，待充分干燥后，再涂一层厚度 1～2cm 的沥青砂浆；第二种是在处理后的基座混凝土表面上直接铺设一层厚 1～2cm 的沥青砂浆。

1）基座混凝土缝面处理。为了使沥青混凝土与基混凝土更好地连接，常态混凝土表面必须粗糙平坦，需采用人工和机械方式凿成毛面，并将其表面的浮浆、乳皮、废渣及黏着物等全部清除。

A. 人工冲毛施工方法是，待基座混凝土初凝前，人工先用竹刷将缝面上的灰浆扰动破坏，然后洒水养护将缝面灰浆冲散，间隔一定的时间后，人工使用压力水管，冲走混凝土缝面上的灰浆、砂和小石头，到混凝土终凝后，缝面上冲洗积水变为清水为止。

B. 高压冲毛机冲毛方法是在混凝土浇筑完后，待混凝土终凝 24h 后，采用高压冲毛机，将混凝土缝面上的灰浆、砂子、石头等一次性冲洗干净。

C. 当混凝土已达到其设计强度或混凝土已完成浇筑时间较长，则采用人工凿毛的方式清理基面。人工凿毛时应注意，只是将混凝土表面的浮浆、乳皮、废渣及黏着物清除，而不是把混凝土表面全部打掉一层，如果造成常态混凝土表面骨料外露，会降低沥青混凝土与混凝土的黏结强度。

2）喷涂冷底子油。在常态混凝土基础面清理工序完成并满足要求后，在清理干净且干燥的混凝土表面均匀喷涂冷底子油。常用的冷底子油是稀释沥青。

稀释沥青是由沥青与汽油、煤油或其他沥青溶剂配制而成。配合比一般为沥青∶汽油＝3∶7。

稀释沥青配制方法是先将沥青加热熔化脱水，当沥青温度降至 95℃ 时，向沥青中缓缓加入汽油，同时用木棒或竹竿搅拌，直到均匀为止。

稀释沥青喷涂一般采用农用喷雾器或喷枪喷涂，一般要喷涂 1～2 遍。喷涂要均匀、

174

无空白、无团块，色泽要一致，最好为浅褐色，喷涂量按 $0.15\sim0.2cm/m^2$ 进行控制，稀释沥青喷涂过多不易挥发，影响施工速度，且造成浪费。

三峡水利枢纽茅坪溪工程稀释沥青其配比为（质量比）：沥青：汽油＝3∶7 或 4∶6，喷涂量按 $0.2kg/m^2$ 进行控制。

3）铺筑沥青砂浆。沥青砂浆是由沥青、细骨料和填料按一定比例在高温下配制而成的沥青混合物。沥青砂浆是沥青混凝土心墙与刚性混凝土基座连接基的结合层，具有不透水性、良好的塑性、足够的热稳定性及耐久性，并具有一定的抗剪能力。

沥青砂浆的配合比应根据其使用时的主要技术要求，通过试验确定。一般水工沥青砂浆的配合比为：沥青占混合料总重的 $12\%\sim16\%$，细骨料占 $64\%\sim73\%$，填料占细骨料总重的 $15\%\sim20\%$。骨料最大粒径为 2.36mm 或 4.75mm。

A. 沥青砂浆配制。沥青砂浆配合比是按照生产性铺筑试验所确定的配合比进行配制。沥青砂浆一般采用现场人工铺筑，施工速度较慢，用量较小，配制时必须考虑现场施工的情况。对于大型工程，可采用专用沥青玛𹩒脂拌和机生产，对中型、小型工程，一般采取在现场随配随用方法。

现场配制方法是先将沥青熔化脱水，升温至 $150℃$ 左右待用。人工砂与石粉按比例在另一个铁制容器里加热，边加热边用铁铲翻动，石粉与人工砂搅拌均匀。当石粉与人工砂升温至 $150℃$ 左右时，将沥青缓慢注入矿料加热容器中，边注入沥青边进行搅拌，搅拌时从一侧开始向另一侧进行，然后再从另一侧向这侧进行，直至沥青砂浆搅拌均匀，流动性好、看不到干粉为止。

三峡水利枢纽茅坪溪工程采用的砂质沥青玛𹩒脂的配和比（质量比）为：沥青：矿粉：人工砂＝1∶1.5∶2.5 或 1∶2∶2。冶勒水电站大坝采用的沥青砂浆配合比为沥青：矿粉：河沙＝1∶2∶1。玉滩水库工程沥青砂浆配合比为沥青：矿粉：人工砂＝1∶2∶2。

B. 沥青砂浆涂抹。沥青砂浆涂抹一般是在冷底子油喷涂后 12h，待冷底子油中汽油挥发干燥后，可进行沥青砂浆涂抹。先将其表面加热至 $70\sim90℃$ 后，由人工铁锹或铁铲涂抹沥青砂浆，平面部位采用端退法涂抹，陡坡部位自下而上涂抹，并拍打振实，使沥青砂浆与混凝土基座黏结牢固。表面应光滑，无鼓泡、无流淌现象，摊铺均匀，涂抹厚度为 $1\sim2cm$。

沥青砂浆运输应采用铁制容器装运，容器内表面应光滑清洁，避免沥青砂浆黏结。沥青砂浆混合料的涂抹温度为 $130\sim150℃$。摊铺后的沥青砂浆应注意保护，不要将其他材料及污染物弄到沥青砂浆上。遇雨和强风天气停止施工。

（3）沥青混凝土铺筑施工。碾压式沥青混凝土心墙施工，通常都是采用水平分层，全轴线不分段一次完成沥青混凝土的铺筑的施工方法。其中水泥混凝土基座上部心墙的扩大段和两岸岸坡扩大段，心墙扩大段较狭窄部位，采用人工铺筑施工，其余采用摊铺机铺筑施工。其施工顺序是：在现场先确定机械铺筑段和人工铺筑段的分界位置，由机械铺筑段铺筑施工一段距离后，接着进行人工铺筑段施工，以达到全轴线不分段一次完成沥青混凝土的铺筑施工的要求。

沥青混凝土心墙水平分层厚度，就是沥青混合料碾压成型后的厚度。分层厚度是控制沥青混凝土心墙施工进度和质量重要指标，若摊铺层太薄，则层面处理和立模等工作量增加，并且工期较长。若摊铺层太厚，必须用重振动碾碾压，但重振动碾容易发生陷碾，振动碾难以正常工作。实际施工分层厚度都是通过试验来确定的。国内沥青混凝土混合料摊铺厚度一般采用23cm±2cm，压实厚度为20cm左右。随着设备和施工技术进步，国内工程摊铺厚度已达到30cm，压实厚度为25cm左右。国内部分工程沥青混合料摊铺厚度见表6-2。

表6-2　　　　　　国内部分工程沥青混合料摊铺厚度表

工程名称	碧流河水库	高岛水库	三峡茅坪溪土石坝	尼尔基水电站	冶勒水电站	玉滩水电站
摊铺厚度/cm	20	25~30	20~25	23	25~30	28

为满足土石坝填筑质量和进度要求，沥青混凝土心墙和两侧过渡层与相邻的坝壳料填筑应同步上升，填筑高差应不大于800mm。沥青混凝土心墙和过渡层与相邻坝壳料填筑施工顺序见图6-14。

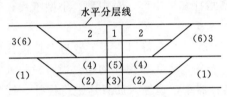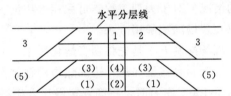

（a）填筑坝壳料高于心墙施工顺序图　　　（b）心墙高于填筑坝壳料施工顺序图

图6-14　沥青混凝土心墙和过渡层与相邻坝壳料填筑施工顺序图
1—沥青混凝土心墙；2—过渡层；3—坝壳料；
(1)、(2)、(3)、(4)、(5)、(6)—施工顺序

1）人工铺筑段施工。人工铺筑段是在心墙底部扩大段混凝土基座达到设计强度和沥青混凝土心墙机械摊铺段施工一段距离后，开始进行人工摊铺段施工。

沥青混凝土心墙人工铺筑段施工是由人工按照设计断面和摊铺层厚安装心墙两侧模板，人工与机械配合填筑心墙两侧模板外过渡料。人工进行心墙结合层面清理、加热，装载机或吊车将沥青混合料转运卸入模板内，人工先将沥青混合料摊铺平整，再抽提心墙两侧模板，等沥青混合料降至碾压温度时，自行式振动碾进行沥青混合料和心墙与过渡料接缝的碾压。沥青混凝土心墙人工铺筑段按以下工艺流程进行施工。

施工准备→测量放线→模板安装→仓面覆盖防护→心墙两侧过渡料摊铺→距心墙两侧模板15~20cm过渡料对称碾压→层面处理→人工摊铺沥青混合料→抽提模板→沥青混合料碾压→骑缝碾压心墙两侧15~20cm过渡料→质量检测。

从人工摊铺段施工工艺流程可以看出，沥青混凝土心墙人工摊铺段施工实际上就是沥青混凝土半机械化施工方法。

A．模板安装。当沥青混凝土心墙底部混凝土基座层面处理完成后或已压实的心墙继续铺筑施工时，可以进行模板安装。模板安装的施工内容主要是模板选择、加工、安装。

人工摊铺一般采用拆移式钢模，模板尺寸根据心墙宽度及试验确定的一次摊铺厚度而定。钢模板一般用厚8mm钢板制作，长度每块一般1~2m，其高度比摊铺厚度要高2~5cm。模板上口采用刚性连接杆支撑模板防止变形，模板下口压在心墙控制边线上，每段

模板间采用铁销连接，便于安装拆卸。

模板安装方法是：首先由测量人员按照设计要求，用测量仪器在现场放出心墙控制线和高程点。模板安装人员按照设计要求和心墙控制线位置进行模板组装、连接、校正、固定。钢模固定后的中心线距心墙设计中心线的偏差应小于±5mm，心墙两侧模板应大于设计宽度2～3cm。由质量管理人员进行模板检查验收。

模板安装一般采用分段安装，一次安装模板15～30m，待沥青混合料摊铺后抽出模板，用抽出的模板接着安装下一段模板，依次循环进行模板安装。在摊铺机段与人工摊铺段同时施工时，在与摊铺机摊铺段连接处，预留3～5m距离作为连接段，待摊铺机完成一段距离铺筑施工后，再进行连接段的模板安装，将摊铺机摊铺段与人工摊铺段连接起来。

为方便模板抽出，在模板支立前涂脱模剂（火碱：硬脂酸：滑石粉：水＝1：20：330：400），保持内表面光滑，模板抽出后及时将模板清理干净，进行下一段模板安装。

B. 填筑过渡料。过渡料材料一般为连续级配的碎石或砂砾石，由骨料加工系统加工存放。当心墙模板安装完成并经过验收合格后，用防雨帆布等遮盖心墙表面，防止过渡料落入钢模内。遮盖宽度应超出两侧模板各30cm以上。过渡料的施工内容主要是过渡料运输，摊铺、碾压，以及模板抽出后心墙沥青混合料与过渡料接缝碾压。

过渡料的填筑方法是：由自卸车和装载机在过渡料存放场将过渡料运到现场卸在心墙两侧模板外，反铲与人工配合进行过渡料的对称摊铺，靠近模板位置采用人工摊铺。摊铺好的过渡料一般采用3.0t以下的小型振动碾对称碾压，以避免造成模板发生移动。距钢模15～20cm的过渡层先不碾压，待钢模拆除后与心墙骑缝碾压。由于过渡料的压实系数高于沥青混合料的压实系数，为确保沥青混合料压实效果，心墙与过渡料骑缝碾压处的摊铺厚度应等于或低于沥青混合料摊铺厚度2～3cm。

C. 沥青混合料摊铺。当两侧过渡料填筑完成后，人工拆除遮盖在心墙表面的防雨布，进行沥青混合料的摊铺施工。人工摊铺的施工主要内容是对心墙模板的宽度和铺筑层厚进行检查与调整，层面清理、加热、沥青混合料下料、摊铺。人工摊铺沥青混凝土施工方法是：测量人员用测量仪器对心墙模板内摊铺宽度和厚度进行检查，现场模板安装人员按照检查结果对心墙模板进行调整，以确保心墙铺筑宽度和厚度满足设计要求。

人工用压缩空气将心墙表面的渣子、积水等清除干净，使层面达到干净干燥的施工要求。

在沥青混合料摊铺前人工使用红外线加热器和喷灯对心墙沥青混凝土铺筑层面进行烘烤加热，使表面以下1～1.5cm的层面温度达到90℃左右。为保证沥青混合料能够连续摊铺，根据加热设备的性能和天气温度情况，人工摊铺采用分段加热连续施工，每段加热长度为8～10m。层面加热后应及时进行沥青混合料的摊铺。

沥青混合料由配保温罐的自卸车将沥青混合料运到现场，卸入有保温的转运吊罐或料斗由起重机起吊或装载机卸入所立心墙模板内，人工用铁锹和铁耙子将沥青混合料摊铺平整。

人工摊铺沥青混合料入仓温度为140～170℃，下料应连续均匀，以减少人工作业的劳动强度，人工用摊铺沥青混合料时，先用铁锹平运的方式铺料，再用铁耙子将沥青混合料摊平，以避免拌和的沥青混合料分离。

D. 沥青混合料碾压。当沥青混合料人工摊铺完成后，由模板安装人员将模板抽出后开始进行沥青混合料的碾压。沥青混合料碾压的主要施工内容是，设备选择、沥青混合料表面铺设苫布、沥青混合料碾压，以及沥青混合料与过渡料接缝骑缝碾压。

沥青混合料碾压施工方法是：沥青混凝土心墙混合料碾压设备一般选择小于1.5t自行式振动碾，振动碾去不了的边角部位选择电动振动夯夯实。心墙沥青混合料碾压温度为120~160℃。为防止沥青混合料与过渡料接缝骑缝碾压时，过渡料污染沥青混合料，由人工在摊铺的沥青混合料面上铺设一层防雨帆布进行防护。1.5t自行式振动碾按照生产性试验所确定的碾压参数进行心墙范围沥青混合料的碾压，碾压结束后由人工将防雨帆布回收运到仓库。距心墙15~20cm过渡料由3t以下自行式振动碾碾压密实。两岸边角部位沥青混合料由人工使用振动夯进行碾压密实。

2）机械铺筑段施工。机械铺筑段施工是在心墙底部扩大段施工完成后，心墙宽度适合专用摊铺机作业要求时，开始使用专用摊铺机进行机械铺筑段施工。

为满足沥青混凝土心墙施工质量和进度要求，专用摊铺机所具备的主要功能是：能连续摊铺和预压一定宽度和层厚的心墙沥青混合料。摊铺心墙沥青混合料的同时，还能摊铺心墙两侧一定宽度和厚度的过渡料以支撑摊铺预压的沥青混合料，摊铺过渡材料时不能污染心墙沥青混凝土心墙的表面。随着心墙不断升高，心墙宽度逐渐减小，摊铺机摊铺沥青混凝土心墙的宽度可在30~120cm范围内进行调整。摊铺机上应设有层面结合处理设备，使心墙上下层能结合成一体。摊铺机能严格控制行走方向，满足铺筑心墙轴线要求。

目前国内大中型工程使用的专用摊铺机都能具备上述功能要求，摊铺机前面装有吸尘器和可调高度的红外线加热器，可清除沥青混凝土心墙铺筑层间的尘土和局部表面水分，对先铺层表面进行加热。摊铺机中间是保温沥青混合料料斗和过渡料料斗，沥青混合料的料斗下面是具有摊铺高度和摊铺宽度可调功能钢模板，下料口后设有预压装置，可对钢模内沥青混合料进行预压。过渡料料斗在沥青混合料斗后面，当钢模板内沥青混合料预压后，紧接将过渡料摊铺到心墙两侧。过渡料料斗直接由两个胶轮支撑，轮子在新铺的过渡料上行驶，并给摊铺沥青混凝土心墙一定的压力。过渡料料斗底板即是沥青混合料的保护罩，可防止摊铺过渡材料时污染沥青混凝土心墙的表面，也是心墙两侧过渡料的料斗底板。摊铺机采用履带行驶方式，由摊铺机前的摄像机和驾驶室的监视器控制沿着心墙中心线在已铺筑的过渡料上行驶。

A. 工艺流程。摊铺机施工段的主要施工内容是层面处理，测量放样，沥青混合料、过渡料摊铺、碾压，摊铺机控制范围以外的过渡料摊铺碾压，以及铺筑完成后的质量检测。沥青混凝土心墙摊铺机摊铺段按以下工艺流程进行施工。

施工准备→层面清理→测量放样、安装固定心墙中心线的金属线→沥青混合料和过渡料卸入摊铺机的料斗→摊铺机摊铺沥青混合料和过渡料→沥青混合料、过渡料碾压→摊铺机外过渡料摊铺、碾压→质量检测。

B. 层面清理。机械摊铺段施工前层面上，一般都会有灰尘、砂子和少量积水影响沥青混凝土层间连接，需要清理干净，保证缝面干净干燥。层面清理一般采用压缩空气将心墙表面的渣子、积水等清除干净。

C. 测量放线。由测量人员按照设计要求，用测量仪器在现场放出心墙轴线和心墙两侧轮廓线的控制线以及心墙层面高程点。现场施工人员按照设计要求和心墙轴线控制点，安装摊铺机摄像监视器跟踪钢丝标识控制线。钢丝标识线安装方法是先在心墙轴线控制线上打 T 形钢筋桩，然后沿着心墙轴线铺设钢丝，并将细钢丝固定在 T 形钢筋桩上。钢丝标识线安装完成后再用测量仪器进行复查。在摊铺机摊铺到钢丝标识线跟前时，逐段进行回收循环使用。

D. 沥青混合料、过渡料摊铺。心墙结构测量放线和控制心墙中心线的金属线安装完成后，由工程所选择的专用摊铺机，按照试验所确定的摊铺层厚完成心墙沥青混合料和心墙两侧过渡料的摊铺。摊铺机进行沥青混合料和过渡料摊铺施工方法如下。

专用摊铺机运到现场后，根据沥青混凝土心墙和心墙两侧过渡料的结构以及施工的技术要求对摊铺机进行调试和检测。当心墙结构放样后，再将摊铺机开到施工部位上就位。

由配保温罐的自卸车和自卸汽车分别将热拌沥青混合料和过渡料运到现场。沥青混合料先卸入装载机保温罐或吊车保温吊罐内，再转运卸到沥青混合料的料斗内。过渡料先卸入装载机铲斗内再转运到卸到摊铺机的过渡料料斗内，或用反铲直接将过渡料转运卸到摊铺机的过渡料料斗内。

摊铺机作业时，操作手首先按照设计要求调整和校正模板摊铺宽度、厚度等相关参数并通过监视器校正摊铺机行进的直线精度。然后打开吸尘器和可调高度的红外线加热器，清除沥青混凝土心墙铺筑层间黏结的尘土和局部表面水分，对先铺层表面进行加热，加热至 70℃以上后，通过摊铺机前的摄像机和驾驶室的监视器，沿着沥青混凝土心墙钢丝标识线，按照 1～3m/min 的速度进行沥青混合料和过渡料的摊铺，沥青混合料通过料斗进入钢模板，由沥青混凝土预压装置预压，接着进行心墙两侧过渡料的摊铺，过渡料卸在钢模尾端与刚预压实的沥青混凝土直接接触，从而使两种材料结合紧密。摊铺机以外部分的过渡料由反铲和人工配合进行摊铺。摊铺机进行沥青混凝土心墙铺筑施工平面见图 6-15。

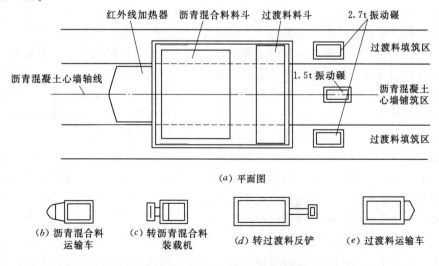

(a) 平面图

(b) 沥青混合料运输车　(c) 转沥青混合料装载机　(d) 转过渡料反铲　(e) 过渡料运输车

图 6-15　摊铺机进行沥青混凝土心墙铺筑施工平面图

机械摊铺段进行沥青混凝土施工时，应进行温度控制，沥青混合料的入仓温度为140～170℃，连续铺筑2层及以上沥青混凝土时，下层沥青混凝土表面应降至90℃以下后方可摊铺上层沥青混合料。

E. 沥青混合料、过渡料碾压。根据沥青混凝土心墙宽度和过渡料铺筑要求选择振动碾，沥青混合料碾压一般选择小于1.5t的振动碾，心墙两侧过渡料碾压一般选择3t以下振动碾。沥青混合料、过渡料的碾压时，为避免过渡料混入而造成沥青混合料的污染和保证施工速度与质量，一般情况下，沥青混合料的碾压设备不能与过渡料的碾压设备混用。沥青混合料碾压时应控制碾压温度，初碾温度不宜低于130℃，终碾温度不低于110℃。

沥青混合料、过渡料碾压的碾压顺序是一般按先过渡料后沥青混合料的次序或按生产性试验所确定的次序进行碾压。

冶勒水电站大坝沥青混凝土与过渡料的碾压采用顺序：静碾过渡料1遍→静碾沥青混合料2遍→碾过渡料4遍→动碾沥青混合料13遍→动碾过渡料4遍→静碾沥青混合料1遍收光和过渡料与沥青混合料接缝静碾压平1遍。

心墙两侧的过渡料应对称碾压，碾压过渡料时振动碾离心墙边缘距离10～15cm。振动碾行走速度为25～30m/min，过渡料与心墙沥青混合料接触部位用2.5t振动碾静碾1遍压平，即完成整个摊铺碾压施工。

沥青混合料的碾压应先无振碾压，再有振碾压。碾压速度宜控制为20～30m/min，碾压遍数应通过试验确定。前后两段交接处应重叠碾压30～50cm。碾压时振动碾不得急刹车或横跨心墙行走。当振动碾碾轮宽度小于沥青混凝土心墙宽度时宜采用贴缝碾压，当振动碾碾轮宽度大于沥青混凝土心墙宽度时宜采用单边骑缝碾压。

6.3.5 浇筑式沥青混凝土心墙施工

浇筑式沥青混凝土心墙就是按照设计断面和浇筑层厚安装心墙两侧模板，将一定温度的热沥青混合料卸入模板内，热态沥青混合料在模板内自身流平，在流平和自然冷却的过程中，靠沥青混合料的自重压实成型，达到设计规定的性能指标的沥青混凝土心墙防渗体。浇筑式沥青混凝土心墙也可叫自密实沥青混凝土防渗心墙。浇筑式与碾压式施工的区别是所用的沥青混合料中沥青含量为8%～15%，沥青用量多，高温时流动性大，靠自重压实，不需专用的压实设备。我国浇筑式沥青混凝土心墙防渗结构主要用于东北、新疆地区中低高度的土石坝工程，高坝缺乏工程实践经验，应用较少。

国内东北地区早期多座浇筑式沥青混凝土心墙工程施工，采用块石或沥青砂浆水泥混凝土、沥青混凝土预制块作为沥青混凝土心墙模板，砌筑块之间形体内浇筑自密实沥青混凝土，沥青砂浆砌块外填筑过渡料。沥青砂浆砌筑块体的单块尺寸为长50cm，宽10～15cm，高20cm。由于砌筑混凝土预制块具有一定的刚性，在坝体蓄水后沥青混凝土心墙，将受到预制块的挤压剪切应力作用产生变形，变形较大时，沥青混凝土心墙会被拉裂的混凝土预制块被动拉裂，在一定程度上影响防渗心墙的整体稳定性和防渗效果，目前用沥青砂浆砌筑块作模板的施工方法已很少采用。

通过总结和不断改进，为消除副墙所产生的挤压剪切应力和限制变形的影响，方便脱模，使沥青混凝土心墙能与过渡料直接接触，目前浇筑式沥青混凝土心墙工程施工中采用钢模板施工。

钢模板施工方法主要是按照心墙设计宽度和浇筑层厚安装模板，钢模板外摊铺过渡料支撑钢模，模板内侧铺设一层柔性无纺布后，进行心墙自密实沥青混凝土浇筑，自密实沥青混凝土流平压实后再将钢模板抽提出来，用机械碾压设备将心墙两侧过渡料碾压密实。

由于模板内侧铺设了一层柔性无纺布，既便于拆模，又保温。当沥青混凝土浇筑后，沥青混凝土心墙中的沥青会缓慢浸入无纺布中，形成柔性的复合沥青混凝土防渗墙。

按照浇筑式沥青混凝土心墙设计和施工要求，浇筑式沥青混凝土心墙施工项目主要是进行基础的层面处理、模板安装、心墙两侧过渡料摊铺、沥青混凝土浇筑、过渡料碾压等工序的施工作业。

（1）沥青混凝土浇筑施工技术要求。为确保土石坝沥青混凝土心墙施工质量符合设计要求，在沥青混凝土心墙工程设计施工中都编制有施工技术要求，在浇筑式沥青混凝土铺筑施工中，一般都是按照技术要求来选择施工方法、施工材料和设备，并按照浇筑式沥青混凝土施工技术要求组织施工。我国浇筑式土石坝沥青混凝土心墙铺筑施工的技术要求主要是按照《土石坝浇筑式沥青混凝土心墙施工技术规范》（DL/T 5258—2010）和《水工沥青混凝土施工规范》（SL 514—2013）的规定和现场实际情况来进行施工，其主要的技术要求如下。

1）施工准备。

A. 水泥混凝土基础面应清除杂物、浮灰，并应达到干燥状态。

B. 水泥混凝土基础面验收合格后喷涂稀释沥青，待稀释沥青中的油分挥发后，方可进行下一道工序施工。

C. 沥青混凝土的层间结合面，应清除灰尘及杂物，并应使结合面干燥、洁净。污染严重的结合面可用红外线加热器进行烘烤，待被污染的沥青混凝土软化后予以铲除。沥青混凝土心墙表面因钻取芯样留下的孔洞，应处理干净并烘干后用新拌制的沥青混合料分层回填捣实。

2）模板。

A. 浇筑式沥青混凝土施工时，宜采用便于拆移的钢模板。模板应架设牢固且接缝严密。

B. 模板内侧宜铺设无纺布，无纺布接头处搭接长度需大于10cm。

3）过渡料填筑。

A. 心墙两侧过渡料的堆放，自料堆坡脚距离模板不小于50cm，靠近模板部位的过渡料应人工摊铺。

B. 过渡料碾压先于心墙浇筑时，应采取措施避免模板受过渡料挤压产生位移影响心墙尺寸。

C. 心墙浇筑先于过渡料碾压时，应待沥青混凝土冷却并具有一定强度后方可进行过渡料碾压施工且不应侵占心墙厚度，沥青混凝土的冷却时间应通过现场试验确定。

4）沥青混凝土浇筑。

A. 沥青混合料的入仓温度应为140～160℃。

B. 浇筑式沥青混凝土施工宜采用水平分层、全轴线一次性铺筑的施工方法，混合料铺筑厚度宜大于分层厚度2cm左右。每层浇筑厚度宜为20～50cm。仓面应均匀布料，下料高度不宜大于 1m。应及时平仓，防止沥青混合料离析。

C. 沥青混合料平仓后如需振捣，应振捣至表面返油为止。振捣时间宜通过现场试验确定。

D. 如遇特殊原因不能全轴线一次性铺筑时，应在浇筑段临空端支立模板，其坡度宜为 1:3。若上下层沥青混凝土均分段浇筑，其接头处错开距离应大于 2m。

E. 沥青混凝土浇筑后应进行表面覆盖以防污染，并严禁承受外来荷载。

（2）心墙沥青混凝土浇筑施工方法。浇筑式沥青混凝土心墙施工一般采用水平分层、全轴线一次性铺筑的施工方法，混合料铺筑厚度大于分层厚度 2cm 左右。每层浇筑厚度一般为 20～50cm。

1）工艺流程。浇筑式沥青混凝土心墙现场施工主要工序是测量放样、模板安装、过渡料铺筑、层面处理、沥青混凝土浇筑、抽提模板等。可按以下工艺流程进行施工：测量放样→模板安装→过渡料铺筑→模板内铺设无纺布→层面处理→沥青混凝土浇筑→抽提模板。

2）模板安装。浇筑式心墙施工采用拆移式钢模板，模板尺寸根据浇筑层厚而定。一般用厚 6～8mm 钢板制作，每块钢模板长 100～200cm，宽 40～50cm，每块模板间采用铁销连接。按照全轴线一次性浇筑完成要求配置和安装模板。模板安装方法如下。

A. 由测量人员按照设计要求，用测量仪器在现场放出心墙结构控制线和高程点。

B. 模板安装人员按照设计要求和心墙控制线位置先将心墙两侧钢模模板组装、连接起来，然后将模板下口压在心墙控制边线上，用短钢筋桩固定，模板上口采用定型支撑杆件固定，使心墙两侧钢模板形成整体，防止心墙模板在两侧过渡料摊铺与碾压时产生挤压位移，影响心墙结构尺寸。模板上下口支撑杆件，在沥青混凝土浇筑开始后采取边浇边拆进行回收。

C. 钢模安装完成后，沿心墙轴线方向拉通线进行心墙两侧钢模板的检查和调整，使所立钢模板距心墙轴线的偏差小于 10mm。

3）过渡料摊铺、碾压。模板安装完毕后，由装载机与自卸汽车组合将过渡料从骨料加工系统堆料场运到现场，由反铲与人工配合进行过渡料的摊铺，靠模板附近由人工摊铺，摊铺好的过渡料采用 3t 以下振动碾按照试验所确定的方法和技术参数碾压密实。

4）无纺布铺设。过渡料碾压密实后，进行模板内侧铺设起保温、隔离作用的无纺布。所用无纺布厚度应大于 2mm，在 200℃ 高温条件下不变形。无纺布铺设时，无纺布与钢模板内侧下口平齐，模板上口外侧搭 10cm，用专用夹具固定，无纺布沿轴线方向加长采用搭接法，搭接长度为 10cm，搭接连接采用宽胶带连接。心墙两侧钢模板内侧无纺布铺设完成后，应进行检查、整理，使模板内铺设的无纺布平整，无褶皱。

5）层面清理。层面处理主要部位是水泥混凝土基座与沥青混凝土结合面和沥青混凝土浇筑层面。

A. 水泥混凝土基座与沥青混凝土结合面处理是在模板安装前，是由人工将水泥混凝土基座表面的水泥浮浆、乳皮、松散混凝土、浮渣等清理干净，再用高压水和高压风将缝面冲洗干净，使水泥混合土基座结合层面达到干净干燥要求。

B. 沥青混凝土结合层面处理是在无纺布铺完后由人工先将心墙层结合面的杂物清理

干净，然后用高压风将层面上的灰尘吹干净，使结合层面达到干净、干燥的要求。当发现结合层面被严重污染时，先用红外线加热器进行烘烤，被污染的沥青混凝土烘烤软化后人工用铲刀将受污染的沥青混凝土铲除。

6）沥青混凝土浇筑。沥青混凝土浇筑采取从一端开始，全轴线一次连续浇筑完成，若遇特殊情况不能全轴线一次浇筑完成，由人工按照 1∶3 的坡比安装封口模板。沥青混合料由配保温罐的汽车将热拌沥青混合料运到现场，卸入装载机的保温罐或起重机所配吊罐内，再转运卸入已安装心墙的钢模板内，人工用铁锹和铁耙子将热拌沥青混合料摊铺找平至模板上所画浇筑高程线位置。为加快沥青混凝土流平和密实速度，由人工用插棒插捣密实。采用插棒插捣时，要求插棒插入到下层表面，直至无气泡排出，表面泛油为止。

沥青混合料入仓温度为 140~160℃，下料应连续均匀，以减少工人的劳动强度。下料高度不应大于 1m，以防止沥青混凝土料出现离析。

若浇筑式沥青混凝土心墙使用沥青含量介于碾压式沥青混凝土心墙与浇筑式沥青混凝土心墙之间的沥青混凝土时，需采用专用插入式振捣器进行振捣。振捣方法是将专用振捣器掺入沥青混合料中振动行走，行走速度不大于 2m/min，并以振捣后的沥青混合料表面泛油为标准。振捣完成后采用平板振捣器进行表面振捣收光。为防止振捣棒拔出后在沥青混凝土内留下棒孔，专用插入式振捣器的振捣棒部分为刀板（钢板片），由刀板将振动传递给沥青混合料。施工中将这种振捣器称为刀式振捣器。

沥青含量介于碾压式沥青混凝土心墙与浇筑式沥青混凝土心墙之间，采用振捣方式密实的沥青混凝土称为振捣式沥青混凝土。振捣式沥青混凝土为流动性小的沥青混凝土，可认为是一种新型的沥青混凝土心墙防渗结构，具有结构简单、施工方便、防渗性能可靠等优点，适用于大型、中型、小型水利水电工程的土石坝建设。它既可以像浇筑式沥青混凝土心墙那样施工，也可以像碾压式沥青混凝土那样采用专用摊铺机施工，而且施工时不受环境气温条件的影响，具有广泛的推广价值。

7）抽提模板。沥青混凝土浇筑后，开始提模板，先将无纺布的夹子取下，将无纺布折向心墙，拔出钢销，垂直将模板缓慢提起，模板提出心墙后，先将模板外侧砂子扫净，然后将模板放到心墙一侧清理干净，下一层继续使用。

6.4　心墙特殊部位施工

沥青混凝土心墙的特殊部位是防渗的关键部位，具有施工部位作业面小、工序多、难度大、质量要求高等特点。沥青混凝土心墙的特殊施工部位主要是沥青混凝土心墙与混凝土的连接、沥青混凝土施工横缝连接、取芯检测的取样孔等。沥青混凝土心墙与混凝土的连接具体部位是沥青混凝土心墙底部与基岩、岸坡、混凝土防渗墙的混凝土基座连接，沥青混凝土心墙顶部与坝顶混凝土结构连接。

在沥青混凝土的铺筑施工遇到特殊部位时，为保证沥青混凝土施工质量，需要按照设计和规范要求先进行结合面缝面处理，然后采用人工摊铺施工方法进行沥青混凝土铺筑施工。

6.4.1 心墙与混凝土连接施工

沥青混凝土心墙混凝土的连接分为沥青混凝土心墙底部与混凝土基座连接施工和沥青混凝土心墙顶部与坝顶混凝土结构连接两个部位。

（1）沥青混凝土心墙底部与混凝土基座连接施工。施工方法是首先采用机械和人工方法对混凝土表面和金属止水片进行处理，使混凝土表面无乳皮，无水泥灰浆、黏附砂浆等影响沥青混凝土连接的物质，表面达到干净、干燥要求，然后喷涂 $0.15\sim0.2$kg/m^2 阳离子乳化沥青或稀释沥青，待充分干燥后，再涂一层厚度为 $1\sim2$cm 的沥青砂浆。待沥青砂浆干燥后采用人工摊铺方法进行沥青混凝铺筑及过渡料的铺筑施工。

（2）沥青混凝土心墙顶部与坝顶混凝土结构连接施工。沥青混凝土心墙与坝顶结构的连接主要是沥青混凝土心墙与坝顶混凝土防浪墙的连接。沥青混凝土与坝顶防浪墙的连接方式是沥青混凝土心墙黏附在防浪墙的下游侧墙面上（见图 6-12）。

1）沥青混凝土心墙与坝顶混凝土防浪墙的连接施工程序。在沥青混凝土铺筑到坝顶防浪墙底部高程时，进行防浪墙结构混凝土施工，防浪墙混凝土强度达到设计要求后分两次进行施工，第一次进行防浪墙基础底板与沥青混凝土心墙连接部分施工。第二次进行防浪墙墙面与沥青混凝土心墙连接部分施工。

2）沥青混凝土心墙与坝顶混凝土防浪墙的连接施工方法。

A. 采用机械和人工方法对防浪墙的混凝土表面和已铺筑施工的沥青混凝土心墙顶面进行处理，使混凝土表面无乳皮，无水泥灰浆、黏附砂浆等影响沥青混凝土连接的物质，表面达到干净、干燥要求，然后喷涂 $0.15\sim0.2$kg/m^2 阳离子乳化沥青或稀释沥青。

B. 防浪墙基础底板下游面乳化沥青或稀释沥青干燥后，按照设计要求涂刷沥青砂浆。

C. 防浪墙基础底板下游连接面沥青砂浆干燥后，采用人工摊铺方法进行沥青混凝土心墙与防浪墙基础底板下游面和底板顶面的沥青混凝土铺筑施工。

D. 采用人工摊铺方法进行沥青混凝土心墙与防浪墙下游面连接部分沥青混凝土铺筑施工。由于连接部分沥青混凝土断面小，可采用浇筑式沥青混凝土进行施工。

6.4.2 横向接缝

沥青混凝土心墙尽量保证全线均衡上升，保证同一高程施工，应尽量避免留下施工缝。但在施工过程中，不可避免地会出现意外情况，如突然遇到暴雨、拌和楼故障、因沥青混合料拌和不足而无法一次完成一个施工层面的摊铺等，势必要留下施工横缝。

在必须预留施工横缝时，沿着沥青混凝土铺筑方向设置缓于 1:3 的斜坡。在进行横向接缝施工时，先剔除表面粗颗粒骨料，人工用钢钎凿除斜坡尖角处的沥青混凝土，并用钢丝刷除去黏附在沥青混凝土表面的污物，并用高压风枪将沥青混凝土表面吹干净，再对其表面进行加热处理，摊铺新的沥青混合料。然后用小型机械或人工夯实斜坡面，最后再用振动碾在横缝处碾压使沥青混合料密实。

6.4.3 取样孔的处理

在沥青混凝土心墙施工过程中需要按设计和规范要求，在沥青混凝土心墙上钻孔取芯进行质量检测，取芯后会在沥青混凝土心墙上留下取样孔，需要在下一层沥青混凝土铺筑施工前进行处理。

取样钻孔采用的是专用加水吸附式取芯钻机，取样钻孔深度约为 500mm，孔径为110mm。取芯钻孔完成后，钻头切割沥青混凝土产生的细颗粒粉末沉积在孔内底部，回填沥青混合料前必须清理干净，并达到干净和干燥要求。

取样孔处理方法是：人工先用高压风水枪将钻内冲洗干净，用棉纱攒干孔内积水，再用管式红外线加热器将孔内烤干，并使孔内壁面及底部都加热到 70℃以上。沥青混合料回填时采用分层方法回填沥青混合料，每层厚度为 50mm，人工用捣棍夯实，并且其与孔壁四周沥青混凝土的紧密黏结。

6.4.4 其他

其他的特殊部位主要是止水铜片的处理、基座渗漏点的处理、底梁混凝土接缝的处理。

（1）止水铜片的处理。在混凝土基座（包括有廊道和无廊道两种）表面，通常都会埋设有止水铜片而不是橡胶止水片，这主要是因为沥青混凝土在浇筑状态时，温度较高（通常在 120～160℃）的缘故。

在进行沥青混凝土铺筑前，一定要处理好每一块止水铜片的渗漏，当发现止水铜片周围有渗漏时，首先要挖出部分混凝土，然后用加热的方式烤干混凝土，迅速喷涂冷底子油，并待其干燥后浇筑沥青玛琋脂。

在对设在混凝土基础上的止水铜片完成沥青玛琋脂浇筑后，即可以进行沥青混合料的摊铺施工。在进行沥青混凝土碾压施工时，要特别注意保护止水铜片，既要保证止水铜片周围沥青混凝土的密实，又不能使振动碾直接碾压止水铜片，避免止水铜片受到损害。

（2）基座渗漏点的处理。混凝土基座通常建在基岩上，有时也会发生渗漏现象，这种情况发生后就必须对渗漏点进行灌浆处理。由于渗漏发生在混凝土表面，直接进行灌浆由于缺少压重而难以保证灌浆的施工质量，因此，采用预埋灌浆管的办法，先铺筑沥青混合料，待沥青混凝土上升到一定高度且可以保证灌浆施工质量时，再进行灌浆施工。

（3）底梁混凝土接缝的处理。在心墙顶部浇筑混凝土底梁，一般情况下均会留下施工缝。通常采取以泡沫板材料充填，这样有利于沥青混凝土摊铺施工前对其进行处理。

在进行沥青混凝土覆盖前，可通过特殊的技术方式，将混凝土底梁伸缩缝的泡沫或其他填充料清理干净，以灌注的方式浇筑砂质沥青玛琋脂，将缝填充密实。

6.5 特殊气候条件的施工

沥青混凝土心墙特殊气候条件施工一般是指低温季节与雨季施工。在当碾压式沥青混凝土心墙施工在气温 0℃以下，浇筑式沥青混凝土心墙施工在气温＋5～－15℃时为低温季节施工。一般将每年雨水多的汛期时段作为雨季施工。

沥青混凝土心墙施工为高温热作业，其压实质量与沥青混合料温度关系密切。若气温过低时，或风力大于四级，风速过大时，由于温度损失较大，将难以压实。若提高出机温度，不仅增加燃料消耗，还可导致沥青变质。施工中遇雨天或雪天时，雨水和雪水将在沥青混合料中汽化形成气泡使其难以压实，影响沥青混凝土防渗等性能。

我国东北地区的辽宁、吉林、黑龙江及内蒙古，西北的四川、青海及新疆等高海拔严寒地区冬季长达 6～7 个月，极端最低气温在－20～－40℃，而且在温度允许施工季节里，又有降雨量较多的主汛期的月份，每年适合沥青混凝土施工的时间只有5～6个月。我国南方主要受雨季影响，每年适合沥青混凝土施工的时间为7～8个月。冶勒水电站大坝沥青混凝土心墙有效施工天数为162d，实际施工天数约120d。

在土石坝工程施工中，不会因为低温季节和雨季而改变工期，为满足土石坝工程施工进度要求，土石坝的沥青混凝土心墙在低温季节与雨季时段还必须想方设法进行施工，解决低温季节与雨季时段进行沥青混凝土心墙施工中遇到的问题和困难，确保施工质量。

6.5.1 低温季节施工

低温季节施工主要是在低温季节里进行低温季节施工研究试验，按照试验成果进行低温季节施工准备，低温季节时要严格按照试验结果和施工要求进行施工。

（1）低温季节施工试验。低温季节施工技术研究试验是根据工程所在地的工程规模、施工气候和施工环境资料进行分析研究后，进行技术试验研究。试验研究的内容如下。

1）采用保温措施的测试来确定保温方法。

2）沥青混凝土配料、拌和试验研究，确定沥青混凝土低温施工配合比和出机口温度。

3）沥青混合料运输、摊铺过程中沥青混合料温度和运输损失监测，确定入仓碾压或浇筑温度。

4）沥青混凝土摊铺、碾压或浇筑试验，确定沥青混凝土铺筑和浇筑工艺参数。

5）心墙两侧过渡料的铺筑试验，确定过渡料铺筑工艺参数。

（2）低温施工。在低温季节里进行沥青混凝土心墙施工，主要是应做好各项施工准备，在沥青混合料铺筑或浇筑施工时按照试验确定的工艺参数进行施工。

1）施工准备。在低温季节进行碾压沥青混凝土心墙施工，主要应做好沥青拌和系统的准备，材料准备，沥青混合料运输、摊铺和碾压设备的准备，铺筑现场的准备以及其他相关施工准备，避免由于环境气温低导致正在施工的沥青混凝土心墙施工出现停仓质量事故。

A. 沥青拌和系统的准备。低温季节沥青混合料拌和系统要具有保温、抗寒性能。沥青拌和系统的骨料输送器、骨料加热器、热骨料筛分机、自动称量系统、成品运输系统、沥青脱桶设备和沥青加热系统及生产的控制系统必须完好，并且没有被冻结现象。

B. 铺筑现场材料准备。沥青混合料拌制所需的各种骨料、人工砂、天然砂、填充粉料必须充足，即有能够满足至少一层心墙沥青混凝土铺筑所需用的原材料。沥青储存罐内要有足够的软化沥青，其温度控制在160℃左右。

C. 沥青混合料运输、摊铺和碾压设备的准备。检查沥青混合料水平运输、垂直运输和摊铺、碾压设备是否完好，运输车和摊铺机的斗门开闭是否灵活，保温部分是否可靠。同时，承担沥青混合料碾压和过渡料碾压的振动碾要保证至少各有一台完好、一台备用。

D. 铺筑现场准备。沥青混凝土与混凝土基座层面处理时混凝土表面会有冻结冰块，一般采用电锤清除，然后用红外线加热器和喷灯对心墙表面进行烘烤，使其表面无污物、积水、雪和冰，达到干净、干燥的要求。按照施工要求配备红外线加热器、加热喷灯、保温被和防雨雪保温棚等加热保温设施，并且达到工作可靠，完好齐全。

E. 其他相关施工准备。施工现场通往沥青混合料生产系统的道路要畅通，碾压沥青混凝土心墙上下游的堆石料填筑能满足防渗心墙上升的要求。

2) 摊铺施工。低温季节沥青混合料铺筑施工分为人工摊铺和机械摊铺两个作业区。

A. 人工摊铺施工。一般每段摊铺长度为10m左右，摊铺后及时进行碾压，否则摊铺的沥青混合料温度损失太大，造成碾压不密实。冬季低温期碾压沥青混凝土心墙施工采用人工摊铺作业时，要确保各个环节都能正常进行，必须严格控制好各个环节的温度，使沥青混合料能够不间断地摊铺，并及时进行沥青混合料的初碾，才能确保碾压沥青混凝土心墙的施工质量。人工摊铺施工时，同样要遵循架立模板和拆除模板的施工工序。

B. 机械摊铺施工。沥青混凝土心墙摊铺机前面是防降水篷车，防止雪花或雨水飘落到即将摊铺沥青混合料的部位，不下雨、雪时则不用防雨篷车。

3) 低温季节施工注意事项。寒冷地区低温季节碾压沥青混凝土心墙施工应主要注意的方面有：沥青混合料出机口温度、入仓温度、初碾和终碾的温度要按上限值进行严格控制；沥青混合料水平运输、垂直运输和摊铺机的沥青混合料斗保温措施要可靠。

A. 骨料的加热温度。沥青混合料拌制骨科的加热温度允许的上限值是200℃，骨料温度超过200℃时停止沥青混合料生产，待热料仓的骨料温度降到允许值时再恢复拌制生产；否则，将会导致沥青老化，使沥青的性能降低。

B. 沥青混合料储存。确保沥青混合料的出机口温度在规定的上限175℃左右。若拌制的沥青混合料的温度低于150℃或超过180℃即作为废料处理。尽量避免拌制的沥青混合料在成品料仓内存放，沥青混合料成品在成品料仓内储存时间不能超过6h，运输车内的沥青混合料储存时间不能超过50min。

C. 沥青混合料保温。沥青混合料成品储料罐的外层加设保温层，使混合料在成品储料罐储存的过程中尽量减小温度损失。成品料储存罐内和其卸料斗门要设置管式红外线加热器，适当补偿混合料的温度损失。

D. 沥青混合料运输保温。沥青混合料的水平运输、垂直运输设备和摊铺机沥青混合料斗等应设保温层，并保证沥青混合料在运输过程中尽量做到全封闭，减少沥青混合料与环境冷空气接触时间，尽量减少成品沥青混合料在运输过程中的温度损失。

E. 沥青混合料入仓温度控制。沥青混合料入仓温度控制在165～175℃，沥青混合料入仓温度不得低于160℃，低于此温度的沥青混合料不能入仓，作为废料弃掉。

F. 沥青混凝土心墙基础面温度控制。低温季节已施工的沥青混凝土心墙基础层面温度低于70℃时，在摊铺上层沥青混凝土时应将下层基础面加热到70℃左右，减少摊铺时混合料与基础沥青混凝土接触面的温度损失。

冶勒水电站大坝沥青混凝土心墙施工技术试验研究及施工实践证明：当天铺筑第二、第三层时，基础沥青混凝土表面最佳温度在70～90℃之间，如果基础沥青混凝土表面下1～2cm深处的温度超过90℃时，上面摊铺的第二或第三层沥青混合料就碾压不密实，孔隙率将超过3%的设计标准。

G. 沥青混合料碾压温度控制。低温季节铺筑作业时应适当提高沥青混合料初始碾压的温度，及时对摊铺的沥青混合料进行初碾，封闭摊铺的沥青混合料，确保摊铺的沥青混合料的层面碾压密实，防止表面龟裂现象的发生。

H. 雨雪天施工要求。在开仓施工前如已下雨、雪或正在下雨、雪时，不能进行沥青混凝土心墙施工。

6.5.2 雨季施工

雨季施工的要点是在雨季前提前做好雨季施工各项准备工作，配备防雨、排水设施，施工中在大雨来临之前，迅速将运输车及摊铺机中的沥青混合料铺筑好，施工中遇到降雨正确进行处理，雨后迅速恢复生产，减少弃料。雨季和汛期还应注意现场疏排水、各部位度汛和边坡安全，组织好骨料生产与防水脱水，做好拌和、运输环节及作业面的防护等。

（1）雨季施工要求。

1）提前收集气象预报资料，合理组织生产。

2）运输车、装载机、摊铺机等施工设备应配备防雨盖或防雨棚防护，防止雨水进入混合料。

3）下雨天不开工，在施工过程中遇小于0.1mm降雨应立即用防雨布遮盖，要求摊铺机前3m范围内无水珠、仓面干燥，对摊铺后的混合料应用帆布覆盖，在帆布上进行碾压。

4）在施工过程中如突遇雷雨应立即停止铺筑；遇小雨当机械表面或防雨布表面有水珠流动应立即停工，并立即对摊铺机装载机以及新仓面进行防雨遮盖；雨停后经监理工程师验收后方可继续施工。

遇雨或表面潮湿，防渗层均不能施工；摊铺防渗层过程中遇雨、雪时，应立即停止摊铺，并将已摊铺部分压实。

5）阵雨过后对有雨水污染的仓面的处理，要备足棉纱、喷灯，仓面水珠一定要清理干净，必要时用喷灯烤干。专用摊铺机在阵雨过后必须检查摊铺机下面的仓面是否积水。未碾压的沥青混合料如果被雨淋则必须清除。

6）沥青混凝土心墙钻孔取芯可安排在雨天，不占或少占晴天施工时间。

7）在骨料的净料堆场，采取隔离防雨和排水措施，防止污染。

8）有度汛要求的沥青混凝土心墙坝施工时，在汛前心墙形象高程应高于拦洪水位。

9）沥青混合料拌和系统布置位置应不受洪水威胁，且排水条件良好。汛期前后，应加大力度组织骨料料源，确保沥青混凝土施工不受影响。

（2）沥青混凝土在雨季施工时，应采取以下措施。

1）气象预报有连续降雨时不安排施工，有短时雷阵雨时，遇雨及时停工，雨停立即复工。

2）当有大到暴雨及短时雷阵雨预报及征兆时，做好停工准备，停止沥青混合料的拌制。

3）沥青混合料拌和、储存、运输过程采用全封闭方式。

4）摊铺机沥青混合料漏斗口设置自动启闭装置，受料后及时自动关闭。

5）沥青混合料摊铺后应及时碾压，来不及碾压的应及时覆盖并碾压。

6）碾压密实后的沥青混凝土心墙略高于两侧过渡料，呈拱形层面以利排水。

7）缩小碾压段，摊铺后尽快碾压密实。

8）两侧岸坡设置挡水埂，防止雨水流向施工部位。

9）雨后恢复生产时，应清除仓面积水，并用红外线加热器或其他加热设备使层面干燥。

10）未经压实而受雨浸水的沥青混合料，应彻底铲除。

11）铺筑过程中，若遇雨停工，接头应做成缓于1∶3斜坡，并碾压密实。

12）碾压后的沥青混凝土，遇下雨时应及时覆盖。

7 沥青混凝土面板施工

土石坝沥青混凝土面板是将沥青混凝土通过碾压或浇筑的方式，在迎水面坝坡形成一层防渗层，依靠坝体坝坡承担由沥青混凝土面板传来的外力荷载的水工结构型式。沥青混凝土面板一般都是在土石坝坡面上施工，施工工艺比较复杂，质量要求高，施工难度大。在进行沥青混凝土面板施工时，首先需要掌握和了解沥青混凝土面板结构布置、结构作用及相关技术要求，然后再根据沥青混凝土面板设计文件，进行施工准备、沥青混凝土试验、沥青混凝土面板等项目的施工。

7.1 结构布置与周边连接

土石坝沥青混凝土面板防渗体的防渗效果，主要取决于面板布置形式和面板与周边连接效果，在沥青混凝土面板施工前，首先应对沥青混凝土面板防渗的布置形式进行了解，了解面板与周边结构型式。

7.1.1 沥青混凝土面板布置

土石坝防渗面板一般布置在土石坝的迎水坡面，在迎水面坝坡形成一层防渗层，作为挡水建筑物的一部分，主要承担坝体的防渗作用。利用沥青混凝土的特性，可以将沥青混凝土面板防渗结构布置在土石坝外表斜平面和各种不同弧形的曲面上。沥青混凝土面板布置主要是河床上修建拦河上石坝防渗面板和抽水蓄能电站水库库盆防渗面板两种结构型式。

（1）土石坝防渗面板布置。在河道上修建土石坝结构中，采用铺筑或浇筑方式在土石坝的迎水斜坡坡面上布置的沥青混凝土面板防渗结构。碾压式土石坝沥青混凝土面板防渗结构见图 7-1，浇筑式沥青混凝土面板防渗结构见图 7-2。

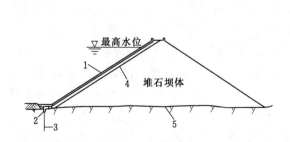

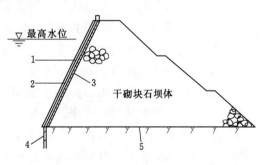

图 7-1　碾压式土石坝沥青混凝土面板防渗结构图
1—沥青混凝土面板；2—混凝土截水墙；
3—帷幕灌浆；4—垫层；5—基岩

图 7-2　浇筑式沥青混凝土面板防渗结构图
1—预制混凝土护面板；2—沥青混凝土防渗层；
3—干砌条石；4—混凝土截水墙；5—基础

（2）水库库盆防渗面板布置。抽水蓄能电站的上、下水库为封闭的土石坝库盆结构，沿库盆迎水坡面和库底平面布置的沥青混凝土面板防渗结构，形成一个很大的防渗库盆。我国已经建成的天荒坪抽水蓄能电站上水库就是采用的这种结构型式。天荒坪抽水蓄能电站上水库库盆沥青混凝土防渗面板布置见图 7-3。

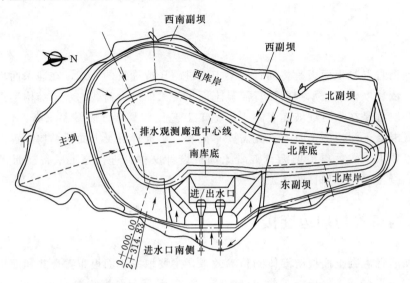

图 7-3　天荒坪抽水蓄能电站上水库库盆沥青混凝土防渗面板布置图

（3）沥青混凝土面板特点。随着国民经济发展的需要，人们对电力生产的需求越来越大，人类开发水力资源的力度也将越来越大，使得水利水电工程的发展迅猛，特别是随着目前电力负荷峰谷差问题的日益突出，抽水蓄能电站的应用将越来越多，沥青混凝土面板的应用前景将更为广阔。

沥青混凝土面板之所以被越来越多地应用到水利水电工程建设中，就是因为人们对它的认识逐步提高，并在生产应用中利用它的长处，克服它的弱点，让它更好地为人类建设服务。沥青混凝土面板与混凝土面板结构或其他防渗结构相比较，具有以下特点。

1）优点。沥青混凝土可以浇筑在坝体的任何部位，特别是能够浇筑在弯曲部位，也可适应于各种不同型式的结构上。沥青混凝土防渗结构的渗漏量极低，甚至滴水不漏，只要保证措施得力，也可控制其老化，使其发展速度极其缓慢。沥青混凝土护面不需要设置接缝，因而就没有结构缝。由于沥青具有黏性，塑性变形适应能力强，使它更加容易适应大坝的沉降变形，可以有效地预防裂缝的产生，甚至抑制自身裂缝的发展。施工速度快，不需要进行后期养护。沥青混凝土面板维修方便。由于面板是暴露的，只要具有放空条件，就可以很方便地进行维修。沥青混凝土面板维修适用范围广，可以用于替代或覆盖原有已经失效的混凝土、沥青或无机材料及其他材料的防渗结构。可以通过对外露部分的检测，随时了解到水下部分沥青混凝土面板的运行情况。由于面板下面设有排水层，能及时地排出沥青混凝土面板的渗漏水流，从而使坝体能正常运行。

2）缺点。存在高温流淌问题。尽管通过恰当的配合比设计，可以将其铺筑在坡度不陡于 1:1.5 的斜坡上，但使其应用范围受到限制。上游坡度要求过缓，一般为 1:1.7，大型工程施工需要采用专门机械设备。

从坝工实践方面，目前我国已建设的水布垭水电站面板堆石坝的坝高已达 233m，而已建的沥青混凝土面板坝的最大高仅为 106m。由此可见，沥青混凝土在坝工建设中的应用与其他结构型式特别是混凝土面板坝相比较，差距是十分明显的。

（4）沥青混凝土面板断面形式。沥青混凝土面板分为浇筑式和碾压式沥青混凝土面板。碾压式分为简式和复式两种面板断面形式，浇筑式与碾压简式面板结构基本相同，只是防渗层采用护面板，垫层为刚性，上游面坡度相对陡些。浇筑式沥青混凝土面板一般应用的坝体高度较低、库容也较小。

1）碾压式沥青混凝土面板断面形式。沥青混凝土面板简式断面构造从下往上断面结构组成是垫层、整平胶结层、防渗层、封闭层。其中垫层厚 50～100cm，整平胶结层厚 5～10cm，防渗层厚 6～10cm，封闭层厚 1～2mm。碾压式沥青混凝土面板简式断面形式见图 7-4（a）。沥青混凝土面板复式断面从下往上断面结构组成是垫层、整平胶结层、防渗底层、排水层、防渗面层、封闭层，其中垫层、整平胶结层、防渗面层、封闭层厚度与简式断面相同，排水层层厚为 6～10cm，防渗底层厚度为 5～8cm，碾压式沥青混凝土面板复式断面形式见图 7-4（b）。

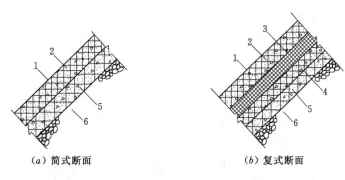

（a）简式断面   （b）复式断面

图 7-4　碾压式沥青混凝土面板断面形式图

1—封闭层；2—简式为防渗层、复式为防渗面层；3—排水层；4—防渗底层；5—整平胶结层；6—垫层

A. 复式断面的特点。可以通过检查廊道对沥青混凝土面板工作状态进行监测，并提供渗水部位。排水层可以将渗水排走。当库水位迅速下降时，不致因为产生反向压力而鼓包破坏。防渗底层能截断排水层渗水，可作为面板防渗附加安全措施。

由于排水层与坝坡脚的廊道相通，暖空气可在排水层中流动，这对于防止面板表面冰冻和改善低温运行条件均有利。结构层次多，沥青混合料品种多，施工速度慢，工期长，给施工管理增加麻烦。使用材料多，单位面积造价较高。

B. 简式断面的特点。结构层次少，施工管理方便，施工速度快，单位面积造价低。

由于施工技术不断完善和施工机械成套化，两条带间的结合部将做得更好，基本上不可能出现接缝，同时能保证较厚的沥青混凝土被碾压密实。

对已建沥青混凝土面板长期监测的结果表明，它的漏水量是极微的，甚至是滴水不漏的，这为简式断面推广提供了很好的证明和理论依据。国际上 1999 年沥青混凝土面板堆石坝的年报统计，1980 年前，采用复式沥青混凝土断面占总量的 1/3，1980 年以后复式沥青混凝土断面和简式沥青混凝土断面各占 1/2。所有这些均可以证明，简式断面这种结构型式将成为今后沥青混凝土面板防渗应用发展的主要方向。

2）浇筑式沥青混凝土面板断面形式。浇筑式沥青混凝土面板由护面板、沥青混凝土防渗层、垫层组成。护面板一般采用预制钢筋混凝土构件面板、浆砌石条石。预制钢筋混凝土构件护面板厚 5～10cm。沥青混凝土面板防渗层厚度一般为 6～10cm。垫层为浆砌条石、无砂混凝土、防渗处理的混凝土坝面刚性材料。

7.1.2 碾压式沥青混凝土面板结构作用与技术要求

无论简式断面还是复式断面，都含有过渡层、排水层、整平胶结层、沥青混凝土防渗层及沥青玛琋脂封闭层等，在面板结构中的作用与要求各不相同。

（1）垫层。垫层设置在沥青混凝土面板与填筑土石坝坝体坡面基础之间，是沥青混凝土面板的基础，亦称下卧层或过渡层。

垫层有碎石或卵砾石、干砌块石、无砂水泥混凝土等类型，碾压式沥青混凝土面板主要是碎石或卵砾石柔性材料。浇筑式主要是浆砌石、无砂混凝土、混凝土面板刚性材料。

1）垫层作用。垫层布置在沥青混凝土面板底层，是沥青混凝土面板的基础，具有整平、支撑、排水、粒径过渡、防止冻胀等作用，对面板的安全运行影响很大，无论是简式结构还是复式结构，它都必不可少。

2）垫层的技术要求。垫层为采用碎石或卵砾石的技术要求如下。

A. 碎石或卵砾石垫层料应质地坚硬、级配良好，最大粒径不宜超过 80mm，小于 5mm 粒径含量宜为 25%～40%，小于 0.075mm 粒径含量不宜超过 5%。垫层厚度宜为 50～100cm。

B. 垫层压实后应具有渗透温度性、低压缩性、高抗剪强度，碾压后的垫层料表面应平顺、变形模量宜大于 40MPa。

C. 土质坝体坡面，坡面应喷洒除草剂以防植物生长穿透沥青混凝土面板。垫层铺筑完成后表面应喷洒一层乳化沥青或稀释沥青，其用量为 0.5～0.2kg/m²。

（2）整平胶结层。整平胶结层在沥青混凝土面板的简式断面和复式断面都是不可缺少的，设置在垫层上面。厚度为 5～10cm。

1）整平胶结层作用。

A. 通过骨料的咬合作用使沥青混凝土面板与排水垫层结合良好。

B. 整平胶结层为半开级配沥青混凝土，在沥青混凝土面板和其下的土石坝之间，在变形和渗透方面起过渡作用，具有良好的排水作用。

C. 对土石坝填筑坡面进行整平，为铺设防渗层创造有利条件，保证防渗层的厚度和质量。

D. 整平胶结层应具有足够的承载力，为防渗层的铺筑和碾压提供坚实的基础。

2）整平胶结层技术要求。

A. 整平胶结层沥青混凝土厚度为 5～10cm，宜为单层施工。

B. 整平胶结层配合比参数范围：沥青占沥青混合料总重 4%～5%，填料占矿料总重的 6%～10%，骨料最大粒径不大于 19mm，级配指数 0.7～0.9，沥青可采用 70 号或 90 号道路沥青、水工沥青。

C. 碾压式沥青混凝土面板整平胶结层主要技术指标见表 7-1。

表 7-1　　　　　　　碾压式沥青混凝土面板整平胶结层主要技术指标表

序号	项目名称	单位	指标	说　明
1	孔隙率	%	10～15	
2	热稳定系数		≤4.5	20℃与50℃时的抗压强度之比
3	水稳定系数		≥0.85	

注　引自《土石坝沥青混凝土面板和心墙设计规范》(DL/T 5411—2009) 表 6.0.2。

（3）防渗底层。防渗底层为沥青混凝土结构，仅在沥青混凝土面板的复式断面中才存在，在简式断面没有。它与沥青混凝土防渗面层的作用基本相同。

沥青混凝土防渗底层厚度为 5～8cm，具体的技术要求，与沥青混凝土防渗面层基本相同。

（4）排水层。只有复式断面结构才设置沥青材料排水层。排水层为设置在防渗面层和防渗底层之间，用粒径较大、含量较多的粗骨料、少量填料和沥青制备成渗透系数较大的开级配沥青混凝土铺筑。

1）排水层的作用。沥青材料排水层的作用是汇集渗过防渗面层的渗透水，将其排出坝体，削减面板内产生的反向水压力，防止防渗面层隆起，并可进行防渗观测，以监视建筑物的安全。

2）排水层的技术要求。

A. 排水层的厚度为 6～10cm，宜单层施工。

B. 排水层沿轴线方向每隔 20～50m 设置防渗沥青混凝土隔水带，隔水带宽度为 1m 或沥青混凝土摊铺机一次的摊铺宽度。

C. 排水层配合比参数范围可为：沥青占沥青混合料总重 3%～4%，填料占矿料总重的 3%～3.5%，骨料最大粒径不大于 26.5mm，级配指数 0.8～1.0，沥青可采用 70 号或 90 号道路沥青、水工沥青。

D. 碾压式沥青混凝土面板排水层的主要技术指标见表 7-2。

表 7-2　　　　　　　碾压式沥青混凝土面板排水层的主要技术指标表

序号	项目名称	单位	指标	说　明
1	渗透系数	cm/s	$\geq 1 \times 10^{-2}$	
2	热稳定系数		≤4.5	20℃与50℃时的抗压强度之比
3	水稳定系数		≥0.85	

注　引自《土石坝沥青混凝土面板和心墙设计规范》(DL/T 5411—2009) 表 6.0.3。

（5）防渗面层。复式断面防渗面层布置在排水层之上，简式断面防渗层是布置在整平胶结层上的防渗层。沥青混凝土防渗层是用粒径较小的粗骨料和含量较多的细骨料、填料和沥青制备成渗透系数很小的密级配沥青混凝土铺筑。

1）防渗面层作用。沥青混凝土防渗面层主要作用是防渗，承受和传递所遇到的各种荷载。

2）防渗面层技术要求。

A. 具有工程所要求的防渗性、抗裂性、稳定性、耐久性；沥青混凝土防渗面层的厚度为 6～10cm，宜单层施工。

B. 防渗面层配合比参数范围可为：沥青占沥青混合料总重 7％～8.5％，填料占矿料总重的 10％～16％，骨料最大粒径不大于 16～19mm，级配指数 0.24～0.28，沥青采用低温不裂、高温不流、高质量的 70 号或 90 号水工沥青、道路沥青或改性沥青。

碾压式沥青混凝土面板防渗面层主要技术指标见表 7-3。

表 7-3　　　　　　　碾压式沥青混凝土面板防渗面层主要技术指标表

序号	项目名称	单位	指标	说　明
1	孔隙率	％	≤3	芯样
			≤2	马歇尔试件
2	渗透系数	cm/s	1×10^{-2}	
3	水稳定系数		≥0.90	
4	斜坡流淌值	mm	≤0.8	马歇尔试件（1∶1.7 坡或按设计坡度）
5	冻断温度	℃		按当地最低气温确定
6	弯曲或拉压强度与应变			根据温度、工程特点和运用条件等通过计算提出要求

注　引自《土石坝沥青混凝土面板和心墙设计规范》（DL/T 5411—2009）表 6.0.1。

（6）封闭层。封闭层是喷涂在防渗面层的沥青胶薄层。一般采用沥青玛琋脂。沥青玛琋脂是由沥青和矿粉按一定比例在高温下配制而成的胶凝材料。

1）封闭层作用。封闭层能封闭沥青混凝土防渗层的表面缺陷，提高面板的防渗性能，延缓沥青混凝土的老化过程，增加面板的寿命。

2）封闭层技术要求。主要包括以下内容。

A. 封闭层使用的沥青玛琋脂、改性沥青玛琋脂或其他防水材料，应与防渗层面黏结牢固、高温不流淌、低温不脆裂，并易于涂刷和喷洒，其封闭层的主要技术指标见表 7-4。

表 7-4　　　　　　　碾压式沥青混凝土面板封闭层的主要技术指标表

序号	项目名称	指标	说　明
1	斜坡热稳定系数	不流淌	在沥青混凝土防渗层 20cm×30cm 面上涂 2mm 厚封闭层，按 1∶1.7 坡度或按设计坡度，70℃，48h
2	低温脆裂	无裂纹	按当地最低气温进行二维冻裂试验
3	柔性	无裂纹	0.5mm 厚涂层，180°对折，5℃

注　引自《土石坝沥青混凝土面板和心墙设计规范》（DL/T 5411—2009）表 6.0.4。

B. 封闭层应满足斜坡热稳定性和低温抗裂性的要求，其厚度宜为 2mm。

C. 封闭层宜采用沥青玛琋脂，配合比可为：沥青∶填料＝（30～40）∶（60～70）。沥青采用 50 号水工沥青或改性沥青。

7.1.3　面板与周边结构的连接

沥青混凝土面板不是一个单独结构，需要与周边结构连接后才能形成面板防渗结构。

沥青混凝土面板与周边连接的结构主要是沥青混凝土面板与坝基齿槽、岸坡、廊道混凝土、混凝土防渗墙、坝顶等部位的衔接。

沥青混凝土面板与岸坡和刚性建筑的连接是防渗结构中的薄弱环节，其结果关系到防渗体系是否连续、封闭。如美国的 Ludington 抽水蓄能电站上库高 40m、1972 年建成，德国 Waldedck－Ⅱ抽水蓄能电站上库高 25m、1973 年建成，均在进水口建筑物周围发生了渗漏；我国的坑口、车坝、南谷洞等水电站也都在岸边连接部位发生了裂缝。因此对这些特殊部位的设计，应予以充分注意。

在沥青混凝土面板与坝基齿墙、岸坡和边墙、进水塔等混凝土建筑物的连接时，由于沥青混凝土面板下是坝体填料，在施工期及运行期均会发生不同程度的沉陷，而混凝土建筑物和岩石岸坡则不会发生沉陷或沉陷值很小，再加上沥青混凝土和水泥混凝土的膨胀系数也不同，因此沥青混凝土面板与其相邻建筑物会产生相对移动，这种相对移动有时还会相当大，尤其当水库蓄水时更严重。

（1）沥青混凝土面板与基础齿墙的连接。当河床基岩外露或覆盖层较薄时，修建混凝土齿墙与沥青混凝土面板连接。简式断面沥青混凝土面板与无廊道齿墙连接结构见图 7－5（a），复式断面沥青混凝土面板与无廊道齿墙连接结构见图 7－5（b）。齿槽嵌入基岩内，顶部修成与沥青混凝土面板相同的坡度，顶部内侧修成圆弧形与沥青混凝土面板扩大部分连接。

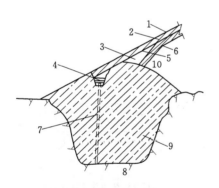 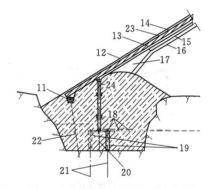

（a）简式断面与无廊道齿墙连接结构　　　　　　（b）复式断面与无廊道齿墙连接结构

图 7－5　简式和复式断面沥青混凝土面板与无廊道齿墙连接结构图

1—沥青玛琦脂封闭层；2—沥青混凝土防渗面板；3—细料沥青混凝土楔形体；4—砂质沥青玛琦脂回填；
5—加筋层；6—整平胶结层；7—齿墙伸缩缝止水带；8—岩石；9—混凝土齿墙；10—坝体；
11—砂质沥青玛琦脂；12—沥青混凝土加强层；13—排水层；14—防渗面层；15—防渗底层；
16—整平胶结层；17—细粒沥青混凝土楔形体；18—可分段观察排水管；19—灌浆管；
20—灌浆轴线；21—伸缩缝止水带；22—封闭层；23—排水口

（2）沥青混凝土面板与基础防渗墙、防渗板的连接。土石坝基础为基础混凝土防渗墙时，沥青混凝土面板与基础防渗墙的连接结构布置见图 7－6（a）。土石坝基础为基础板桩灌注防渗墙时，面板与基础板桩灌注防渗墙连接结构见图 7－6（b）。

（3）沥青混凝土面板与岸坡的连接。土石坝与两岸防渗体连接时，先在岩石坡上修建的混凝土基座与岸坡紧密连接，可防止渗水从岸坡通过，然后沥青混凝土面板再与岸坡基

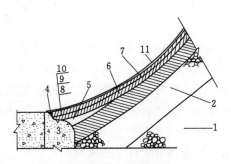

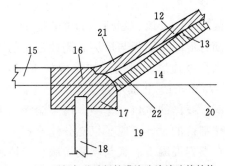

|（a）面板与基础防渗墙连接结构|（b）面板与基础板桩灌注防渗墙连接结构|

图 7-6　沥青混凝土面板与基础防渗墙的连接结构布置图

1—过渡料；2—垫层；3—混凝土防渗墙；4—封头；5—沥青砂浆楔形体；6—防渗层（分两层铺筑）；
7—整平胶结层（分两层铺筑）；8—冷底子油涂层；9—沥青玛琦脂层；10—橡胶沥青滑动层；
11—封闭层；12—防渗层；13—整平胶结层；14—砾石填筑体；15—回填土；16—沥青
混凝土盖板；17—沥青混凝土止水顶盖（特种沥青）；18—板桩灌注防渗墙；19—砂砾
石覆盖层；20—原河床线；21—封闭层；22—沥青混凝土楔形体

座连接，形成面板与岸坡的防渗结构连接，从而达到面板与岸坡连接防渗效果。沥青混凝
土面板与岸坡的连接结构见图 7-7。

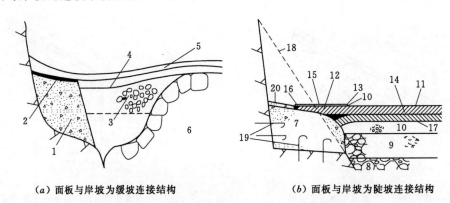

|（a）面板与岸坡为缓坡连接结构|（b）面板与岸坡为陡坡连接结构|

图 7-7　沥青混凝土面板与岸坡的连接结构图

1—岸坡混凝土基座；2—低温柔性材料；3—卵石；4—整平层；5—防渗层；6—坝体；7—岸坡混凝土基座；
8—堆石；9—碎石；10—小砾石；11—封闭层；12—沥青玛琦脂滑动层；13—细粒沥青混凝土楔形体；
14—防渗层；15—玻璃丝布油毡加强层；16—橡胶沥青玛琦脂封头；17—整平胶结层；18—原岸
坡线；19—锚筋；20—常规混凝土

（4）沥青混凝土面板与混凝土刚性建筑物的连接。沥青混凝土面板与混凝土刚性建筑
物的连接类型很多，如沥青混凝土面板与混凝土重力墩、进水口水平混凝土截水墙、副坝
及库底廊道、廊道与进水塔、库坡混凝土面板及廊道等部位的连接。面板与混凝土重力墩
和进水口水平混凝土截水墙连接结构见图 7-8。

（5）沥青混凝土面板与坝顶的连接。沥青混凝土面板与坝顶的连接，主要是沥青混凝
土面板与坝顶和防浪墙的连接。沥青混凝土面板与坝顶和防浪墙的连接结构见图 7-9。

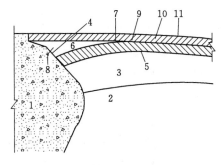

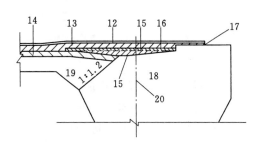

（a）面板与混凝土重力墩的连接结构　　　　（b）面板与进水口混凝土截水墙的连接结构

图 7-8　面板与混凝土重力墩和进水口水平混凝土截水墙连接结构图

1—混凝土重力墩；2—堆石；3—碎石垫层；4—乳化沥青涂层；5—整平胶结层；6—沥青砂浆楔形体；7—加筋层；
8—止水铜片；9—防渗面层；10—氯丁橡胶尼龙层；11、12—封闭层；13—防渗层；14—整平胶结层；
15—加厚层；16—加筋网；17—角钢；18—混凝土截水墙；19—垫层；20—进水口前水平截水墙中心线

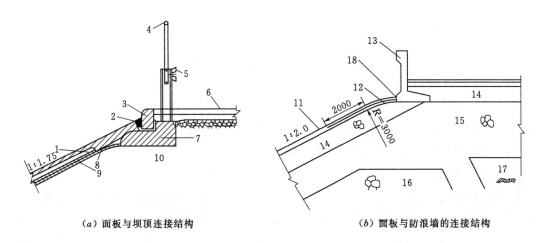

（a）面板与坝顶连接结构　　　　　　（b）面板与防浪墙的连接结构

图 7-9　沥青混凝土面板与坝顶和防浪墙的连接结构图

1—排水体；2—封头；3—路缘石；4—栏杆；5—扶手；6—路面；7—现浇混凝土；8—防渗层；
9—整平胶结层；10—坝体；11—沥青混凝土面板；12—加筋网；13—防浪墙；14—垫层；
15—过渡料；16—主堆石；17—坝体；18—沥青玛瑞脂

7.2　施工程序

　　沥青混凝土面板设置在土石坝坝体上游迎水面，当坝体填筑到设计和分期施工高程后开始施工。土石坝防渗面板主要有土石坝防渗面板和抽水蓄能电站水库库盆防渗面板两种结构型式。两种结构施工程序有所不同。

7.2.1　土石坝防渗面板施工程序

　　按照土石坝沥青混凝土面板结构设计和现场施工要求，沥青混凝土防渗面板施工一般先进行各项施工准备，然后进行场外和现场铺筑试验，确定施工配合比和各项施工工艺参数与质量控制标准。在土石坝坝体填筑完成后开始进行土石坝沥青混凝土防渗面板的铺筑施工，在铺筑施工中按照质量检测要求及时对沥青混凝土面板进行质量检测。其施工按以下程序进行施工：施工准备→现场铺筑试验→生产性铺筑试验→沥青混合料制备与运输→斜坡坡面沥青混凝土面板铺筑施工→面板特殊部位沥青混凝土面板铺筑施工→质量检测。

7.2.2 库盆防渗面板施工程序

按照抽水蓄能电站水库库盆结构设计和现场施工要求，沥青混凝土防渗面板施工一般先进行各项施工准备，然后进行现场和生产性铺筑试验，确定施工配合比和各项施工工艺参数与质量控制标准。在库底和岸坡土石坝坝体填筑完成后，按照先库底后库岸的顺序进行库盆沥青混凝土防渗面板的铺筑施工，在铺筑施工中按照质量检测要求及时对沥青混凝土面板进行质量检测。按以下程序进行施工：施工准备→现场摊铺试验→生产性摊铺试验→沥青混合料制备与运输→库底沥青混凝土面板铺筑施工→岸坡沥青混凝土面板铺筑施工→面板特殊部位沥青混凝土面板铺筑施工→质量检测。

7.3 施工方法

沥青混凝土面板施工一般分为碾压式和浇筑式两种方法，其施工准备、摊铺试验、沥青混凝土拌和、运输、质量检测等工艺施工方法都基本相同，只是在沥青混凝土铺筑施工方法不同，碾压式采取摊铺机摊铺，振动碾碾压成型；浇筑法采用的是在迎水面安装护面板，在护面板与坝体垫层之间，浇筑自密实沥青混合料，靠自密实沥青混凝土的自重流平，也可辅以振捣器振动密实成型的施工方法。

7.3.1 施工准备

为保证沥青混凝土面板施工能正常和顺利进行，应做好充分的施工准备工作，施工准备主要内容是编制施工组织设计，编制操作规程，人员培训规程和技术交底规程，施工机械设备配置，骨料加工系统布置、拌和系统布置，现场施工机械布置沥青混合料所用原材料准备，试验室布置等。

（1）编制施工组织设计。沥青混凝土面板施工前，施工单位应根据工程项目合同文件、国家和行业规范标准、国家法律法规等依据编制施工组织设计，主要内容包括工程概况，施工道路、骨料加工系统、沥青混凝土拌和系统、风水电供应、施工机械、现场试验室、生产生活设施等项目的施工布置，施工程序，施工方法，施工总进度计划，主要机械设备、劳动力等资源配置，施工技术、质量、安全、环境保护保证措施等。施工单位所编施工组织设计应报监理部，经监理部进行审批后才能组织实施。

（2）编制操作规程。为保证沥青混凝土面板施工质量和施工安全，在施工前应按照国家和行业标准，编制各工序施工操作规程，并编印成册，对参加施工的全体管理人员、技术人员、作业人员进行培训。施工需要编制的操作规程如下：

1）试验规程。试验规程主要包括试验管理办法、试验仪器率定周期及试验操作规程、原材料试验检测率、现场和室内试验的频率及规程等。

2）原材料及混合料检验规程。原材料及混合料检验规程主要包括原材料进场管理、骨料加工系统操作及维护，粉料分选机的运行及维护，沥青脱桶脱水设备的运行及维护，沥青材料储存及运输的防火防爆，沥青混凝土拌和楼的运行及维护等。

3）工程混合料运输管理规程。工程混合料运输规程主要包括运输车辆的保养维护，运输速度的限制，转运设备的操作程序及保养维护，卸料高度及速度的限制等。

4）施工设备管理规程。施工设备管理规程主要包括破碎机筛分设备、拌和楼、运输设备、摊铺机、牵引设备、碾压设备、特种施工设备的运行维护及操作规程等。

5）施工检测规程。施工检测规程主要包括施工检测项目及顺序、取样方法及频率等。

6）施工记录集检测表格规程。施工记录集检测表格规程主要包括原材料、混合料、试验记录、施工原始签证、施工质量评定、单元施工验收等。

（3）人员培训规程。在沥青混凝土面板施工前，由施工单位职能部门对参加施工的作业人员、技术人员进行培训与考核，培训合格者才能参加现场施工。

培训的主要内容是沥青混凝土面板施工工艺流程和各工序操作方法，施工质量、安全、环境保护要求，编制的操作规程。

（4）技术交底规程。在沥青混凝土面板施工前，应由项目技术负责人组织有关人员，分层次进行技术交底。做到参与施工的人员熟悉工程特点、设计意图、技术要求、施工措施、施工难点、质量关键点、安全措施、工期控制等，做到心中有数，科学组织施工，保证工程施工顺利进行。技术交底主要内容如下。

1）施工图的内容，工程特点。

2）沥青混凝土面板施工中各项技术、质量要求，施工程序、主要施工工艺流程、施工方法，质量、安全措施等。

3）沥青混凝土面板施工中沥青混凝土料拌制、运输、转运、摊铺、碾压等工序作业，可能发生的质量、安全问题预测，所采取的预防措施等。

4）冬雨季，高温期施工措施，在特殊部位施工中的操作方法，注意事项，要点等。

5）施工工期要求及控制工期的关键项目，资源配置要求等。

（5）施工机械使设备配置。沥青混凝土面板施工主要设备配置包括运输设备、摊铺设备、碾压设备、其他附属设备。

施工机械配置应按施工组织设计选择的机械设备要求进行配置。施工单位自有设备可直接调运到施工现场，进行保养维护后投入使用。施工单位没有的设备，根据施工要求可以通过设备租赁公司租用或通过招标采购方式进行购买，运到现场进行验收，保养维护后投入使用。

（6）骨料加工系统布置。按照施工总布置和骨料加工系统设计要求进行骨料加工系统布置和设备配置。骨料系统主要由开采石料堆场、粗碎、中碎、细碎、筛分、成品净料、磨细、储管组成。

骨料加工系统布置是先进行设备基础和骨料净料料仓的土建施工，然后进行机械和电器设备安装、调试，系统试运行，期间进行拌和系统内的道路硬化、修建排水设施、消防设施等项目施工。整个系统验收合格后才能投入运行使用。

（7）拌和系统布置。按照施工总布置和拌和系统设计要求进行拌和系统布置。拌和系统主要由骨料加热系统、填料配料系统、拌和楼、沥青系统组成。

拌和系统布置方法是：先进行骨料加热系统、填料配料系统、拌和楼、沥青系统设备基础土建施工，然后进行骨料加热系统、填料配料系统、拌和楼、沥青系统设备安装、调试、系统试运行，期间进行拌和系统内的道路硬化、修建排水设施、消防设施安装等项目施工。整个系统验收合格后才能投入运行使用。

（8）现场施工机械布置。沥青混凝土面板施工现场机械布置主要是沥青混合料运输设备、斜坡摊铺机械、移动式卷扬台车、压实设备、其他设备等。

1）沥青混合料运输设备布置。沥青混凝土面板施工沥青混合料运输设备主要是采用自卸汽车。自卸汽车按照运输要求安装有保温和防雨设施，按照施工总布置，停放运输设备。

2）斜坡摊铺机械布置。沥青混凝土面板施工斜坡摊铺机是斜坡面板沥青混合料的摊铺设备，主要由斜坡摊铺机、可移式卷扬台车、喂料车组成。可移式卷扬台车布置在填筑坝体顶部平台上，斜坡摊铺机、喂料车布置在填筑坝体斜坡面上。布置程序如下。

A. 斜坡摊铺机布置程序。先在填筑坝体顶部平台上布置可移式卷扬台车，然后依次布置斜坡摊铺机、斜坡喂料车。

B. 可移式卷扬台车布置。布置前应将平台进行修整碾压，满足可移式卷扬台车行走和停放要求，然后由汽车吊和人工配合在现场进行移动式卷扬台组装、调试、行走、卷扬等性能测试，经验收合格后投入使用。

C. 斜坡摊铺机、斜坡喂料车布置。可移式卷扬台车布置完成后，将斜坡摊铺机与可移式卷扬台车牵引装置连接起来，通过斜坡摊铺机卷扬装置，斜坡摊铺机可在斜坡上行走到摊铺位置。再将斜坡喂料车与可移式卷扬台车牵引装置连接起来，通过斜坡喂料车卷扬装置，斜坡喂料车可在斜坡上行走到摊铺机受料斗位置。

3）移动式卷扬台车布置。沥青混凝土面板施工移动式卷扬台车是牵引斜坡振动碾作业设备，布置在填筑坝体顶部平台上，布置前应将平台进行修整碾压，满足移动式卷扬台车行走和停放要求。然后由汽车吊和人工配合在现场进行移动式卷扬台组装、调试、行走、卷扬等性能测试，经验收合格后投入使用。

4）压实设备布置。沥青混凝土面板压实设备主要是振动碾。斜坡面板压实分为初碾和二次碾压。初碾为摊铺机将沥青混合料摊铺后的碾压，振动碾为小于 1.5t，二次碾压振动碾为摊铺机从摊铺条幅移除后的碾压，振动碾为 3.0～6.0t。振动碾布置方法如下。

A. 初碾时振动碾布置在斜坡摊铺机布置完成后，将斜坡摊铺机卷扬机牵引装置与振动碾连接起来，由摊铺机卷扬机牵引装置控制振动碾上下行走速度。

B. 二次碾压振动碾是在填筑坝体顶部平台上移动式卷扬台车布置完成后，将移动式卷扬台车牵引装置与二次碾压振动碾连接起来，由移动式卷扬台车控制振动碾上下与前后行走速度。

5）其他设备布置。主要包括沥青玛琋脂涂刷设备、临时供电发电机、加热设备。

A. 沥青玛琋脂涂刷设备布置。封闭层沥青玛琋脂施工时，在坝体填筑平台顶部布置一台移动式电动搅拌锅炉，液化气加热，现场涂刷布置一台涂刷刮板机。

B. 在摊铺工程施工现场，还需要配备发电机用于施工现场供电，用于冷缝处理的电加热器、手持振动锤、钻取芯样设备及真空试验设备等。

C. 在冷缝处理中布置液化气简易的加热设备。

（9）试验室布置。为满足在沥青混凝土面板施工要求，现场应布置沥青混凝土试验室，并按试验要求配置试验仪器和设备。工地试验室应结合工程建设的总体平面布置进行，要充分考虑防汛安全、爆破安全、施工环境及试验室废弃物、污水等施工问题，确保试验室人员、设备的安全。

1）试验室布置。试验室布置在施工总布置选择的位置，先进行试验室设备基础土建施工、房屋建筑与装修，期间进行试验仪器和设备采购安装，房屋装修完成后进行试验仪器安置调试。设备、仪器经验收后才能投入使用。试验室经全面验收合格后才能投入使用。

2）沥青混凝土试验室的试验设备配置。应结合工程的实际情况进行配置。沥青混凝土面板施工试验室，通常需要配置如下试验检测仪器设备。

A. 沥青混凝土原材料试验检测系列仪器设备。包括进行沥青材料常规检测的精密电子天平、针入度仪、软化点仪、延伸度仪、旋转薄膜供箱试验仪；进行骨料筛分试验的点动摇筛机等。

B. 沥青混合料抽提试验的试验仪器设备。包括马歇尔试验仪、离心式抽提仪等用于对沥青混合料级配进行控制的试验仪器设备。

C. 沥青混凝土（含室内成型、现场取芯）试验检测仪器设备。包括各类试模、沥青混合料拌和机、马歇尔击实仪、混凝土取芯机、电动脱模仪、恒温水浴、压力试验机等试验仪器设备。

D. 沥青混凝土无损检测试验仪器设备。包括核子密度仪、透气仪等。

E. 其他试验仪器设备。包括各种不同类型的温度计、相关的化学分析仪器等。

天荒坪抽水蓄能电站沥青混凝土面板工程试验仪器见表 7-5。

表 7-5　　　　天荒坪抽水蓄能电站沥青混凝土面板工程试验仪器表

序号	设 备 名 称	单位	数量	备注
1	温度自动测量仪	台	3	
2	沥青混凝土全自动抽提仪	台	1	
3	马歇尔击实	台	1	
4	马歇尔稳定与流值仪	台	1	
5	针入度仪	台	1	
6	软化点仪	台	1	
7	恒温水浴	台	1	（2个）
8	比重计	个	2	
9	比重瓶	个	20	
10	骨料筛分全套设备	台	1	
11	针片状卡尺	把	1	
12	整平胶接层渗透仪	台	1	

序号	设 备 名 称	单位	数量	备注
13	防渗层抗渗仪	台	1	
14	抽真空泵	台	2	
15	沥青混凝土搅拌机	台	1	
16	精密电子天平	台	2	
17	烘箱	台	1	
18	斜坡流淌测试仪	台	1	
19	梭子密度仪	台	1	
20	现场抽真空仪	台	1	
21	冰箱	台	1	
22	取芯样专用转机	台	2	
23	取料工具及其他小工具	套	1	
24	专用集装箱	台	1	

（10）沥青混合料所用原材料准备。沥青混凝土面板施工原材料主要是骨料、沥青、沥青稀释剂、掺料、填料。应按照施工进度计划和施工最高强度进行原材料准备。具体方法如下。

1）根据施工进度计划、施工强度、沥青混涂料配合比，由技术部门计算出各种原材料的需用量，编制材料需用量计划，物资部门根据材料需用量计划和现场库存、资金情况编制物资采购计划。

2）骨料准备是由骨料加工系统按照骨料需用量计划，进行石料开采，骨料加工、筛分，存放在骨料加工系统净料仓内。

3）沥青、沥青稀释剂、掺料准备由施工单位物资采购部门通过招标选出合格的供货商，由供货商按照生产计划，进行沥青、沥青稀释剂、掺料的准备，按时供应并运输到现场仓库存放。

4）填料准备，若采用成品水泥作为填料，由施工单位物资采购部门通过招标选出合格的供货商，由供货商按照生产计划，进行水泥填料的准备，按时供应并运输到现场仓库存放。若采用由石灰岩粉填料，由骨料加工系统的粉磨车间按照需用量计划进行填料磨制，存放在筒仓内。

7.3.2　现场铺筑试验

在室内配合比设计完成后及骨料加工系统和拌和楼安装可以投入使用后，开始进行面板沥青混凝土现场摊铺试验。现场铺筑试验前施工单位应编制沥青混凝土面板现场铺筑试验大纲，经审批后，按照审批的试验大纲进行场外铺筑试验。试验大纲主要内容包括：试验目的、试验内容、试验场地布置、试验程序及方法、试验成果提交、试验进度计划、试验设备、物资和人员等资源配置。

（1）现场铺筑试验的主要目的。

1）验证沥青混凝土配合比的性能。

2）检验和评价沥青混凝土拌和楼、摊铺机械设备机械性能和生产能力。

3）验证牵引设备、摊铺设备和碾压设备的适宜性。

4）确定摊铺和碾压参数，包括拌和系统出料控制、摊铺或浇筑工艺、碾压速度和碾压方法等。

（2）现场铺筑试验的内容。根据土石坝沥青混凝土面板设计和施工要求，沥青混凝土面板场外试验主要内容如下。

1）沥青混凝土配料、拌和试验。根据不同的配合比、不同的配料顺序，确定沥青混合料的拌和投料顺序、出机口温度、拌和时间。

2）沥青混凝土运输试验。观测沥青混合料在运输过程中的离析情况和温度损失情况。

3）面板铺筑试验。内容包括面板各层摊铺或浇筑方法、厚度、碾压方式、初碾与复碾、碾压温度、接缝处理等，在沥青混凝土冷却后，钻取芯样，进行容重、渗透系数、抗压强度、三轴等试验，根据试验结果，确定铺筑施工工艺和铺筑参数。

（3）试验程序。按照沥青混凝土铺筑施工质量要求和施工程序，场外沥青混凝土面板铺筑试验一般先进行试验场地布置，然后依次进行原材料检测，拌和工艺验证试验，混合料运输试验，各层沥青混合料铺筑试验，接缝与层面处理试验，沥青混凝土试验质量检测。

（4）试验场地布置。沥青混凝土面板现场铺筑试验应选择在工程铺筑部位以外的场地进行。由于现场摊铺试验的性质及现场条件的限制，一般不做沥青混凝土斜面摊铺试验，有条件的情况下，也可以组织斜坡部位的铺筑试验。沥青混凝土面板现场铺筑试验场地，一般布置在施工部位以外水平场地。场外试验时，摊铺条幅的宽度根据摊铺机的情况，应尽可能窄；长度以振动碾能够正常碾压为宜，以节约沥青混凝土混合料。

天荒坪抽水蓄能电站现场摊铺试验场地布置为 20m×10m 区域为摊铺机场外铺筑试验场地，20m×1.5m 为人工场外铺筑试验场地。在试验区域内按要求铺筑厚 40cm 的垫层料，垫层表面喷涂阳离子乳化沥青。

（5）试验方法。现场铺筑试验一般只组织沥青混凝土水平摊铺试验，有条件的情况下，也可以组织斜坡部位的摊铺试验。现场铺筑试验的方法如下。

1）原材料的检测。原材料检测应按设计要求进行，一般现场铺筑试验的原材料检测内容包括储料罐内沥青、粗骨料、细骨料、填充料及垫层料等相关技术指标。

2）确定施工工艺参数。根据已完成工程的经验，结合具体工程的实际情况，重点分析室内沥青混凝土配合比复核的试验成果，确定一至两组试验参数，并选定其中一组用于摊铺试验；另一组作为备用。当推荐的试验参数不能满足生产要求时，启用备用参数。

3）沥青混合料拌和。在完成原材料检测后，根据确定的试验参数，按照设计配合比，考虑材料的超径、逊径比例后，确定用于生产的沥青混凝土配合比，然后进行沥青混合料的拌和。

在拌和楼生产沥青混合料前，应在其热料仓取样，对混合料进行筛分，验证其级配是否满足设计要求。一般在开始生产的前几盘沥青混合料不太理想，难以满足设计要求，应予以舍弃。在观察拌和楼的生产基本稳定后，还需进行沥青混合料的抽提试验，根据抽提试验的结果，对生产配合比进行微调。

4）混合料运输。沥青混合料的运输包括以下几个环节。

A. 沥青混凝土拌和楼卸料至专用的运输汽车。

B. 汽车运输卸料至装载机或起重机沥青混合料转运设备的保温罐内。

C. 转运设备水平运输卸料至沥青混凝土摊铺设备等。

运输过程要注意观测和记录运输过程中沥青混合料的温度损失及骨料离析等情况。如温度损失过大且不能保证入仓温度的要求，则需采取有效措施，减少运输时间或加强运输设备的保温性能；如骨料分离严重，满足不了施工要求，则需改善运输环境，采取重修路面或其他措施，保证不因运输或转运造成骨料分离。

由于现场摊铺试验的性质及现场条件的限制，通常情况下，都不做沥青混凝土斜面摊铺试验，因此应根据工程的实际情况，结合水平面摊铺试验的成果，对施工中斜面摊铺的有关控制参数，进行必要的分析和预估，并保证在实际应用中具有可调整的范围。

5）摊铺、碾压。在选定的试验场地上，按照试验大纲规定的内容进行面板各层沥青混凝土的摊铺碾压试验。摊铺碾压施工包括摊铺场地的坡度、摊铺的施工程序、摊铺工艺、碾压遍数等，摊铺试验应按正常的施工程序进行，包括在沥青混凝土与混凝土结构接触面上涂洒沥青涂料，铺设 IGAS 塑性止水材料等特殊部位的施工工艺。

6）接缝、层面处理。进行接缝形式、冷缝、热缝、各层层面连接处理方法试验，确定接缝形式，冷热缝和层面处理参数，工艺标准。

7）质量检测。进行沥青混凝土现场摊铺碾压的同时，需要进行的检测项目包括入仓温度、摊铺温度、碾压温度，用核子密度仪检测沥青混凝土的孔隙率、用渗气仪检测沥青混凝土的渗透系数；还要取样对混合料进行抽提、马歇尔稳定度、马歇尔流值、小梁弯曲等试验检测。

在摊铺生产完成后，一般需等待 3～5d 的时间，以摊铺的沥青混凝土完全冷却为标准，安排钻取沥青混凝土芯样，进行沥青混凝土孔隙率、渗透系数、马歇尔稳定度、马歇尔流值、柔性、斜坡流淌值马歇尔抽提等试验检测。

具体的试验检测项目及检测频率，应按设计要求进行。所有试验检测成果，都应达到设计技术指标的要求。

8）总结。现场铺筑试验质量检测完成后，应及时对试验各项检测成果进行综合分析，当沥青混凝土现场铺筑试验相关技术指标全部满足设计和试验要求后，现场摊铺试验结束。如果沥青混凝土的某一项或某几项指标不满足设计要求时，必须调整设定配合比及施工工艺参数，重新进行现场试验场摊铺试验。

现场铺筑试验完成后，必须对摊铺试验过程、摊铺施工工艺、摊铺试验检测成果进行全面、系统地总结，整理试验结果，形成正式的文字报告，并办理审批手续。

7.3.3 生产性铺筑试验

沥青混凝土生产性试验就是在沥青混凝土面板施工部位上，采用现场铺筑试验所确定的施工配合比，进行的沥青混凝土铺筑或浇筑试验，对在现场试验确定的配合比下的材料供应、沥青混合料制备及运输、现场摊铺、碾压、质量检测等系统能力、运行状况及应对措施进行验证与调整，确定沥青混凝土施工配合比及碾压参数，保证沥青混凝土面板铺筑施工能够正常进行，施工质量达到设计和规范要求，施工进度满足工期要求。

当现场沥青混凝土面板铺筑施工布置完成，施工现场有可以进行沥青混凝土面板防渗体施工的部位，现场铺筑试验施工配合比已审批。沥青混凝土面板施工机械设备、质量检测设备和仪器、材料、施工管理和作业人员等资源配置齐全，并经检查符合施工要求。沥青混凝土面板生产性铺筑试验大纲获得批准，可以进行沥青混凝土生产性铺筑试验。

（1）生产性试验目的。

1）确定沥青混凝土面板施工配合比及碾压参数。

2）验证施工配合比及相应的施工工艺和质量检验与控制方法。

3）检测在沥青混凝土生产配合比下的材料供应、混合料制备及运输、摊铺、碾压、检测等系统能力、运行状况及应对措施。

4）检验和评价沥青混凝土拌和楼、斜坡摊铺机械设备机械性能和生产能力。

（2）生产性试验的内容。生产性试验的内容主要包括以下几点。

1）拌和工艺验证。拌和工艺验证主要包括原材料加工与质量控制、拌和与配料、出机口沥青混合料质量检测。

2）沥青混凝土运输试验。运输过程中的温度损失、沥青混合料的离析情况检测。

3）沥青混凝土面板铺筑试验。垫层、乳化沥青层、整平胶结层、沥青混凝土防渗底层、沥青材料排水层、防渗面层及封闭层的铺筑工艺控制。

4）铺筑设备质量控制试验。检验调整设备质量控制系统的性能和控制手段的有效性。

5）接缝与层面处理。确定施工接缝和层面处理的施工工艺和技术要求。

6）沥青混凝土质量检测。确定面板沥青混凝土质量检测方法和检测要求。

（3）试验程序。按照沥青混凝土面板铺筑施工技术要求和施工程序，生产性沥青混凝土铺筑试验一般先在土石坝沥青混凝土面板防渗体次要施工部位选择试验场地，然后依次进行沥青混合料拌和工艺验证试验，沥青混合料运输试验，面板各层沥青混合料铺筑工艺和参数试验，接缝与层面处理试验，沥青混凝土试验质量检测。

（4）试验场地布置。沥青混凝土面板生产性铺筑试验场地，应选择在工程铺筑施工部位上进行生产性试验。天荒坪抽水蓄能电站上水库沥青混凝土面板生产性铺筑试验场地布置平面 30m×5m，斜坡 75m×10m。

（5）试验方法。生产性摊铺试验的方法与场外铺筑试验的步骤基本相同，试验内容也基本相同，区别是生产性铺筑试验是在沥青混凝土面板设计施工部位上，试验要求发生了重大变化，对施工组织、施工质量、摊铺、碾压控制、检测等要求，都要高于场外摊铺试验，而且试验成果将要指导今后现场施工。最重要的是生产性试验是在现场沥青混凝土面板设计施工部位上，试验部位的沥青混凝土将成为沥青混凝土面板的一部分。因此，试验成果是不容许出现质量问题的，若生产性铺筑试验出现质量问题，就必须进行返工处理。

7.3.4 碾压式面板施工

在沥青混凝土面板生产性摊铺试验完成后，各项技术指标全部满足设计技术要求，现场土石坝工程填筑完成后，可以进行现场沥青混凝土面板施工。

碾压式沥青混凝土面板施工就是采用摊铺机，按照摊铺机的摊铺宽度，在土石坝迎水面上分层摊铺面板结构内各层沥青混合料，振动机械碾压成型的施工方法。施工作业项目主要是按照沥青混凝土面板铺筑技术要求进行垫层、面板各层沥青混合料的摊铺、碾压等工序的作业。

（1）技术要求。为确保土石坝沥青混凝土面板施工质量符合设计要求，在沥青混凝土面板工程设计施工中都编制有施工技术要求，在碾压式沥青混凝土铺筑施工中，一般都是按照技术要求来选择施工方法、施工材料和设备，并按照碾压式沥青混凝土施工技术要求组织施工。我国目前碾压式土石坝沥青混凝土面板铺筑施工的技术要求主要是按照《水工碾压式沥青混凝土施工规范》（DL/T 5363—2006）、《水工沥青混凝土施工规范》（SL 514—2013）和《沥青混凝土面板堆石坝及库盆施工规范》（DL/T 5310—2013）的规定和现场实际情况来进行施工。其主要的技术要求如下。

1）碾压式沥青混凝土面板正常施工的气象条件。

A. 沥青混凝土面板施工宜选择气候环境较好的季节进行，不宜在降雨、降雪及风力大于 4 级的时段进行施工。

B. 沥青混凝土防渗面板施工时气温在 5℃ 以上，防渗层和封闭层不宜在 10℃ 以下气温施工，整平胶结层和排水层不宜在 5℃ 以下气温施工。

2）垫层施工。

A. 坝体上游面的垫层料应和坝体同时填筑，填筑前应剔除过渡料结合处的大石及分离料，填筑时上游边线水平超宽宜为 20～30cm。应采用 12～18t 自行式振动碾进退错距法水平压实，振动碾与上游边缘的距离不宜大于 40cm，坝体垫层料填筑每升高 3.0～4.5m 应适时用反铲削坡一次，削坡修整后坡面应预留出斜坡碾压的预沉降量，预沉降量应根据试验数据确定。无试验数据时，可按坡面法线方向高于设计线 50～100mm 预留。有条件时，可用激光控制削坡。

B. 土质边坡在铺筑垫层前，应按设计要求对施工面进行整修和压实，对土质施工面应喷洒除草剂，其喷洒时间及喷洒量应通过试验确定。

C. 垫层坡面应平整，在 2m 长度范围内，碎石（或卵、砾石）垫层应小于 30mm。垫层料的最大粒径、级配、细料含量等应满足设计要求。

D. 碎石（或卵、砾石）垫层坡面，按设计的粒料级配分层填筑压实。压实时用振动碾顺坡碾压，上行有振碾压，下行无振碾压，碾压遍数按设计的压实度要求通过碾压试验确定，其压实度或相对密度应满足设计要求。

E. 垫层坡面压实合格后，应及时分条带自下而上在其表面喷洒一层乳化沥青。乳化沥青用量应通过试验确定，无试验资料可控制在 1.5～2.0kg/m² 之间，应喷洒均匀，不留空白。喷涂前应保持垫层料表面干燥，降雨前不宜喷涂。乳化沥青喷涂后，禁止人员、设备行走。待其干燥后，方可铺筑沥青混合料。

3）沥青混合料的摊铺。

A. 沥青混凝土面板一次铺筑的斜坡长度应根据施工条件、施工设备情况等确定，不宜超过 120m。当斜坡过长或有度汛拦洪要求时，可将面板沿斜坡按不同高程分区，每区按铺筑条带由一岸依次至另一岸。铺完一个工作区域后再铺上面相临的区域。各区间的横向接缝应处理。

B. 库底水平沥青混凝上面板一次铺筑长度可根据库底平面尺寸和施工分区确定；大坝及库岸斜坡沥青混凝土面板一次铺筑斜坡长度应根据施工条件、设备性能等确定，一般不宜超过 120m。

C. 沥青混凝土面板应按设计的结构分层，沿垂直坝轴线方向依摊铺宽度分成条带，由低处向高处摊铺。

D. 沥青混合料的摊铺宜采用专用摊铺机，摊铺速度应满足施工强度和温度控制要求。最佳摊铺速度以 1～2m/min 为宜，或通过现场试验确定。

E. 沥青混合料的摊铺厚度应根据设计要求通过现场试验确定。当单一结构层厚度在 100mm 以下时可采用一层摊铺；大于 100mm 时应根据现场试验确定摊铺层数及摊铺厚度。

4）沥青混合料的碾压。

A. 沥青混合料应采用专用振动碾碾压，宜先用附在摊铺机后的小于 1.5t 的振动碾或振动器进行初次碾压，待摊铺机从摊铺条幅上移出后，再用 3.0～6.0t 的振动碾进行二次碾压。振动碾单位宽度的静碾重控制见表 7-6。若摊铺机没有初压设备，可直接用 3.0～6.0t 的振动碾进行碾压。

表 7-6　　　　　　　　　振动碾单位宽度的静碾重控制表

碾压类别	初次碾压	二次碾压
单位宽度碾重/(kg/cm)	1～6	6～20

注　引自《水工碾压式沥青混凝土施工规范》（DL/T 5363—2006）表 8.4.1。

B. 沥青混合料碾压时应控制碾压温度，初碾温度控制为 120～150℃，终碾温度控制为 80～120℃，最佳碾压温度应由试验确定。当没有试验成果时，可根据沥青的针入度按表 7-7 选用混合料碾压温度。气温低时，应选大值。

表 7-7　　　　　　　　　沥青混合料碾压温度控制表

| 项　　目 | 针入度（0.1mm） | | 一般控制范围 |
	60-80	80～120	
最佳碾压温度/℃	150～145	135	
初次碾压温度/℃	125～120	110	150～120
二次碾压温度/℃	100～95	85	120～80

注　引自《水工碾压式沥青混凝土施工规范》（DL/T 5363—2006）表 8.4.2。

C. 沥青混合料碾压工序应采用上行振动碾压、下行无振碾压，振动碾在行进过程中要保持匀速，不宜骤停骤起，振动碾滚筒应保持潮湿。碾压结束后，面板表面应进行无振碾压收光。施工接缝处及碾压条带之间重叠碾压宽度应不小于 150mm。

5）施工接缝与层间处理。

A. 防渗层铺设时应减少纵向、横向接缝。采用分层铺筑时，各区段、各条带间的上、下铺筑层接缝应相互错开。横缝的错距应大于 1m，顺坡纵缝的错距应为条带宽度的 1/3～1/2。接缝宜采用斜面平接，夹角宜为 45°。

B. 当已摊铺碾压完毕的条带接缝处的温度高于 80℃时，可直接摊铺，不需进行处理；当温度低于 80℃时按冷缝处理，应在接缝表面涂热沥青，并用红外线加热器烘烤至

100℃±10℃后再进行摊铺碾压。

C. 在新条带摊铺前，对受灰尘等污染的条带边缘，应清扫干净；污染严重的应予清除。新条待冷却后，可在接缝表面涂热沥青，再用红外线加热器烘烤后夯实压平。

D. 使用加热器加热施工接缝时，其接缝表面温度应控制为 90～110℃，防止温度过高使沥青老化。对防渗层的施工接缝，应进行渗透性能检测。

E. 上、下铺筑层的施工间隔时间以不超过 48h 为宜。当铺筑上一层时，下层层面应干燥、洁净。

F. 防渗层上、下铺筑层之间应喷涂一薄层乳化沥青、稀释沥青或热沥青。当用乳化沥青或稀释沥青时，应待喷涂液（喷涂后 12～24h）干燥后进行摊铺。

6）面板与刚性建筑物的连接。

A. 面板与岸坡连接的周边轮廓线应保持平顺。面板与刚性建筑物的连接部位，施工时应留出一定的宽度，在面板铺筑后进行连接部位的施工。先铺筑的各层沥青混凝土应形成阶梯形状，以满足接缝错距要求。

B. 面板与刚性建筑物连接部位应按混凝土连接面处理、楔形体浇筑、沥青混凝土防渗层铺筑、表面封闭层敷设等工序施工。必要时应进行现场铺筑试验。

C. 面板与混凝土结构连接面施工前，应将混凝土表面清除干净，将潮湿部位的混凝土表面烘干，然后均匀喷涂一层稀释沥青或乳化沥青，用量宜为 0.15～0.20kg/m² 。混凝土结构的表面敷设沥青胶时，需待稀释沥青或乳化沥青干燥后进行。沥青胶涂层应均匀平整，不得流淌。如涂层较厚时可分层涂抹，涂抹厚度通过试验确定。

D. 楔形体的材料可采用沥青砂浆、细粒沥青混凝土等，应全断面由低到高依次热法浇筑施工，每层厚度宜为 300～500mm。楔形体浇筑温度应控制为 140～160℃，在混凝土面和楔形体上铺筑沥青混凝土防渗层时应在沥青胶和楔形体冷凝后进行。

E. 连接部位设加厚层的上层沥青混凝土防渗层应待下层沥青混凝土防渗层冷凝后铺筑。连接部位的沥青混凝土防渗层与面板的同一防渗层的接缝应按施工接缝处理。

F. 当连接部位设置金属止水片时，应采用与水工混凝土结构的止水片相同的安装方法。嵌入沥青混凝土一端的止水片表面应涂刷一层沥青胶。当连接部位使用加强网格材料时，应将施工面清理干净后铺设。加强网格材料的搭接宽度应不小于 100mm。当采用多层加强网格材料时，上下层应相互错缝，错距应不小于 1/3 幅宽。

7）封闭层施工。

A. 封闭层的施工宜按照先库底、后库岸的顺序进行。

B. 库底封闭层宜采用自行式涂刷机分条带涂刷，大坝及库岸封闭层应采用牵引机牵引涂刷机沿坝坡分条带涂刷。

C. 封闭层施工前，防渗层表面应干净、干燥。因污染而清理不净的部分，应喷涂热沥青。

D. 采用沥青玛碲脂封闭层时，沥青玛碲脂宜采用机械拌制，搅拌均匀，随拌随用。出料温度应控制在 180～200℃。

E. 封闭层施工涂刷厚度宜为 1～2mm，涂刷温度宜为 170℃，涂刷后有鼓泡或脱皮等缺陷时应清理重涂。封闭层施工后的表面，严禁人、机行走。

（2）面板施工工艺流程。碾压式沥青混凝土面板有简式断面和复式断面两种形式，其施工工艺有所不同。按照碾压式沥青混凝土面板的结构型式和施工要求，面板简式断面和复式断面两种结构分别按以下工艺流程进行施工。

1）沥青混凝土简式面板的施工工艺流程：垫层施工→整平胶结层施工→防渗层施工→封闭层施工→质量检测。

2）沥青混凝土复式面板的施工工艺流程：垫层施工→整平胶结层施工→防渗层底层施工→排水层施工→防渗面层施工→封闭层施工→质量检测。

3）面板各层结构铺筑施工工艺流程。沥青混凝土防渗面板现场各层沥青土铺筑施工一般按以下工艺流程进行施工：沥青混凝土拌制→沥青混合料出机口质量检测→沥青混合料运输→沥青混合料摊铺→初碾→复碾→终碾→质量检测。

（3）面板铺筑施工规划。碾压式沥青混凝土面板为多层不同级配的沥青混凝土组成的防渗结构，采用分条带连续铺筑连接而成。其施工按不同高程分区施工，又称为分级施工。土石坝工程每个区域沥青混凝土面板施工，采用垂直坝轴线方向分条带，从一岸依次到另一岸铺筑施工。也可采用平行坝轴线分条带，从下往上依次铺筑施工。抽水蓄能电站水库库岸沥青混凝土面板施工，采用垂直库盆环形轴线方向分条带，沿库盆环形面一周铺筑施工。库底沥青混凝土面板，采用垂直坝轴线或平行坝轴线方向分条带，从左岸往右岸方向或从上游往下游方向铺筑施工。

沥青混凝土面板铺筑施工的分区数量、分段长度、条带宽度、各层沥青混凝土摊铺厚度是控制沥青混凝土面板施工进度和质量的重要参数，也是施工程序和施工进度计划编制的依据。为确保碾压式沥青混凝土面板铺筑施工能够按期完成，在施工前首先应进行面板铺筑施工规划指导现场施工。

沥青混凝土面板铺筑规划主要内容是：根据沥青混凝土面板设计要求，进行斜坡面面板的施工分区和斜坡面铺筑条带的宽度划分。有水平面板的工程还要进行水平面面板的施工分段，水平面铺筑条带宽度划分，沥青混凝土面板中各层沥青混凝土铺筑厚度进行选择。

1）施工分区。碾压式沥青混凝土面板一般均采用一级铺设。但当斜坡长度过长超过120m时，或因施工导流、度汛要求坝体需修成临时断面并铺设面板时，按技术要求规定采取分级施工。

在大中型工程沥青混凝土面板铺筑施工中，一次铺筑的斜坡长度根据施工条件、施工设备情况等来确定，一般不超过120m。当斜坡过长或有度汛拦洪要求时，坝体需修成临时断面并铺设面板时，可将面板沿斜坡按不同高程分区。铺完一个工作区域后再铺上面相临的区域。各区间的横向接缝应处理。目前多为二级铺筑，即将面板分成上、下两部分铺筑。当铺筑下半部分时，需设置临时性的坡间施工平台，供布置牵引设备及交通道路之用。平台宽度应满足牵引设备的布置及运输车辆交通的要求，平台宽度一般为15～25m。

2）铺筑条带宽度选择。面板铺筑条幅就是按沥青混凝土面板结构设计的层次，沿垂直坝轴线方向依摊铺宽度分成条带，自下而上摊铺。土石坝工程和水库库盆工程中的岸坡面板条带摊铺宽度一般为3～5m，库底条带的摊铺宽度一般为5～9m。

峡口水电站的坡面摊铺宽度为3m；天荒坪抽水蓄能电站的库底和坡面的摊铺宽度

5m；张河湾抽水蓄能电站的坡面摊铺条带宽度 4m，库底摊铺宽度 6m；西龙池抽水蓄能电站坡面摊铺最大宽度为 4.15m，库底摊铺宽度为 9.5m；宝泉抽水蓄能电站摊铺宽度 2.5～5m。

3）摊铺层厚选择。沥青混凝土的摊铺厚度，一般按照生产性试验所确定面板各层结构铺筑厚度进行选择。防渗层厚度不大于 10cm 时，宜采用单层铺筑。防渗层厚度大于 10cm 时，宜采用分层铺筑，每层不超过 10cm，上层、下层接缝应相互错开。

（4）垫层施工。碾压式沥青混凝土面板垫层为柔性垫层，柔性垫层料主要采用连续级配的碎石或卵砾石铺筑而成。主要施工分两种情况，第一种土石坝坝体填筑边坡，坝体上游面的垫层料应和坝体同时填筑施工；第二种是在抽水蓄能电站水库库岸迎水面为土石开挖边坡，库底为土石开挖基础，在开挖完成后进行边坡垫层施工。垫层施工项目主要是垫层料铺筑，垫层表面喷洒乳化沥青。

1）土石坝沥青混凝土面板垫层施工。土石坝工程沥青混凝土防渗面板设置在填筑坝体迎水斜坡面上，其垫层料按照从下往上顺序和坝体同时填筑，具体施工方法如下。

A. 坝体填筑采取主堆石、过渡料、垫层料的顺序进行填筑，主堆石与过渡料和垫层料填筑厚度成倍数，应平齐上升，高差不超过 80cm。坝体上游面的垫层料填筑前应剔除过渡料结合处的大石及分离料。

B. 垫层料由现场布置的骨料加工厂生产，自卸车和装载机组合运输，现场用反铲和推土机进行摊铺，现场布置的振动碾进行碾压。现场填筑时上游边线水平超宽宜为 20～30cm。采用 10～18t 自行式振动碾进退错距法水平压实，振动碾与上游边缘的距离不宜大于 40cm，坝体垫层料填筑每升高 3.0～4.5m，应适时用反铲削坡一次，削坡修整后坡面应预留出斜坡碾压的预沉降量，预沉降量应根据试验数据确定。无试验数据时，可按坡面法线方向高于设计线 50～100mm 预留。有条件时，可用激光控制削坡。

C. 坝体垫层料填筑削坡完成后，采用 10t 的斜坡振动碾，顺坡采用无振动错距法进行碾压，然后由人工采用方格法进行坡面细部及坡面凹凸部位进行整平和补料处理。坡面整修检查合格后，采用 10t 的斜坡振动碾顺坡按生产性铺筑试验确定的遍数和方法进行碾压，使垫层干密度满足设计要求（即 2m 场地范围内，不平整度小于 30mm）。在人工采用方格法修坡中，方格坐标和尺寸应由测量人员用测量仪器确定，方格尺寸为 10m×10m。

D. 垫层坡面碾压合格后，由人工或机械方法，分条带自下而上在其表面喷洒一层乳化沥青。乳化沥青用量应按试验所确定用量要求进行控制，无试验资料可按 1.5～2.0kg/m² 控制，应喷洒均匀，不留空白。喷涂前应保持垫层料表面干燥，降雨前不宜喷涂。乳化沥青喷涂后，禁止人员、设备行走。待其干燥后，可进行铺筑沥青混合料。

2）抽水蓄能电站水库库盆工程垫层施工。水库库盆工程垫层施工按照先库底后库岸的顺序，从下往上分区、分段、分层铺筑施工，具体施工方法如下。

A. 库底为人工开挖土质或岩石平面基础，垫层料填筑前先进行库底地质缺陷超挖的混凝土浇筑或土石料填筑处理，然后在土基或土石料的位置按照设计要求填筑反滤料和垫层料。垫层填筑前应对库底进行检查和清理，垫层料填筑时采用分区分段填筑方法，反滤料和垫层料分段填筑时应设置台阶，以免出现层间错动或折断现象。齿墙、岸墩等混凝土结构两侧 1.5m 范围内的垫层料回填应采取人工配机械薄层摊铺的方式，每层厚度不超过

20cm，采用振动夯板、小型振动碾进行压实。碾压后 2m 长度范围内，不平整度应小于 30mm。

B. 库岸为人工开挖土质和岩石边坡斜平面，环形库岸的转折位置和库岸与库底相交连接处为弧面连接。

土质边坡在垫层料铺筑垫层前，采用 10t 斜坡振动碾无振静压方式碾压斜坡面，人工采用方格法进行整修，对坡面凸出部位由人工开挖整平，对于凹下去的部位与垫层料一起填筑。坡面修整合格后人工从下往上分条带喷洒除草剂，喷洒量按试验所确定的规定进行控制。

岩石边坡在垫层料铺筑前，先按照设计要求对边坡开挖时发现的地质缺陷采取浇筑混凝土或填筑土石料等方法进行处理，然后人工采用方格法对开挖坡面进行检查，对坡面凸出部位采用液压锤进行整平，对于凹下去的部位与垫层料一起填筑。

库岸边坡垫层料采用从下往上，分区、分段、分层进行铺筑施工。垫层的铺筑施工视厚度大小有以下两种施工方式。

第一种施工方式是在垫层厚度较小时采用顺坡铺筑。施工方法是在坡度较缓时直接采用推土机摊铺，用卷扬机牵引振动碾顺坡进行碾压。在坡度较陡时先用卷扬机牵引推土机摊铺，然后用卷扬机牵引振动碾顺坡进行碾压。为加快施工进度和保证施工质量，根据现场情况斜坡上铺筑的垫层料可分上、下两部分完成。下部分填筑时，从坡下供料；上部分填筑时，从坡上供料。施工中应确保接缝部位料连续，不能出现错动或折断。

第二种施工方式是垫层厚度较大时采用先水平分层填筑再顺坡碾压的方法。一般分为过渡层棱体和支撑面板两部分铺设。过渡层棱体按水平分层填筑，填筑层厚约 400mm，最大粒径一般为 50～70mm。在过渡层棱体上铺厚 150～250mm 的粒料，粒径为 3～100mm，即为支撑面层。用振动碾顺坡碾压，碾压时，上行振动，下行不振动，以防粒料向下移动。

在两种垫层料铺筑施工方式中，垫层料碾压的遍数应按试验成果要求进行碾压，使垫层坡面平整度、压实度或相对密度等指标全部符合设计要求。

C. 库底和库岸垫层料铺筑完成后，由人工或机械方法，分条带在其表面喷洒一层乳化沥青。边坡喷洒顺序为由下往上，库底为从前往后端退法喷洒。喷洒施工中应控制喷嘴距地面的距离不超过 25cm，保证洒布均匀。乳化沥青用量按试验所确定用量要求进行控制，无试验资料可按 1.5～2.0kg/m² 控制。喷涂前应保持垫层料表面干燥，降雨前不宜喷涂。乳化沥青喷涂后，禁止人员、设备行走。待其干燥后，可进行铺筑沥青混合料。

西龙池抽水蓄能电站上水库库盆垫层施工，库岸和库底为碎石垫层，厚度均为 60cm，垫层表面喷洒 2.0kg/m² 乳化沥青。垫层分两层填筑，每层填筑厚度 30cm。库底碎石垫层采用汽车运输碎石料，推土机摊铺，18t 振动碾碾压，两层摊铺碾压完毕后，对表面人工进行平整，振动碾碾压。库底每层松铺厚度为 33～45cm，碾压 8 遍，加水量为 5%。库岸碎石垫层施工采用 20t 自卸汽车运输碎石料，反铲配合装载机和推土机铺料，人工修整坡面，10t 拖碾由推土机牵引进行斜坡碾压。库岸每层松铺厚度为 33～40cm，静压 3遍，振动碾压 8 遍，拖碾行驶速度为 2～3km/h，加水量为 5%。乳化沥青采用齿轮泵沥青洒布车分条带进行喷洒施工，库岸由下往上喷洒，库底从前往后倒退喷洒，控制喷嘴距地面的距离不超过 25cm，保证洒布均匀。

（5）沥青混合料生产。沥青混凝土面板的沥青混合料一般采用具有连续烘干、间歇计量和间歇拌和的综合式工艺流程的拌和厂生产。拌和厂主要由矿料系统、拌和楼、沥青系统组成。沥青混合料生产方法如下。

1）冷骨料均匀烘干加热，应根据季节、气温的变化进行调整，骨料加热温度不应高出热沥青温度 20℃，温度为 180℃±10℃。矿粉如需加热，加热温度为 70～90℃。

2）沥青脱水温度应控制为 120℃±10℃，沥青加热温度应根据沥青混合料出机口温度确定，温度为 160℃±10℃。加热过程中沥青针入度的降低不宜超过 10%。保温时间不宜超过 24h。

3）沥青混凝土面板混合料应根据试验室签发的配料单进行配料，矿料以干燥状态的质量为准，沥青可按质量或体积进行配料。拌和设备的称量系统应定期进行动态、静态检定，沥青混合料在生产过程中各种原材料的称量精度应为 ±0.5%。沥青混合料配合比的允许偏差见表 7-8。

表 7-8 沥青混合料配合比的允许偏差表

材料种类	粗骨料	细骨料	填充料	沥青
允许偏差/%	±5.0	±3.0	±1.0	±0.3

注 引自《沥青混凝土面板堆石坝及库盆施工规范》（DL/T 5310—2013）表 6.4.4。

4）在拌制沥青混合料前，一般采用热骨料进入拌和系统对拌和系统进行预热，预拌后拌和机内的温度不应低于 100℃。沥青混合料的出机口温度，应满足摊铺和碾压温度的要求。

5）拌制沥青混合料时，先将骨料与填料干拌 15～25s，再加入热沥青一起拌和，应拌和均匀，使沥青裹覆骨料良好，严格按试验确定的时间控制拌和时间。

6）拌和好的沥青混合料卸入受料斗，经卷扬机提升到拌和楼保温沥青混合料成品料仓内储存。

（6）沥青混合料的运输。沥青混凝土面板混合料运输主要有平面和斜坡两种作业运输。

1）平面运输。沥青混合料装在自卸车保温车厢内运到现场铺筑位置卸入摊铺机受料斗内，或沥青混合料装在自卸车保温车厢内运至施工现场，卸入用装载机改装的保温罐内，再转运至摊铺机受料斗内，摊铺机将沥青混合料运到铺筑位置。

2）斜坡运输。沥青混合料装在汽车上的底开式立罐内，运到坝顶起重机或可移式绞车起重吊臂吊钩下，或由沥青混合料装在自卸车保温车厢内，运到施工现场平面或斜坡分级铺筑平台沥青混凝土面板铺筑位置上保温卧罐内。施工现场斜坡分级铺筑平台布置的起重机或可移式绞车起重吊臂将汽车上立罐内的沥青混合料或卧罐内的沥青混合料吊起转运卸入斜坡喂料车受料斗内，斜坡喂料车将沥青混合料转运至摊铺机受料斗内，斜坡摊铺机将沥青混合料运到铺筑位置。

（7）沥青混凝土面板铺筑施工。根据碾压式沥青混凝土面板的断面结构型式，简式断面面板沥青混凝土铺筑施工，在垫层施工完成后，依次进行的整平胶结层、防渗层沥青混凝土铺筑施工，封闭层沥青玛琋脂涂刷施工。复式断面在垫层施工完成后，依次进行的整平胶结层、防渗底层、排水层、防渗面层沥青混凝土铺筑施工，封闭层沥青玛𤧛脂涂刷施工。在碾压式沥青混凝土面板断面结构中，整平胶结层、防渗底层、排水层、防渗面层是几种不同配合比的沥青混合料，其施工工艺流程基本相同，只是沥青混合料的级配、性能、质量控制要求不同。

整平胶结层为半开级配沥青混凝土，排水层为开级配沥青混凝土，防渗底层和防渗面层为密级配沥青混凝土。沥青混凝土面板现场铺筑施工主要项目是面板各层结构沥青混合料的摊铺、碾压、接缝与层间处理，封闭层沥青玛𤧛脂涂刷。

1）铺筑施工方式。水工沥青混凝土面板的摊铺碾压施工，通常情况下有水平面的摊铺与斜坡面上铺筑两种施工方式。沥青混凝土面板各层混合料的水平面和斜坡面的各层结构摊铺施工工艺方法基本相同，只是铺筑方式和铺筑条带的宽度不同。

水平面的沥青混凝土面板铺筑施工是在库底平面上，从左岸向右岸或上游方向往下游方向分条带进行沥青混凝土面板摊铺与碾压施工，铺筑施工无需牵引设备。

斜坡上的沥青混凝土面板施工是在斜坡面上，采用垂直和平行坝轴线方向分条带进行沥青混凝土面板摊铺与碾压等工序的铺筑施工。斜坡面上沥青混凝土面板铺筑方式见图7-10。

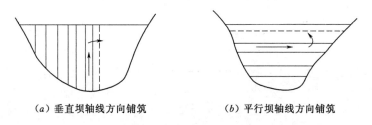

（a）垂直坝轴线方向铺筑 （b）平行坝轴线方向铺筑

图7-10　斜坡面上沥青混凝土面板铺筑方式图

斜坡面上的沥青混凝土面板施工时需要进行水平和斜坡两次转料，而且斜坡面铺筑施工中需要专用的叮移式绞车牵引沥青混凝土摊铺机、喂料车、振动碾等设备进行作业。斜坡面采用垂直坝轴线方向，其吊车转料铺筑施工见图7-11，斜坡面采用垂直坝轴线方向，其主绞架车转料铺筑施工见图7-12。

2）沥青混合料的摊铺。当垫层表面喷洒乳化沥青后，可以开始进行垫层以上各层沥青混凝土的铺筑。简式断面为平胶结层、防渗层沥青混凝土铺筑。复式断面为整平胶结层、防渗底层、排水层、防渗面层沥青混凝土铺筑。

为了减少施工接缝，提高面板的抗渗性和整体性，要尽量加大沥青混凝土面板的摊铺宽度。沥青混凝土面板上下层结构铺筑一般采用逐层铺筑法和前铺后盖法两种做法，上下层铺筑的间隔时间一般不超过48h，当铺筑上一层时，下层层面应干燥、洁净。

逐层铺筑法即下一层全面铺完后，再开始摊铺上一层。此法适于只有摊铺机的小型工程或为度汛必须全面抢铺一层时。其缺点是已铺筑层未能及时覆盖，裸露时间长，层面易受污染，清理工作量大，且影响层间结合。

前铺后盖法即下一层铺完一部分后，上一层尽快铺筑予以覆盖。缩短了上下层铺筑的时间间隔，可以减少层面污染，有利层间结合。但由于沥青混合料碾压成型后需要有一个降温凝固的过程，不能在下一层刚碾完后即开始摊铺上一层。

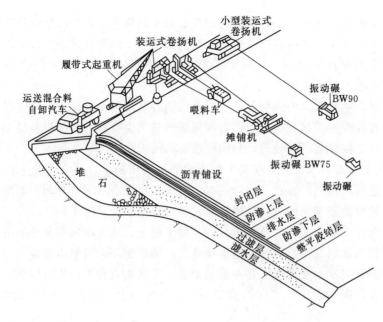

图 7-11　沥青混凝土面板现场采用吊车转料铺筑施工图

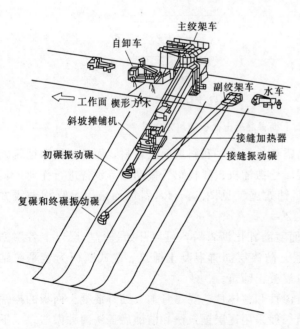

图 7-12　沥青混凝土面板现场采用
主绞架车转料铺筑施工图

沥青混凝土面板水平面和斜坡面的各层沥青混合料摊铺施工都是采用专用摊铺机摊铺，只是摊铺运输方式、摊铺条幅宽度、碾压技术参数不同。斜坡面沥青混合料摊铺施工方法如下。

A. 由测量人员用仪器按照设计和施工要求，放出沥青混凝土铺筑层每个条带施工控制位置。

B. 在分级坝体填筑平台上，按照摊铺宽度条带控制位置，布置吊车或可移式卷扬台车，然后在斜坡上布置摊铺机、喂料车和振动碾，同时进行施工前各项准备工作。

C. 沥青混合料为拌和厂生产，运输车辆将拌制的沥青混合料运到坝体面板分级铺筑平台上布置的可移式卷扬台车旁，卷扬台车起重设备将沥青混合料转运卸到斜坡喂料车受料斗内，斜坡喂料车将沥青混合料转运卸到摊铺机受料斗内，摊铺机按照条带控制位置，从下而上，由低处向高处依次进行摊铺。摊铺机摊铺速度国外一般为 1~3m/min，国内为 1~2m/min 或按照试验确定的碾压速度进行。

D. 复式断面面板的排水层，一般应先铺筑开级配沥青混合料，留出隔离带的位置，然后再用密级配沥青混合料铺筑隔水带。

E. 当隔水带的设计宽度与摊铺机的摊铺宽度一致时，用摊铺机摊铺；若隔水带的宽度小于摊铺机的摊铺宽度时，则只能用人工摊铺。

F. 面板各层铺筑时，上下层施工间隔时间一般按48h进行控制。

3）沥青混合料碾压。沥青混合料摊铺后要及时进行碾压。碾压施工先用附在摊铺机后的小于1.5t的振动碾或振动器进行初次碾压，待摊铺机从摊铺条带上移出后，再用3.0～6.0t的振动碾进行二次碾压。若摊铺机没有初压设备，可直接用3.0～6.0t的振动碾进行碾压。初次碾压温度为150～120℃，二次碾压温度为120～80℃。

防渗层沥青混合料碾压采用上行振动碾压，下行无振动碾压，按照试验所确定的振动速度匀速行进碾压，不要骤停骤起。施工接缝处及碾压条带之间采取重叠碾压，重叠碾压宽度不小于15cm。碾压结束后，表层采用无振动碾压收面，使沥青混凝土防渗层表面平整，而且无错台现象。碾压遍数按照摊铺试验所确定的遍数进行，不得随意增减。

碾压过程中应对碾压轮定期洒水，以防止沥青及细料黏在碾压轮上，振动碾上的黏附物应及时清理，以防施工中出现陷碾现象。如果发生陷碾现象，应将陷碾部位的沥青混合料全部清除，并回填新的沥青混合料。

机械设备碾压不到的边角和斜坡处，采用人工摊铺，振动碾或打夯机夯实。

4）接缝处理。施工接缝是面板防渗的薄弱部位，施工时需认真进行处理。面板施工接缝位置主要是分区施工、斜坡与平面、斜坡与坝顶连接处的平行坝轴线的纵缝，垂直坝轴线铺筑施工时，各层条带之间连接横缝。

在碾压式沥青混凝土面板分层施工接缝中，由于整平胶结层和排水层没有防渗要求，施工接缝不需进行处理。接缝处理主要是分层铺筑施工中上下层间施工接缝，防渗层各条带间施工接缝。接缝处理的方法如下。

A. 上下层间施工接缝处理方法。在分层铺筑施工时，各区段、斜坡与平面、斜坡与坝顶连接处、各条带间的上下层接缝采取相互错位的方法。纵缝上下方向相互错位，相互错位距离应为条带宽度的1/3～1/2。横幅左右方向相互错位，横缝相互错位的距离应大于1m。接缝方式采用斜面平接。平接方法是将先铺筑条带的平接面采用人工或摊铺机压制成坡度为45°的斜坡面，人工清除接缝边缘上的松散沥青混凝土，人工往平接斜面上喷涂热沥青后，再用远红外线加热器加热平接斜面，当平接斜面加热到90～110℃时，进行后铺筑条带的沥青混合料摊铺，使后铺筑条带的沥青混合料平行压在先铺筑条带平接斜面上，由振动碾将平接斜面两边一起碾压密实。

B. 防渗层各条带间施工接缝处理方法。防渗层条带施工接缝采用斜面平接法进行处理，平接斜面坡度为45°，平接斜面由摊铺机自带的压边器，在沥青混合料摊铺的同时压制成型。接缝处理分为热缝和冷缝两种方法。

C. 热接缝处理。将已碾压密实并且温度高于80℃的防渗层沥青混凝土条带接缝处理称为热缝处理。处理方法是：由专用摊铺机自带的压边器，在进行条带沥青混合料条带摊铺的同时将平接缝面压制成45°的斜坡面，当所摊铺条带沥青混合料碾压完成后，检测条带接缝处的沥青混凝土的温度高于80℃时，继续进行相邻条带的沥青混凝土的摊铺与碾压施工。

D. 冷缝接缝处理。将已碾压密实并且温度低于80℃的防渗层沥青混凝土条带接缝处理称为冷缝处理。处理方法是：首先在冷缝表面上喷涂热沥青，再用远红外线加热器将缝面加热到90～110℃，然后使用专用摊铺机进行接缝条带的沥青混合料摊铺碾压。当采用冷接缝不能满足密实度要求时，应在摊铺碾压结束后对冷接缝进行后处理。进行后处理时，可用远红外加热器加热接缝表面，随后用加热振动夯锤击实接缝。

加热器加热接缝缝面时，应严格控制加热温度和加热时间，接缝表面温度应控制在90～110℃，防止因温度过高导致沥青老化。进行冷接缝条带碾压时，由于先铺筑条带一侧已经冷却变硬，重叠碾压可能会破坏冷缝一侧条带。因此，当冷缝温度过低时，振动碾要贴缝碾压，不得跨缝碾压。

（8）封闭层施工。沥青混凝土面板封闭层采用沥青玛琋脂封闭。封闭沥青混凝土面层的表面缺陷，它是对沥青混凝土防渗面层的一种结构保护层，可使防渗面层免于被氧化和紫外线的直接辐射，提高面板的防渗性能，延缓沥青混凝土的老化。根据封闭层结构布置和施工要求，封闭层施工主要项目是防渗层表面处理、沥青玛琋脂拌制、沥青玛琋脂涂刷。

1）防渗层表面处理。防渗层表面处理就是将防渗层表面清扫干净、污染物进行清理，积水吹干，使防渗层表面达到干净、干燥要求。处理方法主要是人工用风管从上往下将防渗层表面清扫干净，积水吹干。污染而清理不净的部分，喷涂热沥青。

2）沥青玛琋脂拌制。沥青玛琋脂一般采用移动式电动搅拌锅炉，用液化气加热。按照试验室提供的配合比在现场加热拌制沥青玛琋脂。沥青玛琋脂出料温度为180～200℃。

3）沥青玛琋脂涂刷。沥青玛琋脂拌制达到出料温度后运到面板分级铺筑平台布置的可移式卷扬台车旁的保温吊罐内，可移式卷扬台车上的起吊设备将保温吊罐内拌制好的沥青玛琋脂卸到涂刷机受料斗内，涂刷机沿坡面方向分条涂刷。涂刷温度控制在170℃以上，分两层涂刷完成，每层厚度为1mm。涂刷后如果发现有鼓泡或脱皮等缺陷时，应清除重新涂刷。

抽水蓄能电站水库封闭层施工，为避免人机在涂刷封闭层后在层面行走，采取先库底后库岸的顺序施工。为保护封闭层不受破坏，以及喷涂了封闭层后表面很光滑，人员行走很容易滑到而出现安全事故，封闭层施工后，用彩带或栏杆将施工的封闭层围起来，并设置警示牌，以防止人机行走。

张河湾抽水蓄能电站封闭层玛琋脂由沥青拌和机拌制，拌制后储存到储罐中，由玛琋脂运输车运到现场。玛琋脂在现场被加热后自流到吊罐中，再用汽车式起重机将吊罐中的玛琋脂卸到玛琋脂喷洒车中。

玛琋脂配合比为：矿粉：改性沥青＝7：3，玛琋脂加热温度为190～200℃，涂刷温度为185～195℃。库底玛琋脂喷洒车行驶速度为7.0m/min，5.0～9.0m/min（陡坡区）。库坡玛琋脂喷洒车行驶速度为6.7m/min。相邻条带喷洒重叠宽度为20cm。岸坡施工时，玛琋脂喷洒车靠主绞车牵引。

西龙池抽水蓄能电站沥青玛琋脂厚度为2mm，采用专用涂刷机涂刷，涂刷宽度2.9m。

7.3.5 浇筑式面板施工

浇筑法是在迎水面安装护面板，在护面板与坝体垫层之间，浇筑自密实沥青混合料，靠自密实沥青混凝土的自重流平，辅以振捣器振动密实成型的施工方法。

浇筑式面板施工技术要求如下。

（1）浇筑前准备。

1）预制钢筋混凝土护面板应按设计要求在预制场地制作。护面板挂环和吊环的位置及预制板尺寸的允许偏差为±5mm。护面板强度达75％以上时方可移动堆放。护面板内侧表面应除去浮浆、杂质，涂刷0.15～0.20kg/m² 的稀释沥青，并干燥，稀释沥青的干燥时间应通过现场试验确定。

2）在护面板安装前，应用钢刷刷净上游坝面。坝面凸出部位应凿平和清理，蜂窝麻面应凿去松动部分，并回填水泥砂浆。潮湿坝面应用红外线加热器或喷灯烘干，在坝面干燥的条件下，涂刷0.15～0.20kg/m² 稀释沥青，并干燥，稀释沥青的干燥时间应通过现场试验确定。

3）护面板的锚筋可在坝面施工时预埋或在坝面钻孔埋设，孔深可为40～50cm。护面板安装时应将其底侧和左侧、右侧企口对接，并将护面板上的挂环与锚筋连接或焊接。护面板企口接缝内侧应涂稀释沥青，外侧用水泥砂浆勾缝。勾缝时，灰浆不应散入坝面与护面板间的空腔内。

（2）面板沥青混凝土浇筑。

1）沥青混凝土连续浇筑时，层面可不加热。

2）沥青混合料的浇筑可采用保温罐、配合缆机或汽车吊进行，也可在大坝上游面设脚手架、配合溜槽进行浇筑。各设备之间应配套。

3）沥青混合料的浇筑温度宜不低于150℃。浇筑时，不应集中一处进料。每层浇筑高度可为20～30cm，浇筑后用捣棒插捣，深度达下层表面，直至无气泡排出、表面泛油为止。

4）每层沥青混合料应连续浇筑。如需分段浇筑时，应在分段处空腔内设置钢挡板，坡度为1∶3。在浇筑下段时，应预热后拆除钢挡板。

按照浇筑式沥青混凝土面板施工技术要求，浇筑式沥青混凝土面板施工项目主要是垫层施工、护面板制作安装、沥青混凝土面板浇筑等工序的施工作业。

（1）垫层施工。土石坝迎水面上游斜坡面采用浇筑式沥青混凝土面板时，其面板下的垫层为刚性垫层护坡，刚性垫层一般采用干砌石、无砂混凝土等刚性材料护坡。浆砌石坝、碾压混凝土坝、混凝土坝的上游面设置沥青混凝土防渗层时，其坝面就是防渗层的刚性垫层。

1）干砌石垫层施工。干砌石垫层可在坝体填筑完成后进行施工，为方便干砌石运输，也可采用坝体边填筑边砌石的方法，就是在坝体填筑5～10m高度后，砌筑一次干砌石垫层，依次循环到坝顶。干砌石的石料采用现场坝体填筑开采石料场开采的石料。

干砌石垫层施工首先按照设计要求由人工和机械对坡面进行整修，按照垫层设计要求安装样架，由装载机或反铲与自卸车组合将干砌石料从采石场运到施工现场，再由人工选料并转运到砌筑坡面上，由砌石人员按照从下往上的顺序进行干砌石垫层砌筑，砌筑的垫层应满足砌石稳定，表面平整，缝隙小的要求。

2）无砂混凝土垫层施工。无砂混凝土垫层是在土石坝填筑完成后施工，首先按照设计要求由人工和机械对坡面进行整修。由测量人员按照设计要求放出垫层控制线和控制点，现场人员按照设计要求制作安装垫层厚度控制样架。由拌和楼按照试验室提供的配料单拌制无砂混凝土，自卸车运到现场，卸入卧罐内。分别在土石坝面板底部和坝顶布置吊车，由吊车转运将无砂混凝土运到摊铺部位，由人工进行摊铺，平板振捣器振捣。

（2）护面板制作安装。

1）护面板制作。护面板预制一般在预制厂或现场专门场地制作。首先由技术人员根据沥青混凝土面板浇筑分层要求和现场施工环境进行护面板设计，预制护面板的规格，一般按照浇筑 2 层沥青混凝土。现场预制场施工人员按照护面板设计图进行钢筋制作安装、面板混凝土浇筑、养护、标识。护面板强度达 75% 以上时，按设计的不同类型和尺寸分类堆放。护面板内侧表面应除去浮浆、杂质，涂刷 $0.15\sim0.20kg/m^2$ 的稀释沥青，并干燥，稀释沥青的干燥时间应通过现场试验确定。

2）护面板安装。护面板安装工序主要是坡面清理整修、锚筋安装、坡面喷涂稀释沥青、护面板安装。

A. 坡面清理整修。在护面板安装前，人工先将坝面凸出部位凿平和清理，蜂窝麻面应凿去松动部分，并回填水泥砂浆。

B. 锚筋安装。由测量人员用仪器按照护面板的安装要求，放出护面板安装控制点。现场施工人员按照控制点放出护面板锚筋位置，用手风钻钻孔，按照孔内先灌入砂浆后插锚筋方式安装锚筋。

C. 坡面喷涂稀释沥青。潮湿坝面应用红外线加热器或喷灯烘干，由人工用手摇喷雾器喷涂稀释沥青。稀释沥青其配比为：沥青：汽油＝3：7 或 4：6，喷涂量按 $0.15\sim0.2cm/m^2$ 进行控制。

D. 护面板安装。护面板采用汽车吊与平板汽车组合按类别运至施工现场，用汽车吊或缆机将其吊至施工部位。护面板安装时应将其底侧和左侧、右侧企口对接，并将护面板上的挂环与锚筋连接或焊接。护面板企口接缝内侧应涂稀释沥青，外侧用水泥砂浆勾缝。勾缝时，灰浆不应散入坝面与护面板间的空腔内。

护面板的安装也可搭接钢管脚手架，在脚手架上进行坝面钻孔、安装锚筋、坝面清理和安装预制混凝土护面板。

（3）沥青混凝土面板浇筑。沥青混凝土面板浇筑一般采取从下往上分层浇筑，分层浇筑高度为20～30cm。为加快施工进度，现场施工护面板安装高度可满足浇筑两层的沥青混凝土的要求，沥青混凝土采取连续两层浇筑方式。沥青混凝土浇筑施工的主要工序是沥青混凝土拌制、运输、现场浇筑等。

1）沥青混凝土拌制、运输。面板所用沥青混合料由现场布置的拌和系统按照试验室提供的配合比进行拌制。由汽车配保温罐将沥青混合料运到现场，卸入起重机配吊罐内。

2）现场浇筑。现场布置起重机将保温罐内的沥青混合料转运到面板浇筑部位，按照连续均匀方式平层下料，人工用捣棒插捣密实，捣棒深度达下层表面，直至无气泡排出、表面泛油为止。全轴线一层浇筑完成后，可连续浇筑第二层。沥青混凝土入仓温度应控制在150～160℃。

7.4　面板特殊部位施工

面板的特殊部位主要是指沥青混凝土面板的周边、顶部曲面、死角、施工冷缝、狭窄地段以及混凝土建筑物周围和其他不规则的部位，尤其是沥青混凝土面板岸坡或与刚性建筑物的连接部位，形状复杂，构造特殊，技术要求高，铺筑十分困难，无法使用大型机械施工，需要采用人工摊铺。人工摊铺是指专用摊铺机和喂料车将沥青混合料运到摊铺面板特殊施工部位附近，然后用手推车转运到摊铺部位上，再用铁锹和铁耙将沥青混合料摊铺平整，使用手扶振动碾或平板夯等小型振捣设备碾压密实的过程。

7.4.1　曲面铺筑

面板曲面部位的铺筑一般分别采用：梯形条幅、条幅平行棱线、条幅平行中线、条幅穿越棱线四种方法，其铺筑方法见图7-13，四种曲面铺筑方法的优缺点比较见表7-9。

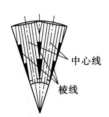

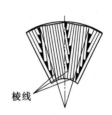

（a）梯形条幅方法　　（b）条幅平行棱线方法　　（c）条幅平行中线方法　　（d）条幅穿越棱线方法

图7-13　面板曲面部分的四种铺筑方法示意图

表7-9　　　　　　　　　　四种曲面铺筑方法的优缺点比较表

铺筑方法	梯形条幅法	条幅平行棱线法	条幅平行中线法	条幅穿越棱线法
铺设宽度	不等宽	等宽	等宽	等宽
横缝	有	无	无	无
机械摊铺	较困难	有可能	有可能	有可能
三角部分面积	无	较大	较小	较小
各层三角部分	—	可避免重复	集中重合与棱线	可避免重复
可移式卷扬台车移动	—	折线	直线	直线

第一种方法虽不会出现难以压实的三角形条带，但由于条幅上下宽度不一，机械铺筑十分困难，且对较长斜坡需加设横向接缝，不宜采用；第二、第三、第四种均可以采用机械铺筑，适合于机械化施工。一般选择后三种方法。

面板曲面采用条幅平行棱线方法、条幅平行中线方法或条幅穿越棱线方法机械化施工，均会留下些三角形的铺筑面，可用人工摊铺。如果使用摊铺机摊铺，由于摊铺机要跨越已铺条幅，有所重叠，会使三角带的摊铺厚度加厚。三角带部位最终压实应满足规范中压实度、平整度和防渗性等所有要求。

当沥青混凝土面板上下坡度不同时，在变坡部位需用圆弧连接，以改善面板受力条件，并使摊铺机能顺利通过，振动碾能正常压实。设计的变坡曲率半径与圆心角应根据摊铺机的前后轮轴距和后轮至平整器尾部的距离来决定，即摊铺机通过变坡由线时，前轮、后轮必须触及坝面。

7.4.2　接头部位的施工

沥青混凝土面板的接头部位主要是面板与岸坡、基础及其他刚性建筑物等部位的连接。面板与岸坡、基础及其他刚性建筑物的连接部位不均匀沉降，常引起面板的过大变形，成为坝体防渗系统中的薄弱环节，故需要对这些部位面板进行专门的处理。

为减少施工的干扰，加快施工的进度，沥青混凝土面板工程一般都是先铺筑沥青混凝土面板后进行面板与刚性建筑物的连接部位施工。但先铺的面板各层不能在同一断面，各层应相差 1/3 左右的条幅宽度，以满足各铺筑层相互错缝的要求。

（1）面板与坝坡连接。面板与岸坡连接部位是摊铺机无法到达的部位，采用人工摊铺沥青混合料，并采用小型振捣机械分层进行碾压。

（2）面板与刚性建筑物连接。刚性建筑物一般都是采用混凝土结构，沥青面板与混凝土结构间的连接面，一般采用多用角磨机打磨处理或用钢丝刷和压缩空气将混凝土表面清除干净，用红外加热器或喷灯将潮湿部位的混凝土表面烘干，然后均匀涂刷一层稀释沥青或乳化沥青，涂刷量一般为 $0.15\sim0.20\text{kg/m}^2$。所有与 IGAS 或 GB 材料接触的混凝土表面都应完全涂刷热沥青材料。待其干燥后，按设计要求的范围均匀铺设 IGAS 材料（或同类产品），接头部位混凝土表面在涂刷前应烘干。最后，止水槽用防渗层材料补平压实。

为便于防渗层的铺筑，整平层应铺筑成光滑曲面。防渗层应分两层或多层铺筑，每层厚度不超过 10cm。主防渗层应用机械铺筑得尽可能贴近混凝土结构，在加厚摊铺时，也应使用乳化沥青，以保证各层结构的黏结性。

7.4.3　加筋网部位施工

在沥青混凝土与刚性建筑物的连接处、反弧段或基础挖填交界处和不均匀沉降较大部位中，为提高沥青混凝土面板适应变形能力和抗裂能力，除采取增加防渗层厚度等技术措施外，还在局部增加铺设一层变形能力大、抗裂强度高的聚酯加筋网。这项技术在国外工程较多使用，国内近年来也开始使用，如天荒坪、张河湾、西龙池、宝泉等水电站工程也在类似部位增设了加筋网，并收到一定效果。

目前已使用过的加筋网格材料主要是人造丝、聚酯胶（尼龙）、聚酯、玻璃钢。然而，人造丝难以持久，玻璃钢易老化后易碎，剩下的两种材料，聚酯弹性模量较高，而收缩率较低，优于尼龙。因此，聚酯是目前常用的材料，试验证明，聚酯网格经附着力强的材料处理后，与沥青之间结合性极好。同时，因加入网格而导致沥青混凝土断裂机理的改变，使沥青混凝土变得更为均匀，且易分散应力，所以常在沥青混凝土面板工程施工中使用聚酯网格材料作为加筋网。

聚酯加筋网格铺设在整平胶结层和防渗层之间。聚酯网格铺设方法是先用风管将施工作业面清理干净，达到干净干燥要求。铺设加筋网时先根据设计和施工区域的形状要求进行加筋网施工铺设布置设计，并按照施工铺设布置设计要求采购加筋网。现场施工时先在铺设底层上均匀地喷涂一层稀释沥青或乳化沥青，然后按照加筋网施工铺设布置设计要求，将聚酯网格铺设在喷涂的稀释沥青或乳化沥青上面，并按照 1m×1m 为一个小单元格，在每个单元格的四周用钉子和垫片将所铺设的加筋网固定在整平胶结层上。然后再均匀地喷涂一层与防渗层黏结的稀释沥青或乳化沥青，最后，在其上摊铺沥青混凝土和防渗层。

7.4.4 沥青混凝土面板裂缝修补

沥青混凝土面板在施工或运行期间，可能会出现局部破坏，需要进行修补。修补之前，首先要分析沥青混凝土破坏的原因，以便制定相应的处理方案。沥青混凝土裂缝修补一般分两种情况。

（1）自身的微小裂缝修补方法。采用处理沥青混凝土施工冷缝的方法就可以满足修补要求。

（2）贯穿性裂缝修补方法。

1）沿裂缝方向开槽，槽宽视裂缝宽度决定，一般为 50～100cm，裂缝两侧延长 1m以上，槽的四周为 45°的斜坡。

2）将过渡层按原设计处理后，先均匀地涂一层乳化沥青，然后用远红外线设备或其他加热器将沥青混凝土槽的四周充分加热，随后将槽的四周刷一层玛琋脂，按原设计分层铺设整平胶接层和防渗层，每次铺设厚度小于 4cm，用小型振动碾（或手扶振动碾）压实，直至与周围沥青混凝土表面齐平。

3）在新铺筑的防渗层表面向四周围扩大 1m 铺设聚酯网格和加厚层，作为加筋材料的聚酯网格置于防渗层与加厚层之间，铺设聚酯网格前首先在防渗层上均匀地涂一层乳化沥青，然后将聚酯网格铺上、拉平；然后再均匀地涂一层乳化沥青；最后，摊铺其上的加厚层沥青混凝土防渗层。

4）加厚层四周的沥青混凝土加工成 45°的斜坡，用小型振动碾将四周捣实。

5）在修补后的新沥青混凝土表面均匀涂一层玛琋脂封闭层。

7.4.5 沥青混凝土面板取芯孔的修补

沥青混凝土面板取芯孔的修补主要是现场取芯样时留下的取芯孔的填补。修补时应先将防渗面层周边加工成 45°的圆台形，然后将孔内清洗干净，先用棉纱将孔内水沾干，再用电热器将孔内周边烤干加热至 70℃，四周涂抹沥青胶，然后用配比相同的沥青混合料，按照 5cm 一层进行填筑，人工用捣棒击实，使表面平整光滑。

7.5 特殊气候条件施工

沥青混凝土面板特殊气候条件施工一般是指低温季节与雨季施工。当碾压式沥青混凝土面板施工气温 5℃在以下，浇筑式沥青混凝土面板施工气温在＋5～－20℃时为低温季节施工。一般将每年的雨水多的汛期时段作为雨季施工。

在土石坝工程施工中不会因为低温季节和雨季而改变工期，为满足土石坝工程施工进度要求，土石坝的沥青混凝土面板在低温季节与雨季时段还必须想方设法进行施工，解决低温季节与雨季时段进行沥青混凝土面板施工中遇到的问题和困难，确保施工质量。

西龙池抽水蓄能电站上下水库、张河湾抽水蓄能电站上水库、呼和浩特抽水蓄能电站上水库等工程沥青混凝土面板施工，都是在低温、雨季特殊条件下进行施工。

7.5.1　沥青混凝土面板低温施工

沥青混凝土面板在低温状态下易出现的问题主要是，在气温低于5℃以下施工时，沥青混凝土面板厚度薄，作业面大，散热速度很快，面板层间难以压实，同时沥青混凝土面板为外露面防渗结构，在低温状态下容易出现低温开裂。

针对低温季节面板沥青混凝土施工存在的问题，低温季节施工首先按照设计和施工要求进行低温季节施工试验，解决低温沥青混凝土低温抗裂问题，确定合适的抗断温度的改性沥青材料和改性沥青混凝土配合比。然后按照试验成果要求组织低温季节施工。

（1）低温施工试验。低温季节施工技术研究试验是根据工程所在地的工程规模、施工气候和施工环境资料进行分析研究后，进行技术试验研究。试验研究的内容如下。

1）保温措施的测试，确定保温方法。

2）沥青混凝土配料、拌和试验研究，确定改性沥青混凝土配合比和出机口温度。

3）沥青混合料运输、摊铺过程中温度和运输损失监测，确定入仓碾压或浇筑温度。

4）沥青混凝土摊铺、碾压或浇筑试验，确定沥青混凝土面板铺筑和浇筑工艺参数。

（2）低温施工。低温季节施工时主要是提前做好低温施工准备，按照低温施工试验所确定施工配合比和工艺参数进行现场施工。

1）施工准备。在低温季节施工首先应做好拌和系统保温，沥青混凝土所用原材料准备，沥青混合料运输和铺筑设备保温，施工现场铺筑防冻设施的准备，避免由于环境气温低导致正在施工的沥青混凝土面板施工出现停仓质量事故。

2）现场低温施工。由于低温施工，沥青混合料在施工过程中的热量损失将随着作业时间的加长而迅速增大。施工时需要精心组织、合理安排，要做到及时拌和、运输、摊铺、碾压，尽量缩短作业时间。面板铺筑时，严格控制摊铺范围，保证所摊铺范围能及时进行碾压，以减少热量损失。严格控制低温施工时沥青混凝土面板各层结构施工时沥青混合料拌和、摊铺、碾压等过程的温度。尽量利用低温季节中满足正常施工气象条件在5℃的9：00—16：00时段进行铺筑施工，以减少施工难度。当天气预报有降温、降雪或大风时，应及早做好停工安排及防护措施。

7.5.2　沥青混凝土面板雨季施工

沥青混凝土面板施工在雨季施工遇到降雨时，雨水将在沥青混合料中汽化形成气泡使其难以压实，需要停止施工，待降雨停止后，废弃被雨水淋过的沥青混合料，重新进行施工。

沥青混凝土雨季施工的方法与正常气象条件下施工方法相同，只是在雨季前提前做好雨季施工各项准备工作，配备防雨、排水设施，施工中遇到下雨时应急处理，雨后迅速恢复生产措施，尽量降低雨季对沥青混凝土面板的影响，使面板施工能按期完成。

（1）雨季施工准备。根据现场实际情况，为保证雨季能正常施工，提前对现场施工道路进行维护，尽可能对路面用混凝土进行硬化。完善现场排水系统，防止边坡雨水进入施工部位。配备防雨帆布、棉纱、红外线加热器与喷灯、抽水设备等物质和设备。

（2）雨季施工。雨季进行沥青混凝土面板施工应提前收集气象预报资料，合理组织生产。运输车、装载机、摊铺机等施工设备用防雨盖或防雨篷防护，防止雨水进入混合料。施工遇雨时应停止摊铺，已摊铺沥青混合料碾压时应用防雨棚或防雨布覆盖，否则应铲除。雨后沥青混凝土表面干燥后即可恢复摊铺。

雨季一般气温变化异常，阵雨出现的机会较多，在铺筑时应缩小面积，随铺随压。施工遇雨时应停止摊铺，已摊铺沥青混合料碾压时应用防雨棚或防雨布覆盖，否则应铲除。雨后沥青混凝土表面干燥后即可恢复摊铺。

7.5.3 沥青混凝土面板施工度汛

沥青混凝土面板属于土石坝迎水面防渗体部分，在雨季汛期将与土石坝一起参与施工度汛，挡住上游来水，保证土石坝安全。沥青混凝土面板防渗体是在土石坝坝体填筑完成后的施工工程项目，其施工形象进度将影响到土石坝能否安全度汛。因此，应严格按照土石坝工程的度汛要求来组织实施沥青混凝土面板施工度汛。土石坝沥青混凝土面板施工度汛，一般按照土石坝施工进度和现场施工要求采取以下度汛措施。

（1）沥青混凝土面板是分层铺设，一般在汛前完成死水位以下的面板，这样汛后可不再放空水库。当完成洪水位以下全部面板有困难时，经设计同意，可抢铺一层防渗层或适当提高整平胶结层的防渗性能，作为临时拦洪措施，以减少渗漏量，有利于支撑体的稳定。

（2）当洪水较大，完成洪水位以下全部面板确有困难时，在征得设计单位同意后，可抢铺一层防渗层或适当提高整平胶结层的防渗性能，作为临时拦洪措施，以减少渗漏量，有利于坝体的稳定。

（3）对于复式断面面板，汛前应及时用防渗沥青混凝土封闭可能进水部位，以防非防渗沥青混凝土层进水。

（4）未完建的面板不宜蓄水。如需临时蓄水，应采取相应措施。放水时，应控制水位下降速度，防止防渗层面板鼓包。

8 施 工 质 量 控 制

沥青混凝土作为土石坝工程防渗结构，具有工程所要求的防渗性、抗裂性、稳定性和耐久性，而且具有经济合理、施工方便、修补容易、运行可靠等优点，而这些优点只有在沥青混凝土各种性能和指标满足设计和规范要求时才能体现。沥青混凝土防渗体施工主要包括原材料选择、加工、储存，沥青混凝土配合比设计与试验，沥青混合料的制备运输，现场铺筑施工，质量检测五个主要环节，其中任何一个环节的质量都直接影响沥青混凝土的各项性能指标能否满足设计和规范要求，因此需要对沥青混凝土施工从原材料选择开始到现场铺筑完成各个环节的质量进行控制。

（1）沥青混凝土施工质量控制的依据。施工质量控制的依据主要由合同文件、设计文件，设计、施工、验收规范，现场试验成果，现场编制并经审核批准使用的施工组织设计和施工方案等组成。具体有下列内容。

1）土石坝工程沥青混凝土施工合同文件。

2）施工设计图、施工技术要求、设计通知等设计文件。

3）国家和行业现行施工规范。目前沥青混凝土设计、施工、质量控制所用的规范如下。

A.《土石坝沥青混凝土面板和心墙设计规范》（DL/T 5411—2009）。

B.《水工碾压式沥青混凝土施工规范》（DL/T 5363—2006）。

C.《沥青混凝土面板堆石坝及库盆施工规范》（DL/T 5310—2013）。

D.《土石坝浇筑式沥青混凝土防渗墙施工技术规范》（DL/T 5258—2010）。

E.《水工沥青混凝土试验规程》（DL/T 5362—2006）。

F.《水电水利基本建设工程 单元工程质量等级评定标准 第 10 部分：沥青混凝土工程》（DL/T 5113.10—2012）。

G.《土石坝沥青混凝土面板和心墙设计规范》（SL 501—2010）。

H.《水工沥青混凝土施工规范》（SL 514—2013）。

I.《水利水电工程单元工程施工质量验收评定标准——混凝土工程》（SL 632—2012）。

J.《水利水电工程施工质量检验与评定规程》（SL 176—2007）。

4）试验大纲和生产性试验成果报告。

5）沥青混凝土心墙或面板防渗体施工组织设计和单项施工方案。

（2）沥青混凝土施工质量控制要求。采用预防为主的原则，通过制定各项质量管理规章制度，按照结构设计和技术要求，采取现场检查和取样检测等方法，预防现场可能出现的问题，同时及时发现与解决现场出现的问题，从而达到防止和避免在土石坝工程蓄水和运行时出现质量问题的目的。

8.1 原材料的质量控制

沥青混凝土原材料质量控制，是有效控制沥青混凝土施工质量的第一步。沥青混凝土主要原材料包括沥青材料、粗骨料、细骨料（含人工骨料、天然骨料）、填料及掺料等，加强对它们的控制，可以为沥青混凝土施工质量的保证奠定坚实的基础。对进场施工的原材料，必须按施工规范及设计文件的要求，对其质量进行严格检验及控制，一旦发现不合格材料，必须坚决清除施工现场。

8.1.1 沥青

沥青是沥青混凝土的重要组分，是影响沥青混凝土性能的主要成分。对沥青材料的质量控制，需从选择厂家开始，首先应确保所选购的沥青材料是正式工业产品，质量应符合设计要求。对沥青材料的出厂、运输、入场检测及储存等过程，进行严格的质量检测。

（1）沥青材料出厂。在沥青生产厂家选定过程中，应要求初选定的厂家提供有关的沥青技术指标。沥青质量的主要指标有针入度、软化点、溶解度、蒸发减量、蒸发后针入度比、闪点等，同时要求厂家承诺产品质量的稳定性和数量。

在沥青生产厂家选定后，应立即敦促厂方按设计要求的技术指标或采购招标合同组织沥青材料生产，确保生产的沥青满足技术规范要求，沥青标号与沥青混凝土设计所要求的标号相一致。

在沥青材料生产完成后，采用由生产厂家通知购货方组织相关技术人员对厂家生产的沥青材料驻厂监督取样与检测，在确保沥青材料质量符合设计技术要求后，由厂方开具产品质量合格证，经驻厂检验负责人签字确认后，方可出厂。

（2）沥青材料运输。沥青材料生产完成后，一般由生产厂家组织运输。沥青材料采用的包装方式、运输方法等，应根据工程所在地的实际情况确定。沥青从生产厂家运到施工工地需有完备的措施，必须确保沥青在中转运输过程中不破损、不受潮、不受侵蚀和污染、不因过热而发生老化。

沥青材料运输至施工现场后，购货方必须组织相关单位及技术人员，对待接收的沥青材料进行检验，办理接收手续。

（3）沥青材料入场检测及储存。沥青运至工地后，施工单位试验室按有关规定组织取样，并进行检验和验收。

沥青材料进场后，应从工地储库按每 30t 取样检验 1 次，如果一批不足 30t 也应取样检验 1 次。取样方法需按国家规范或行业标准执行，样品应从 5 个不同部位抽取后加以混匀，总重不少于 2kg。检验需严格按照设计技术指标、规范的要求及频率进行。

通常送料检测的做法是，要求每批沥青取样 1～2 组，进行沥青材料全套参数试验，对现场试验检测进行复核，对于设计要求或招标文件中明确提出但现场试验室无法完成的检验项目如沥青蜡含量、动力黏度、组分分析等，则必须按照规定的取样方法取样，按照要求的频率进行检测。

已经通过检验接收的沥青，不管在任何时候都对进场使用的沥青进行抽样测试，若发现有与技术要求不符合的沥青时，必须清理退场。

不同批号的沥青应分别储存，以防混杂；总储存量不低于满足沥青混凝土3个月施工用量或一批次来货时的批量，最好设置中转库，便于工地施工过程调节。

沥青到工地后应存放在阴凉、干燥、通风良好的地方，储存沥青材料总量宜在200t以上，沥青堆存高度应在1.8m以内，并有足够的通道，满足运输和消防要求。

在施工安排上，应尽量先用前一批号的沥青，变质或受污染的沥青不得用于工程施工。任何时候在施工前都需在热料储罐中取样分析，经试验证明质量可靠的沥青产品，方可应用于拌和生产。

8.1.2 骨料

骨料是沥青混凝土的骨架组成部分，包括粗骨料和细骨料，其物理和化学性质对沥青混凝土的施工性能与工作性能有着极大的影响。骨料的质量主要是从骨料加工、骨料的超径和逊径控制等进行控制。

（1）骨料加工。沥青混凝土骨料是将开采矿料加工而成，在水工沥青混凝土中通常划分为粗骨料、细骨料。沥青混凝土通常所采用的矿料，由料场开采的块石，运到工地后经矿料加工系统破碎筛分成粗骨料、细骨料和矿粉。

矿料块石的料源必须按设计要求选定合格的料场开采，运到工地的石块应是岩质坚硬、层面新鲜，无夹层，不含杂物，不含泥土，经检查合格后才允许进行加工破碎。在骨料料源的选择时，应对骨料性能和开采规模进行检验。

成品骨料一般分为5级，在施工过程中施工单位应按照设计和规范要求，随机抽验成品骨料质量，进行级配、超径和逊径、针片状、比重、含水量、含泥量、吸水率粒径级配曲线等项目的试验和检测。

（2）骨料的超径和逊径控制。骨料超径和逊径超出规定范围后，使骨料不能保持稳定的级配，将导致表面积和孔隙率的变化，直接影响沥青混凝土施工配合比的稳定，而配合比的稳定与否直接影响沥青混凝土的物理力学性能的稳定性。因此，在沥青混凝土防渗体施工中应根据设计和施工要求对超径、逊径骨料进行控制。出现骨料超径、逊径的主要原因是在骨料加工系统生产中，骨料在破碎后出现针片状过多，筛分过程筛网磨损等原因，造成出现骨料超径、逊径超标。

骨料的超径、逊径的控制方法是：骨料首先在加工系统设计中，选择针片状较少的骨料破碎设备。在骨料筛分过程中及时检查筛网磨损情况，对磨损超标的筛网应及时更换。在沥青混凝土拌和楼内设置骨料二次筛分装置，当骨料初配混合加热后，用斗提机将加热骨料提升送到拌和楼顶部设置的二次筛分装置进行二次筛分，将初配混合后的骨料按不同粒径重新将骨料分开，分别储存到拌和楼热骨料仓内。

在骨料超径和逊径的控制，不必苛求其绝对值为零，但必须要求其控制在设计允许值的范围之内，最为重要的是，要保持超径和逊径的百分率基本稳定。因为，在生产配合比可以将稳定的超径或逊径部分的骨料，通过计算处理，将一起计入高一级粒径骨料或低一级粒径的骨料，从而确保最终的、实际的理论配合比满足要求。

8.1.3 填料

填料是骨料中粒径小于0.075mm以下的碱性矿粉。土石坝工程中所用的填料主要是石灰岩粉、白云岩粉、水泥、滑石粉等种类。填料一般采用在现场由骨料加工系统加工或购买成品两种方式。

填料是沥青混合料中的重要组成部分，它的作用是与沥青共同组成沥青胶结料，将骨料黏结成整体，并填充骨料的空隙。它的质量要求主要是表观密度、含水率、亲水系数、不含泥土和有机杂质与结块、细度。填料质量检查主要是由现场试验室按照设计和规范要求进行取样检测。

8.1.4　掺料

掺料是指沥青改性剂，又称添加料、添加剂或外加剂，可以是粉状固体或液体，是以小剂量掺入沥青混凝土中的一些特殊材料。

在沥青混凝土中，掺加掺料的目的是为了改善沥青混凝土的某些技术性能，使其满足结构体的某些工作要求，掺料掺量虽然很少，但其技术、经济意义极大，应慎重加以选择。

在土石坝沥青混凝土防渗体中使用的掺料是消石灰和水泥、橡胶和树脂、木质素等。

掺料一般采用现场加工和购买成品两种方式，在使用时应按照设计要求严格控制。如利用工业废料，应采取措施使其质量稳定。掺料如为矿质粉状材料，其细度应达到填充料所规定的细度要求；如为可溶性材料，必须注意掺配工艺，使其溶解充分，混合均匀，保证质量稳定。

沥青混凝土所用的掺料应与设计和试验所确定的材料性质相符，并按有关工业产品质量标准和设计的质量要求验收，每批或每 3～5t 取样一组，检验合格后方能使用。

8.2　沥青混合料制备与运输质量控制

沥青混合料制备与运输质量控制，主要是按照试验成果所确定的配合比进行沥青混合料的制备，按照设计和施工规范要求控制沥青混合料制备各工序的质量。沥青混合料拌制后从拌和系统到现场施工部位的运输质量控制是防止运输过程沥青混合料出现离析，控制温度损失。

8.2.1　沥青混合料制备质量控制

在沥青混合料制备中，主要是对拌和加料方式、拌和温度、称量系统精度、配合比等进行质量控制。

（1）拌和加料方式。沥青混合料拌和有两种不同的加料方式。一种方式是先拌和加热粗细骨料，再加入沥青，当沥青均匀裹覆粗细骨料后，再将填料加热拌和至均匀为止；另一种方式是将粗细骨料和填料先拌和均匀，再加入沥青拌和。无论采用哪一种拌和方式，都必须保证沥青裹覆骨料良好。

（2）拌和温度控制。沥青混合料为热拌和，温度控制主要是沥青、骨料等原材料与在拌和过程中的温度控制。温度控制的方法是由现场质检人员和试验室试验人员，在拌和系统沥青混合料制备现场用温度计进行检测。

1）原材料的温度控制。

A. 沥青温度控制。桶装沥青宜采用脱桶设备脱桶、脱水，沥青脱水温度应控制为

120℃±10℃，沥青加热温度根据沥青混合料出机口温度确定，宜为 160℃±10℃，保温时间不宜超过 24h。

B. 骨料温度控制。骨料加热，应根据季节、气温的变化进行调整。骨料加热温度不应高出热沥青温度 20℃，宜为 180℃±10℃。

C. 填料温度控制。填料用量较少，一般不需要加热。填料如需加热。加热温度一般为 70～90℃。

2）沥青混合料拌和温度控制。

A. 在拌制沥青混合料前，应预先对拌和楼系统进行预热，拌和时拌和机内温度不应低于 100℃。

B. 拌和沥青混合料的出机口温度，应满足摊铺和碾压温度的要求，不得超过 180℃。

（3）称量系统精度控制。称量系统质量控制主要是对拌和系统称量精度和计量设备进行控制。

1）拌和设备的称量系统应定期进行动态、静态检定，沥青混合料在生产过程中称量精度应为±0.5%。

2）所有称量、计时和测温设备应定期进行校准、测试。对每盘拌和过程应进行监控和记录。

（4）配合比质量控制。拌和生产沥青混合料的配合比，是沥青混凝土施工质量保证的基础。配合比质量控制主要是搅拌机拌和 1t 沥青混合料的配合比和允许偏差。

沥青混凝土的配合比可以分为室内试验配合比、施工配合比和施工配料单（或配料比）之分。室内试验配合比是根据设计、施工规定的技术要求，经室内试验所确定的配合比。施工配合比是对试验室配合比经过现场摊铺试验和生产性摊铺试验，并根据现场原材料、施工条件进行调整后所确定的配合比，即实际施工采用的配合比。施工配料单是以施工配合比为依据，结合现场原材料的级配（考虑了骨料的超径、逊径后）所确定的各种原材料的实际配料重量，一般以 1t 为总重量，分别列出粗骨料、细骨料、填料、掺料及沥青的重量，以公斤（kg）为单位。通常情况下，沥青材料不含在总重量的范围内。

现场施工配合比质量控制方法是，拌和楼生产时严格按照当天由试验人员签发的沥青混凝土施工配合比通知单进行沥青混合料生产，按照配料单的要求控制沥青混合料中各种原材料实际配料重量和配料允许偏差。配料单编制依据和要求如下。

1）配料通知单的编制依据。原料仓的矿料级配、超径和逊径、含水量等指标；二次筛分后热料仓矿料的级配、超径和逊径试验指标；最近一次生产沥青混凝土混合料的抽提试验成果。

2）配料通知单的签发要求。施工配料通知单的签发单位必须是工地试验室，签发人员必须是有资质的试验人员。施工配料通知单编制依据是施工配合比，施工配料通知单必须经过审核批准。

8.2.2　拌和质量检验

沥青混凝土混合料都是在施工布置的拌和系统内按照沥青混凝土配料单要求拌和而

成。沥青混合料的质量直接影响沥青混凝土配合比各项技术指标和现场摊铺、碾压施工质量。

为保证沥青混凝土施工和质量要求，应按照设计和规范要求对沥青混合料的质量进行检测。沥青混合料拌和质量检验及技术要求分为碾压式和浇筑式两类。

（1）沥青混合料制备质量检测。碾压式沥青混合料制备监测质量检验项目、标准及检验频次见表8-1，浇筑式沥青混合料制备监测质量检验项目、标准及检验频次见表8-2。沥青混合料制备质量由现场试验室试验人员进行检验。

表8-1   碾压式沥青混合料制备监测质量检验项目、标准及检验频次表

检验对象	检验场所	检验项目	质量标准	检验频次
沥青	沥青加热罐	针入度、软化点、延度	参照水工沥青质量技术要求。掺配沥青应符合试验规定的要求	正常生产情况下，每天至少检查1次
		温度	按拌和温度确定	随机监测
粗细骨料	热料仓	级配	测定实际数值，计算施工配料单	计算施工配料单前应抽样检查，每天至少1次。连续烘干时，应从热料仓抽样检查
		温度	按拌和温度确定，控制在比沥青加热温度高20℃之内	随机监测，间歇烘干时，应在加热滚筒出口监测
矿粉	拌和系统矿粉罐	细度	计算施工配料单	必要时进行监测
沥青混合料	浇筑仓面	沥青用量	±0.3%	每天至少检查1次
		矿料级配	粗骨料配合比误差±5%，细骨料配合比允许误差±3%，填料配合比误差小于±1.0%	每天至少检查1次
		马歇尔稳定度和流值	按设计规定的要求	每天至少检查1次
		其他指标（如渗透系数、斜坡流值、弯拉强度、C值、ϕ值等）	按设计规定的要求	定期进行检查，当现场可钻取规则试样时，可不在机口取样检验
		外观检查	色泽均匀、稀稠一致、无花白料、无黄烟及其他异常现象	混合料出机后，随时进行观察
		温度	按试拌试铺确定，或根据沥青针入度选定	随机监测

注   引自《水工碾压式沥青混凝土施工规范》（DL/T 5363—2006）表12.2.2。

表8-2   浇筑式沥青混合料制备监测质量检验项目、标准及检验频次表

材料名称	检验场所	检验项目	质量标准	检验频次
沥青	沥青恒温罐	针入度	满足设计要求	每天至少检查1次
		软化点	满足设计要求	
		延度	满足设计要求	
		脆点	满足设计要求	
		温度	试验确定	

材料名称	检验场所	检验项目	质量标准	检验频次
粗细骨料	拌和厂料场	含泥量	测定实际数值，计算施工配料单	每天至少检验1次
		级配		
		含水率		
	热料仓	温度	试验确定	随机监测，间歇烘干时，应在加热滚筒出口监测
矿粉	拌和厂矿粉库	细度	测定实际的级配组成，计算施工配料单	每天至少检验1次
	热料仓	温度	60～100℃	随机检测
沥青混合料	浇筑仓面	外观检查	色泽均匀、稀稠一致、无花白料、无黄烟及其他异常现象	
		温度	试验确定	
		沥青用量	±0.5%	
		矿料级配	0.075mm以上各级骨料配合比误差小于±0.5%，填料配合比误差小于±1.0%	每天至少检查1次
		室内成型试件的孔隙率、强度	满足设计要求	每天至少抽提1次
		室内成型试件的抗渗性、耐水性	满足设计要求	每2天至少检查1次
		入仓温度	满足设计要求	每车检测

注 引自《土石坝浇筑式沥青混凝土防渗墙施工技术规范》（DL/T 5258—2010）表9.3.3。

（2）拌和质量缺陷处理。

1）拌和质量缺陷及原因分析。造成沥青混合料拌和质量缺陷的原因有很多且较复杂，沥青混合料拌和过程中可能出现的质量缺陷及原因分析见表8-3。

2）拌和质量缺陷处理。在沥青混凝土拌和中若出现失控性和工艺性误差造成的质量缺陷，将直接影响沥青混凝土的各种性能和技术指标，应按废料处理。出现下列情况之一时，应按废料处理。

A. 沥青混合料配料单算错、用错或输入配料指令错误。

B. 配料时，任意一种材料的计量失控或超出控制标准。

C. 外观检查不符合要求。

D. 拌和好的沥青混合料，温度低于140℃或储存时间超过48h。

出现废料处理方法是按照现场指定的位置集中堆放，并建立相应的防护措施，避免因废弃料流失或扩散而污染环境。

8.2.3 沥青混合料运输质量控制

沥青混合料拌制后从拌和系统到现场施工部位的运输，主要经历从沥青混凝土拌和楼向成品混合料储存仓输送，热料储存仓卸料至专用运输车，专用运输车转运至沥青混合料

表 8－3

沥青混合料拌和过程中可能出现的质量缺陷及原因分析表

原因分析 ＼ 质量缺陷	沥青含量不符合要求	集料等级不符合要求	混合料中细料过量	无法保持均匀的温度	料车载重与一拌的质量不符合	料车中沥青混合料呈游离状态	料车中混合料呈粉尘呈游离状态	大骨料未做沥青裹覆	料车内混合料不均匀	料车一边混合料沥青过量	料车内混合料无光泽	混合料明显老化	混合料呈深褐深或深灰色	混合料中沥青过量	料车内沥青混合料冒烟	料车内沥青混合料冒水蒸气	料车内沥青混合料色泽灰暗
矿料含水量过大				A				A					A			A	
料仓分隔不严		A	A														
矿料进料口设置不当	A	A	A														
烘干机超负荷运行				A				A					A			A	
烘干机位置太陡				A				A					A			A	
烘干机操作不当				A				A			A	A	A		A	A	A
温度指示器未调准				A				A			A	A	A		A	A	A
矿料温度过高				A								A			A		A
筛网破损		B															
筛网工作故障		B	B						B				B				
溢料溜槽失灵		B	B						B								
料斗渗漏			B		B				A								
料斗内矿料离析		A	A						A								
筛网超载（料过满）		A	A						A								
矿料规格未作调整	B	B	B		B	B			B					B			
矿料不准	B	B	B		B	B			B					B			
矿粉供料不均	B	B	B		B				B					B			

231

原因分析＼质量缺陷（适用设计类型）	沥青含量不符合要求	集料等级不符合要求	混合料中细料过量	无法保持均匀的温度	料车载重与拌和的质量不符合	料车中沥青混合料呈现游离状态	料车中混合料粉尘呈游离状态	大青料未做沥青薄裹覆	料车内混合料不均匀	料车一边混合料沥青过量	料车内混合料无光泽	混合料明显老化	混合料呈深褐或深灰色	混合料中沥青过量	料车内沥青混合料冒烟	料车内沥青混合料冒水蒸气	料车内沥青混合料色泽灰暗
热料斗矿料不足		A	A						A					A			
称量次序不对						B	B		B	B							
沥青用量不足	A							A									
沥青用量过多	A					A							A	A			A
矿料中沥青分布不匀	A					A		A	A	A	A			A			
沥青称量不准	B					B		B	B		B		B	B			
沥青计量器不准	C					C		C	C		C		C	C			
一拌数量过多或过少	B	B	B			B		B		B	B		B	B			
拌和时间不适	B		B					B	B	B							
出料口安装不当或叶片破损	B	B			B			B	B	B							
卸料口故障		B				B	B		B								
沥青和矿料供料不协调	C	C				C		C	C		C		C				
料斗中混入灰尘		B	B					B									A
拌和设备作业不稳定	A	A	A	A	A	A	A	A	A	A	A	A	A	A	A	A	A
取样错误				A										A			

注：A 为适用于传统间歇式拌和设备和滚筒式拌和设备；B 为适用于传统间歇式拌和设备；C 为适用于滚筒式拌和设备。

的专用转运设备，沥青混合料专用转运设备卸料至沥青混凝土摊铺机或直接卸料至施工摊铺作业面四个过程。沥青混合料运输质量主要是对造成沥青混合料运输时出现离析的运输道路、下料过程，对造成温度损失的沥青混合料储存保温、运输设备数量和机械性能与保温设施、现场施工速度等影响因素进行控制，从而达到运输质量控制的要求。

（1）沥青混合料储存。为满足沥青混凝土施工过程中对混合料用量、级配及温度的不同要求，保证施工作业面摊铺及碾压施工的连续性，防止意外事故的发生，沥青混凝土混合料出机后，一般储存在拌和楼的保温储料仓内。沥青混合料保温储仓保温效果要求是24h温度降低不超过1℃。

（2）运输设备。运输设备是保证运输质量的关键，需做好运输设备安排、使用、管理工作。

1）在进行沥青混凝土运输施工时，应按照施工所选择的运输方式配制运输设备，运输设备的数量、机械性能应满足现场施工要求，并安排有备用设备。

2）运输车辆的车厢应使用紧密、清洁、光滑的金属底板并应打扫干净。为防止沥青混合料与车厢板黏结，在车厢侧板和底部可涂1∶3的柴油水混合液，但要严格控制涂液用量，以均匀、涂遍但不积油水为宜。不允许用石油衍生剂作为运料车底板的涂料。在往运料车上装载沥青混合料时，为减少混合料颗粒离析，应尽量缩短出料口至车厢的下料距离，尽量保证装料均匀。

3）运输车辆应具备保温、防晒、防污染、防漏料的装置。

4）运输沥青混合料的设备上应设有车序标志。

（3）运输道路。运输道路包括的平整度和路面结构两个方面。运输道路的平整度是保证沥青混合料在运输过程中避免沥青混合料产生离析的关键。路面结构应保证运输不受天气的影响，随时畅通。

1）为保证运输道路在沥青混凝土施工期间晴雨天气都能保持畅通，从拌和系统到土石坝之间的道路一般采用混凝土路面结构，土石坝内到沥青混凝土施工部位的道路一般采用碎石路面结构。

2）在沥青混凝土施工期间，应安排专人和设备对运输道路路面进行维护，保证路面不出现坑坑洼洼现象，使运输设备平稳行驶，避免运输过程中沥青混合料出现离析现象。

（4）现场施工管理。沥青混合料运到现场后应及时使用，不能等待时间过长，造成沥青混合料温度下降超标而成为废料。现场沥青混合料铺筑施工应精心组织，合理安排，并且现场要有组织协调人员，尽量做到运输车辆不等待或等待时间短。

（5）沥青混合料运输质量检测。为保证所运输的沥青混合料质量，需要对运到现场的沥青混合料进行质量检测。

1）沥青混合料从拌和楼储料罐往运输车辆下料后，每车料均应测量其温度，一并进行沥青混合料的外观检查，发现沥青混合料的温度过高或过低、外观质量不好、有花白料等，均应作废处理。

2）在运输途中应跟踪检测沥青混合料的质量，若发现温度降低到规定的温度以下或离析现象明显，应及时处理。

3）沥青混合料运输至铺筑现场时，应检测沥青混合料的温度。

4）认真记录沥青混合料在运输中的温度损失，为沥青混合料的运输质量提供可靠的参考数据。

8.3　沥青混凝土铺筑质量控制

水工沥青混凝土防渗体分为沥青混凝土防渗心墙和沥青混凝土防渗面板两种，其沥青混凝土防渗结构各项性能和技术指标各不相同。在沥青混凝土防渗心墙和沥青混凝土防渗面板施工中又分为碾压式和浇筑式两种施工方法，其沥青混凝土成型施工工艺和质量要求不同。

沥青混凝土铺筑施工质量主要是对沥青混凝土防渗心墙和沥青混凝土防渗面板两种防渗结构，采用碾压式和浇筑式两种施工方法的质量控制。质量控制主要是对施工工序质量进行检查，对沥青混凝土铺筑质量进行检测，对出现的质量缺陷进行处理。

8.3.1　碾压式沥青混凝土心墙铺筑质量控制

碾压式沥青混凝土心墙铺筑主要施工主要工序是铺筑前施工准备，沥青混合料与过渡料摊铺，碾压、施工接缝及层面处理等。在碾压式沥青混凝土心墙铺筑施工中主要是根据设计和规范的要求，对心墙铺筑施工结构尺寸和工序质量进行控制。

（1）施工准备。施工准备期间的施工项目主要是基座表面混凝土连接面处理，喷涂冷底子油、涂刷沥青玛琋脂。

1）基座表面混凝土连接面处理。沥青混凝土心墙是在心墙下部基座混凝土施工完成后开始施工，施工前应办理部位质量验收情况交接，并按照设计要求对基座表面混凝土连接面进行处理，处理完成对连接面进行检查，检查表面是否新鲜完整、干净和达到干燥要求。

2）喷涂冷底子油。冷底子油喷涂一般是在现场配制与喷涂。现场主要检查冷底子油是否严格按照试验室提供的配合比进行配制，温度是否符合设计和规范要求。对冷底子油外观表面进行检查，使所喷涂的冷底子油表面厚度和色泽均匀，无漏喷。

3）涂刷沥青玛琋脂。当冷底子油喷涂 12h 后，按照设计要求进行沥青玛琋脂涂刷。沥青玛琋脂涂刷施工首先是对沥青玛琋脂配合比配制质量和温度进行检查，然后对涂刷厚度和外观进行检查，使涂刷沥青玛琋脂的表面达到光滑、无鼓泡、无流淌现象，摊铺均匀，厚度满足设计要求。

（2）沥青混合料摊铺质量控制。土石坝沥青混凝土心墙施工，采用不分段一次摊铺完成。心墙沥青混合料的摊铺应按照设计和生产性试验确定摊铺参数进行施工。沥青混合料摊铺质量主要对施工温度，摊铺层间连接处理，摊铺厚度、宽度、摊铺速度等项目施工质量进行控制。

1）沥青混合料摊铺温度控制。沥青混合料摊铺温度是沥青混合料铺筑施工首先必须满足的要求，否则不能进行下道工序。沥青混合料摊铺温度主要是指沥青混合料摊铺时层面温度，从拌和楼到现场卸料入仓的温度，摊铺完成后的温度，连续铺筑施工层间温度，温度控制方法是由现场质检人员用温度计进行检测。

A. 沥青混凝土摊铺前层面温度是指沥青混凝土面层以下 10mm 处的温度。层面加热温度为 70℃ 以上。采用红外线加热器进行加热，一般在 2～3min 就可使沥青混凝土表面温度达到 70℃ 以上，而且面层加热深度为 10～15mm。

B. 从拌和楼储存仓运到现场摊铺的控制温度为 140～170℃，或满足生产性试验所确定的温度。

C. 沥青混合料摊铺完成的温度控制是不低于 130℃ 或满足生产性试验所确定的温度。

D. 连续铺筑 2 层及以上沥青混凝土时温度控制是，下层沥青混凝土表面温度应降至 90℃ 以下方可摊铺上层沥青混合料。

2）沥青混合料摊铺质量控制。土石坝沥青混凝土心墙摊铺施工分为机械摊铺段和人工摊铺段两个作业面同时施工。机械摊铺段摊铺作业由摊铺机进行摊铺，人工摊铺段摊铺作业采用先立心墙两侧模板，然后对称进行心墙两侧过渡料的摊铺和预压，模板抽提后，人工进行心墙沥青混合料摊铺。

心墙沥青混合料摊铺前应对摊铺部位结构验收，在摊铺作业时应对心墙的沥青混合料的摊铺轴线、摊铺厚度、摊铺宽度结构尺寸和摊铺速度等进行控制。

A. 摊铺部位结构验收。由施工单位按照设计和施工要求，进行心墙摊铺部位的测量放样、模板安装、检测仪器埋设、层面处理等项目的施工，施工完成后按照班组自检、作业队复检、质量管理部验收的三检制的原则进行检查验收，施工单位验收后，由施工单位质检部门将验收资料报现场监理部门，由现场监理部门进行终验，终验合格后才能进行摊铺作业。

B. 摊铺轴线控制。心墙轴线是沥青混凝土心墙的控制线，轴线偏移过大，会减小心墙宽度，造成渗径减小，同时削弱心墙自身抗剪和抗弯能力。需要严格控制心墙轴线，才能保证沥青混凝土心墙断面满足设计要求。在沥青混合料摊铺时，沥青混凝土心墙的轴线偏差不得超过 ±5mm。

机械摊铺段摊铺轴线控制，采用测量定位，确定沥青混凝土心墙轴线位置并用钢丝标识，由摊铺机摊铺作业时，先调整摊铺机模板中线，使之与墙轴线（标识钢丝）重合，通过摊铺机前面的摄像机，操作者在驾驶室里通过监视器，驾驶摊铺机精确地跟随钢丝前进。人工摊铺段轴线控制采用测量定位、拉通线的方法控制轴线位置。

C. 摊铺厚度控制。沥青混凝土摊铺施工，应按照生产性试验确定的摊铺厚度进行摊铺，不得随意更改。在施工摊铺过程中，必须控制沥青混合料及沥青混凝土的摊铺厚度误差不超过 ±10mm，且应保证压实后的心墙沥青混凝土层面整体平整，无肉眼可见的、明显的起伏差。

机械摊铺段摊铺厚度是由摊铺机操作手操作摊铺机进行控制。人工摊铺段厚度一般采用在心墙两侧模板上口作为厚度控制线。

D. 摊铺宽度结构尺寸控制。沥青混凝土心墙宽度控制，主要依靠对施工模板宽度的控制。无论人工摊铺，还是机械摊铺，都应保证心轴线上游、下游两侧的宽度都满足设计要求。对于机械摊铺，模板间宽度的误差不得大于 1cm，对于人工摊铺的模板，必须控制其误差范围为 ±5mm 以内。

机械摊铺段心墙宽度由摊铺机为自带的、可调的竖直模板进行控制。心墙一般为梯形渐变断面，摊铺机摊铺前，精确计算每层的模板上底宽、下底宽，摊铺时按下底宽的尺寸控制心墙的摊铺宽度。摊铺机行进时，摊铺机的中心线指示标志，必须对准固定的金属丝定位，保证摊铺宽度满足设计要求。

人工摊铺的施工模板，其宽度应按设计要求考虑，同时必须考虑施工碾压等因素对它的影响，在实施过程中，应按照试验所取得的经验数据，确定是否加宽及加宽的尺寸，确保摊铺宽度满足设计要求。

E. 摊铺速度控制。为满足摊铺层面加热要求，保证心墙轴线、摊铺厚度等质量要求，需对摊铺速度进行控制。摊铺速度为 1～3m/min，或按照生产性试验确定的速度进行心墙沥青混合料的摊铺。

（3）过渡料摊铺质量控制。过渡料是填筑沥青混合料两侧的碎石或砂砾石料，摊铺宽度为 1.5～3m，能使沥青混凝土心墙坝体填筑料的变形平缓过渡，具有良好的排水性和渗透稳定性。

在机械摊铺段，心墙两侧的过渡料与心墙沥青混合料摊铺施工中沥青混合料与过渡料是同时进行摊铺的。在人工摊铺施工中，先由人工按照设计要求立心墙两侧模板，然后对称进行心墙两侧模板的过渡料摊铺，模板抽提后再进行心墙内沥青混合料摊铺。在过渡料摊铺施工中主要是对过渡料的级配、过渡料摊铺质量进行控制。

1）过渡料级配控制。过渡料为连续级配的碎石或砂砾石料。在工程所在地料场开采，运到现场布置的加工厂内按照设计要求进行加工，由试验人员进行取样检测。

2）过渡料摊铺质量控制。过渡料摊铺结构要求主要是摊铺厚度、摊铺宽度。

A. 机械摊铺段过渡料摊铺厚度用摊铺机进行控制，人工摊铺段按照模板高度控制摊铺厚度。

B. 从心墙两侧到坝壳料之间的过渡料摊铺宽度按照现场所画控制边线进行控制。

C. 过渡料摊铺后由质检人员用钢尺和现场测量控制点，对摊铺厚度和摊铺宽度进行检查。在人工摊铺段还需对过渡料与模板接触位置进行检查，检查心墙两侧模板偏移量。偏移量过大时应进行调整，消除模板发生的偏差。

（4）沥青混合料碾压质量控制。沥青混合料和过渡料摊铺完成后应及时进行碾压。碾压过程质量控制，主要是按照现场生产性摊铺试验所确定的施工参数进行的施工，由现场质检人员按照设计和规范要求及生产性试验确定的施工参数进行检查。

1）沥青混合料碾压控制。心墙沥青混合料碾压施工中主要对碾压温度，碾压工艺质量进行控制，以及过渡料碾压质量进行控制。

A. 碾压温度控制。心墙沥青混合料碾压后终碾温度不低于 110℃，由现场质检人员用温度计进行检测。

B. 碾压工艺质量控制。沥青混合料碾压设备一般采用小于 1.5t 的振动碾碾压，边角部位采用振动夯。在沥青混合料与过渡料的碾压中，应按照先心墙两侧过渡料后心墙沥青混合料的次序碾压。沥青混合料碾压时碾压速度为 20～30m/min，前后两段交接处应重叠 30～50cm 碾压。在沥青混合料与过渡料接缝处的碾压中，当振动碾碾轮宽度小于心墙宽度时，采用贴缝碾压。当振动碾碾轮宽度大于心墙宽度时，采用单边骑缝碾压。在碾压作业时由质检人员按照试验确定的碾压参数进行检查。

2）过渡料碾压质量控制。在过渡料的碾压中主要是对过渡料碾压工艺质量进行控制。

A. 过渡料碾压一般采用 3t 以下振动碾碾压，边角部位采用振动夯进行碾压。

B. 心墙两侧过渡料应采用对称碾压。在人工摊铺段施工中，距钢模板 15～20cm 的范围应在钢模板抽提后，与心墙沥青混合料同步碾压。

3）在过渡料碾压作业时由质检人员按照试验确定的碾压参数进行检查。

（5）沥青混凝土质量检测。土石坝沥青混凝土心墙防渗结构为隐蔽工程，需要在心墙沥青混凝土铺筑完成后，按照设计和规范要求及时进行各项质量检测，通过分析检测数据判定心墙混凝土铺筑质量是否满足设计和规范要求。沥青混凝土质量检测包括无损检测、现场钻孔取芯检测。

1）无损检测。在沥青混凝土碾压完成且温度降至 70℃ 左右时，由现场试验人员采用核子密度仪测量沥青混凝土的密度，用渗气仪测量沥青混凝土的渗透系数。现场无损检测项目及检测频率见表 8-4。

表 8-4　　　　　　　　　现场无损检测项目及检测频率表

检测项目	取样数量及检测频率	检测项目	取样数量及检测频率
密度/(g/cm³)	每一个施工单元 10～30m 取样 1 次，试验阶段或有必要时可适当增加	渗透系数/(cm/s)	每一个施工单元 100m 取样 1 次，试验阶段或有必要时可适当增加
孔隙率/%			

注　引自《水工碾压式沥青混凝土施工规范》（DL/T 5363—2006）表 12.3.2-1。

2）现场钻孔取芯检测。钻芯取样检测是指当沥青混凝土摊铺、碾压施工完成并完全冷却至接近气温的条件下，采用钻孔取芯的方法获得沥青混凝土的芯样，进行沥青混凝土的物理性能试验与分析，对其沥青混凝土的施工质量做出客观的评价的过程。沥青混凝土心墙钻孔取芯样检测项目及检测频率见表 8-5。

表 8-5　　　　　　　沥青混凝土心墙钻孔取芯样检测项目及检测频率表

检测项目	取样数量及检测频率	检测项目	取样数量及检测频率
密度	沥青混凝土心墙每升高 2～4m 或每摊铺 1000～1500m³ 检测 1 次，沿坝轴线每 100～150m 布置钻取芯样 2 组	马歇尔稳定度、流值	按设计要求
孔隙率		小梁弯曲	
抗渗指标		三轴试验	
		其他指标	

注　引自《水工碾压式沥青混凝土施工规范》（DL/T 5363—2006）表 12.3.2-2。

沥青混凝土进行钻孔取芯时，用于钻孔的机具、钻孔时及钻孔过程中的温度、钻机旋转速度、钻孔取得的芯样长度等，都有一些具体的规定要求。

A. 机具。要想保证沥青混凝土检测顺利可靠，就必须保证所取芯样沥青混凝土的原始性能不变，保证其最小长度，即确保沥青混凝土芯样具有代表性。因此，用于取样的钻具必须是小型的、能够方便地固定在沥青混凝土表面的、取芯时对沥青混凝土心墙扰动小的机具。

对用于心墙沥青混凝土取芯的钻具，目前还没有专用设备，通常使用的是公路交通部门用于道路沥青混凝土及水工混凝土工程生产的设备。如三峡水利枢纽工程茅坪溪土石坝心墙沥青混凝土施工过程中，钻取芯样选用的就是意大利产直径 100mm 吸附式取芯机，钻取的芯样长约 450mm，直径约 100mm，可以钻透两层沥青混凝土，钻取的芯样含两层沥青混凝土的结合面，保证期具有一定的代表性。

B. 温度。心墙沥青混凝土摊铺施工完毕后，不能马上钻取芯样，必须等待沥青混凝土表面温度降到与环境温度一致时钻取芯样，也只有这时沥青混凝土的力学性能已接近于稳定状态。沥青混凝土的温降是一个较为漫长的过程，如果完全达到这样理想的状态，将对沥青混凝土心墙的施工进度产生较大的影响。

根据国内外的施工经验，一般控制沥青混凝土心墙摊铺施工完成的 3~5d 之后，即沥青混凝土心墙的表面温度降至约 35℃ 时再钻芯取样。在夏季时间要长一些，而在冬季或温度比较低的季节，钻孔取芯应在沥青混凝土摊铺完成后的等待时间可短一些，一般为 3d 左右。

C. 钻机旋转速度。用于沥青混凝土心墙钻孔取芯的机具，应具有一定的速度调节功能。应用钻机在沥青混凝土心墙上取芯时，为减少机具扰动对沥青混凝土芯样的影响，宜采用较低的转速。

D. 芯样长度。芯样钻取的最小长度应根据试验检测的需要确定，一般不宜小于45cm。钻取芯样的长度不宜过长，只要满足试验要求即可，因为芯样越长，其钻孔越深，较深的孔洞比较难以回填，容易给沥青混凝土心墙留下质量隐患。

E. 其他。芯样取出时，应尽量减少或避免其他外力原因造成芯样的变形，如芯样产生较大变形，则应作废样处理。芯样加工时，应将其两端 3cm 左右的端头切掉。钻取芯样后，心墙内留下的钻孔应及时回填。为保证回填的质量，应合理地确定回填的程序和方法。

3）资料整理。在施工初期可用工序能力图进行质量管理，施工正常后可采用平均值和极差控制图进行管理，对检测数据和试验数据及时整理，并做出相应的图表，分析沥青混凝土心墙铺筑施工质量控制结果。

8.3.2 浇筑式沥青混凝土心墙铺筑质量控制

浇筑式沥青混凝土心墙的施工质量控制主要是对层面处理、心墙结构、过渡料铺筑、浇筑质量控制、质量检测等。

（1）层面处理。层面处理主要是基础面和浇筑层面的处理。

1）由施工单位按照设计和施工质量要求对浇筑部位基础接触面或浇筑层面进行处理，达到干净、干燥的要求。

2）现场质检人员按照设计和规范要求进行检查验收，合格后才能进行下道工序施工。

（2）心墙结构质量控制。心墙结构质量控制主要包括心墙浇筑层的轴线、厚度、宽度等项目施工质量进行控制。

1）心墙结构轴线是由测量人员按照设计要求用测量仪器放出每层心墙的纵向轴线和高程控制点，现场施工人员根据测量控制点用金属线或尼龙线拉通线将控制点连接起来，形成整体心墙轴线。

2）心墙宽度是以心墙轴线为基准线放出心墙两侧边线，在两侧边线安装模板控制心墙宽度，心墙浇筑层高度是由所配制模板上口为控制线。

3）心墙结构质量由现场质检人员按照设计要求先对心墙测量控制点和所拉心墙轴线进行检查，然后用钢尺对所立模板宽度和高度进行检查，在浇筑施工中对浇筑厚度，宽度用钢尺进行检查。

心墙两侧采用混凝土预制块或块石作为模板时，混凝土预制块的强度应符合设计要求，预制块的砌筑面、与沥青混凝土防渗墙的接触面均应进行糙化和去污处理。块石的强度应符合设计要求，块石的砌筑面、与沥青混凝土的接触面均应进行去污处理。混凝土预制块或块石应在干燥状态下喷涂稀释沥青，待稀释沥青中的油分完全挥发后方可使用。与过渡料接触面的砌缝应采用水泥砂浆勾缝。

（3）过渡料铺筑质量控制。过渡料是填筑沥青混合料两侧的碎石或砂砾石料。过渡料铺筑主要是进行过渡料级配、铺筑摊铺和碾压质量控制。

1）过渡料级配质量控制。在工程所在地料场开采，运到现场布置的加工厂内按照设计要求进行加工，由试验人员进行取样检测。

2）铺筑摊铺和碾压质量控制。过渡料堆放时，料堆坡脚距心墙两侧模板分别不小于50cm，靠近模板部位应采用人工摊铺。过渡料摊铺、碾压应严格按照生产性试验确定的施工参数进行施工。由现场质检人员按照设计和施工要求进行检查。

（4）浇筑质量控制。沥青混合料的浇筑主要是对入仓温度、浇筑工艺质量进行控制。

1）入仓温度控制。心墙浇筑温度主要是控制入仓温度，由现场质检人员用温度计进行检测。

A．在5℃以上正常气温施工时，沥青混合料的入仓温度为140～160℃。

B．在−15～5℃低温条件下施工时，沥青混合料的入仓温度为150～160℃，最低气温低于−20℃时不宜施工。若要施工，应对沥青混凝土心墙进行保温。

2）浇筑工艺质量控制。浇筑式沥青混合土心墙应沿着心墙轴线方向均匀下料，下料高度控制在1m以内，下料后应及时进行摊铺平整，人工用捣棒插捣密实，并且控制好收仓面高度。在浇筑过程中由现场质检人员进行浇筑工序质量检查。

（5）质量检测。沥青混凝土心墙浇筑后每上升2～4m后，应按照设计和规范要求对浇筑质量进行检测，检测方法主要是无损检测和钻孔取芯检测两种方法，其质量标准和检测频次见表8-6。

表8-6　　　　　　　　　沥青混凝土防渗墙质量标准及检测频次表

名称	检验项目		质量标准	检验频次
沥青混凝土防渗墙无损检测	厚度		满足设计要求	每层浇筑完毕并冷却后，沿坝轴线方向每20～40m检测1次，接缝处应设1测点
	孔隙率		<3%	
	密度		满足设计要求	
沥青混凝土防渗墙芯样检测	孔隙率		≤3%	每升高2～4m沿坝轴线100～150m布置钻取芯样2组
	密度		满足设计要求	
	强度		满足设计要求	
	抗渗性		无渗漏	
	耐水性		满足设计要求	
	小梁弯曲		满足设计要求	
	三轴试验	K	满足设计要求	按照设计要求进行
		$\varphi/(°)$	满足设计要求	
		C/MPa	满足设计要求	

注　引自《土石坝浇筑式沥青混凝土防渗墙施工技术规范》（DL/T 5258—2010）。

1）无损检测。由现场试验人员采用核子密度仪测量沥青混凝土的密度，通过计算获得沥青混凝土的孔隙率。

2）钻孔取芯检测。按照检测要求，在心墙轴线上放出钻孔取芯位置，然后在取芯点上布置钻机，接上水源和电源后进行钻孔作业，钻到取芯深度后取出芯样，送到试验室进行沥青混凝土检测试验。

8.3.3 碾压式沥青混凝土面板铺筑质量控制

土石坝或抽水蓄能电站水库碾压式沥青混凝土面板分为简式和复式两种断面结构型式。面板断面是多层结构，简式断面由垫层、整平胶结层、防渗层、封闭层组成；复式断面由垫层、整平胶结层、防渗底层、排水层、防渗面层、封闭层组成。各层结构厚度一般在 10cm 以内，采用单层铺筑施工。

沥青混凝土面板施工采取分条带热铺筑施工，面板各层结构沥青混凝土采用下层沥青混凝土结构铺筑完成一部分后，进行上一层沥青混凝土结构铺筑，简称为前铺后盖法。

为满足沥青混凝土面板防渗设计和施工要求，沥青混凝土面板施工质量控制主要是对面板各层结构施工温度控制，施工结构质量控制，铺筑施工过程质量检查，面板铺筑后进行质量检测。

（1）施工温度控制。面板铺筑施工温度主要是摊铺温度、碾压温度、施工接缝温度、封闭层施工温度、楔形体浇筑温度。现场温度由现场施工人员和质检人员用温度计进行检查。温度控制要求如下。

1）摊铺温度。沥青混凝土面板各层结构摊铺温度采用现场生产性试验确定的摊铺温度。

2）碾压温度。防渗层初碾温度控制为 120～150℃，终碾温度控制为 80～120℃，温度低时选大值。整平胶结层或排水层的碾压温度可比防渗层低 15～20℃。

3）施工接缝温度。施工接缝高于 80℃时，可直接摊铺，低于 80℃时应按冷缝处理，并用红外线加热器烘烤至 100℃±10℃后再进行摊铺碾压。

4）封闭层施工温度。封闭层采用是沥青玛琋脂材料，现场采用机械拌制，沥青玛琋脂出料温度为 180～200℃，涂刷温度为 170℃以上。

5）楔形体浇筑温度。在面板特殊部位施工中存在楔形连接部位，楔形体部位采用的是沥青砂浆、细粒沥青混合料，采用浇筑法施工，浇筑温度控制为 140～160℃。

（2）施工结构质量控制。沥青混凝土面板结构主要是面板各层结构铺筑厚度、平整度，按照设计和规范要求进行质量控制。

1）面板结构质量标准。垫层厚度和防渗层各层铺筑厚度不得小于设计层厚，非防渗层厚度不得小于设计厚度的 95%。斜坡面或库盆结构的岸坡和库底垫层平整度，在 2m 范围内的不平整度不得超过 30mm。面板沥青混凝土各层结构铺筑面应平整，在 2m 范围内的不平整度不得超过 10mm。

2）面板厚度、平整度控制。垫层厚度和平整度是在垫层铺筑完成后用测量仪器按照设计要求进行垫层厚度检查验收，现场施工人员和质检人员用 2m 靠尺进行平整度检查。

沥青混凝土面板各层厚度和平整度质量控制：沥青混凝土各层结构铺筑厚度，由施工单位测量人员按照设计要求用测量仪器放出面板各层厚度和摊铺条带控制点。现场施工人员按照测量控制点安装摊铺厚度和条带分缝样架，现场质检人员按照设计和技术要求及现场测量控制点对控制样架进行检查。面板各层结构铺筑完成后，现场施工人员和质检人员用 2m 靠尺进行平整度检查。

（3）铺筑施工过程质量检查。沥青混凝土面板铺筑施工主要包括垫层、沥青混合料摊铺、碾压，施工接缝与层间处理，面板与刚性建筑物连接，封闭层施工等工序。

1）垫层、沥青混合料摊铺、碾压。垫层、沥青混合料摊铺、碾压是沥青混凝土面板铺筑施工的主要控制性工序，直接影响沥青混凝土面板质量。施工中应按照设计技术要求和生产性试验确定的参数进行面板垫层、沥青混合料摊铺、碾压等工序的施工。在沥青混合料各层结构摊铺、碾压机械化和人工铺筑施工中，应按照设计和技术要求及施工总进度计划，精心组织、合理安排现场施工，保证沥青混合料运输、卸料、摊铺、碾压工序间配合应顺畅，并要连续施工，缩减等待时间，不能出现停止现象。施工过程中应对工艺质量进行检查和各层结构成形后的外观进行检查，及时发现和解决存在的质量问题。

2）施工接缝与层间处理。施工接缝与层间处理部位是面板的防渗层，整平胶结层和排水层的施工接缝可不作处理。

防渗层施工接缝与层间处理时，防渗层各层区段、各条带间的上下层应接缝相互错开，横幅错距为 1m，纵缝错距为条带宽度的 1/3～1/2。接缝面夹角达到 45°，温度达到 80℃以上。层间结合面表面达到干净、干燥要求。现场施工中应按照设计和技术要求对接缝质量进行检查，合格后进行接缝和层间沥青混合料铺筑施工或喷涂乳化沥青、稀释沥青，待喷涂乳化沥青、稀释沥青干燥后才能进行沥青混合料的摊铺。

3）面板与刚性建筑物连接。面板与刚性建筑物连接处理就是对刚性建筑物混凝土面板的表面进行处理。面板与刚性建筑物连接面处理后应达到干净、干燥要求。检查合格后在连接面上喷涂一层稀释沥青或乳化沥青，用量为 0.15～0.20kg/m²。干燥后进行面板与刚性建筑物连接处各层沥青混合料铺筑施工。

4）封闭层施工。面板防渗层封闭层施工，就是在防渗层面上涂刷沥青玛琋脂。封闭层涂刷层厚度为 2mm。施工时首先应将涂刷面用风管进行清理，使表面达到干净、干燥要求。然后按照试验室提供的配合比，在现场采用机械专用拌和设备进行拌制。斜坡面上沥青玛琋脂封闭层涂刷，采用斜坡牵引设备牵引专用涂刷机械分条带分两层涂刷。平面采用自行式涂刷机械分条带分两层涂刷。施工中应控制沥青玛琋脂配合比质量，所拌制的沥青玛琋脂应满足在高温不流淌，冬季低温不脆裂的要求。施工中应控制涂刷机械的行驶速度，保证涂刷厚度。涂刷后应进行厚度和外观均匀性检查，发现有鼓泡或脱皮等缺陷时应及时清除后重新涂刷。

（4）面板质量检测。碾压式沥青混凝土面板铺筑质量检测分为现场取样沥青混凝土性能检测，无损检测，钻孔取芯检测三种方式，以实现沥青混凝土面板的整体控制质量与验证施工中质量检查可靠性。沥青混凝土面板施工质量检测项目与检测频次见表 8－7。

表 8 - 7 　　　　　　　　　　沥青混凝土面板施工质量检测项目与检测频次表

部位	检 测 项 目		检测频次	检测标准
封闭层	施工温度		每天 2 次	符合要求
	厚度		每 500～1000m² 检测 1 次，每天不足 500m² 检测 1 次	涂抹量计算符合要求
防渗层	施工温度	摊铺温度	每 5m 检测 1 次	符合要求
		初碾温度	每条幅 2 次	
		终碾温度		
	厚度		每 10m 沿条带检测 1 次	允许偏差 0～10mm
	平整度		每 10m 沿条带检测 1 次	2m 靠尺平整度不大于 10mm
	渗气仪无损检测	机械摊铺时	条带：1 次/1000m²	符合要求
			热缝：1 次/100m	
			冷缝：1 次 20m	
		人工摊铺时	1 次/10m²	
			缝：1 次/5m	
	终碾后核子密度仪试验	机械摊铺时	1 次/1000m²	
		人工摊铺时	1 次/10m²	
非防渗层	施工温度	摊铺温度	1 次/5m	符合要求
		初碾温度	每条幅 2 次	
		终碾温度		
	厚度		每 10m 沿条带检测 1 次	整平胶结层允许偏差 ±10mm，排水层 0～8mm
	平整度		每 10m 沿条带检测 1 次	2m 靠尺平整度不大于 15mm
	钻孔取芯		3000～6000m² 取样 1 组	在水压力较小部位的取样，检查各层厚度、芯样密度、孔隙率、沥青用量、骨料级配、渗透性、防渗层斜坡流淌值等符合要求

注 1. 引自《沥青混凝土面板堆石坝及库盆施工规范》（DL/T 5310—2013）表 8.4.4。

　　2. 对于防渗层的施工接缝，检验不合格时，应用加热器加热后再用小型压实机具压实。如仍不合格，应将该部位挖除，置换新的沥青混合料进行处理，直至合格为止。对于封闭层表面外观应均匀、无鼓泡、脱层、不流淌。

1）沥青混凝土性能检测。在面板各层结构铺筑施工中由试验人员在现场取样，在试验室进行沥青混凝土性能试验。

2）无损检测。面板各层沥青混合料铺筑完成后，用核子密度仪测试沥青混凝土的密度，通过计算获得沥青混凝土孔隙率。用渗气仪进行面板和面板条带接缝处渗透系数测试。通过无损检测方法，可以控制面板沥青混凝土整体铺筑质量。

3）钻孔取芯。在面板铺筑施工过程中，按照设计技术要求，在现场采用取芯钻机，钻取面板各层结构沥青混凝土芯样，送到试验室进行沥青混凝土质量检测，通过芯样检测验证局部质量和无损检测的可靠性。

8.3.4 浇筑式沥青混凝土面板质量控制

浇筑式沥青混凝土面板由护面板和沥青混凝土防渗层组成。施工质量主要对护面板制作和安装，以及面板沥青混凝土浇筑施工质量进行控制。

（1）护面板制作与安装。浇筑式沥青混凝土护面板为钢筋混凝土预制构件，构件厚度 5～10cm，长度 100～20cm，高度 40～60cm。护面板设有挂环和吊环，四周设有连接企口，内侧涂刷 0.5～0.2kg/m^2 的稀释沥青。护面板的质量要求，外观平整，企口连接吻合，尺寸偏差±5mm。

A. 护面板制作。根据护面板的工程量、设计、施工质量要求，护面板采用在预制场内按设计要求进行制作成形。在制作工程中应对预制模板结构和尺寸、底模平整度、钢筋板扎质量、埋件位置、混凝土浇筑、面板内侧稀释沥青涂刷等工序质量进行检查。

B. 护面板安装。沥青混凝土面板外侧的护面板为支撑沥青混凝土结构，要求坡面干净干燥，护面板安装后坡度和平整度符合设计要求，不变形、接缝不漏浆。

护面板安装质量控制方法是：在护面板安装前，应将坡面清理干净，凿去蜂窝麻面松动部分，并回填水泥砂浆。潮湿部位应烘干，面板基础面达到干净干燥要求。在干燥的条件下，涂刷 0.15～0.20kg/m^2 稀释沥青，干燥后开始进行护面板装。

由测量人员按照设计要求用测量仪器放出护面板控制坐标，现场施工人员根据护面板控制坐标安装样架。护面板采用吊车吊装就位后，先将其底侧和左侧、右侧企口对接，利用坡面预埋锚筋控制护面板坡度并作为内撑，然后将护面板上的挂环与锚筋连接或焊接起来形成内拉，将护面板固定牢固。护面板企口接缝内侧涂稀释沥青，外侧用水泥砂浆勾缝。

护面板安装施工过程中，应对护面板内侧坡面的缝面，护面板安装坡度、平整度，接缝处理，以及护面板挂环与锚筋连接或焊接等部位质量进行检查。

（2）面板沥青混凝土浇筑施工质量控制。面板沥青混凝土浇筑一般采用水平分层，不分段热施工。面板沥青混凝土浇筑温度不低于 150℃，严寒季节不低于 170℃。采用吊车入仓方式时应控制下料高度，避免吊罐碰撞护面板。沥青混合料下料后，先摊铺均匀，然后用捣棒插捣，直至无气泡排出、表面泛油为止。

8.4 施工质量缺陷处理

在水工沥青混凝土心墙和沥青混凝土面板防渗体施工中，尽管采取了很多具体的施工措施，加强了施工质量控制，也不可能完全避免施工过程中可能出现施工质量缺陷问题。施工质量缺陷的存在，将影响沥青混凝土防渗体的防渗效果，给工程运行带来安全隐患，必须进行处理。

8.4.1 沥青混凝土心墙施工质量缺陷处理

沥青混凝土心墙铺筑施工采取分层，全轴线一次铺筑施工。沥青混凝土心墙铺筑施工中的质量缺陷归纳起来分为两大类：第一类是沥青混凝土铺筑后产生表面裂缝；第二类是在沥青混凝土心墙铺筑后进行质量检测，出现沥青混凝土的孔隙率、渗透系数等物理性能指标未能达到设计要求。施工中的质量缺陷处理，只是保证工程施工质量的一个方面，更重要的是，要对各种造成缺陷的原因进行分析，采取切实可行的技术措施进行处理，可以预防、减少或避免施工质量缺陷的发生。各种质量缺陷的产生原因及其处理方法如下。

（1）沥青混凝土表面裂缝处理。沥青混凝土心墙施工过程中，表面可能形成一些横向、纵向、混合裂纹或裂缝，也可能产生龟裂现象。其裂纹或裂缝有长有短，或深或浅，长可达 1.0～1.5m 连通裂纹，短则 1～2cm；深可达 1～3cm，浅约为 0.1～1mm。沥青混凝土表面裂缝一般分为质量裂缝、温度裂缝、其他裂缝。

1）沥青混凝土表面裂缝产生原因。质量裂缝是施工过程中由于施工质量控制工艺偏差不能满足要求而造成的施工缺陷。质量裂缝产生主要原因如下。

A. 当沥青混凝土的配合比发生了较大的误差，如沥青含量远远小于预定值，矿粉的用量远远大于预定值等。这些是沥青混合料的内在因素，无法使其在正常碾压情况下达到理想的压实度，颗粒之间的内摩擦力较小，无法形成密实结构，导致沥青混凝土制品表面形成大量裂纹。施工过程中，由于沥青混合料矿料加热温度不够，沥青与矿料的黏聚力变小，这样沥青混合料在摊铺碾压后，沥青混凝土表面将产生很宽很深的贯穿性裂纹。另外，沥青混合料在摊铺碾压后，长时间未能实施碾压，进行碾压施工时，沥青混合料温度偏低，在此情况下碾压，同样会形成表面裂纹。

B. 沥青混凝土温度裂缝。在沥青混凝土施工过程中，沥青混凝土的配合比及施工工艺控制正常的情况下，由于气温的骤降而使沥青混凝土制品表面形成的一类裂缝可称为温度裂缝。从沥青混凝土心墙施工的气候条件、现场施工及检测成果分析，此类裂缝产生的原因大致如下：由于天气原因，如突降暴雨，积水浸泡心墙，心墙强度多次骤降骤升，形成温度应力、强度应力，导致沥青混凝土表面发生裂缝。

C. 其他裂缝。一般裂缝是由于施工工艺造成的，主要是由于沥青混凝土过碾，表面形成一层泛浆，此泛浆层是沥青混凝土的最薄弱部位，在沥青混凝土冷却过程中，由于沥青混凝土表面浮浆的表面张力小于其温度变化形成的拉应力，与其他原因联合作用，使沥青混凝土形成表面裂缝，严格意义上讲，此类裂缝也属温度裂缝。

2）沥青混凝土表面裂缝处理。施工过程出现表面裂缝后，应根据裂缝产生的原因，而制定其相应的处理措施。裂缝出现的形式不同，处理方式也应进行相应的调整。

温度裂缝和一般裂纹对沥青混凝土的渗透性影响不大，沥青混凝土的自愈能力较强，此类裂缝在一定条件下，如温度升高条件下均可愈合。一般情况下，不对此类裂缝进行特殊处理。只需在进行下一层施工时，对心墙表面进行加热施工，裂缝就能完全愈合。由此可以看出，沥青混凝土碾压完毕后要特别注意加强保护，减少外界因素对心墙的侵蚀，沥青混凝土表面裂缝是完全可以减少的甚至是可以避免的。

质量裂缝由于其成因较为特殊，裂缝的存在会大大降低沥青混凝土的防渗性能，成为工程防渗的隐患，必须进行处理，通常采用贴沥青玛琦脂、彻底挖除的处理方式。

（2）力学性能不满足要求缺陷处理。沥青混凝土心墙的施工质量控制，现场以无损检测为主，辅以钻孔取芯作为最终的确认手段。若发现有不合格的测点，应立即钻取芯样进行复测。

在沥青混凝土铺筑施工过程中，要求进行一定频率的无损检测，一旦使用无损检测发现沥青混凝土的物理力学指标不能满足设计要求时，要及时对出现问题的工程范围进行确定，对质量问题的性质进行分析，采取相应的对策进行处理。

1）处理范围。在发现沥青混凝土施工质量有问题时，一般按以下步骤来确定处理范围。

A. 增加无损检测的频率。对沥青混凝土孔隙率不合格的区间进行分析，必要时可以采用每米一个测点甚至更密，确定待分析、处理的区间。

B. 在无损检测确定的、不合格的区间内，采用钻孔取芯的办法，对沥青混凝土的孔隙率、渗透系数等物理力学参数进行监测分析。

C. 以沥青混凝土芯样的试验检测成果为标准，初步划分需要进行处理的区间。

D. 在以确定的处理区间两端向外各1m，再次取芯确认沥青混凝土的物理力学指标是否满足要求，如满足要求可不扩大处理区间，否则继续向区间两端外各1m，重新进行取芯，直至满足要求为止，同时也确定最终的处理区间。

2）处理方法。处理方法的确定，以不给工程留隐患为原则。对应用无损检测检查出的、不能满足要求的沥青混凝土，通常有以下三种处理方法。

A. 不处理。在沥青混凝土心墙施工质量检测中，对无损检测发现问题的部位，无损检测结果处于设计允许值边缘，补充钻孔取芯进行检测试验，沥青混凝土芯样检测结果满足设计要求，经分析论证确认，不影响沥青混凝土心墙的正常运行，不会给工程留下隐患。对这部分心墙的沥青混凝土可以不作处理。

B. 贴沥青玛琋脂。对发现问题的部位，可以在缺陷部位的心墙上游面，贴厚5～10cm沥青玛琋脂，以增强沥青混凝土的防渗效果，是一种有效的处理方法。

沥青玛琋脂贴面高度一般为三层，即裂缝层、裂缝层上层、裂缝层下层。用于施工浇筑的沥青玛琋脂配合比必须根据试验确定。通常情况下，沥青：填充料（矿粉）：人工砂＝1∶2∶4。

侧面浇筑沥青玛琋脂的具体做法是：继续进行下一层的沥青混凝土施工，施工结束后将心墙上游面过渡料挖开，在侧面将其表面进行处理，要求表面平整，且无过渡料镶嵌，在对沥青混凝土心墙迎水侧表面处理完成并通过验收后，就可以在需要浇筑沥青玛琋脂的部位安装模板了。施工模板要求支立平整、稳定，能够满足设计要求，并确保沥青玛琋脂的最小厚度满足处理要求以及整个层面的厚度基本均匀一致。立模完成后，按照试验确定的沥青玛琋脂的配合比，现场拌和生产沥青玛琋脂，并在迎水侧的沥青混凝土心墙表面，浇筑一层厚5～10cm的沥青玛琋脂。

玛琋脂贴面的处理方式可以使一部分质量缺陷问题得到解决，但也不是万能的，它的施工程序太麻烦，有时必须采用别的办法如挖除的办法进行彻底的处理。通常情况下，当缺陷部位的区间长度较长，且经分析采用沥青玛琋脂贴面处理完全可以解决，不会给工程留下质量隐患时，才能采用沥青玛琋脂贴面的处理方法。

C. 挖除。对发现问题的部位，补充钻孔取芯，对沥青混凝土的力学性能（主要指孔隙率、渗透系数）进行检测，沥青混凝土芯样的检测结果不能满足设计要求时，可以采用将质量缺陷段彻底挖除并重新铺筑沥青混凝土的处理办法。

挖除处理方法是在缺陷段用红外线加热罩等加热方法加热沥青混凝土，人工用铁锹等工具铲除已加热的沥青混凝土，直至把该层全部清除，并重新铺筑沥青混凝土，使之达到合格要求。

挖除处理是一种最彻底的处理方式，采用此种处理方式将不会给工程留下隐患。但挖除处理也有其局限性，当需要进行处理的范围过大时，处理难度大，费时费力，同时在处理过程中，不可避免地会对下层沥青混凝土造成影响，尽管这种影响可能是很小的。当缺陷的处理范围较小时，采用这种办法进行处理；如缺陷的处理范围很大，采用帮贴沥青玛𤩪脂的办法可以从根本上解决质量问题时，应尽量采用贴沥青玛𤩪脂的处理方法。如缺陷的处理范围很大，但采用贴沥青玛𤩪脂的办法不能从根本上解决质量问题时，也必须采用挖除的方法彻底处理，不给工程留下任何隐患。

（3）沥青混凝土表面返油处理。施工过程中由于各种原因形成明显返油现象，返油将对沥青混凝土的力学和变形性能造成很大的影响。

1）返油原因分析。碾压出现返油现象形成的原因有很多，归纳起来有以下几个方面。

A. 沥青混凝土的过碾。一定程度地增加碾压遍数，对沥青混凝土的孔隙率无明显影响，如果碾压遍数过多，则形成沥青混凝土过碾返油现象，对沥青混凝土孔隙率反而造成负面的影响，使每一浇筑层中下部沥青混凝土的孔隙率增加，这种现象俗称"蒸馒头"。

B. 沥青混合料的碾压温度偏高，如果不改变相应的施工碾压参数，同样会形成过碾返油现象。一般地，沥青混合料的碾压温度控制为 $140\sim160℃$。温度较高时进行碾压，骨料颗粒间的内摩擦力较小，重颗粒下沉，轻物资上浮的速度提高，形成表面返油，对沥青混凝土结构形成不利。

C. 沥青混合料配合比偏差较大，特别是沥青用量远高于设计值，同样在正常碾压工艺情况下造成过碾返油现象。

2）处理方法。在沥青混凝土心墙施工过程，应严格控制沥青混合料配合比及施工工艺参数，消除过碾返油现象。沥青混凝土心墙结构设计要考虑坝体填料与沥青混凝土心墙的协调变形，要考虑沥青混凝土承受的自重压力和侧压力对沥青混凝土心墙的使用性能的影响。因此，如果施工中出现过碾返油现象，首先要检查沥青混凝土的孔隙率是否满足设计要求，如果沥青混凝土心墙过碾返油浇筑层中下部沥青混凝土满足设计要求，则可将过碾返油浇筑层表面清除，否则，需要将过碾返油浇筑层全部挖除。

8.4.2　沥青混凝土面板施工质量缺陷处理

沥青混凝土面板施工中的质量缺陷主要是裂缝、气泡、鼓包、表面返油，沥青混凝土的孔隙率、渗透系数等物理性能指标达不到设计要求等。这些质量缺陷都将影响沥青混凝土面板防渗体的防渗效果，给工程运行带来安全隐患，必须进行处理。在质量缺陷处理前应对产生质量缺陷的原因进行分析，然后针对产生的原因，选择合理的处理方法。

（1）裂缝产生的原因与处理方法。沥青混凝土面板施工期产生的裂缝主要是温度裂缝、施工接缝处裂缝。

1）裂缝产生的原因。

A. 温度裂缝产生的原因。沥青混凝土随温度变化将出现收缩或膨胀，从而产生温度应力。当温度快速降低时，沥青混凝土的松弛作用难以发挥，沥青混凝土面板内将产生较大的温度拉应力，当拉应力超过沥青混凝土的抗拉强度时，就将产生裂缝。北京半城子水库沥青混凝土面板在十几个小时内，温度由$-1.5℃$降至$-24.5℃$，致使在平行坝轴线方向产生了较大的拉应力，结果造成了较严重的裂缝。

沥青混凝土面板在温降情况下的温度应力的大小取决于基础对面板的约束，基础对面板的变形约束较强，则面板的温度应力就大，反之温度应力就小。因此，面板的垫层应使用对面板约束较小的级配良好的碎石或砂砾料。湖北车坝为了机械施工的方便，垫层采用无砂混凝土，该垫层对沥青面板的约束较强。虽然车坝坝址的气温不低，但温度裂缝严重，不得不进行全面修复。

沥青品质差也是产生温度裂缝的原因。我国早期道路沥青多由含蜡原油生产，蜡含量高，沥青质少，密度小，延度不稳定，尤其低温延度小；软化点高，但高温稳定性差，脆点虽低，低温抗裂性差，老化快，使用寿命短。

B. 施工接缝裂缝产生的原因。沥青混凝土面板为分层沥青混凝土结构，采用分条带铺筑施工中进行接缝处理时，冷缝加热及碾压工艺存在不足，使接缝处沥青混凝土连接不好产生裂缝。

2) 裂缝处理方法。

A. 裂缝宽度较小，裂缝两侧无明显错台，直接采用沥青砂浆或热沥青灌缝，压实处理。

B. 条带间纵向裂缝，当裂缝宽度较小时，采用红外线加热器重新处理。

C. 当缝宽度较大时，采用灌注沥青砂浆或热沥青处理，裂缝密集部位挖除重新摊铺。所有裂缝在进行防渗层摊铺前骑缝铺设宽 50cm 的防裂土工布，对部分裂缝较集中的条带挖除后重新摊铺处理。

（2）鼓包产生的原因与处理方法。鼓包产生的位置主要是在寒冷地区的沥青混凝土面板工程，冬季停工前未完成覆盖防渗层的整平胶结层。

1) 产生鼓包的原因。在寒冷地区冬季停工前，垫层上铺筑的整平胶结层沥青混凝土的部位，未铺筑防渗层沥青混凝土进行封闭或未进行覆盖保温。冬季停工期间下了大量的积雪覆盖在整平胶结层上，当积雪溶化后，雪水渗入该部位垫层料中，使垫层料中含水较高，经过昼夜反复冻融后使垫层料产生膨胀，未铺筑防渗层沥青混凝土或未覆盖保温的整平胶结层就出现鼓包质量缺陷。

2) 鼓包处理方法。将鼓包区域的整平胶结层沥青混凝土和基础垫层挖除，采用人工铺筑施工方法分层进行铺筑垫层和各层沥青混凝土。

（3）沥青混凝土表面返油产生原因与处理。在防渗层和加厚层施工过程中，沥青混凝土表面可能产生返油现象。具体表现是碾压表面光滑，有明显的沥青胶浆，厚度可达 0.5cm，一般称作"过碾返油"。

1) 沥青混凝土表面返油原因分析。

A. 沥青混凝土碾压遍数过多，骨料颗粒间摩擦力较小，造成重颗粒下沉，轻物质上浮，形成表面返油。

B. 沥青混合料的碾压温度偏高，如果不改变相应的施工碾压参数，同样会形成过碾返油现象。

2) 沥青混凝土表面返油处理。在施工过程中，应该严格控制施工工艺，避免出现过碾返油现象。如果出现返油现象，需要对该部位进行检测，不能达到设计指标的，要进行返工处理。

（4）沥青混凝土表面气泡产生原因与处理。在防渗层铺筑和沥青玛琋脂涂刷施工后表面出现气泡，将影响面板的抗渗效果。

1）沥青混凝土表面气泡产生原因。

A．碾压机在碾压时，一般用水作为脱离剂，在碾压过程中，水有可能进入到沥青混凝土内部，未来得及排出，随着水的蒸发会在沥青混凝土表面产生气泡。

B．由于矿粉、粗细骨料等沥青混凝土原材料在生产、运输、储藏等环节中，极易吸收空气中的水分，导致原材料含水量不均匀，骨料加热不够等，也会在沥青混凝土表面产生气泡现象。

2）沥青混凝土表面气泡处理方法。根据气泡出现的原因选择处理方法。

A．适当提高矿粉和粗细骨料加热温度。

B．延长粗细骨料和矿粉的热拌时间。

C．在现场将气泡戳穿，用红外加热器将其加热至初碾温度，使用小型振动夯夯实。

（5）沥青混凝土孔隙率、渗透系数指标达不到设计要求的缺陷处理。

1）沥青混凝土孔隙率、渗透系数指标达不到设计要求的原因。孔隙率、渗透系数是沥青混凝土的防渗性能指标，它们的大小取决于骨料级配、沥青用量以及碾压后的密实程度。造成孔隙率、渗透系数指标达不到设计要求的原因主要是沥青混凝土铺筑施工中沥青混合料的摊铺温度偏低、初碾温度没能控制好，造成碾压后所铺筑的沥青混凝土密实度减小，在进行无损检测和钻孔取芯检测质量检测后，出现孔隙率和渗透系数也达不到设计要求的质量缺陷。

2）沥青混凝土孔隙率、渗透系数指标达不到设计要求的处理方法。沥青混凝土面板为分层结构，每一层沥青混凝土采取每条带铺筑施工。一个条带铺筑完成后，按照质量检测规定安排进行无损检测和钻孔取芯检测，检测发现沥青混凝土孔隙率、渗透系数指标达不到设计要求时，对于大面积部位，采取挖除重新摊铺；局部小面积部位，先用红外加热器对其表面加热，使其温度将接近终碾温度，然后用振动碾碾压或平板振动夯夯实，来增加沥青混凝土的密实度，使孔隙率和渗透系数满足设计要求。若经过碾压处理仍不能满足要求的沥青混凝土，需要确定其范围，并对其进行挖除处理。

8.5　质量评定

土石坝沥青混凝土防渗体在施工完成后，按照工程验收规定应进行质量评定。质量评定就是将质量检验结果与国家和行业技术标准以及合同约定的质量标准进行比较。

土石坝沥青混凝土防渗体施工质量评定就是先进行单元工程质量评定，然后根据单元工程质量评定结果，进行分部分项工程和总体工程质量评定。

单元工程是依据设计结构、施工部署和质量考核要求，将沥青混凝土防渗体施工分为若干个层、块、条、带进行划分，其是工程质量评定的基本单位，是评价沥青混凝土防渗体质量的基础。

单元工程质量评定分为主控项目和一般项目，质量等级划分为"合格"和"优良"两个等级。合格标准是：原材料应合格，主控项目各项检测指标应符合质量标准，一般项目每项应有70％的测次符合质量标准。优良标准是：主控项目各项检测指标应符合质量标准，一般项目每项应有 90% 的测次符合质量标准。不合格单元工程项应经过处理，达到合格标准后，再进行单元工程质量复评。

目前，国内土石坝沥青混凝土施工单元工程质量评定是按《水电水利基本建设工程　单元工程质量等级评定标准　第 10 部分：沥青混凝土工程》（DL/T 5113.10—2012）、《水利水电工程单元工程施工质量验收评定标准——混凝土工程》（SL 632—2012）的规定，进行土石坝沥青混凝土防渗体单元工程质量评定。

土石坝沥青混凝土防渗体单元工程质量评定分主要是对原材料及沥青混合料制备、沥青混凝土心墙防渗体、沥青混凝土面板三部分进行单元工程质量评定。

8.5.1　原材料及沥青混合料制备单元工程质量评定

水工沥青混凝土使用的材料包括沥青、骨料、填料等。沥青、骨料和填料的质量应符合《土石坝沥青混凝土面板和心墙设计规范》（DL/T 5411）、《水工碾压式沥青混凝土施工规范》（DL/T 5363）的规定。沥青、骨料和填料的检测方法应按《水工沥青混凝土试验规程》（DL/T 5362）的规定。

沥青混合料质量标准由加热沥青、加热骨料、拌和物等的质量标准组成。按单个拌和楼每个工作日制备的沥青混合料划分为一个验收单元。

（1）沥青。沥青检验只有主控项目。沥青主控项目分为沥青老化前和老化后两种情况。质量评定要求只有合格等级。

1）沥青老化后主控项目：针入度（1/10mm）、软化点（℃）、延度（mm）、密度（g/cm³）、含蜡量（%）、脆点（℃）、溶解度（%）。

2）沥青老化后主控项目：闪点（℃）、质量损失（%）、延度（cm）、软化点升高（℃）。

沥青质量的检验项目、质量标准、检验方法、检验频率沥青质量的检验项目与质量标准应符合（DL/T 5411）规定，设计另有要求的，还应符合设计要求。沥青质量的检验项目、质量标准、检验方法、检验频率见表 8-8。质量评定只有"合格"等级。

表 8-8　　　　　沥青质量的检验项目、质量标准、检验方法、检验频率表

项类	项次	检验项目		质量标准	检查方法	检验频率
主控项目	1	老化前	针入度/(1/10mm)	符合《土石坝沥青混凝土面板和心墙设计规范》（DL/T 5411）的要求	按《水工沥青混凝土试验规程》（DL/T 5362）的规定	按《水工碾压式沥青混凝土施工规范》（DL/T 5363）的规定
	2		软化点/℃			
	3		延度/mm			
	4		密度/(g/cm³)			
	5		含蜡量/%			
	6		脆点/℃			
	7		溶解度/%			
	8		闪点/℃			
	9	老化后	质量损失/%			
	10		针入度比/%			
	11		延度/cm			
	12		软化点升高/℃			

注　引自《水电水利基本建设工程　单元工程质量等级评定标准　第 10 部分：沥青混凝土工程》（DL/T 5113.10—2012）表 2.2.1。

（2）粗骨料。质量检验主控项目：表观密度（g/cm³）、吸水率（%）、针片状颗粒含量（%）、坚固性（质量损失）（%）、黏附性（级）、含泥量（%）、压碎值（%）。一般项目：超径（%）、逊径（%）、其他。质量评定分为"合格""优良"两个等级，粗骨料的质量评定等级见表8-9。

表8-9   粗骨料质量评定等级表

单位工程名称				单元工程量		
分部工程名称				施工单位		
单元工程名称、部位				检验日期		年 月 日
项类		检查项目	质量标准	总检查次数	质量评定	
					合格次数	合格率/%
主控项目	1	表观密度/(g/cm³)	≥2.6			
	2	吸水率/%	≤2.0			
	3	针片状颗粒含量/%	≤25.0			
	4	坚固性（质量损失）/%	≤12.0			
	5	黏附性/级	≥4.0			
	6	含泥量/%	≤0.5			
	7	压碎值/%	≤30.0			
一般项目	1	超径/%	≤5.0			
	2	逊径/%	≤10.0			
	3	其他	级配良好，岩质坚硬，在加热条件下不致引起性质变化			
检查签字		施工单位			监理单位	
		自检结果	主控项目 一般项目	自检结果		主控项目 一般项目
		质量等级		质量等级		
		质量负责人	年 月 日	监理工程师		年 月 日

注 引自《水电水利基本建设工程 单元工程质量等级评定标准 第10部分：沥青混凝土工程》（DL/T 5113.10—2012）表A.01。

（3）细骨料。质量检验主控项目：表观密度（g/cm³）、吸水率（%）、坚固性（%）、有机质及含泥量（%）、水稳定等级（级）。一般项目：逊径（%）、其他。质量评定分为"合格""优良"两个等级。细骨料质量评定等级见表8-10。

（4）填料。主控项目：表观密度（g/cm³）、含水率（%）、亲水系数、细度（各级筛孔的通过率）（%）。一般项目：其他。质量评定分为"合格""优良"两个等级。填料质量评定等级见表8-11。

细骨料质量评定等级表

单位工程名称					单元工程量			
分部工程名称					施工单位			
单元工程名称、部位					检验日期		年 月 日	
项类	检查项目		质量标准		总检查次数	质量评定		
			人工砂	天然砂		合格次数	合格率/%	
主控项目	1	表观密度/(g/cm³)	≥2.55	≥2.55				
	2	吸水率/%	≤2.0	≤2.0				
	3	坚固性/%	≤15.0	≤15.0				
	4	有机质及含泥量/%	—	≤12.0				
	5	水稳定等级/级	≥6	≥6				
一般项目	1	超径/%	≤2.0	≤20				
	2	其他	岩质坚硬，在加热时不致引起性质变化					
检查签字	施工单位				监理单位			
	自检结果		主控项目 一般项目		自检结果		主控项目 一般项目	
	质量等级				质量等级			
	质量负责人		年 月 日		监理工程师		年 月 日	

注 引自《水电水利基本建设工程 单元工程质量等级评定标准 第 10 部分：沥青混凝土部分》（DL/T 5113.10—2012）表 A.02。

填料质量评定等级表

单位工程名称				单元工程量			
分部工程名称				施工单位			
单元工程名称、部位				检验日期		年 月 日	
项类	检查项目		质量标准	总检查次数	质量评定		
					合格次数	合格率/%	
主控项目	1	表观密度/(g/cm³)		≥2.5			
	2	含水率/%		≤0.5			
	3	亲水系数		≤1.0			
	4	细度（各级筛孔的通过率）/%	<0.075mm	>85			
			<0.15mm	>90			
			<0.6mm	≤0.5			
一般项目	其他		不含泥土、有机质、杂质和结块				
检查签字	施工单位			监理单位			
	自检结果		主控项目 一般项目	自检结果		主控项目 一般项目	
	质量等级			质量等级			
	质量负责人		年 月 日	监理工程师		年 月 日	

注 引自《水电水利基本建设工程 单元工程质量等级评定标准 第 10 部分：沥青混凝土工程》（DL/T 5113.10—2012）表 A.03。

（5）沥青混合料制备。主控项目：沥青、填料、称量、沥青混合料、马歇尔试件。一般项目：粗骨料、细骨料、称量拌和、沥青混合料、试件。质量评定分为"合格""优良"两个等级。沥青混合料制备质量评定等级见表 8-12。

表 8-12 **沥青混合料制备质量评定等级表**

单位工程名称					单元工程量			
分部工程名称					施工单位			
单元工程名称、部位					检验日期		年 月 日	
项　　目				质量标准	检测频率	检验结果		
						检查次数	合格次数	合格率/%
主控项目	沥青	1	针入度	符合设计要求	每天至少检测1次			
		2	软化点	符合设计要求				
		3	延度	符合设计要求				
		4	温度	符合设计要求	随机检测，每天至少5次			
	填料	5	含水率/%	≤0.5	每天至少检测1次			
	称量	6	沥青/%	±0.3	随机检测（每天打印资料1次）			
	沥青混合料	7	出机口　温度/℃	符合设计要求	随机检测，每天至少5次			
		8	抽提配合比允许偏差　沥青/%	±0.3	每天至少检测1次			
	马歇尔试件	9	孔隙率/%	符合设计要求	每天至少检测1次			
		10	马歇尔稳定度/N，流值/(1/100cm)					
一般项目	粗骨料	1	逊径/%	≤10	每天至少检测1次			
		2	温度/℃	符合设计要求	随机检测，每天至少5次			
	细骨料	3	逊径/%	≤5.0	每天至少检测1次			
		4	温度/℃	符合设计要求	随机检测，每天至少5次			
	称量	5	粗骨料	±5.0	随机检测（每天打印资料1次）			
		6	细骨料　人工砂/%	±3.0				
		7	细骨料　天然砂/%	±3.0				
		8	填料/%	±1.0				
	拌和	9	投料顺序	符合设计要求	随机检测（每天打印资料1次）			
		10	拌和时间　干拌时间					
		11	拌和时间　湿拌时间					

项　　目			质量标准	检测频率	检验结果		
					检查次数	合格次数	合格率/%
一般项目	沥青混合料	12 出机口	外观检测	符合规范要求	随时检测，每天至少5次			
		13 抽提配合比允许偏差 粗骨料/%	±5.0	每天检测1次			
		14 细骨料/%	±3.0				
		15 填料/%	±1.0				
	试件	16 斜坡流值	符合设计要求	符合设计要求			

检查签字	施工单位		监理单位	
	自检结果	主控项目 一般项目	自检结果	主控项目 一般项目
	质量等级		质量等级	
	质量负责人	年　月　日	监理工程师	年　月　日

注 引自《水电水利基本建设工程　单元工程质量等级评定标准　第10部分：沥青混凝土工程》（DL/T 5113.10—2012）表 A.04。

8.5.2　沥青混凝土心墙防渗体的质量评定

土石坝沥青混凝土心墙防渗体质量评定分为基座结合面，沥青混凝土心墙铺筑两部分。基座结合面质量评定以每次或每个结合面施工为一个单元，其质量评定应按分部工程统计评定。沥青混凝土心墙单元划分可按每个连续铺筑施工区域为一个单元，也可按每个铺筑层为一个单元。当一个铺筑层施工发生中断停歇，应进行接缝处理，继续施工时应按重新铺筑划分为不同的单元。铺筑施工按《水工碾压式沥青混凝土施工规范》（DL/T 5363）的规定执行。铺筑单元工程由沥青混凝土结合层面、沥青混合料摊铺与碾压等工序组成。

（1）基座结合面处理质量评定。主控项目：基座面、冷底子油喷涂。一般项目：沥青玛琋脂摊铺温度、沥青玛琋脂摊铺基础面、沥青玛琋脂摊铺厚度、沥青玛琋脂摊铺平整度。质量评定分为"合格""优良"两个等级。沥青混凝土心墙工程基座结合面处理单元工程质量评定等级见表8-13。

（2）沥青混凝土心墙铺筑。主控项目：沥青混凝土结合层面干燥程度、沥青混凝土结合层面横向接缝、模板距心墙中心线偏差距离（mm）、入仓温度（℃）、初步碾压温度（℃）、终结碾压温度（℃）、孔隙率（%）、密度（g/cm³）。一般项目：结合层面干净程度、结合层面温度（℃）、沥青混合料摊铺层面、渗透系数（cm/s）。质量评定分为"合格""优良"两个等级。沥青混凝土心墙铺筑单元工程质量评定等级见表8-14。

表 8-13   沥青混凝土心墙工程基座结合面处理单元工程质量评定等级表

单位工程名称				单元工程量		
分部工程名称				施工单位		
单元工程名称、部位				检验日期		年 月 日

项类		检查项目	质量标准	检测结果		
				总检查点数	合格点数	合格率/%
主控项目	1	基座面	层面清理干净，全面刷毛，无杂物，且层面干燥			
	2	冷底子油喷涂	配料比例符合设计要求，稀释沥青（乳化沥青）涂抹均匀、无空白、无团块、色泽一致			
一般项目	1	沥青玛琋脂摊铺温度/℃	135～150			
	2	沥青玛琋脂摊铺基础面	层面清理干净，全部刷毛，无水珠，层面干燥			
	3	沥青玛琋脂摊铺厚度/cm	摊铺厚度符合设计要求，无鼓包、无流淌，贴附牢固			
	4	沥青玛琋脂摊铺平整度	表面平顺、无大的凸凹和起伏			

检查签字	施工单位		监理单位	
	自检结果	主控项目 一般项目	自检结果	主控项目 一般项目
	质量等级		质量等级	
	质量负责人	年 月 日	监理工程师	年 月 日

注　引自《水电水利基本建设工程　单元工程质量等级评定标准　第10部分：沥青混凝土工程》（DL/T 5113.10—2012）表 A.08。

表 8-14   沥青混凝土心墙铺筑单元工程质量评定等级表

单位工程名称				单元工程量		
分部工程名称				施工单位		
单元工程名称、部位				检验日期		年 月 日

项类		检查项目	质量标准	检查结果		
				总检查点数	合格点数	合格率/%
主控项目	1	沥青混凝土结合层面干燥程度	干燥			
	2	沥青混凝土结合层面横向接缝	干净，坡度≤1：3			

项类	检查项目		质量标准	检查结果		
				总检查点数	合格点数	合格率/%
主控项目	3	模板距心墙中心线偏差距离/mm	±5			
	4	入仓温度/℃	气温在25℃以上时，≥140， 气温在5℃以下时，≥160			
	5	初步碾压温度/℃	气温在25℃以上时，≥125， 气温在5℃以下时，≥145			
	6	终结碾压温度/℃	气温在25℃以上时，≥115， 气温在5℃以下时，≥135			
	7	无损检测 孔隙率/%	符合设计要求			
	8	无损检测 密度/(g/cm³)	符合设计要求			
	9	取芯检测 孔隙率/%	符合设计要求			
	10	取芯检测 密度/(g/cm³)	符合设计要求			
一般项目	1	结合层面干净程度	层面清理干净			
	2	结合层面温度/℃	层面以下1cm处70～100			
	3	沥青混合料摊铺层面	表面无污物，色泽均匀，无异 常现象			
	4	无损检测 渗透系数/(cm/s)	符合设计要求			
	5	取芯检测 渗透系数/(cm/s)	符合设计要求			

检查签字	施工单位		监理单位	
	自检结果	主控项目 一般项目	自检结果	主控项目 一般项目
	质量等级		质量等级	
	质量检查人	年 月 日	监理工程师	年 月 日

注 引自《水电水利基本建设工程 单元工程质量等级评定标准 第10部分：沥青混凝土工程》（DL/T 5113.10—2012）表 A.09。

8.5.3 沥青混凝土面板的质量评定

土石坝沥青混凝土面板质量评定分为乳化沥青喷层、沥青混凝土面防渗层、整平胶结层和排水层部分。沥青混凝土面防渗层、整平胶结层和排水层施工按条带进行单元划分，每层每一施工条带划为一单元。

（1）乳化沥青喷层。主控项目：基础面、单位面积撒布量（kg/cm²）。一般项目：乳化沥青温度（℃）、撒布效果。质量评定分为"合格""优良"两个等级。乳化沥青喷层单元工程质量评定等级见表 8-15。

（2）沥青混凝土面板防渗层和整平胶结层铺筑质量评定。主控项目：防渗层和整平胶结层的铺料温度（℃）、初始碾压温度（℃）、铺料厚度（cm）、层面清理、接缝温度（℃），防渗层和整平胶结层与混凝土结构间接缝的连接面、沥青涂料涂刷、止水材料铺

表 8-15 乳化沥青喷层单元工程质量评定等级表

单位工程名称				单元工程量		
分部工程名称				施工单位		
单元工程 名称、部位				检验日期		年 月 日

项类		检查项目	质量标准	检测结果		
				总检查点数	合格点数	合格率/%
主控 项目	1	基础面	干净、干燥			
	2	单位面积撒布量/(kg/cm²)	符合设计要求			
一般 项目	1	乳化沥青温度/℃	符合设计要求			
	2	撒布效果	均匀			

检查 签字	施工单位		监理单位	
	自检结果	主控项目 一般项目	自检结果	主控项目 一般项目
	质量等级		质量等级	
	质量负责人	年 月 日	监理工程师	年 月 日

注 引自《水电水利基本建设工程 单元工程质量等级评定标准 第10部分：沥青混凝土工程》(DL/T 5113.10—2012) 表 A.05。

设、孔隙率（%）、密度（g/cm³）、封闭层的层面清理、涂刷温度（℃）、厚度（cm）。质量评定分为"合格""优良"两个等级。沥青混凝土面板防渗层和整平胶结层铺筑单元工程质量评定等级见表 8-16。

表 8-16 沥青混凝土面板防渗层和整平胶结层铺筑单元工程质量评定等级表

单位工程名称				单元工程量		
分部工程名称				施工单位		
单元工程名称、部位				检验日期		年 月 日

项类		检查项目		质量标准	检测结果		
					总检查点数	合格点数	合格率/%
主控 项目	1	铺料温度/℃		≥160			
	2	初始碾压温度/℃		120~150			
	3	铺料厚度/cm		符合设计要求			
	4	层面清理		干净、干燥			
	5	接缝温度/℃		90±10			
	6	与混凝土结构间接缝	连接面	全部凿毛，凸凹度应小于 2cm， 表面整平、干燥、洁净			
	7		沥青涂料涂刷	涂刷均匀，无空白处，涂刷 量约 0.4kg/m²			
	8		止水材料铺设	铺设平整、均匀，厚度符合设计			

项类	检查项目		质量标准	检测结果		
				总检查点数	合格点数	合格率/%
主控项目	9 无损检测	孔隙率/%	符合设计要求			
	10	密度/(g/cm³)	符合设计要求			
	11 封闭层	涂刷温度/℃	符合设计要求			
	12	厚度/cm	符合设计要求			
	13	层面清理	干净、干燥			
	14 取芯检验	孔隙率/%	符合设计要求			
	15	密度/(g/cm³)	符合设计要求			
一般项目	1	二次碾压温度/℃	80～120			
	2	平整度/mm	10			
	3 水密性	摊铺机施工部分	符合设计要求			
		人工施工部分				
	4 密度（核子密度仪）/(g/cm³)	摊铺机施工部分	符合设计要求			
		人工施工部分				
	5 接缝	角度/(°)	<45			
	6	平整度	符合设计要求			
	7 止水槽回填	回填厚度/cm	≤5			
	8	回填密实度	密实、表面平整			

检查签字	施工单位		监理单位	
	自检结果	主控项目 一般项目	自检结果	主控项目 一般项目
	质量等级		质量等级	
	质量负责人	年 月 日	监理工程师	年 月 日

注 引自《水电水利基本建设工程 单元工程质量等级评定标准 第10部分：沥青混凝土工程》(DL/T 5113.10—2012) 表 A.06。

（3）沥青混凝土面板排水层铺筑质量评定。主控项目：铺料温度（℃）、初始碾压温度（℃）、厚度（mm）、层面清理、孔隙率（%）、密度（g/cm³）。一般项目：二次碾压温度（℃）、层面平整度（mm）、接缝角度（°）、平整度、渗透系数（cm/s）。质量评定分为"合格""优良"两个等级。沥青混凝土面板排水层铺筑单元工程质量评定等级见表8-17。

表 8-17　　　　　沥青混凝土面板排水层铺筑单元工程质量评定等级表

单位工程名称				单元工程量				
分部工程名称				施工单位				
单元工程名称、部位				检验日期			年　月　日	

项类		检查项目		质量标准	检测结果		
					总检查点数	合格点数	合格率/%
主控项目	1	铺料温度/℃		符合设计要求			
	2	初始碾压温度/℃		120～150			
	3	厚度/mm		符合设计要求			
	4	层面清理		干净、干燥			
	5	无损检测	孔隙率/%	符合设计要求			
	6		密度/(g/cm³)	符合设计要求			
	7	取芯检验	孔隙率/%	符合设计要求			
	8		密度/(g/cm³)	符合设计要求			
一般项目	1	二次碾压温度/℃		≥80			
	2	层面平整度/mm		15			
	3	接缝	角度/(°)	＜45			
	4		平整度	符合设计要求			
	5	无损检测	渗透系数/(cm/s)	符合设计要求			
	6	取芯检验	渗透系数/(cm/s)	符合设计要求			

检查签字	施工单位		监理单位	
	自检结果	主控项目 一般项目	自检结果	主控项目 一般项目
	质量等级		质量等级	
	质量负责人	年　月　日	监理工程师	年　月　日

注　引自《水电水利基本建设工程　单元工程质量等级评定标准　第 10 部分：沥青混凝土工程》(DL/T 5113.10—2012) 表 A.06。

258

9 安 全 监 测

水工沥青混凝土防渗体中的沥青混凝土心墙和沥青混凝土面板，属于土石坝和抽水蓄能电站水库工程的一部分。为了及时掌握沥青混凝土防渗体在施工期和运行前的工作状态与变化，及时发现问题和采取有效措施解决存在的问题，防止事故的发生，在土石坝或抽水蓄能电站水库工程设计中，根据工程要求设置了各种监测仪器，对坝体和沥青混凝土防渗体进行安全监测，为土石坝工程能够正常运行提供可靠的依据。

由于沥青混凝土防渗体与土石坝坝体填筑材料为不同种类性能的材料，在施工期和蓄水后运行期承受各种荷载作用和环境影响时，沥青混凝土防渗体结构和坝体的变形、产生应力与应变、渗流指标等都会发生变化。针对水工沥青混凝土防渗体结构断面比较小，受温度变化的影响比较大，应力、应变变化比较复杂等特点，为保证土石坝或库盆水库工程的安全，在沥青混凝土面板和心墙设计中，又专门在沥青混凝土心墙和沥青混凝土面板防渗体中设置安全监测仪器，对沥青混凝土防渗体进行专项检测，随时掌握其施工和运行中的变化，使水工沥青混凝土防渗体工程能够充分发挥作用。

在进行水工沥青混凝土防渗体安全监测施工时，首先要了解安全监测的项目和内容、仪器布置，然后再根据沥青混凝土防渗体安全监测设计和施工要求，采购监测仪器后，进行仪器埋设，施工期监测，监测资料整编和分析等工作。

9.1 安全监测的项目和内容

水工沥青混凝土防渗体分为沥青混凝土心墙和沥青混凝土防渗面板两种防渗结构。沥青混凝土防渗心墙位于土石坝的内部，属于一种薄壁柔性结构。沥青混凝土防渗面板位于土石坝或抽水蓄能电站水库迎水面，为一种承受高水压力的薄层结构部件。两种防渗体布置位置和防渗结构不同，使用的沥青混凝土材料性能指标和施工方法也各不相同，在施工期和运行期需要进行安全监测的要求也各不相同。

9.1.1 沥青混凝土心墙监测项目和内容

沥青混凝土心墙位于土石坝坝壳内，在施工和运行期将承受沥青混凝土施工温度产生应力、蓄水后上游水压力、坝体沉降时产生的压力、基础沉降造成心墙产生内应力等荷载，使沥青混凝土心墙产生变形、应力应变、渗流等变化量值，需要根据工程设计和施工要求设置监测项目和内容。

（1）沥青混凝土心墙监测项目。按照《土石坝沥青混凝土面板和心墙设计规范》（DL/T 5411—2009）、《土石坝沥青混凝土面板和心墙设计规范》（SL 501—2010）的要求，土石坝沥青混凝土心墙安全监测项目如下：1级、2级土石坝沥青混凝土心墙应设置下列监测项目，3级及3级以下土石坝的沥青混凝土心墙的监测项目可适当减少。

1）心墙的变形监测。包括心墙本身的水平位移、垂直位移、心墙过渡料的错位变形、心墙与混凝土基座接触面的相对位移、心墙与岸坡和刚性结构缝处的位移等。

2）渗流监测。包括心墙与混凝土基座结合部位和墙后的渗透压力等。

3）心墙内部温度监测。特殊重要工程的沥青混凝土心墙，可根据工程具体情况，设置专门性监测项目，如心墙内部应力应变等。

（2）沥青混凝土心墙监测内容。

1）温度。温度监测是沥青混凝土作为防渗材料进行筑坝与其他材料筑坝在监测方面最为明显的特点，它贯穿于沥青混凝土心墙的整个施工期及运行期，尤其在施工期，监测频率高、对施工过程起着明显的制约作用，并且自始至终指导着沥青混凝土的摊铺施工；在运行期，也须进行温度监测，了解其运行使用状况。

A. 施工过程温度控制。在沥青混合料加工、拌和、运输、入仓及沥青混凝土摊铺碾压过程中，对温度控制有明确的要求，一般采用玻璃温度计、钢针温度计等进行测量。

进行温度测量。为保证沥青混凝土的施工质量，所有的监测仪器设备在使用前，都必须进行率定。在沥青混凝土的施工过程中，所有的温度控制都由专人负责。

在沥青混凝土施工期，温度监测可以分为原材料监测、混合料监测、摊铺施工监测、钻孔取芯监测等方面的内容。

B. 运行期温度监测。运行期温度监测是利用埋设在心墙沥青混凝土内的温度计对心墙沥青混凝土在施工摊铺完成后的温度衰减及运行期温度变化的监测，了解沥青混凝土的温度衰减过程及其变化规律，分析温度对沥青混凝土应力状态的影响程度，为设计方对坝体进行反馈分析提供基础资料。

对心墙沥青混凝土在施工完成后及运行期进行温度监测，由于温度测量仪器即温度计必须埋设在沥青混凝土中，因此，不能再采用与施工过程相同的、重复使用温度计的办法来测量温度的方式，而需埋设具有数据传输功能、耐高温的温度计或兼有测量温度功能的其他监测仪器，对心墙沥青混凝土进行长期的、不间断的监测，以定期获取监测数据。

2）应力监测。沥青混凝土心墙应力监测主要是垂直应力、水平应力监测。可采用两种方法确定：一种是先埋设应变仪测定沥青混凝土的应变，然后用弹性、塑性理论将应变换算成应力；另一种是埋设应力计，直接量测沥青混凝土的应力。具体可根据工程的实际情况进行选定。

3）变形监测。沥青混凝土心墙土石坝，不仅要对心墙沥青混凝土本身的变形进行监测，还需要对沥青混凝土与周边建筑结构（通常是过渡料）的相对错位进行监测。作为沥青混凝土心墙坝，对心墙沥青混凝土的变形监测至少应包括以下几个方面的内容。

A. 沥青混凝土心墙水平位移（绕曲变形）的监测。沥青混凝土心墙水平位移的监测，主要指的是对心墙沥青混凝土在平行于水平面上所产生的位移，特别是沥青混凝土横向的（多为平行于土石坝轴线）位移监测，也就是心墙沥青混凝土的绕曲变形监测，它与土石坝的绕曲变形监测基本上是一致的。

B. 沥青混凝土心墙本身的变形监测。沥青混凝土心墙本身的变形是心墙沥青混凝土在自重及外部荷载作用下所产生的变形。沥青混凝土心墙本身的变形是承受荷载方向（主应力 σ_1）的压缩变形及侧向（侧应力 σ_3）的剪胀变形。

压缩变形通常是指心墙沥青混凝土在自重及外部荷载（包括施工过程中施工机械碾压的作用荷载及坝体填料相互作用力等）作用下所产生的压缩变形。压缩变形监测的主要目的，是要了解心墙沥青混凝土在施工期及运行期受压变形状态、压缩变形过程及变形趋势等，并将变形监测成果与坝体安全计算分析成果进行对比分析。

C. 心墙沥青混凝土与混凝土基础接触面的相对位移监测。心墙沥青混凝土与混凝土基础接触面的相对位移是指心墙沥青混凝土与混凝土基座（含廊道）、混凝土（无廊道）底座（或称垫座）、混凝土底梁（或称垫梁）等周边建筑的接触面，在心墙自重及坝体填料、施工荷载等的复合作用下产生的相对位移。

心墙沥青混凝土与混凝土基础接触面的相对位移的监测，是为了了解心墙沥青混凝土与周边建筑物接触面的工作状态，是否会产生相对位移即相对位移的数量级别，分析和判断两者的结合面是否会因为应力过大而产生破坏，甚至出现渗流等不利情况，从而对沥青混凝土心墙运行的渗流状况，进行综合分析并提出佐证。

D. 心墙沥青混凝土与过渡料的错位变形监测。当受到诸如自重、坝体填料碾压等荷载作用后，心墙沥青混凝土与过渡料之间发生相对位移是不可避免的。沥青混凝土摊铺碾压的温度较高，过渡料与心墙沥青混凝土材料接触时，沥青混凝土呈流变状态，会有一部分过渡料（卵石或碎石等）与沥青混凝土直接胶结，形成一个较薄的、特殊的薄壁层结构，其力学性能通过试验手段是难以确定的。两者之间相对位移的监测，对于沥青混凝土与过渡料之间的位移状态、应力应变状态的分析具有一定的借鉴作用；对于沥青混凝土心墙土石坝计算模型的探索也具有重要的参考价值。

E. 过渡料沉降监测。过渡料沉降监测，就是在施工期、运行期对心墙两侧过渡料的整体沉陷状况，进行持续的、有序的监测。

过渡料沉降监测：一方面，可以通过监测数据直接分析其工作状态，对心墙的渗流排水是否通畅等问题做出分析判断；另一方面，还可与心墙自身的变形、心墙沥青混凝土与过渡料间的相对位移监测成果相互进行验证，并通过综合分析，对整个坝体的安全做出客观的判断。

4）渗流监测。渗流监测主要是对坝体、坝基和两岸连接区的渗流状态以及心墙和排水设施的情况进行监测。进行渗流监测，首先要通过模型计算或其他方法，初步确定浸润面的位置、坝体和坝基内水压力、渗流流速分布、渗流水的流量、渗流水的含沙量及化学成分等。

渗流监测内容主要是进行坝体渗透压力（浸润线/面）监测、坝基渗流压力监测、渗透流量监测、绕坝渗流监测及渗流水质监测分析等。

A. 坝体渗透压力（浸润线/面）监测。坝体内浸润面位置是大坝状态的最重要指标之一。当监测资料表明坝体浸润（线）面在设计范围以下时，可以说明坝体运行正常；但当浸润面水位比设计水位高或在下游坝坡逸出，说明由于某种原因（排水淤塞、形成渗流通道和松散带、土料渗流的各向异性等）破坏了大坝的正常工作。对测压管水头进行观测可以判断防渗设施工作的效果和土料的渗流强度。若防渗设施下游剩余的测压管水头大大超过设计值，则说明防渗设施存在问题，必须立即采取措施提高其可靠性。

通过对坝体渗透压力监测，可以对坝体渗流情况做出判断，对浸润面的位置进行分析，进而可以确定坝体内渗压的变化及坝坡的稳定与否，确定坝体是否处于安全的运行状态。

B. 坝基渗流压力监测。进行坝基渗流压力监测的主要目的，是为了了解大坝基础的渗透性，了解基础处理工程特别是帷幕灌浆的效果，进而对坝体安全运行与否进行计算分析和判断。

C. 渗透流量监测。渗透流量监测的目的，是为了了解沥青混凝土心墙及大坝基础在上游水位作用下，其渗流量随时间变化的基本规律，分析坝体在整个运行期、各种工况下的渗流稳定性。

9.1.2 沥青混凝土防渗面板监测项目和内容

沥青混凝土面板监测与沥青混凝土心墙基本相同，但在对沥青混凝土变形、渗流、老化及温度监测方面，由于沥青混凝土受力及承载所发挥的作用不同，其特点、目的等均有差异。

（1）沥青混凝土面板监测项目。按照《土石坝沥青混凝土面板和心墙设计规范》（DL/T 5411—2009）、《土石坝沥青混凝土面板和心墙设计规范》（SL 501—2010）土石坝沥青混凝土面板安全监测有下列内容。

1级、2级土石坝沥青混凝土心墙应设置下列监测项目，3级及3级以下土石坝沥青混凝土面板的监测项目可适当减少。

1）面板的变形监测。面板的变形监测包括面板的水平和垂直位移、面板的挠度、面板与岸边和刚性结构接缝处的位移等。

2）渗流监测。包括面板后及面板与混凝土接头部位的渗透压力等。

3）温度检测。包括面板表面及内部温度。

4）面板的外观检查。包括斜坡流淌、裂缝、接缝、鼓包等。

特殊重要工程的沥青混凝土面板，可根据工程具体情况，设置专门性监测项目，如面板应力应变、日照辐射热等。

（2）沥青混凝土面板监测内容。

1）变形监测。变形监测是在沥青混凝土面板和坝体上设置一些固定的标点，监测其水平位移和垂直位移，以此推断整个沥青混凝土面板和坝体在各种不同受力条件下的变形状态。变形监测分为外部监测和内部监测。

外部监测通常采用固定标点法，它结构简单、设置方便，通常可用经纬仪按视准线法监测标点的水平位置，用水准仪测定标点的垂直位置，也可以采用激光测量配合地面摄影测量来监测位移。

内部变形的监测是在坝体施工时预先设置，在坝后进行监测。可用于沥青混凝土面板坝内部变形监测的仪器较多，如电感式水平位移计、电感式沉降计、连通管式沉降仪等。连通管式沉降仪是根据连通管原理，由设置在测点的监测水杯、连通管、排水管、排气管及下游监测管等组成，通过下游监测管内水位的变化测出监测水杯杯口水位高程的变化，以测定测点的垂直位移。

2）渗流监测。渗流监测主要用来检验沥青混凝土面板的防渗效果，还能监视沥青混凝土面板在运用过程中裂缝的产生和发展，以及沥青混凝土面板与岸边、基础以及刚性建筑连接结构的工作状态、其他异常情况造成的渗流状态等。渗流监测包括渗透流量监测及沥青混凝土面板后水位监测。

A. 渗透流量监测。渗透流量监测是测定沥青混凝土面板在各种不同工作条件下渗透流量的变化规律，以此判断沥青混凝土面板防渗及排水设施的工作状态。如遇到渗透流量突然增大等异常情况，应及时查找原因，采取措施（如降低水位或放空水库），防止事故发生。

简式断面的渗流监测与一般土石坝相同，可在下游河床设置量水堰进行监测。

采用沥青混凝土面板作为土石坝和抽水蓄能电站水库的防渗系统，无论是采用复式断面还是简式断面，底部均宜设排水廊道，通过排水层将渗水集中引入监测廊道或排水管，用容积法或量水堰法监测其流量。

B. 沥青混凝土面板后水位监测。如果坝体排水不畅，经岸边绕渗到坝内的水或渗流到坝内的水会使浸润线升高，当库水位急降时，坝后水位高于库水位，形成对沥青混凝土面板的反向水压力，从而使沥青混凝土面板表面鼓起，严重时可以导致面板结构破坏。

为了整理和分析渗透流量、面板后水位的监测资料，应对上下游水位、气温、雨量等项目同时进行监测。必要时，还应取水样进行透明度、含砂量、化学成分等项目的分析。

3）温度监测。沥青混凝土面板施工过程中的温控，与沥青混凝土心墙基本相同。

沥青混凝土面板运行期温度监测的目的在于了解它在不同工作条件下内部温度变化的规律。与此同时配合进行高温坝面塑性流动、低温裂缝、温差裂缝等项目的表面监测以及气象监测，以分析温度因素对沥青混凝土面板的实际影响，在不断实践的基础上，进一步总结沥青混凝土面板设计和运用的经验。

日常的温度监测还对沥青混凝土面板的最高、最低工作温度、最大温差进行控制，必要时采取降温或保温措施，以保证沥青混凝土面板的正常运用。

4）应力与应变监测。沥青混凝土的力学性质随荷载、温度和变形速度而改变，破坏情况很复杂。因此，进行应力与应变监测，研究沥青混凝土面板在不同荷载和其他因素的作用下应力、应变的发展规律，探讨沥青混凝土面板工程的特性和可能受破坏的极限状态，有利于判断沥青混凝土面板的工作情况，有助于研究和发展沥青混凝土面板的设计理论。

5）沥青混凝土面板的外观检查。上述各种监测由于设置了专门的仪器，能得到较精确的监测结果，但测点有限，监测的次数也有限，只反映出测点的工作状态，有时不一定能反映出沥青混凝土面板总体的工作情况或异常状态。这就需要对沥青混凝土面板进行外观检查来补充。

沥青混凝土面板进行经常、直接的外观检查，是现场监测的重要内容，也是水库管理必须进行的工作。沥青混凝土面板外观检查能迅速得到直观结果，可对其他监测资料加以补充或校核。对于未埋设监测设备或测点布置很少的工程，更应经常进行外观检查。外观检查的内容和方法，应视工程的具体情况而定，具体如下。

A. 水库蓄水时，观察渗透流量的变化，如有异常情况，应立即监测库内是否有旋涡，沥青混凝土面板与岸边的接头部位是否有裂缝出现，必要时应取水样进行水质分析。

B. 库水位下降后应注意检查坝面是否出现鼓包、裂缝、塌坑等现象，坝面是否有水渗出等；在蓄水前应加强维修、保养。

C. 夏季高温主要监测沥青混凝土面板表面的软化程度，是否发生流淌或出现裂缝等。

D. 冬季主要监测沥青混凝土面板水上部位是否出现裂缝、接头部位是否因收缩而脱开、各种缝隙宽度的变化、水库冰层对沥青混凝土面板的推移和破坏作用等。

E. 观察特殊条件下，如暴风雨、寒潮、冰雹、地震等引起的沥青混凝土面板异常现象。

F. 经过一定时期的运用后，取沥青混凝土样进行抽提试验并进行耐久性检查。

6）水库的水文气象监测。水库的水文气象条件是监测资料整理分析所必需的资料，通常在坝区附近设监测点进行监测。

9.2 仪器布置

沥青混凝土防渗体安全监测使用的仪器是根据土石坝沥青混凝土心墙、面板防渗体结构的设计、施工和规范要求所确定监测项目和内容来进行选择，之后进行仪器布置。

9.2.1 沥青混凝土心墙监测仪器布置

在沥青混凝土心墙防渗结构的安全监测仪器布置主要是温度、应力、变形、渗流等仪器布置。

温度监测采用温度计，应力监测采用应变计和无应力计，外部变形采用坝顶和坝面监测控制网工作基点，内部变形监测采用变位计、测斜仪，渗流监测采用扬压力计、渗压计、测压管、量水堰。

（1）温度监测仪器布置。沥青混凝土心墙在施工监控中，通常使用玻璃温度计、钢针温度计等。

心墙沥青混凝土在施工期，内部温度损失速度很快，特别是在施工完成后的最初几天，一般均是从碾压温度降至30℃左右，随时间的延长，逐步衰减至20℃左右后渐趋稳定；在运行期，随着水库蓄水的升降，心墙沥青混凝土的温度将产生变化。因此，温度监测仪器应尽量埋设在水位变化敏感的区域，根据水库正常蓄水位、枯水位、放空运行水位、防洪防汛水位、分期蓄水水位等高程，在心墙沥青混凝土中根据工程的实际情况及土石坝的轴线长度沿轴线方向分若干个断面进行埋设。

（2）应力监测仪器布置。心墙沥青混凝土以压应力状态分布为主，一般情况下不会出现拉应力。由于沥青混凝土心墙的受力状态比较复杂，它在施工期受心墙两侧坝壳填料施工的影响、运行期枯水位反复变化的影响，从理论计算方面进行模拟的困难很大。

为了解和分析这些外部荷载对心墙沥青混凝土应力状态的影响，应在土石坝沥青混凝土心墙内，在不同高程、不同桩号尽量结合典型断面及计算结果表明的薄弱断面布置压应力计。

通常情况下，从心墙基座开始，可按20～30m间距沿高程进行分布，而在水平方向，可沿坝轴线方向布置3～5个监测断面。应力计高程分布、水平布置的间距等，可根据工程的等级、规模及施工的具体情况，结合施工水平等因素综合考虑，确保监测仪器合理分布及监测结果具有代表性。

（3）变形监测仪器布置。心墙沥青混凝土水平位移（绕曲变形）监测，目前不能直接进行监测，大都采用在心墙沥青混凝土上埋设钢钢丝变位计来测量沥青混凝土心墙与背水侧坝体填料的相对位移，再通过坝体表面位移的观测成果，计算出沥青混凝土该布置点的绝对水平位移。对应钢钢丝变位计测点，布置一套深埋连通式静力水准仪，量测沥青混凝土心墙与坝体坡面的相对垂直位移，再通过坝体表面位移的观测成果，计算出沥青混凝土垂直位移。

变形监测可以结合安全计算分析及工程具体情况，选取几个具有代表性（如工程建设的分界面、分期蓄水的高程、枯水位高程等）的高程，布置监测点。

心墙沥青混凝土本身的变形监测，应该分为两个方面进行，即垂直方向的压缩变形监测和水平面方向的剪胀变形监测。

垂直方向的压缩变形监测，应根据工程的结构断面包括横剖面和纵剖面、工程的等级及工程的规模等，选择 3～5 个具有代表性的断面，分 5～10m 一层进行布置。

水平面方向的剪胀变形监测，根据工程的结构断面包括横剖面和纵剖面、工程的等级及工程的规模等，选择 3～5 个具有代表性的断面，分 5m 一层进行布置。

心墙沥青混凝土与混凝土基础接触面的相对位移监测可以沿两者的结合面进行设置，间距可以结合工程的具体情况具体考虑，但必须要兼顾埋设点的代表性，尽量使每个不同的结构面上都布置有测点。

心墙沥青混凝土与过渡料的错位变形监测是沥青混凝土心墙土石坝的一项重要的监测内容，其测值准确与否，对沥青混凝土心墙的应力应变状态将产生重大影响，对坝体计算模型的建立及反馈分析计算等具有不可替代的作用。

心墙沥青混凝土与过渡料的错位变形监测作为一个重点的监测项目，需根据沥青混凝土基础工程的结构断面包括横剖面和纵剖面、工程的等级及工程的规模等，选择 3～7 个具有代表性的断面，分 3m 一层进行布置。

过渡料自身的沉降监测与土石坝坝壳填料的变形监测布置方法相同，根据工程的结构断面包括横剖面和纵剖面、工程的等级及工程的规模等，选择 2～3 个具有代表性的断面，在沥青混凝土心墙的上下游两侧，分别布置一套多点位移计进行监测。

（4）渗流观测仪器布置。渗流量监测仪器布置在排水线路上观测井内。当渗流不大时，利用体积法或水表测量，当流量较大时，可利用量水堰进行量测。

为了观测通过土石坝防渗体的渗流量，可从下游在反滤层接触带及与两岸坝肩连接处设置专用的集水槽，把渗流水从集水槽沿钻孔汇集到某一施工坑道（隧洞、廊道）内，并测定那里的渗流量。

总渗流量可利用布置在大坝下游楔形体后的量水堰进行量测。

渗流速度和方向常采用放入颜料或用放射性同位素来测定，可利用埋设的测压管进行。

（5）沥青混凝土心墙防渗体监测布置实例。

1）沥青混凝土垂直心墙土石坝监测仪器布置见图 9-1。

2）沥青混凝土斜心墙土石坝监测仪器平面、剖面布置见图 9-2。

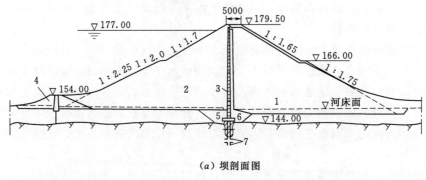

（a）坝剖面图

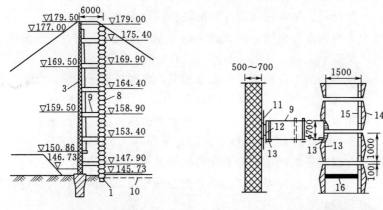

（b）监测竖井布置图　　　　　（c）监测竖井详图

图 9-1　沥青混凝土垂直心墙土石坝监测仪器布置图（单位：mm）

1—排水沟；2—堆石；3—沥青混凝土心墙；4—围堰；5—碾压黏土；6—回填砂砾石；7—帷幕灌浆；
8—监测竖井；9—钢管；10—排水管；11—钢板；12—尺子；13—固定点；
14—钢筋混凝土预制环；15—梯子；16—平台

3）沥青混凝土垂直心墙上接斜心墙土石坝监测仪器剖面布置见图 9-3。

9.2.2　沥青混凝土面板监测仪器布置

在沥青混凝土面板防渗结构的安全监测项目中，内外部变形、渗流、温度等的监测项目需要布置监测仪器进行监测。

外部变形采用沥青混凝土面板和坝体设置工作基点，内部变形监测采用位移计、沉降计、连通管式沉降仪等，渗流监测采用量水堰，温度监测采用温度计。

（1）变形监测仪器布置。变形监测是在沥青混凝土面板和坝体上设置一些固定的标点，监测其水平位移和垂直位移，借以推断整个沥青混凝土面板和坝体在各种不同受力条件下的变形状态。通常在垂直坝轴方向和平行坝轴方向选取若干有代表性的纵横监测断面，断面间距不宜过大，也不一定等间距布置，以能取得所需的监测数据为原则。监测横断面可考虑选择在最大坝高段、最深覆盖层处、坝体合龙段或地质、地形突变的地段等，监测纵断面可考虑选择在坝体沉陷量较大部位，如1/3坝高及其以上位置。纵横断面在平面上构成不等边方格网，监测固定标点设计在网的十字交点上。

沥青混凝土面板监测时，对于死水位以下部分以及水库蓄水后的水下部分，外部监测

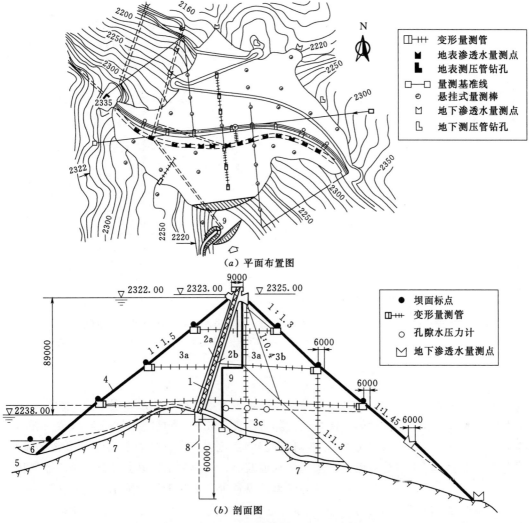

图 9-2　沥青混凝土斜心墙土石坝监测仪器平面、剖面布置图（单位：mm）

1—沥青混凝土心墙；2a、2b—过渡层；2c—排水层；3a、3b、3c—坝壳区；4—块石护坡；5—覆盖层；
6—上游坝址；7—基岩；8—帷幕灌浆；9—监测井

难以进行，有条件时应考虑在沥青混凝土面板底部等水下部位设置水下监测点或内部监测点，以便配合外部监测资料，分析沥青混凝土面板和坝体的变形状态及其规律。

（2）渗流监测仪器布置。

1）当沥青混凝土面板为复式断面时，即在防渗面层与防渗底层之间设置排水层时，由第一层防渗面层渗入的水量，通过排水层集中引入监测廊道或排水管，用容积法或量水堰法监测其流量。渗流监测仪器布置是将复式断面的沥青混凝土面板按垂直坝轴方向分为若干段，段与段的接缝处，设置隔水条带，使各段的渗漏流量互不影响，这样可以分别监测各段的渗漏流量，便于监测沥青混凝土面板各部位渗水情况。坑口水库为复式断面的沥青混凝土面板，就是将坝面分段并设置廊道分区监测渗漏流量的。

2）简式断面的渗漏监测与一般土石坝相同，可在下游河床设置量水堰进行监测，但

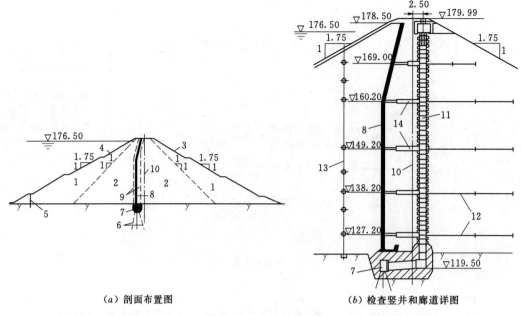

(a) 剖面布置图　　　　　　　　　　　(b) 检查竖井和廊道详图

图 9-3　沥青混凝土垂直心墙上接斜心墙土石坝监测仪器剖面布置图（单位：m）

1—最大粒径 600mm 抛石；2—最大粒径 300mm 抛石；3—表土层；4—冲蚀保护区；5—钢板桩；

6—帷幕灌浆；7—检查廊道；8—沥青混凝土心墙；9—过渡区；10—坝轴线；

11—检查竖井；12—变位计轴线；13—垂直位移计；14—控制管

应避免泄水建筑物的影响。当河床覆盖层浅时，可考虑截断覆盖层，泄集全部渗流，从排水沟经量水堰下泄，测得坝体渗流总量；如河床覆盖较深，则可在下游河床设置一排或两排测压管，在监测地面渗流量的同时，根据实测潜流坡降、河床覆盖层断面及渗透系数，推算潜流流量，以求得总渗流量。采用量水堰监测，所得数据容易受降雨、地下水等因素的影响，准确性要稍差一些，但其设施简单，投资少，常为工程所采用。

3）采用沥青混凝土面板作为抽水蓄能电站防渗系统，无论是采用复式断面还是简式断面，底部均宜设排水廊道，通过排水层将渗水集中引入监测廊道或排水管，用容积法或量水堰法监测其流量。

（3）温度监测仪器布置。温度监测应选择有代表性的监测断面，选择几个不同高程的测点，由埋设深度不同的几个温度计形成体系，借以掌握沥青混凝土面板不同部位、不同深度的温度变形规律，应考虑水库的综合运用情况。监测断面一般选择在坝体中部，根据工程规模和监测要求确定 1～2 个断面进行监测，必要时可在其他部位设置个别测点。

水下部分的沥青混凝土面板因受水温的影响，温度变幅小且较稳定，应重点监测。因此，测点应在坝顶至正常水位与正常水位至死水位之间合理布置。每个测点除在表面设置测温点外，沿沥青混凝土面板不同深度还应布置 1～3 个测温点，也可根据监测的要求、使用的仪器等条件考虑确定。

（4）沥青混凝土面板防渗体监测布置实例。

1）沥青混凝土防渗面板坝监测平面布置（一）见图 9-4。

2）沥青混凝土防渗面板坝监测平面布置（二）见图 9-5。

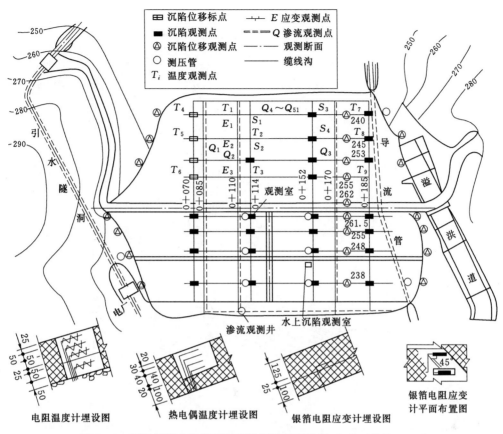

图9-4 沥青混凝土防渗面板坝监测平面布置图（一）（单位：mm）

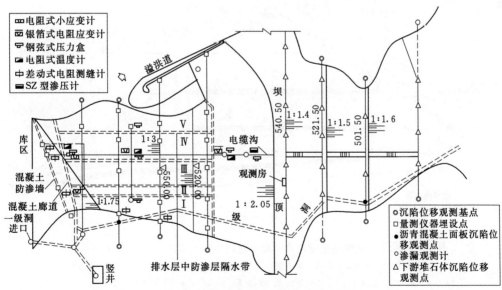

图9-5 沥青混凝土防渗面板坝监测平面布置图（二）

3）抽水蓄能电站水库沥青混凝土面板坝监测布置（三）见图9-6。

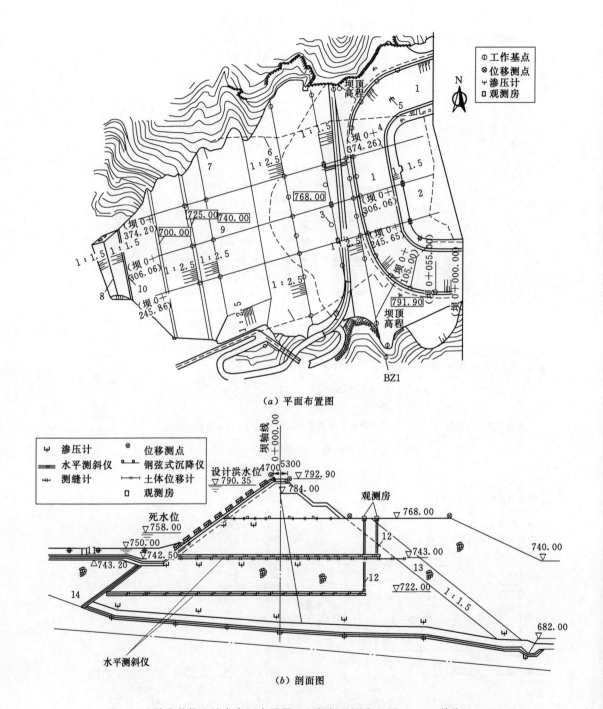

图 9-6　抽水蓄能电站水库沥青混凝土面板坝监测布置图（三）（单位：mm）

1—沥青混凝土面板；2、11—黏土铺盖；3—表面位移点；4—电平器；5—渗压计；
6—排水廊道轴线；7—坝后堆渣范围线；8—排水沟；9—堆渣平台；10—排水
棱体轴线；12—水平测斜仪固定端；13—分层碾压区；14—堆渣

9.3 仪器埋设

监测设施埋设就是按照国家标准、行业规范、设计技术要求及监测施工详图，进行监测仪器选购和率定、现场监测仪器埋设。

9.3.1 仪器选购

由于土石坝工程内部观测仪器不断发展，难以定型，监测技术也在不断进步和成熟，对于处在技术应用和发展阶段的心墙沥青混凝土更是如此。为了提高观测效果，对一项观测仍需考虑采用几种仪器进行检验比较。

目前尚没有生产专门用于沥青混凝土温度、应力、变形等内容的监测仪器与设备，在国内工程界目前仍是选用普通的、用于土石坝监测的仪器（或将其进行改造后）进行心墙沥青混凝土的各种监测。所购买的监测仪器首先应满足有效、可靠、坚固的要求，同时还要具备先进、经济、简易、完整等特征。

购买监测仪器时，一般是先向生产厂家发出邀请，同时将设计要求和购货清单提供给生产厂家，通过综合分析比较和考察确定质量好、信誉高、供货及时、价格合理的供货厂家。

9.3.2 仪器埋设

土石坝沥青混凝土防渗体监测仪器埋设主要是温度计、应力计、变形观测仪器、渗流仪器等。所有仪器埋设前应进行率定检验，仪器埋设完成后及时进行初始值监测。下面以三峡水利枢纽茅坪溪工程沥青混凝土心墙土石坝为实例介绍监测仪器埋设与监测方法。

（1）仪器率定检验。为确保沥青混凝土防渗体所埋设仪器成活质量和监测精度，安全监测仪器在安装前必须逐一进行检验率定。率定的目的是逐一检查仪器的工作性能、灵敏度和率定仪器的工作曲线。只有检验合格，率定曲线符合性良好的仪器才能在工程中使用。

安全监测仪器在安装埋设前的率定主要是进行力学性能、温度性能和防水性能的检验率定。仪器检验率定方法应一般按照《混凝土坝安全监测技术规范》（DL/T 5178）的规定进行。

（2）温度计埋设。温度监测一般采用电阻式温度计或热电偶式温度计，它主要用于沥青混凝土心墙的温度监测。温度计和导线在埋设前必须进行检查和率定，测温导线的长度弯曲系数可采用 1.1～1.2，导线的绝缘性应逐根进行检查。

心墙测温导线一般采用钢管套护，防止过渡层填筑时折坏，钢管应随坝体升高而接长。导线埋设过程中应定期进行检查，如发现有断路、失常等情况时，应及时分析并采取措施进行补救。为避免温度计在施工中受沥青混合料的高温影响而损坏，应将温度计按设计要求埋设于预制块内。预制块的材料和容重应与埋设部位相一致，制作预制块时，沥青混合料的成型温度应控制在 90～110℃，用人工击实。

面板温度计预制块一般在面板铺筑后埋设。铺筑面板时，应在埋设位置做出标志，埋设时将面板凿开，将温度计与导线对号焊接，接头部位应进行防渗、绝缘处理。温度计预制块四周用与面板相同的材料回填夯实，回填应分层进行，待下一层冷却后，再回填上一层。回填时，预制块不进行加热，并不得直接夯击预制块。可在其周边涂刷沥青胶，以利接合。

心墙温度计预制块的埋设，可在铺筑过程中进行，应埋设在前层表面。温度计埋设比较简单，待沥青混凝土摊铺后，在设计位置挖开沥青混凝土，埋入温度计铺平即可。埋设后即可进行观测，直至升到最高温度，开始碾压及碾压后均应观测，以后按技术要求进行观测。

（3）应力计埋设。应力计的范围很广，品种和生产厂家都很多，应用范围、观测重点和目的都有所不同，因而其埋设方法也会有所不同。下面介绍 GK-4850HT 压应力计的埋设方法及技术要求。

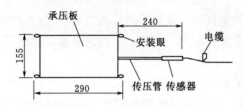

图 9-7　GK-4850HT 压应力计外形
结构图（单位：mm）

GK-4850HT 压应力计外形结构见图 9-7，应用在三峡水利枢纽茅坪溪工程沥青混凝土心墙土石坝中，埋设在心墙沥青混凝土底部、混凝土基座上的压应力计，主要监测混凝土基座上沥青混凝土的竖向压应力。

根据仪器结构特点及监测原理，结合工程的实际，通常采用事先将仪器预埋在混凝土基座上的埋设方式。

1）埋设步骤。

A. 在混凝土基座清渣、烘干处理前，按设计桩号放样定位。

B. 在基座混凝土上、平行于坝轴线挖一"凸"字形槽，长×宽×深分别为 330mm×200mm×50mm＋250mm×40mm×50mm，挖一个电缆沟至下游过渡料，深约 10～20mm，其开挖槽平面见图 9-8。

C. 在沥青混凝土摊铺前至少 24h，将仪器运到现场，清理干净后，在槽内铺上一层水泥砂浆，厚约 30mm，砂浆配比为：水泥：砂：水 ＝2：3：1，然后再铺上一层更稠的砂浆，厚约 20mm，将仪器平放在垫层上，受力膜向上，用力下压承压板，以排除空气和多余的砂浆，同时用砂浆将仪器传感器及连接管盖住，引好电缆，用水泥砂浆覆盖电缆沟。

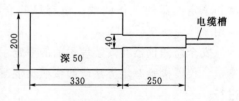

图 9-8　埋设应力计前在混凝土基座上
开槽平面图（单位：mm）

D. 仪器安装时随时校正仪器，保持其水平，再在仪器受力膜面上压重 10kg，直至终凝。

E. 待水泥砂浆凝固后，刷一层冷底子油，人工摊铺沥青玛琋脂，覆盖仪器，露出补偿管。

F. 摊铺沥青混凝土前，用铁锤敲击补偿管，并用 GK-403 读数仪进行测试，使其产生预应力，然后进行下层沥青混凝土摊铺。

G. 仪器安装前后、玛琋脂摊铺后、施加预应力前后及沥青混凝土全部覆盖且碾压后均应观测并记录，以后按设计技术要求进行观测。

2）资料整理。选取沥青混凝土摊铺前、施加预应力后稳定测值为基准值，按式（9-1）计算：

$$P = K_s(f - f_0) + b(T - T_0) \tag{9-1}$$

式中　P——应力，kPa（正数表示拉应力，负数表示压应力）；

　　　K_s——灵敏度系数，kPa/F；

　　　f——频率读数，F；

　　　f_0——基准频率读数，F；

　　　b——温度修正系数，kPa/℃；

　　　T——测点温度，℃；

　　　T_0——基准温度，℃。

按式（9-1）对观测资料进行计算，并做出应力与温度时间过程曲线（见图9-9）。从图9-9中可看出压应力随上覆荷载增大而增大。

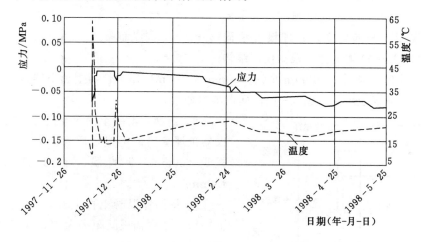

图9-9　应力与温度时间过程曲线图

3）注意事项。

A. 压应力计应水平埋设在混凝土基座表面，仪器与砂浆接合应密实，没有孔隙。

B. 压应力计受力膜面朝上，在沥青混凝土摊铺前，应挤压补偿管，使仪器产生预应力，以提高观测精度。

（4）变形观测仪器埋设。沥青混凝土的变形监测，包括水平位移及垂直位移，也可以分为相对位移和绝对位移，下面介绍沥青混凝土心墙中的几种仪器埋设。

1）沥青混凝土心墙水平位移仪器埋设。沥青混凝土心墙的水平位移监测，可以通过埋设铟钢丝位移计来监测。铟钢丝位移计固定端锚固在沥青混凝土心墙内，通过水平铟钢丝引到坝体下游测站，以监测沥青混凝土心墙水平位移。

由于沥青混凝土是柔性材料，为了检验其锚固板锚固性能，在坝外试验块埋设了一块锚固板，锚板为厚12mm钢板（150mm×450mm），其张拉试验见图9-10。

通过锚板张拉试验发现：锚板在拉力作用下，在沥青混凝土内产生位移，位移量随荷

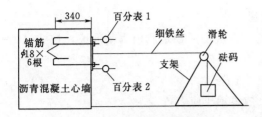

图 9-10 钢钢丝位移计锚固板
张拉试验示意图（单位：mm）

测得的位移加上传感器测得的位移即为心墙位移。沥青混凝土心墙水平位移监测原理见图 9-11。

2）应变计（沥青混凝土的垂直变形）埋设。埋设在沥青混凝土心墙中间适宜断面，采用国产 CF-40 大量程测缝计，主要监测沥青混凝土竖向应变。其埋设方法同样适用于 GK-4400 测缝计。根据仪器结构特点及监测原理，采用长 600mm 角钢（50mm×50mm）作为仪器上、下锚板，锚固在沥青混凝土中，其安装埋设见图 9-12，埋设步骤如下。

载大小及加荷时间而变化。这说明铟钢丝位移计采用这种锚固方式测得的心墙水平位移是心墙位移和锚板位移的代数和（不考虑测点变位及钢丝变化）。

鉴于锚板受力后在沥青混凝土内产生位移，建议将铟钢丝位移计锚固端锚固在心墙下游过渡料中的锚固墩上，在锚固墩与心墙之间埋设一支位移传感器，由铟钢丝位移计

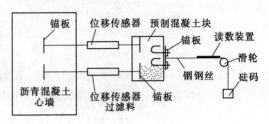

图 9-11 沥青混凝土心墙水平位移监测原理图

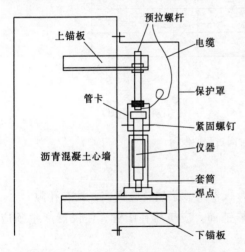

图 9-12 CF-40 应变计安装埋设示意图

A. 当沥青混凝土铺筑至设计位置，将焊上仪器预埋套筒的下锚板埋入沥青混凝土中（锚板长 600mm，沥青混凝土内 450mm，外露 150mm）。

B. 待沥青混凝土再上升 2～3 层后，埋入上锚板，使两锚板间距离为 42cm，并保持上下锚板对中。

C. 待心墙继续上升两层后，挖开过渡料，装上仪器，用特制管卡固定仪器于另一端法兰盘，调节预拉螺杆，实现预拉 3/4 仪器量程，用棉纱封住套筒口（对于 GK-4400 则用塑料布将仪器伸缩部位扎住即可）。

D. 装上保护罩，将仪器及上下锚板出露端与过渡料隔开，然后回填过渡料，边填边压实，并保护好电缆。

E. 仪器安装前后及回填压实后均应观测并记录，以后按设计技术要求进行观测。

资料整理：选取仪器埋设后测值为基准值，按式（9-2）～式（9-4）计算。

$$T = a(R_s - R_0 - 2r) \tag{9-2}$$

$$D = f(Z - Z_0) + b(T - T_0) \tag{9-3}$$

$$\varepsilon = D/L \tag{9-4}$$

以上三式中 T——测点温度，℃；

a——温度系数，℃/Ω；

R_s——仪器总电阻，Ω；

R_0——零摄氏度电阻；

$2r$——芯线电阻，Ω；

D——变形，mm；

f——灵敏度系数，mm/0.01%；

Z——电阻比，0.01%；

Z_0——基准电阻比，0.01%；

b——温度修正系数，mm/℃；

T_0——基准温度，℃；

ε——应变（正数表示受拉，负数表示受压）；

L——上下锚板间距离，mm。

对于 GK-4400，则参照上述办法进行计算，然后按式（9-4）计算应变。注意事项如下。

A. 仪器上下锚板埋设时应保持上下对中，使仪器安装后能保持竖直。

B. 仪器上下锚板应与过渡料隔开，建议在沥青混凝土心墙侧预留槽进行仪器埋设，以避免过渡料对仪器的影响。

C. 对于 GK-4400 型仪器，其安装连接方法相同，仅加大管卡尺寸即可。

3）沥青混凝土心墙与混凝土基座之间位错计埋设。位错计埋设在沥青混凝土心墙 0+705 断面，型号为 GK-4400HT，其外形结构见图 9-13，主要监测沥青混凝土心墙与混凝土基座之间的水平位错变形（水流向）。

图 9-13　GK-4400HT 外形结构图（单位：mm）

根据仪器结构特点及监测原理，将仪器预埋套筒焊接直径 6mm 钢筋进行预埋，作为上游固定端，另一端采用 200mm×150mm、δ＝6mm 的钢板作为沥青混凝土中锚固端，其安装埋设见图 9-14。埋设步骤如下。

A. 在混凝土基座清渣、烘干处理前，按设计桩号放样、定位。

B. 在基座混凝土上垂直于坝轴线挖一长方形槽，长×宽×深为

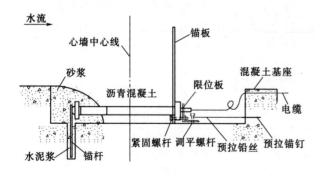

图 9-14　GK-4400HT 安装埋设示意图

800mm×200mm×150mm，底部用水泥浆抹平，待凝固后在槽底上游端钻直径 18～20mm 孔，深 110mm；在槽的下游端挖一电缆沟至下游过渡料，深约 10～20mm。

C. 将仪器预埋套筒取下（注意：不能拉仪器），在其端部焊上一截直径 16mm 钢筋，

长 160mm（外露 110mm），待冷却后装上仪器。

D. 在沥青混凝土摊铺前至少 24h，将仪器运到现场，清理干净后，将仪器埋入槽孔内，直径 16mm 钢筋插入孔内，用水泥浆固定，装上仪器另一端锚板，拉伸 5mm，用耐高温布将仪器伸缩部位包裹住。将仪器调整水平，再用水泥砂浆将套筒覆盖，砂浆与槽顶平齐，引好电缆，用水泥砂浆覆盖电缆沟。

E. 待水泥砂浆凝固后，刷一层冷底子油，人工摊铺沥青玛琋脂，部分覆盖仪器。

F. 摊铺沥青混凝土。注意摊铺时，不碰撞仪器及锚板。

G. 仪器安装前后、玛琋脂摊铺后及沥青混凝土全部覆盖且碾压后均应观测并记录，以后按设计技术要求进行观测。通常的做法是：仪器埋设后 24h 以内，每 4h 测 1 次；之后每天观测 3 次，直至沥青混凝土心墙温降稳定为止；以后每天观测 1 次，持续 1 旬；再以后每旬观测 2 次，持续 1 月；最后按每月 3～6 次观测。

资料整理：考虑到仪器埋后初期温度很高，沥青混凝土很软，仪器变形受外界影响大，不能真实反映心墙变形情况，所以选取埋后温降稳定时测值为基准值，按式（9-5）、式（9-6）计算：

$$T = a(R - R_0) \tag{9-5}$$
$$D = K_s(f - f_0) + b(T - T_0) \tag{9-6}$$

以上两式中　a——温度系数，℃/Digit；

　　　　　　R——温度读数，Digit；

　　　　　　R_0——零摄氏度温度读数，Digit；

　　　　　　D——心墙位移变形，mm（正数表示向下游位移，负数表示向上游位移）；

其余符号意义同前。

按上式对观测资料进行计算，可作位移与温度时间过程曲线见图 9-15。

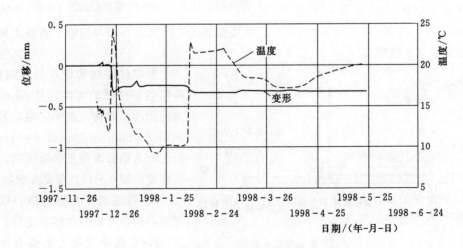

图 9-15　位移与温度时间过程曲线图

从图 9-15 可得：位移与温度时间过程线可以看出沥青混凝土心墙相对混凝土基座位错变形最大为 -0.31mm。位错计变形初期受温度影响较大，一般来说，温度升高，仪器受压，这是因为沥青混凝土具有热塑性，温度升高，沥青混凝土塑性增大，沥青混凝土之间及沥青混凝土与混凝土基座间约束力减小，沥青混凝土心墙在不均匀施工荷载（下游大于上游）作用下向上游产生流变变形，使位错计受压，变形值减小。注意事项如下。

A. 仪器预埋槽内沥青玛琋脂不宜铺厚，以免影响观测成果。

B. 施工时注意保护仪器及电缆，保证仪器周围均匀碾压，同时使心墙两侧施工荷载尽量一致。

4）沥青混凝土心墙与两侧过渡料之间位错计埋设。沥青混凝土心墙与两侧过渡料之间埋设位错计型号为 GK-4420，其外形结构见图 9-16，埋设在坝外试验块，主要监测沥青混凝土心墙与两侧过渡料之间的垂直向位错变形。

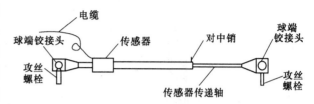

图 9-16　GK-4420 位错计外形结构图

根据仪器结构特点及监测原理，采用长 600mm 角钢（50mm×50mm）作为仪器上锚板，锚固在沥青混凝土中，下锚板采用 250mm×200mm、δ=6mm 钢板，通过焊接仪器预埋锚筋与万向节连接，埋设在过渡料中。其安装埋设见图 9-17。埋设步骤如下。

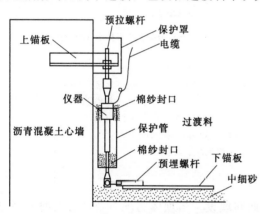

图 9-17　GK-4420 安装埋设示意图

A. 当心墙浇到设计高程时，在沥青混凝土碾压后埋入上锚板（锚板长 600mm，沥青混凝土内 450mm，外露 150mm）。

B. 待沥青混凝土再上升两层后，挖开过渡料至锚板下（仪器长度 L+100mm=600mm），底部铺一层沙子，厚 50mm，击实整平。

C. 用一截内径 30mm 的塑料管（长度为仪器长度 L-150mm=350mm）套在仪器上，安装下锚板（锚板通过焊接仪器预埋锚筋与万向节连接），锚板与仪器连接的万向节球头涂抹黄油，然后用防水塑料胶带将其连接部位包裹，再将仪器连同下锚板一起放入坑内，仪器上端用加长螺杆直接将仪器（去掉万向连接球头）固定在上锚板上。

D. 调整仪器铅直，然后慢慢回填细粒料，边填边夯实，注意不碰撞仪器。

E. 待填至仪器调节卡环，卸下调节卡环，将握料管正好套在仪器伸缩部位，两端用棉纱封口，继续回填至上锚板下 50mm，调整加长螺杆螺丝，实现预拉仪器量程的 2/3。

F. 装上保护罩，将仪器上端及上锚板出露端与过渡料隔开，然后继续回填至顶压实。

G. 仪器安装前后及回填压实后均应观测并记录，以后按设计技术要求进行观测，即：仪器埋设后每天观测 1 次，持续 1 旬；再以后每旬观测 2 次，持续 1 月；最后按每月 3~6 次观测。

5）资料整理。选取埋设后测值为基准值。其计算公式同式（9-6），温度直接显示，不需计算。但式（9-6）中 D 为沥青混凝土心墙与过渡料位错变形（mm）（正数表示仪器上下锚板产生拉伸变形，负数表示仪器上下锚板产生压缩变形）。其余参数含义同式（9-1）。

注意事项：上锚板一定要与过渡料隔开，仪器安装后回填要密实，锚板应作防锈处理。

（5）渗流观测仪器埋设。渗流观测仪器就是在有代表性横断面的检测廊道至心墙下游侧埋设排水观测管。沥青混凝土心墙排水管埋设见图 9-18（a），沥青混凝土面板排水管埋设见图 9-18（b）。

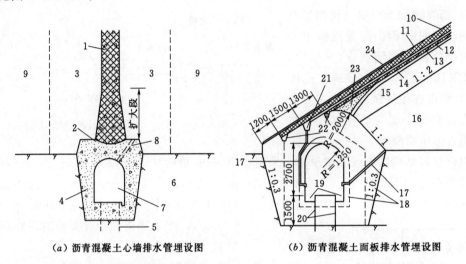

（a）沥青混凝土心墙排水管埋设图　　（b）沥青混凝土面板排水管埋设图

图 9-18　沥青混凝土心墙与混凝土基座及检查廊道的连接图（单位：mm）

1—沥青混凝土心墙；2、22—沥青玛蹄脂；3—过渡层；4—混凝土基座；5—帷幕灌浆；6—基岩；
7—检测廊道；8—排水管；9—堆石；10—封闭层；11—防渗上层；12—排水层；
13—防渗下层；14—整平胶结层；15—垫层；16—坝体；17—排水管；
18—止水带；19—汇水槽；20—帷幕轴线；21—排水口；
23—沥青混凝土楔形体；24—沥青混凝土加强层

排水管观测管埋设中应注意以下事项。

1）渗流观测设备应在坝体及防渗墙施工期间埋设。当坝体为堆石及砂砾石时，观测用的输水管周围 20cm 范围内应裹以砂料保护，钢管外壁应涂防锈涂料。引出坝外的观测管应分区分段编号。

2）渗流观测管在埋设前、后均应通水检查，当发现渗水或流水不畅时，应立即采取补救措施。

3）施工中应防止面板渗流观测管的进口段被堵塞。可将进口段的排水层断面局部加大，并在进口周围用洗净的砾石保护。

4）当铺筑为分区观测心墙渗流而设置的沥青混凝土隔板及隔墙时，应尽量采用振动碾压实，仅在接头部位振动碾无法工作的地段，方可用人工压实。

9.4　施工期监测

土石坝沥青混凝土防渗体监测主要是位移监测、温度监测、渗流监测、应力应变监测四大类。下面以尼尔基水利枢纽沥青混凝土心墙监测实例，介绍沥青混凝土心墙仪器监测方法。沥青混凝土防渗面板与沥青混凝土心墙监测项目和方法基本相同，只是监测标准和要求不同。

尼尔基水利枢纽工程主坝为碾压式沥青混凝土心墙砂砾石坝，心墙中心线位于坝轴线上游，距坝轴线 2.0m，心墙两侧设 3.0m 宽的砂砾石过渡带，下游砂砾石过渡带后设竖向和水平向排水体。碾压式沥青混凝土心墙高程 200.00m 以下厚 0.7m，以上厚 0.5m。

因沥青混凝土防渗心墙是位移坝体内的柔性结构，它与坝体填筑材料的物理特性有很大差异，并且它是埋入坝体中的隐蔽结构，其施工期及蓄水和运行期的变形特性、大小，温度消散及温度场的变化，渗流及局部是否有渗流，墙内的应力分布，以及局部是否有拉应力或拉应力是否超限，都必须加以监测。沥青混凝土防渗心墙工程设计安全监测项目为位移检测、温度监测、渗流监测、应力应变监测。

（1）位移监测。位移监测包括水平及垂直位移，防渗墙属内部结构，还有与其周围介质的相对位移监测，如与岸坡岩壁的相对错动，与混凝土连接墩及混凝土底梁或基座的相对错动，与上下游过渡层（料）的相对错动等。

1）水平位移监测。防渗墙内的水平位移监测采用测斜仪或倾角计、土体位移计、引张线式水平位移计及垂线法。外部水平位移监测采用视准线法、交会法。

测斜仪法的测斜管布置在防渗墙底部的底梁或基座处，当基础有垂直防渗时，可以沿防渗体深入到基岩，这样水平位移的基点可以认为是不动点。测斜仪法的优点是测点可以比较密，可达 0.5m 一个测点，可以测到防渗墙沿高程的位移分布。土体位移计一般成串布置，一端锚固在防渗墙上；另一端引到下游坝坡。在下游坝坡布置外观点进行校核，或者在下游坝壳建立一条或多条测斜仪，与土体位移计相交，进行水平位移修正。在高程上土体位移计一般布置三层，即在 1/3 坝高、2/3 坝高及 1/2 坝高处。引张线式水平位移计的布置与土体位移计相同，只是在引张线同高程下游坝坡处，必须建观测房，以便安装引张线的砝码及砝码支架。垂线法是把正锤或倒锤布置在防渗墙的下游侧的过渡层中，需要预留垂线井。由于施工干扰的原因，垂线法只适合浇筑式沥青混凝土心墙的监测。

视准线法的工作基点布置在两岸的山体上，有条件的话可以用倒锤作为校核基准点。视准线的长度最好不超过 500m，若超过 500m，中间要加工作基点。视准线法所用仪器的测角精度应在 1″以上。交会法包括测角交会、测边交会和测边测角交会三种。要根据工程实际地形情况，结合精度预估进行设计，位移量的中误差必须满足有关规程规范的规定。

沥青混凝土防渗墙底梁或基座、过渡料、岸坡及连接墩等结合部位的位错变形一般采用大量程测缝计、土体位移计等仪器进行改装后观测，设计布设时可以按高程来布设测点，薄弱及工程关心部位适当增加测点。

2）垂直位移监测。心墙垂直位移监测分心墙内部垂直位移及表面垂直位移监测。心墙的内部垂直位移监测比较难，一方面受监测方法及仪器的限制；另一方面受施工干扰大。心墙的内部垂直位移可采用水管式沉降仪法或弦式沉降仪监测。若是浇筑式沥青混凝土心墙，可用滑动测微计法。内部垂直位移也可间接进行监测，尼尔基水利枢纽工程导流明渠桩号 1＋679.52 剖面位移监测仪器布置见图 9-19。

通过在过渡料埋设沉降磁环，同时在过渡料与防渗墙接触面安装位错计，可间接监测

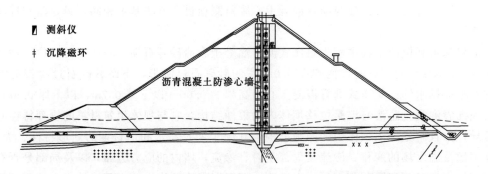

图 9-19 尼尔基水利枢纽工程导流明渠桩号 1+679.52 剖面位移监测仪器布置图

防渗墙的垂直位移。当然，过渡料的垂直位移及过渡料与防渗墙接触面的位错也是非常重要的监测项目。

表面垂直位移采用精密水准法，在两岸不动土或岩基上建造工作基点，工作基点成组布设，每组两点。测点可以按沥青混凝土心墙长度等间距布置，对地质复杂部位、合龙段或不同防渗体结合处适当增加测点。

（2）温度监测。心墙温度监测可采用直接埋入高温温度计进行，温度监测的主要目的是监测施工期沥青混凝土防渗墙温度的消散过程和蓄水及运行期防渗墙温度场的变化。在寒冷地区，尤其是在冬季施工时，沥青混凝土防渗墙温度的消散是非常快的。在仪器布置时，一般防渗墙顶部较密，在正常高水位或水位频繁变动区域温度计可适当加密，随着防渗墙埋深逐渐增大，温度计间距可逐渐增大，直到防渗墙下部不受外界环境温度影响处。为了使温度监测更可靠起见，重要部位可布设两支温度计：一支监测；另一支作为校核备用。仪器的位置应在防渗墙截面中心线的下游，以免对防渗墙造成大的截面削弱，影响防渗效果。

（3）渗流监测。防渗墙的渗流监测包括防渗墙的渗透压力、渗流量监测和渗流部位监测等。

渗流量的监测方法主要是量水堰法或坝后测压管法。量水堰法就是在坝后河道或坝后渗透水流出溢部位修建引水渠，安装量水堰。坝后测压管法是在坝后河床布设测压管，按地下流网顺水流方向布置两排或三排测压管，通过测压管的渗流坡降来间接换算渗流量，此种方法适合于坝后没有地表出流时使用。防渗墙的渗流量是工程关心的问题，但要准确地量测是非常困难的，要把通过防渗墙的渗流汇集起来流过量测装置（量水堰），工程的耗资是非常大的，也是难于承受的。可根据工程布置情况灵活掌握，如有的防渗墙在基座处布置有检查排水廊道，此种布置就非常便于监测防渗墙的渗流量，可在排水廊道的排水沟布设量水堰或在集水井布置集水井流量仪来监测，此种方法可准确监测防渗墙的渗流量。

防渗墙的渗流部位是工程最为关心的问题，以往的量测没有直接手段，只有间接通过渗透压力来判断，或是在防渗墙出现问题时采用地质雷达或超声波仪进行探测，其判断结果不够准确。现今工程上采用渗流热监测方法来监测防渗墙的渗流，其基本原理为异常渗流部位的温度场因渗流水体而发生变化。当坝体内达到稳定渗流时，坝体与渗流水体共同构成一个相对稳定的温度场。该温度场与坝体温度、水体温度以及渗流速度有关，通过监测温度场的变化，可推断渗流部位。温度计具体布置为按照一定间距成网格布置，薄弱部位和工程关键部位可布置密些。温度计有钢弦式、差阻式、热敏电阻式可供选择。

利用温度计测量防渗墙后的温度场也有其缺点，即温度是点温度，是离散的和断续的。近年来发展的用分布式光纤监测温度场，解决了温度场在一维上的连续监测。利用分布式光纤温度测量系统监测大堤和土坝的异常渗流情况是德国慕尼黑大学的研究成果，已成功地应用于工程实践。但在工程应用中发现，某些工程只测温度也有其局限性，工程中可能遇到渗透水体的温度与大坝内土体的温度相差较小，渗流速度的变化不会引起坝体内部温度场的明显变化等问题，分布式光纤温度测量系统则不能发现异常渗流的部位。通过加热光缆（光纤）能彻底解决工程异常渗流的实际问题，将光缆加热高于大坝温度场 3～5℃，异常渗流部位由于渗流速度较其他部位要高，渗流水体将带走较多的热量，则大坝内的温度场与渗流速度相关，即渗流速度较大的部位，温度场变化也较大，从而可以显著提高光纤渗流监测精度。加热光缆在寒区沥青混凝土心墙渗流监测的应用布置，如尼尔基水利枢纽导流明渠段渗流监测（见图 9-20）。

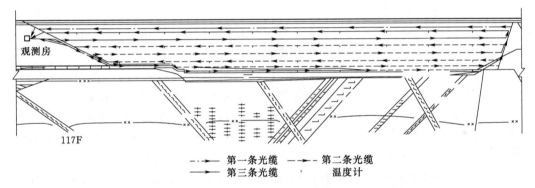

图 9-20　尼尔基水利枢纽工程导流明渠段渗流监测下游剖视图

（4）应力应变监测。压应力观测一般采用钢弦式压应力计，压力观测采用钢弦式土压力计。观测仪器一般布置在沥青混凝土心墙的基座处，特别需要时可按不同高程布置。在实际应用这些观测仪器时要慎重，因为土压力计或压应力计体积较大，对心墙防渗体损伤较大，并且这两种仪器必须特制，保证 180℃ 高温下仪器能正常工作。

沥青混凝土应变一般采用埋入式测缝计改装后观测；若是碾压式沥青混凝土防渗墙，也可用表面测缝计改装后安装在防渗墙的表面来监测沥青混凝土应变。具体布置可按高程分层布设。对于埋入式测缝计，也需要耐高温 180℃。

9.5　监测资料整编和分析

土石坝沥青混凝土防渗体安全监测仪器埋设后，按照规定的频次对防渗体进行监测，监测所获得的数据资料一般都是原始零散的。为及时了解沥青混凝土防渗体在施工期和蓄水后运行期所处的工作状态，需及时地对所监测的数据资料进行整编和分析，为发现和解决问题提供依据。

资料整编就是对日常现场巡视检查和仪器监测数据的记录、检验，以及对监测物理量的换算、填表、绘制过程线图、初步分析和异常值判别等，并将监测资料存入计算机。

资料分析是从已有的资料中抽出有关信息，形成一个概括的全面的数量描述过程，并进而对监测资料做出解释、导出结论、做出预测。

9.5.1　监测资料整编

监测资料整编就是在日常检查资料整理的基础上，定期对监测竣工图、各种原始数据和有关文字、图表影像、图片等监测资料进行分析、处理、编辑、刊印和生成标准格式电子文档等。

（1）监测资料分类。监测资料分为仪器监测资料和巡视检查资料两大类。

1）仪器监测资料整编。在每次现场监测完成后，及时将计算后的各监测物理量存入计算机，绘制监测物理量过程线图、分布图和监测物理量与某些原因量的相关关系图（如渗流量与库水位、降雨量的相关关系图，位移量与库水位、气温的相关关系图等），检查和判断测值的变化趋势，做出初步分析。如有异常，应及时分析原因。先检查计算有无错误和监测系统有无故障，经多方比较判断，确认是监测物理量异常时，应及时上报主管部门，并附上有关文字说明。

在监测资料整理中，还要随时补充、修正有关监测设施的变动或检验、校测情况，以及各种基本资料表、图等，确保资料的衔接和连续性。

2）巡视检查资料整编。每次巡视检查后，应随即对原始记录（含影像资料）进行整理。巡视检查的各种记录、影像和报告等均应按时间先后次序进行整理编排。

（2）资料整编要求。土石坝沥青混凝土防渗体安全监测资料整编，主要包括施工期、蓄水期、运行期的日常资料整理和定期资料整编。其中施工期、蓄水期的资料一般由施工单位负责整编，运行期的资料由运行单位负责整编，具体要求如下。

1）在施工期和初蓄期，整编时段视工程施工和蓄水进程而定，一般最长不超过1年。在运行期，每年汛前应将上一年度的监测资料整编完毕。

2）整编资料的内容、项目、测次等齐全，各类图表的内容、规格、符号、计量单位，以及标注方式和编排顺序应符合有关规定要求。

3）对整编时段内的各项监测物理量按时序进行列表统计和校对。如发现可疑数据，一般不宜删改，应标注记号，并加注说明。

4）各项监测资料整编的时间应与前次整编衔接，监测部位、测点及坐标系统等应与历次整编一致。有变动时，应说明。

5）各监测物理量的计（换）算和统计正确，有关图表准确、清晰，整编说明全面，资料初步分析结论、处理意见和建议等叙述全面。

（3）资料整编内容。资料整编内容主要包括工程基本资料、监测设施和仪器设备资料、监测记录等。

1）工程基本资料。主要包括：工程概况和特征参数，工程枢纽平面布置图和主要建筑物及其基础地质剖面图等，工程蓄水和竣工安全鉴定以及各次大坝安全定期检查、特种检查的结论、意见和建议；坝区工程地质和水文地质条件；设计提出的坝基和坝体的主要物理力学指标；重要监测项目的设计警戒值或安全监控指标。

2）监测设施和仪器设备资料。主要包括：监测系统设计原则，各项目设置目的，测点布置等情况说明。监测系统平面布置、纵横剖面图，应标明各建筑物所有监测设备的位置。纵横剖面数量以能表明测点位置为原则。各种校核基点、工作基点、测点平面坐标、高程、结构及埋设详图，安装埋设情况说明，并附上埋设日期、初始读数、基准值等数据。各种仪器型号、规格、主要附件、技术参数、生产厂家、仪器使用说明书、出厂合格证、出厂日期、购置日期、检验率定等资料。

3）监测记录。主要包括：巡视检查和仪器监测资料的记录以及监测物理量的测值计算。

（4）资料整编方法。土石坝沥青混凝土防渗体资料整编，一般是由现场监测人员在每次监测作业和现场检查完成后进行资料整理，同时按照工程和规范要求进行资料整编，并将整编资料存入计算机保存。

由于存在监测数据量大，整编工作繁重，监测数据调用频繁等情况，仪器监测和巡视检查的资料整编，一般采用建立监测资料数据库或信息管理系统来进行。

9.5.2 资料分析

资料分析就是对日常现场巡视检查和仪器监测数据整理后，将监测数据和线图中各项数据指标与设计和规范要求进行对比分析，对土石坝沥青混凝土防渗体的各项指标是否在允许范围内进行判断，找出影响原因，并对各项数据指标变化趋势进行预估。

（1）资料分析内容。监测资料收集整理后对资料分析主要内容是资料数据的准确性、可靠性、精度、过程线和图等进行分析，资料特征值进行分析与判断。

1）分析监测资料的准确性、可靠性和精度。分析监测物理量随时间或空间变化的规律。判别监测物理量的异常值。分析监测物理量变化规律的稳定性。分析巡视检查资料。

2）根据监测物理量的过程线，分析监测物理量随时间变化的规律、变化趋势，以及趋势是否向不利方向发展等。

3）根据同类物理量的分布图，监测物理量随空间变化的分布规律，分析沥青混凝土防渗体有无异常征兆。

4）统计各监测物理量历年的最大和最小值（包括出现时间）、变幅、周期、年平均值等，分析监测物理量特征值的变化规律和趋势、统计各监测物理量的有关特征值。在高水位时，渗流量有无显著变化。

（2）资料分析方法。资料分析常采用比较法、作图法、特征值统计法及数学模型法等分析方法。

1）比较法。比较法有测值与监控指标相比较、监测物理量相互对比、监测成果与理论或试验成果（或曲线）相对照、外表各种异常现象变化和发展趋势比较。

2）作图法。通过绘制监测物理量的过程线图、特征过程线图、相关图、分布图（如将上游水位、降雨量、渗流量或测压管水位等绘于同一张图上）等，直观地了解和分析测值的变化大小和其规律，以及影响测值的原因和其对测值的影响程度，判断测值有无异常等。

3）特征值统计法。特征值统计法是对各监测物理量历年的最大值和最小值（包括出现时间）、变幅、周期、年平均值及年变化趋势等的统计分析，考察各监测物理量以及相互之间在数量变化方面是否具有一致性和合理性。

4）数学模型法。数学模型法是建立效应量（如渗流、变形等）与原因量（如库水位、降雨量等）之间关系的分析方法，是监测资料定量分析的主要手段，常用模型有统计模型、确定性模型及混合模型。有较长时间的监测资料时，一般常用统计模型。当有条件求出效应量与原因量之间的确定性关系表达式时（一般通过有限元计算结果得出），亦可采用混合模型或确定性模型。

运行期的数学模型主要包括水位分量、降雨分量、温度分量和时效分量4个部分。时效分量的变化形态是评价效应量正常与否的重要依据。对于异常变化，需及早查明原因。

（3）实例。结合尼尔基水利枢纽工程沥青混凝土防渗心墙施工期监测资料整编和分析实例，介绍沥青混凝土防渗体资料的整编和分析方法。

尼尔基水利枢纽工程主坝为碾压式沥青混凝土心墙砂砾石坝，最大坝高41.5m。心墙两侧设3.0m宽的砂砾石过渡带，下游砂砾石过渡带后设竖向和水平向排水体。碾压式沥青混凝土心墙高程200.00m以下厚0.7m，以上厚0.5m。安全监测项目为温度、位移、渗流、应力应变。

1）防渗心墙的温度资料整理分析。沥青混凝土混合料出机口温度一般为150～170℃，铺碾压密实后的温度一般在120～140℃。为了准确掌握沥青混凝土防渗心墙的温度变化，在沥青混凝土防渗心墙摊铺碾压后3h开始测取心墙温度值，其温度变化过程见图9-21。

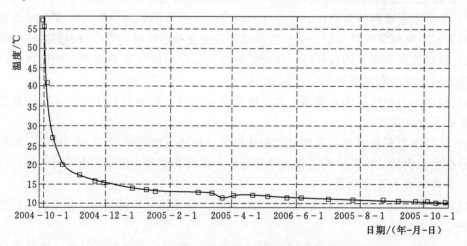

图9-21　防渗心墙的温度变化过程图

监测部位的摊铺厚度200mm，沥青混凝土出仓温度是170℃，施工环境气温8℃，西风3级。从温度变化曲线可看出，从摊铺到碾压沥青混凝土温度变化非常快，3h降为70℃，碾压后变化也很迅速，3d后降到40℃，以后逐渐趋于稳定，目前温度稳定在10℃左右。沥青混凝土摊铺后的温度变化与许多因素有关，如摊铺时气温、风向及风速、与上一摊铺层间隔时间等。

2）防渗心墙的水平位移资料整理分析。尼尔基水利枢纽工程主坝沥青混凝土防渗心墙主要采用自动摊铺机同时摊铺沥青混凝土混合料及其两侧的过渡料，按照规定的碾压程序和碾压参数进行碾压施工，心墙在施工期承受的荷载主要是自重和上下游侧的土压力以及振动碾的振动力（活荷载）。为了准确观测沥青混凝土防渗心墙的水平位移变化，掌握心墙施工后的工作性态，采用测斜仪法观测沥青混凝土防渗墙施工期的水平位移，埋设时测斜管深入到基础混凝土防渗墙底部，以确保观测资料的准确性。沥青混凝土防渗心墙施工期的水平位移见图 9-22。图 9-22 中纵坐标表示深度（高度），横坐标代表位移。Ⅵ1-1 测线代表 2+496 桩号，Ⅵ2-1 测线代表 2+133 桩号，Ⅵ3-1 测线代表 2+787 桩号。图 9-22 中所示的观测结果表明，心墙在不同高程的水平位移变化幅度较小，上下游方向均变化在 20mm 以内。这说明同时填筑心墙两侧（上下游侧）的过渡料有利于心墙所受荷载的对称均匀与变形稳定，提高了沥青混凝土防渗心墙施工期的稳定性。

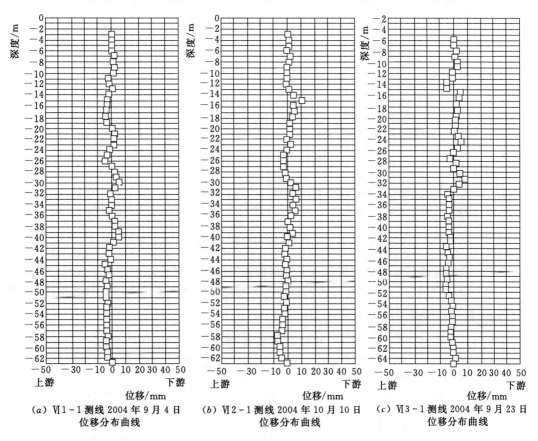

(a) Ⅵ1-1 测线 2004 年 9 月 4 日
位移分布曲线

(b) Ⅵ2-1 测线 2004 年 10 月 10 日
位移分布曲线

(c) Ⅵ3-1 测线 2004 年 9 月 23 日
位移分布曲线

图 9-22　沥青混凝土防渗心墙施工期的水平位移图

3）防渗心墙与过渡料之间的位错资料整理分析。尽管沥青混凝土防渗心墙与其两侧的过渡料同时摊铺碾压填筑，在各自密实的条件下，由于心墙与过渡料两种材料性质的差异，其沉降速度和变形量是不相同的，即心墙与过渡料间存在相对移动。如果心墙的沉降速率大于过渡料的沉降速率，过渡料就会对心墙产生一个向上的作用力，俗称"拱效应"。如果这种作用力过大，在沥青混凝土心墙层间结合面就会产生较大的拉应力，严重时可导致防渗心墙层间产生裂隙渗水。

一般情况下，防渗墙与过渡料的相对位移位错计，采用由大量程的测缝计改装而成的位错计，施工埋设时一端锚固在过渡料中，一端锚固在心墙里。尼尔基水利枢纽工程主坝心墙与过渡料的相对位移（位错）变化过程中（见图9-23），位移负值代表压缩——过渡料沉降大于心墙沉降；正值代表拉伸——过渡料沉降小于心墙沉降。从图9-23中可看出，位错计的位移都是负值，说明心墙两侧过渡料沉降大于心墙的沉降，这对心墙是有利的。从位错计观测结果看，施工初期变形速率大，冬歇期变形趋于稳定。春季施工开始时变形有增大，但速率比施工初期小，这主要与坝体及防渗墙填筑施工进度有关。

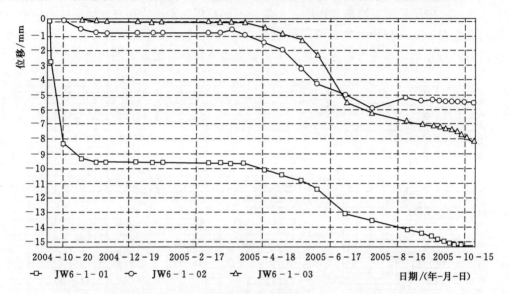

图9-23　心墙与过渡料的相对位移（位错）变化过程图

　　4）防渗心墙连接处位错分析。为了考察沥青混凝土防渗心墙与岸坡等部位的连接可靠性，在主坝沥青混凝土心墙与厂房左翼墙的连接部位安装三组（六支）测缝计，其观测统计见表9-1，心墙与厂房左翼墙之间变形见图9-24。

表9-1　　　　　　　　　　　　测 缝 计 观 测 统 计 表

仪器编号	错动方向	最大值 /mm	最大值日期 /(年-月-日)	高程 /m	安装日期 /(年-月-日)
JL-01	水平	−1.1	2004-8-22	189.30	2003-5-23
JL-03		−0.6	2003-9-4	197.03	2003-7-18
JL-05		1.1	2004-8-12	206.11	2004-4-28
JL-02	垂直	1.7	2005-6-4	189.30	2003-5-23
JL-04		11.6	2005-10-22	197.03	2003-7-18
JL-06		29.4	2005-10-22	206.11	2004-4-28

　　注　心墙相对于翼墙向下，向下游方向错动的观测值为正，反之为负。

　　表9-1中的观测结果表明，防渗心墙与翼墙的水平位移（相对错动）很小，垂直位移累计较大，以后逐渐趋于稳定。对照施工记录和图9-24可以看出，垂直位移变化较大

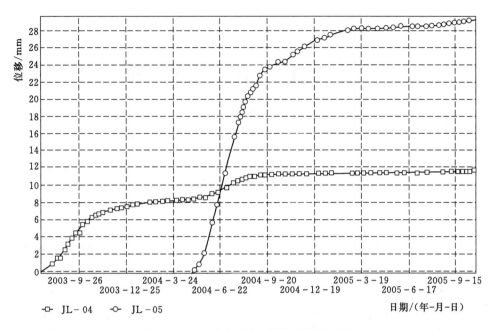

图 9-24　心墙与厂房左翼墙之间变形图

的时段正是坝体填筑施工期，垂直位移变化趋于稳定的时段恰是填筑施工间歇期，这说明坝体填筑施工期对防渗心墙与翼墙的垂直位移影响较大，应合理安排坝体填筑施工速度。

综上所述，在施工环境气温为 8℃、西风 3 级的情况下摊铺 20cm 厚的沥青混凝土防渗心墙，在施工初期温度下降幅度较大，170℃的沥青混凝土混合料 3h 就可以降低到 70℃，3d 后降低到 40℃，以后逐渐稳定在 10℃左右。心墙在不同高程的施工期水平位移变化幅度较小，上游、下游方向均变化在 20mm 以内；心墙与过渡料的位错较小，而且是过渡料的沉降大于心墙的沉降；心墙与岸坡等部位的连接处水平位移很小，垂直（沉降）位移较大是施工干扰形成的。

从沥青混凝土防渗心墙施工质量检测结果和现有观测资料分析成果可以看出，采用适当保温措施的碾压式沥青混凝土防渗心墙低温和负温施工新技术、浇筑式沥青混凝土防渗心墙施工新技术，尼尔基水利枢纽工程主坝沥青混凝土防渗心墙工程质量和结构稳定性是安全可靠的，这些新技术可以在沥青混凝土防渗心墙土石坝工程中大面积推广应用。

10 工 程 案 例

土石坝沥青混凝土防渗体施工是一门理论和实践性很强的施工技术，为帮助对沥青混凝土防渗体施工技术的理解和了解工程施工实际应用情况，本章选择了部分国内有代表性的土石坝的沥青混凝土心墙和沥青混凝土面板防渗体施工的综合案例。

10.1 三峡水利枢纽工程茅坪溪土石坝碾压式沥青混凝土心墙施工

10.1.1 工程概况

三峡水利枢纽工程茅坪溪土石坝位于三峡拦河大坝右岸上游，是三峡水利枢纽工程的重要组成部分，与三峡水利枢纽工程同属Ⅰ等1级永久建筑物，茅坪溪土石坝与三峡水利枢纽大坝共同拦蓄三峡库水。最大坝高104m，坝顶长度为1840m。大坝防渗系统由碾压式沥青混凝土心墙、混凝土基座（垫座、垫梁）、混凝土防渗墙、固结灌浆系统及帷幕灌浆系统组成。沥青混凝土心墙，心墙顶高程184.00m，心墙最大高度94m。心墙厚度一般由顶部高程184.00m处的0.5m渐变至高程94.00m处的1.2m。沥青混凝土心墙上游、下游侧分别设置厚2m和3m的过渡层，施工时与沥青混凝土同步铺筑上升。三峡水利枢纽工程茅坪溪沥青混凝土心墙土石坝坝体典型断面见图10-1。

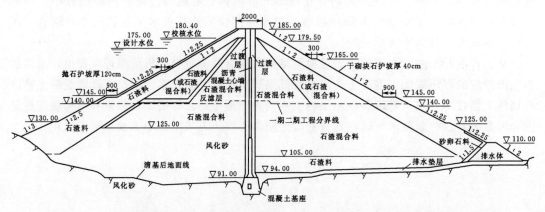

图10-1 三峡水利枢纽工程茅坪溪沥青混凝土心墙土石坝坝体典型断面图（单位：cm）

三峡水利枢纽工程茅坪溪流域为低山丘陵区，属亚热带大陆季风气候，雨量充沛，四季分明。年平均气温18℃，极端最高气温为42℃，极端最低气温为-8.9℃。

三峡水利枢纽工程茅坪溪土石坝沥青混凝土防渗墙体面积为4.64万㎡，沥青混凝土方量约5.0万m³。按高程140.00m来划分为两个阶段施工，其中第一阶段工程开工于1994年年底，完工于2000年12月；第二阶段工程建设开始于2001年5月，在2003年5月全部完建。

10.1.2 沥青混凝土配合比设计

三峡水利枢纽工程茅坪溪土石坝沥青混凝土心墙原材料包括沥青材料、粗骨料、细骨料、填充料，没有使用掺合料。

三峡水利枢纽工程茅坪溪土石坝沥青混凝土心墙采用新疆克拉玛依生产的70号水工沥青，骨料的最大粒径为20mm，粗骨料的分级为20~10mm、10~5mm、5~2.5mm，细骨料的粒径范围为2.5~0.074mm，由人工砂70％、天然砂30％组成，填料为石灰岩现场加工的矿粉。

(1) 配合比复核试验。沥青混凝土配合比复核试验分为室内试验、现场摊铺试验和生产性摊铺试验三个阶段进行。

1) 室内试验。室内配合比试验自1997年5月开始，至1997年8月完成。经过优选，推荐用于现场试验的沥青混凝土配合比如下。

沥青混凝土1号：$r=0.25$，$B=6.2％$，$F=12％$，不掺天然砂。

沥青混凝土2号：$r=0.25$，$B=6.0$，$F=12％$，人工砂、天然砂各占50％。

水平段沥青砂浆：沥青83.3kg/t，天然砂250kg/t，填充料166.7kg/t。

斜坡段沥青砂浆：沥青71.4kg/t，天然砂285.7kg/t，填充料142.9kg/t。

2) 现场摊铺试验。现场摊铺试验场地选在右岸上坝公路末端左侧高程185.00m平台上，于1997年8—11月共分7次进行摊铺，对室内配合比进行验证，并对施工设备的生产工艺性能进行测试。

现场摊铺试验完成后，进行了认真的总结，推荐用于生产性摊铺试验的沥青混凝土如下。

级配指数$r=0.35$，骨料$D_{max}=20mm$，填充料$F=12％$，沥青用量$B=6.4％$，掺天然砂30％~50％；推荐用于生产性摊铺试验的沥青玛琋脂配合比为：沥青：填充料：天然砂$=1：2：3$。

3) 生产性摊铺试验。生产性摊铺试验分人工摊铺生产性试验和机械摊铺生产性试验两部分。

A. 人工摊铺生产性试验于1997年12月7—24日在防护坝常态混凝土基础高程91.25~91.75m，桩号0+637~0+773范围内进行，共铺筑二层沥青混凝土。

B. 机械摊铺生产性试验于1998年4月13—17日在高程94.10~94.70m、桩号0+641~0+771范围内进行，共铺筑三层沥青混凝土。

在生产性试验完成后，编写了各工种、各施工生产环节的操作规程，以此规范所有参建者的行为，保证高质量地进行沥青混凝土施工。

(2) 施工配合比。经过室内试验、现场摊铺试验和生产性试验，按照矿料级配指数$r=0.4$，其沥青混凝土心墙配合比见表10-1；其沥青玛琋脂参考配合比见表10-2。

表10-1　三峡水利枢纽工程茅坪溪土石坝堆石坝碾压式沥青混凝土心墙配合比表

最大粒径 /mm	配合比/%			沥青 /%
	碎石	人工砂和天然砂	填料	
20	47.4	40.6	12	6.4

表 10 - 2 　　　　　　三峡水利枢纽工程茅坪溪土石坝沥青玛琋脂参考配合比表

材　料	沥　青	矿　粉	天　然　砂
重量百分比/%	1	2	3

10.1.3　沥青混合料的制备与运输

三峡水利枢纽工程茅坪溪土石坝沥青混凝土心墙沥青混合料制备由骨料加工系统和沥青混合料拌和系统组成。系统布置在茅坪溪土石坝左坝头迎水侧上坝公路弯道处，其中骨料系统布置在高程 170.00m 平台，拌和系统布置在高程 170.00m 平台，其骨料加工与沥青混合料拌和系统主要技术指标和主要机械设备分别见表 10 - 3、表 10 - 4。

表 10 - 3　三峡水利枢纽工程茅坪溪土石坝骨料加工与沥青混合料拌和系统主要技术指标表

序号	项目名称	单位	指标	备　注
1	粗碎能力	t/h	45	
2	细碎能力	t/h	50	
3	筛分能力	t/h	60	
4	分选能力	t/h	12	
5	碎石堆场储量	m³	1000	约 7d 用量
6	净料堆场储量	t	2000	约 10d 用量
7	沥青混合料生产能力	t/h	60~80	容量 1000kg×1，水工沥青混合料
8	沥青储量	t	400	约两个月用量
9	柴油储量	t	60	
10	设备装机容量	kW	950	
11	占地面积	m²	27000	
12	建筑面积	m²	2450	
13	劳动定员	人	78	主机一班制

表 10 - 4　三峡水利枢纽工程茅坪溪土石坝骨料加工与沥青混合料拌和系统主要机械设备表

序号	设备名称	规格	单位	数量	功率/kW	重量/kg	备注
1	自卸汽车	20t	辆	6			
2	装载机	2m³	台	1			
3	电振给料机	GZG803	台	2	3	1126	
		GZG633	台	12	13	4548	
		GZG403	台	1	0.5	171	
4	胶带输送机	$B=500mm$	m/条	410/9	210		
		$B=650mm$	m/条	50/1	30		
5	破碎机	PF - A - 1010	台	1	90	1200	不含电机重量
		PFL1000	台	1	55	5800	
6	筛分机	2YKR1645	台	1	15	3640	
		2ZKR1645	台	1	30	7260	

序号	设备名称	规格	单位	数量	功率/kW	重量/kg	备注
7	链式输送机	FU270	台	1	15		用于输送矿料
		FU200D	台	4	12		
8	叶轮给料器	200×300	台	8	8	1832	
9	斗提机	D250	个	4	60		
10	分选机	CB1800B	台	2	44	6000	
11	细骨料储罐	500t	个	1		272000	
12	矿粉储罐	300t	个	1		20000	
13	电动犁式卸料器	DTⅡ01F11	个	3	44	990	
14	沥青混凝土拌和设备	LB-1000	套	1	180	80000	含基本型所有设备
15	文丘里除尘器	LB1000.8	套	1	80.5	13000	
16	沥青泵	25t/h	台	3	21.5		
17	沥青恒温罐	4000L	个	1		10000	
18	柴油泵	2100L/h	台	3	9		
19	热油加热器	LB1000.15	套	1	6	4000	
20	热油泵		台	3	9		
21	沥青脱水加热设备		套	1	40	15000	
22	叉车	CPC（Q）20	台	1			
23	柴油储罐	30t	个	2			
24	燃油运输车	WH144RY	辆	2			
25	地衡	SCS-50（60）	台	1			
26	消防器材		套	1			
27	试验设备		套	1			
28	水泵		台	2	40		
29	变压器		台	2			
合计					975.5	212567	

（1）骨料加工。骨料采用天然的石灰岩矿料进行破碎加工。石灰石的料源按设计要求选定的王家坪料场开采，运到工地的石块保证岩质坚硬，层面新鲜，无夹层，不含杂物，不含泥土。

块石进入受料坑，经胶带机输运至粗碎车间由反击破碎机破料，经筛分后，大于20mm的石料和小于20mm的各级粗细骨料的余量均输送至细碎调节仓进入细破碎车间，粗碎、细碎产品使用同一条胶带机输入筛分楼，形成闭路循环。输入筛分车间（筛分楼）的混合矿料经筛分分级成大于20mm、20～10mm、10～5mm、5～2.5mm、小于2.5mm的矿料进入分选车间调节仓。分选车间将小于2.5mm矿料送入分选机，将其分为2.5～0.074mm人工砂（细骨料）及小于0.074mm的矿粉，并分别输送至储罐密封保存。细骨料由人工砂和天然砂按比例掺配，天然砂为长江河砂，运到天然砂受料坑的砂料由胶带机输入天然砂料仓。

（2）沥青混合料的制备。选择 LB－1000 型强制间歇式拌和楼，其附属设备包括沥青脱水加热设备、文丘里除尘器、沥青泵、沥青恒温罐、2100L/h 柴油泵、导热油加热设备、热油泵。LB－1000 型拌和楼多用于公路建设中路面沥青混凝土的生产，额定生产能力为 60～80t/h，当用于生产水工沥青混凝土时，由于填料和沥青的含量高，需延长拌和时间，因此实际生产能力约为额定生产能力的 70％，即 42～56t/h。根据沥青混凝土铺筑的工程量和有效工期，三峡水利枢纽工程茅坪溪沥青混凝土心墙的铺筑施工强度平均为 25t/h，选择 LB－1000 型拌和楼能够满足沥青混凝土心墙施工的要求。

在沥青混合料的制备中，沥青熔化脱水温度控制为 120℃±10℃，沥青加热温度控制为 150～170℃，骨料的加热温度控制在 170～190℃ 范围内，沥青混合料的出机口温度为 165～180℃，夏季最低不低于 145℃，冬季最低不低于 155℃，最高不大于 185℃。

LB－1000 型成套拌和站用于生产水工沥青混凝土时，还存在某些缺陷。在三峡水利枢纽工程茅坪溪中，主要在以下方面做了改进。

1）为防止沥青混凝土拌和楼热料仓溢料，矿料在进入干燥筒前应进行较为精确的配料，使之尽可能与施工配合比一致。目前，该种设备仅设置 4 个冷料配料斗，难以满足沥青混合料分级的要求，应设置 5～6 个，因此，增加了 1 个冷料斗。

2）由于细骨料具有远比粗骨料大的比表面积，对沥青混凝土施工和工作性能有较大的影响，因此细骨料的级配控制对沥青混凝土性能的影响更大，应严格控制。LB－1000 型拌和站细骨料不分级，为此增加 0.6mm 级骨料筛分，改善细骨料的级配，使其更稳定。

在沥青混合料的制备中，沥青熔化脱水温度控制为 120℃±10℃，沥青加热温度控制为 150～170℃，骨料的加热温度控制在 170～190℃ 范围内，沥青混合料的出机口温度为 165～180℃，夏季最低不低于 145℃，冬季最低不低于 155℃，最高不大于 185℃。

（3）沥青混合料和过渡料运输。沥青混合料采用 5～10t 改装的保温汽车（4～6 台）运至工地卸料平台，通过卸料平台卸入改装的保温罐中（4m³），再由该装载机将沥青混合料直接入仓（人工摊铺段），或卸入专用心墙摊铺机沥青混合料的料斗中（机械摊铺段）。过渡料运输采用 10t 自卸汽车运到摊铺部位。摊铺机控制范围内采用反铲转料至摊铺机料斗内，控制范围以外的用反铲转料到铺筑部位。

10.1.4　心墙沥青混合料铺筑施工

三峡水利枢纽工程茅坪溪土石坝沥青混凝土心墙施工分为机械铺筑段和人工铺筑段两大作业区。其中水泥基座上部 3m 高度的扩大段和两岸岸坡扩大段为人工摊铺，其余为机械摊铺。经过现场施工工艺试验，沥青混合料摊铺厚度为 25cm，碾压后的层厚 20cm 左右。

（1）接缝与层面处理。铺筑沥青混凝土前，对水泥混凝土表面的浮浆、乳皮、黏着物等必须清理干净。潮湿部位的水泥混凝土表面应加热烘烤，使其在充分干燥的条件下与沥青混凝土相结合。然后，在干燥的水泥混凝土表面涂刷一遍冷底子油，涂刷均匀，不要有遗漏处；待冷底子油干涸后，再涂抹一层厚度为 2cm 的砂质沥青玛瑞脂。

冷底子油的配合比为：沥青∶汽油＝3∶7 或 4∶6；喷涂量为 0.2kg/m²。

沥青玛瑞脂施工中，初期采用过沥青混合料拌和楼拌制的方式，但在拌和、储存和运输过程中砂质沥青玛瑞脂损失率大，损耗率达 10％～20％。更为重要的是，由于拌和楼在矿料加热中唯矿粉不能加热，致使按 1 : 2 : 3 的配合比拌制的砂质沥青玛琋脂温度偏低，在 78～100℃ 之间，流动性差，给人工摊铺增加了很大的操作难度，也使摊铺厚度偏大，局部可达 5cm；表面极不平整，虽然对沥青混凝土的摊铺没有影响，但外观质量不能令人满意。后来改用现场加热沥青和矿料（包括矿粉），人工拌制砂质沥青玛琋脂，即沥青玛琋脂采取现场加热沥青和矿料的方式，并人工拌制，成品温度为 140～160℃。

（2）沥青混凝土铺筑。三峡水利枢纽工程茅坪溪土石坝沥青混凝土心墙铺筑施工顺序，采取沥青混凝土心墙与过渡层、坝壳基本平起平压，均衡施工。机械摊铺段和人工摊铺段两个作业区同时进行施工。三峡水利枢纽工程茅坪溪土石坝沥青混凝土心墙铺筑施工主要机械设备见表 10-5。

表 10-5　三峡水利枢纽工程茅坪溪土石坝沥青混凝土心墙铺筑施工主要机械设备表

序号	设备名称	型号	单位	数量	备　注
1	摊铺机	DF130C	台	1	机械摊铺，无自振预压功能
2	振动碾	BW90AD	台	1	1.5t，心墙碾压
		BW90AD-2	台	1	1.5t，心墙碾压
		BW120AD-3	台	2	2.7t，过渡料碾压
3	装载机	85Z	台	2	过渡料备料场装车
		CAT980C	台	2	4m³，改装的沥青混凝土保温灌
4	自卸汽车	5t	辆	4	沥青混凝土运输
	保温自卸汽车	10t	辆	4	沥青混凝土运输（改制）
	自卸汽车	10t	辆	6	过渡料运输
5	推土机	D85	台	2	过渡料平整
6	吊车	8t	台	1	吊装钢栈桥及卸料平台
7	反铲	EX200	台	1	（1.0m³）过渡料卸入摊铺机料斗内
8	加油车		台	1	现场设备加油
9	空压机		台	1	层面处理
10	小型打夯机		台	1	人工铺筑段使用
11	吸尘器		台	1	层面处理
12	远红外加热器		台	2	沥青混凝土表面加热
13	激光经纬仪		台	1	测量放样
14	电子测温计		台	10	现场温度监测
15	喷灯		台	10	缝面处理
16	消防器材		台	1	现场防火
17	通信器材		台	1	现场施工
18	对讲机		台	10	现场施工
19	机动翻斗	195柴油机	台	2	人工铺筑段使用

1）机械摊铺施工。沥青混合料的摊铺采用挪威 DF130C 专用心墙摊铺机，该摊铺机可同时摊铺沥青混合料和过渡料，前部设有燃气式红外加热器和摄像机，摊铺宽度 3.5m，

无自振预压功能。

机械摊铺的施工工序为：施工准备→结合面清理→测量放线、固定金属丝→沥青混合料和过渡料卸入摊铺机→铺机摊铺沥青混合料和过渡料→过渡料补铺→过渡料碾压→沥青混合料碾压→过渡料的补碾。

摊铺机摊铺沥青混合料前，首先进行层面的除尘清扫，使用激光经纬仪标出准确的坝轴线，并由金属丝定位，通过机器前面的摄像机可使操作者在驾驶室里通过监视器驾驶摊铺机精确跟随细丝前进。通过设置摊铺机前部的燃气式红外加热器，在摊铺上面一层之前，利用加热器烘干和加热下面一层的表面。当沥青混合料和过渡料卸入摊铺机料斗后，摊铺机即开始边前进边摊铺沥青混合料和过渡料（行进速度为 3m/min 左右）。由于摊铺机总摊铺宽度只有 3.5m，故在摊铺机控制范围外的过渡料由反铲和人工进行摊铺。

2）人工摊铺。沥青混凝土人工摊铺施工的工艺与机械摊铺基本相同，只是机械摊铺采用的是滑动模板，而人工摊铺需要增加模板支撑、校验及模板撤除等工序。

人工摊铺的施工工序为：施工准备→测量放线→安装模板→铺过渡料→沥青混合料入仓→人工摊铺均匀→抽出模板→过渡料碾压→沥青混合料碾压→过渡料补碾。

3）沥青混合料与过渡料碾压。沥青混合料碾压设备采用德国 BOMAG 公司生产的 BW90AD 型和 BW90AD－2 型振动碾（1.5t），碾压速度为 20～35m/min，沥青混凝土心墙两侧过渡料碾压采用 2 台 BW120AD－3 型振动碾（2.7t）。

沥青混凝土心墙碾压工序：过渡料先静碾 1 遍、动碾 2 遍→沥青混合料静碾 1～2 遍，停 10～20min 再动碾 8 遍→过渡料离开心墙 1m 外补碾动碾 2 遍→沥青混合料收仓静碾 1～2 遍。

10.1.5 施工质量控制

三峡水利枢纽工程茅坪溪土石坝沥青混凝土心墙在沥青混合料现场铺筑施工中，主要是对铺筑施工各工序的温度、厚度、心墙成型宽度、碾压等施工质量进行控制与检测。

（1）温度控制。混合料铺筑过程中，严格对摊铺温度、初碾温度、终碾温度进行控制，铺筑现场派专人检测混合料温度，掌握适宜的碾压时机。沥青混合料铺筑时入仓温度的控制为 160～180℃，盛夏不低于 130℃，冬季最低不低于 140℃。初始碾压温度规定为 140～160℃，盛夏不低于 130℃，冬季最低不低于 140℃。当混合料温度过高，碾压时将难以流动，而混合料容易黏附于振动碾钢轮上，实际上将无法压实；温度太低，压实所需要的动能增加。试验表明低于 130℃后，混合料将难以压实。

（2）厚度控制。施工中经反复检测分析，沥青混合料的厚度压实系数在 0.85～0.91 之间，据此，调整摊铺厚度对碾压厚度进行控制，沥青心墙工程每层压实厚度为 20cm±2cm，摊铺厚度为 23cm±2cm。由于摊铺机行走履带位于沥青心墙两侧压实后的过渡料上，因此在施工过程中为保证摊铺厚度的均匀性，过渡料摊铺后采用人工辅助耙平，确保底层的平整。

（3）心墙成型宽度控制。心墙铺筑断面为梯形渐变而摊铺机为自带竖直模板，施工过程中要精确计算每层的设计上、下底宽，摊铺时按设计底宽控制摊铺宽度。沥青混合料摊铺前测量定出心墙轴线，并用直径 8mm 钢丝固定标识，调整摊铺机模板轴线与之重合，摊铺机行走过程中激光器对准仪对准固定钢丝匀速行走，从而保证轴线上侧、下侧宽度一致并满足设计要求。

（4）碾压控制。沥青混合料起始碾压时，随着碾压遍数的增加，沥青混凝土容重也随之增加，当碾压遍数达到一定程度时，容重处于一个较稳定阶段，即达到了最大压实容重。为便于混合料内部气泡排出，混合料在入仓后需静置约0.5h，再进行碾压。采用不同的碾压机具碾压沥青混合料，钻取芯样，进行性能试验。沥青混凝土的容重、孔隙率、渗透系数的影响并不明显，从施工角度考虑，用1.5t振动碾较为经济，1.5t振动碾碾压的最佳遍数为静1＋动8＋静2。碾压时行走速度为20～2sm/min，行走过程中不得突然刹车，或横跨心墙碾压。横向接缝处要重叠碾压30～50cm，碾不到的部位，用小夯机或人工夯实。

（5）质量检测。三峡水利枢纽工程茅坪溪土石坝沥青混凝土心墙采取分层、全轴线一次铺筑施工，在每一铺筑层或一个单元铺筑施工结束后，采用无损检测技术和钻取芯样两种方式进行质量检测。

无损检测包括沥青混凝土的孔隙率和渗透系数检测，每一铺筑层或单元铺筑施工结束后进行，使用核子密度仪和渗气仪对沥青混凝土的孔隙率和渗透系数进行检测，其无损检测成果统计见表10-6。沥青混凝土芯样检测成果统计见表10-7。

表10-6　　　　　　　　　　　　沥青混凝土无损检测成果统计表

项目	阶段	容重 /(g/cm³)	孔隙率 /%	渗透系数 /(cm/s)
技术要求		>2.4	<3.0	<10⁻⁷
测次	一期	7205	7205	2116
最大值		2.482	3.60	$6.1908×10^{-8}$
最小值		2.350	0.52	
平均值		2.422	2.43	
测次	二期	5835	5835	1368
最大值		2.481	3.0	
最小值		2.400	1.38	
平均值		2.423	2.52	

表10-7　　　　　　　　　　　　沥青混凝土芯样检测成果统计表

项目	阶段	容重 /(g/cm³)	孔隙率 /%	渗透系数 /(cm/s)
技术要求		>2.4	<3.0	<10⁻⁷
测次	一期	280	280	29
最大值		2.4712	3.88	$9.543×10^{-8}$
最小值		2.3484	1.17	
平均值		2.4150	2.61	

项目	阶段	容重 /(g/cm³)	孔隙率 /%	渗透系数 /(cm/s)
测次		308	308	
最大值	二期	2.4468	3.0	
最小值		2.3865	1.19	
平均值		2.4128	2.44	

（6）缺陷的处理。三峡水利枢纽工程茅坪溪土石坝沥青混凝土心墙施工过程中，沥青混合料经碾压后检测曾出现过几个单元层局部孔隙率超标（即大于3%）的问题，事后进行了及时处理。

检测发现孔隙率超标点较多，范围较长，即采用心墙迎水面浇筑沥青玛琋脂处理方法，可增加心墙防渗性能。若检测不合格点仅为局部并集中分布且较小，采用先将不合格部位挖除，然后重新铺筑沥青混合料的处理方法。挖除时用柴火烤熔并用人工辅助机械挖除，对接缝处斜坡和底层要用人工小心修整，保证坡度小于1：3，并将底层松散颗粒剔除；必要时可将处理层面加热用振动碾静压几遍，再重新铺筑沥青混合料。

（7）控制成效。三峡水利枢纽工程茅坪溪土石坝的沥青混凝土心墙自1997年8月正式开始铺筑，到2000年9月完成了第一标段项目施工任务，共完成单元工程355个，单元工程验收合格率为100%，优良率达86.7%。

三峡水利枢纽工程茅坪溪土石坝沥青混凝土心墙工程自建成后已投入运行，运行结果表明质量良好，运行正常。

10.2 天荒坪抽水蓄能电站上水库沥青混凝土面板施工

10.2.1 工程概况

天荒坪抽水蓄能电站位于浙江省安吉县天荒坪镇境内，该电站枢纽工程由上水库、下水库、输水系统、地下厂房洞室群和开关站组成。

天荒坪抽水蓄能电站上水库位于太湖流域的西苕溪支流，大溪的一条小支沟的沟源洼地，是附近山区最高洼地，谷底高程885.00～845.00m，库底较开阔，宽60～80m。汇水面积约0.327km²，库底高程863.00m，环库顶高程908.30m，环库顶高程908.30m，环库顶长约2km。

根据洼地的地形地质条件，在洼地南端布置主坝，在洼地的东、北、西、西南4个垭口处修建4座副坝。主副坝均采用土石坝，主坝上游坡比1：2.0，下游坡比1：2.2，主坝高72m。除进水口、出水口外，上水库全库均采用沥青混凝土护面防渗。沥青混凝土护面采用简式防渗结构，主要由3层构成，表层为厚2mm的封闭层，中间为厚100mm的防渗层，下层为厚80～100mm的整平胶结层。沥青混凝土防渗护面下部设置厚60～90cm的碎石排水垫层，并设置有完整的排水系统，可安全地将沥青混凝土护面的渗漏水引入在库底布置的排水廊道。天荒坪抽水蓄能电站上水库平面布置见图10-2。

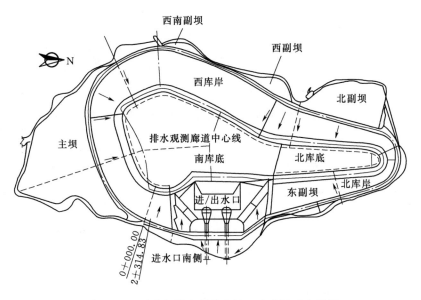

图 10-2　天荒坪抽水蓄能电站上水库平面布置图

天荒坪抽水蓄能电站主要工程量：沥青混凝土防渗总面积为 28.6 万 m^2，其中库底面积为 10.4 万 m^2，库岸斜坡面积为 18.2 万 m^2。天荒坪抽水蓄能电站上水库沥青混凝土防渗面板于 1995 年 5 月开始施工，1997 年 8 月完工。

10.2.2　沥青混凝土配合比设计

（1）原材料选用。天荒坪抽水蓄能电站上水库沥青混凝土防渗面板所用原材料有沥青、粗细骨料、填料等。

1）现场采用的沥青是从沙特阿拉伯进口的 B80 和 B45 两种牌号沥青。其中 B80 适用于胶结层、防渗层、加厚层、封闭层（库底），B45 适用于封闭层（斜坡或库底）。

2）骨料最大粒径为 16mm，粗骨料的分级为 2～5mm，5～8mm、8～11mm、11～16mm，细骨料为 0.074～2mm 的人工砂、天然砂。填料为小于 0.074mm 石灰岩矿粉。

3）IGAS 止水填料由 SIKA 公司生产，用于处理截水墙混凝土结构与沥青混凝土之间的接缝。

4）聚酯网格用于加强弧形区（连接库底与斜坡）及部分坝顶过渡区的防渗护面，采用 HUESKER 合成材料公司生产的 HATELIT 30/13 牌号聚酯网格，每卷长为 150m，宽为 3.6m 或 2.2m。

5）乳化沥青采用 AH-70 壳牌沥青原产新加坡，并采用河南省出品的阳离子慢裂型乳化剂，沥青和水的比例为 55：45，用浓度为 30% 的盐酸作为稳定剂。

（2）施工配合比。天荒坪抽水蓄能电站上水库沥青混凝土防渗护面沥青混合料，经过室内试验和现场摊铺试验，确定碾压式沥青混凝土面板整平胶结层配合比见表 10-8，碾压式沥青混凝土面板防渗层和加厚层配合比见表 10-9，碾压式沥青混凝土面板封闭层配合比见表 10-10。

表 10-8 　　　　　　　　　　碾压式沥青混凝土面板整平胶结层配合比表

最大粒径 /mm	配合比/%			沥青 /%
	碎石	人工砂和天然砂	填料	
22.4	73.9	19.4	6.7	4.3

表 10-9 　　　　　　　　　碾压式沥青混凝土面板防渗层和加厚层配合比表

最大粒径 /mm	配合比/%			沥青 /%
	碎石	人工砂和天然砂	填料	
16	48.3	36.7	15	7.3

表 10-10 　　　　　　　　　　　碾压式沥青混凝土面板封闭层配合比表

配合比/%	
填料	沥青
70	30（坡面 B45，库底 B80）

10.2.3　沥青混合料的制备

（1）骨料加工。天荒坪抽水蓄能电站沥青混凝土所用骨料，由业主供应半成品材料至骨料料场，由承包人进行二次加工。德国 Kleemann&Reiner 公司生产的骨料加工系统于1995 年 11 月安装完毕并进行了试运行。

骨料加工系统可生产出：0.074～2mm，2～5mm，5～8mm，8～11mm，11～16mm五种粒径级的成品骨料。大于 16mm 的骨料由返回筛分系统的粉碎机进行粉碎和筛分，这种 SPS625 型粉碎机每小时可生产 40t。筛分系统满足德国 TL-Min 规范，每小时可加工 90t 5～20mm 的半成品骨料。

（2）沥青混合料的拌和。沥青拌和系统拌制为意大利生产的 MARINI M260 型沥青混凝土拌和楼，拌和楼为成套设备，主要包括冷料预料斗，干燥筒，回收填料过滤器，配有热筛分 6 级料斗的拌和楼、骨料、填料、沥青的称重系统，每次可拌和 3000kg 的拌和桶，100t 沥青混凝土拌和物临时储存料斗、填料罐、B80 沥青罐、B45 沥青罐等设施。MARINI M260 型沥青混凝土拌和楼沥青混合料拌和系统设计生产能力为 180t/h。

6 个冷骨料称量系统将储存料场输送来的骨料分级进行称量配重，然后进入骨料干燥加热筒，经烘干的骨料由骨料提升机提升到拌和楼顶部，过筛后热骨料储存于沥青混凝土拌和楼中的料斗中。

除了骨料热料斗外，还有两个填料料斗用于经回收的自身填料和工厂生产的成品填料。这些原材料分别经过计量后进入拌和楼。在进行沥青混凝土拌和时，先将填充料（粉料）加入与热骨料一同进行干拌和，然后将沥青喷淋在骨料上进行搅拌。沥青混凝土拌和料出机后，可直接卸入卡车或采用提升机先临时储存于沥青混凝土拌和物储料斗，需要时再卸入卡车。

（3）沥青混合料运输。沥青混凝土混合料采用 20t 的自卸车，把拌和好的沥青混凝土混合料从拌和楼运到施工现场。

10.2.4 摊铺试验

根据合同及技术规范的要求，在大规模进行永久性摊铺之前，承包人在场外、场内库底及库（岸）坡进行现场铺筑试验和生产性摊铺试验。

（1）现场铺筑试验。场外试摊铺区选定在斯特拉堡公司现场办公室的西侧。试验场地面积为 $200m^2$，其中 $20m \times 10m$ 的区域供机器摊铺两个条幅，$20m \times 1.5m$ 的区域供人工摊铺。在试摊铺区上按要求铺填了厚 $40cm$ 的经过碾压的、粒径达 $80cm$ 的排水层，对压实后的表面平整度也进行了测试，最后在压实的表面喷涂了阳离子乳化沥青。

1）整平胶结层摊铺试验。天荒坪抽水蓄能电站上库沥青混凝土面板，合同规定要求孔隙率为 $10\% \sim 15\%$，渗透系数为 $1 \times 10^{-4} \sim 1 \times 10^{-3}$ cm/s。影响铺筑质量的因素是摊铺碾压工艺，即摊铺速度、振动碾重、碾压次序和碾压遍数等；另外，还有骨料的针片状颗粒含量。沥青混凝土整平胶结层的试摊铺于 1996 年 3 月 5 日进行，施工初期因只凭经验，工人操作不熟练，致使摊铺试验的孔隙率和渗透系数波动很大，钻孔芯样孔隙率为 $7.9\% \sim 18.1\%$，而渗透系数为 $4.6 \times 10^{-7} \sim 7.7 \times 10^{-2}$ cm/s，甚至有一个钻孔芯样渗透系数接近零。

试验结果表明，除孔隙率外，技术规范所有的要求均得到了满足。而后承包人对粗骨料、细骨料比进行了小的调整，以满足适配性试验的最优级配曲线。

为了解决孔隙率和渗透系数两者难以同时满足要求这一难题，在试验室用按适配性试验结果生产的整平胶结层沥青混凝土混合料制成的马歇尔试件进行补充试验。

1996 年 3 月 9 日在斯特拉堡公司现场办公室的道路表面上进行了补充试验。

整平胶结层沥青混凝土采用渗透系数 $1 \times 10^{-4} \sim 1 \times 10^{-2}$ cm/s 代替 $1 \times 10^{-4} \sim 1 \times 10^{-3}$ cm/s，并得到了监理工程师和业主的同意。

2）防渗层摊铺试验。防渗层的库外摊铺进行了 4 次，前两次由于孔隙率达不到小于 3% 的指标而失败，经承包人在德国科隆的中心试验室重新进行配合比试验的结果，承包人根据新的配合比进行了第 3 次摊铺试验，在此基础上经调整，在库外的第 4 次摊铺试验各项指标满足合同要求。

沥青混凝土防渗层场外试摊铺于 1996 年 3 月 9 日在整平胶结层场外试摊铺面上进行。在更换了天然砂来源后，于 1996 年 5 月 30 日重复了试摊铺试验。

在进行场内摊铺试验时，在摊铺机口取热混合料进行了沥青用量、矿料的抽提级配等试验；制作了马歇尔试件进行沥青混凝土容重、孔隙率、密度、真空吸水率、渗透系数、马歇尔稳定度和流值、膨胀、斜坡流淌值等试验；通过在铺层上钻孔取芯，进行上述各项试验（马歇尔流值和稳定度除外），并检测铺层厚度；在铺层上切割取样做圆盘或小梁弯曲的柔性试验。钻孔取样前先进行真空（透气性）试验及核子密度仪测容重等。

1996 年 6 月 13 日斯特拉堡公司在科隆的中心试验室提供了新的级配曲线。新的试摊铺于 1996 年 6 月 21 日在通往斯特拉堡公司现场办公室的道路表面上进行。在这个摊铺区共取了 12 个芯样，其孔隙率均满足设计要求。

经现场铺筑试验，对骨料质量进行了严格要求（针片状和含泥量），改进了配合比，减低了铺筑速度，满足了规范对防渗层的要求。

（2）生产性摊铺试验。在现场铺筑试验后，最优的混合料配合比组成及施工工艺措施均已建立，其他为试摊铺而确定的目标均已达到。接下来就进行了生产性铺筑试验。

1）防渗层。场内防渗层的铺筑试验分库底及库岸边坡两个场地进行，试验结果表明，所有的技术指标均满足设计要求。

A. 库底铺筑试验。防渗层铺筑试验场地位于水库的北部场内整平胶结层铺筑的表面上，试验场长为30m，宽为5m，面积为150m²，试摊铺于1996年7月8日在场外进行。

B. 库岸边坡铺筑试验。防渗层库坡铺筑试验场地位于北库岸整平胶结层铺筑的表面上，试验场长为75m，宽为10m，面积为750m²，试摊铺于1996年8月9日进行。

2）库底封闭层（玛琋脂）。封闭层库底试验于1996年10月15日及17日进行。在1996年10月15日涂刷了1mm的第一层，在1996年10月17日又在其上涂刷了相同厚度的第二层。库岸边坡封闭层试验于1996年12月7日进行。涂刷厚度是根据玛琋脂重量、密度及涂刷面积来确定。

10.2.5 沥青混凝土面板铺筑施工

（1）主要施工设备。天荒坪抽水蓄能电站上水库沥青混凝土面板铺筑施工中，沥青混凝土水平运输采用20t自卸汽车。库底、库岸的沥青混凝土摊铺采用的是两台ABG280型摊铺机，其摊铺宽度为5m，并配有加热振动板。在库岸斜坡上进行沥青混凝土铺筑施工中，配置了两台主卷扬机用于斜坡摊铺机和喂料机牵引。面板各层沥青混凝土的碾压选择多种不同规划型号的振动碾。封闭层的沥青玛琋脂涂刷施工，采用电动搅拌锅炉车拌制，刮板机涂刷沥青玛琋脂。接缝处理采用移动式发电机供电、电加热器加热、振动锤压实。天荒坪抽水蓄能电站上水库沥青混凝土面板铺筑施工机械设备见表10-11。

表10-11　天荒坪抽水蓄能电站上水库沥青混凝土面板铺筑施工机械设备表

序号	设备名称	型号	单位	数量	备　注
1	摊铺机	ABG280	台	2	每台摊铺能力，斜坡45t/h，库底110t/h
2	拌和楼	MARINI M260	台	1	生产能力180t/h
3	振动碾	Ammann	台	2	5.5t
			台	1	3.0t
		Bomag	台	2	3.0t
				2	0.75t
		Steck	台	1	4.5t
4	装载机	ZL50	台	2	3.0m³
5	自卸汽车	20t	辆	6	沥青混凝土运输
6	移动式卷扬台车		台	2	坝顶牵引、水平移动、沥青混合料转运
7	卷扬台车	5t	台	2	牵引斜坡振动碾
8	斜坡喂料车		台	2	过渡料运输
9	电动搅拌锅炉车		台	1	沥青玛琋脂施工
10	涂刷刮板机		台	1	封闭层涂刷沥青玛琋脂
11	移动式发电机		台	4	2大、2小，现场冷缝的处理、取芯、检测
12	振动锤		台	2	接缝处理
13	红外线加热器		台	2	接缝处理
14	液化气加热器		台	2	接缝处理

（2）施工工艺流程。沥青混凝土面板铺筑施工工艺流程是：碎石排水垫层→整平胶结层→防渗层→封闭层。

（3）垫层施工。单纯铺设排水垫层料的部位分两层，每层各铺设 45cm（压实厚度）；在有反滤料的部位，先铺设厚 30cm 的反滤料，再分两层铺设排水垫层料，第一层厚 45cm，第二层找平铺到设计厚度。在摊铺施工阶段使用卷扬机或改装的轻型挖掘机通过钢丝绳牵引小车斜坡送料，人工装卸，自下而上摊铺平整并采取了分层铺设施工的方法。

（4）库底摊铺、碾压。库底沥青混合料采用 ABG280 到摊铺机摊铺，摊铺宽度为 5m，并配有加热振动板。摊铺碾压施工采用了两台静重为 2.5t 和 4.5t 的振动碾，用于沥青混凝土摊铺后的碾压，确保达到工程所要求的密度及其他技术指标要求。

（5）库岸边坡摊铺、碾压。库岸边坡沥青混合料采用 ABG280 到摊铺机摊铺，采取自下而上纵向进行，摊铺宽度为 4～5m。斜坡摊铺机装备有加热式的振动板，保证了摊铺面的平整和沥青混凝土摊铺首次压实密度。斜坡摊铺机由坝顶的卷扬门机牵拉。

由于斜坡摊铺机的料斗不能容纳整个条幅摊铺所需的材料，因此必须用喂料机对摊铺中的斜坡摊铺机进行喂料。20t 自卸卡车运来的沥青混合料在库顶，每次 8～10t 卸入卷扬门机的提升料斗中，提升料斗经提升后把拌和物倒入喂料机的料斗中，然后由卷扬门机牵拉的喂料机把沥青混凝土拌和物运往摊铺机，并把沥青混凝土拌和物倒入斜坡摊铺机的料斗。

摊铺到坝顶时斜坡喂料机被提起，斜坡摊铺机驶入卷扬门机中的平台上，这样摊铺机可以摊铺到条幅的末端。然后三者一起移动到下一条幅的位置进行施工。

两台中型的振动碾用于沥青混凝土摊铺后的碾压，一台由卷扬门机牵拉，一台由在坝顶的另一台小型卷扬机牵拉。

封闭层厚 2mm 的玛琋脂。沥青玛琋脂拌制由移动式电动搅拌锅炉搅拌，液化气加热，涂刷采用涂刷刮板机分两层涂刷。

（6）防渗层的接缝。天荒坪抽水蓄能电站上水库沥青混凝土防渗层德国承包人采用的是后处理方式，即在进行下一条幅摊铺前不对前一条幅的沥青混凝土接缝部位加热，直接进行摊铺碾压，待以后再对接缝部位加热振压处理。

天荒坪抽水蓄能电站上水库沥青混凝土防渗层冷缝在采用后处理方式前曾对处理效果做过部分试验，即对能处理的深度做过试验。对冷缝部位需经红外加热器加热处理，加热温度、加热时间等的关系如下：加热时间 15min，表面温度 186℃，8cm 深处 60℃；加热时间 20min，表面温度 192℃，8.6cm 深处 60℃。

10.2.6　质量控制

天荒坪抽水蓄能工程施工现场各个环节的质量控制标准，是依据上水库沥青混凝土防渗护面合同文件中的技术规范执行的。该规范是按照德国标准协会 DIN、美国试验和材料协会 ASTM、英国标准协会 BS 等有关标准和由 Elsevier 出版的 Van Asberck《水工沥青》卷一、卷二等文献编制的。

（1）原材料质量控制。沥青混合料所用原材料有沥青、粗细骨料、填料等，它是沥青混凝土施工质量控制的基础。要控制沥青混凝体的施工质量，首先必须做好原材料的质量控制。

1）沥青。现场采用的是从沙特阿拉伯进口的 B80 和 B45 两种牌号沥青。其中 B80 适用于胶结层、防渗层、加厚层、封闭层（库底），B45 适用于封闭层（斜坡或库底）。

2）骨料。骨料由业主向承包人供应，半成品骨料是粒径为 0.074～5mm 和 5～20mm 的人工砂石料、天然砂和填充料。天荒坪抽水蓄能电站上水库面板使用的矿物骨料是小于 0.09mm 的填料、0.09～2mm 的人工砂、天然砂以及粒径为 2～5mm、5～8mm、8～11mm、11～16mm 的破碎骨料。

为了满足沥青混凝土对各级不同粒径骨料的要求，现场配有一台反击式碎石筛分机（用于二次破碎筛分），以准确制备所需粒径的骨料。

由于料场生产能力的限制，需要由三个料场同时向承包人供应半成品骨料，这三个料场的料源不同，质量和数量亦不一样，具体解决办法是：①在承包人进行骨料二次破碎筛分的现场设置了可储存 1 万多吨骨料的场地，将各料场运至工地的半成品骨料，在储存料场混合；②严格控制骨料的料源质量和生产，定期和不定期相结合，检查各料场的工作及料源质量；③承包人每天随机抽样检查各料场运至储料场的骨料质量，包括级配曲线、针片状含量、与沥青的黏附性、密度等，发现问题及时反馈给监理单位；通过上述措施，由半成品骨料生产的成品骨料可以满足工程质量要求；④对运至现场的填料和天然砂，也需定期取样，检查其级配曲线、密度、含水量、含泥量等；按技术规范要求，每天要对冷骨料仓中的各级骨料，取样进行级配曲线、密度、针片状含量的测量，为沥青混合料的合理配合比提供依据。

（2）混合料制备与混凝土铺筑质量控制。沥青混合料制备主要进行沥青含量、级配曲线、拌和温度等项目的检查。铺筑过程主要进行温度、厚度、压实密度以及外观等检查。现场试验室每天在摊铺现场的铺筑点，按试验规程要求在未碾压的沥青混合料摊铺面上取样，根据胶结层、防渗层技术指标要求的不同，在室内进行检测试验，以检测现场沥青混凝土铺筑的质量。具体要求和做法如下。

1）温度控制。温度控制按合同技术规范进行。记录测量到的温度并同日报一起递交监理工程师。建设过程中温度的测量次数达 32000 余次，其中 98％满足了合同技术规范的要求。个别地方沥青混凝土的温度偏高但程度很小，不会影响沥青混凝土的质量。温度控制是有效的，测量结果及时反馈，能够实现立即进行调整。

2）厚度控制。在连续的沥青混凝土摊铺施工过程中，对摊铺厚度进行严格的控制。沥青混凝土的摊铺厚度总是控制在大于合同技术规范的要求。按合同规定进行温度的测量，总共约有 15000 个测点，绝大部分都满足了技术规范的要求。

3）平整度。合同中对平整度的要求较高，监理工程师和咨询专家等都参加了联合检查。沥青混凝土面板各层的平整度满足了合同技术规范的要求，只是在北库底的两条冷缝上及进出水口 1∶4 斜坡的一个地方及南库底个别的地方可以看到有下凹的现象。

4）质量检测。

A. 整平胶结层。天荒坪抽水蓄能电站上水库库底整平胶结层厚 8cm，斜坡厚 10cm。技术规范要求对碾压后胶结层的如下方面进行控制：容量、孔隙率（％）、渗透系数、斜坡流淌值等。现场试验室在生产胶结层的当天，在现场铺筑点中取未碾压的胶结层制作混合料试样，在室内做一组（3个以上）马歇尔试件及其密度、热抽提试验。

热抽提试验是现场试验室采用从德国进口的 20－1120 型全自动热提试验仪（FED-DELER），仅需 30～40min 就可完成该项试验。上述全部试验内容当天就可以完成。通过分析比较，发现问题可以及时调整配合比，使第二天的配合比更趋合理。

需要说明的是，胶结层中骨料的粒径较大，混合料比较松散，在马歇尔试件的成型过程中，击实次数对试件的容重、孔隙率、渗透系数影响很大。另外，成型时试样温度对这些指标也有较大影响。因此，马歇尔试件的成型过程应严格按照规范要求，在 140℃ 温度下，双面击实各 20 次，成型过程速度要快，减小温度变化的影响，这样试件才具有代表性。

B. 防渗层。天荒坪抽水蓄能电站上水库库底与斜坡防渗层的厚度均为 10cm，施工采用一次摊铺成型。碾压后对沥青混凝土防渗层的容重、孔隙率、渗透系数、斜坡流淌值、马歇尔稳定度、马歇尔流值、柔性、渗透性等进行检测控制。

现场试验室在生产防渗层的当天，在铺筑现场取未碾压的防渗层中的沥青混合料制作试样，在试验室内做一组马歇尔试件进行密度、热抽提试验。与胶结层不同点是，用防渗层材料做马歇尔试件的目的是测量马歇尔试件的容重（用排水法）、孔隙率、马歇尔稳定度及马歇尔流值。

在上库面板的检测中，采用无损检测方法（包括抽真空和核子密度仪）对防渗层热缝每 100m 测试一次，对冷缝每 50m 测试 2 次；对人工摊铺区域，对防渗层热缝每 $10m^2$ 测试 1 次，对大面积常规施工面，每 $100m^2$ 的铺筑范围至少要用核子密度仪测试 1 次；对施工质量存有疑虑时，应增加测点。天荒坪抽水蓄能电站上水库使用的是 Troxler4640－B 型核子密度仪，它能快速准确测定沥青混凝土面板的容重。

为了找出核子密度仪测量值与芯样值（实际值）之间的关系，每次在取样部位用核子密度仪对钻取芯样处进行同步测试，将核子密度仪测量值与芯样值进行对比分析，可以找出两者之间的关系。

天荒坪抽水蓄能电站上水库沥青混凝土面板防渗层核子密度仪测量的容重与芯样容重之间的关系如下：

$$r_c/r_n = -0.364r_n + 1.873$$

两者的相关系数 $R = 0.919$。

通过上式得出：可以将大量用核子密度仪测得的值换算为芯样值，从而可以采用简化的方式，对沥青混凝土防渗层质量做出正确的评价。

C. 封闭层。天荒坪抽水蓄能电站上水库封闭层设计厚度 2mm，为了选择用于封闭层的玛琋脂配合比，室内做了大量试验，包括对沥青指标的检测、玛琋脂斜坡流淌值试验、玛琋脂软化点的测量等，并在封闭层施工过程中随时在现场取样检查。

D. 其他。在天荒坪抽水蓄能电站上水库沥青混凝土生产过程中遇到了冷缝处理方法是否可行的问题，试验室工作人员与监理单位一起对现场采用的冷缝处理效果进行了跟踪测量，通过试验证明，现场采用红外线加热冷缝的处理方法是可行的。

10.3 尼尔基水利枢纽主坝沥青混凝土心墙（碾压式、浇筑式）施工

10.3.1 工程概况

尼尔基水利枢纽工程位于黑龙江省与内蒙古自治区交界的嫩江干流的中游。枢纽工程由主坝，左副坝、右副坝，右岸岸坡溢洪道，右岸河床式电站厂房和两岸灌溉输水洞（管）组成。工程等别为Ⅰ等工程，主要建筑物为1级。大坝总长为7180m，最大坝高41.5m。其中主坝为沥青混凝土心墙土石坝，主坝位于河床部位，全长16761m，左右岸副坝为黏土心墙坝。

尼尔基水利枢纽工程主坝为碾压式沥青混凝土心墙砂砾石坝，心墙中心线位于坝轴线上游，距坝轴线2.0m，心墙两侧设3.0m宽的砂砾石过渡带，下游砂砾石过渡带后设竖向和水平向排水体。碾压式沥青混凝土心墙高程200.00m以下厚0.7m，以上厚0.5m，其主坝典型断面见图10-3。

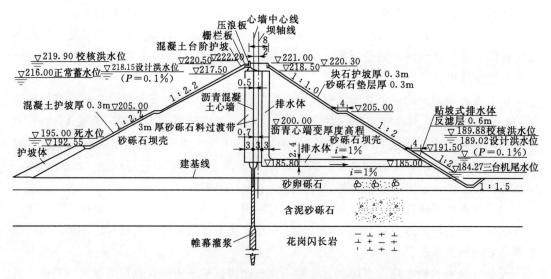

图10-3 尼尔基水利枢纽工程主坝典型断面图（单位：m）

尼尔基水利枢纽工程全年有一半时间处于冬季，气候严寒，夏季则温湿多雨。多年平均气温1.5℃，极端最高气温39.5℃，极端最低气温－40.4℃，气温年内变化大。坝址处多年平均风速2.5～3.9m/s，历年最大风速25.0m/s，多年平均最大风速17.7m/s。流域初雪一般在9月下旬至10月上旬，终雪一般在4月下旬至5月中旬。坝址区季节性冻土开始冻结时间一般在10—11月，开始融解时间一般在6—7月，多年平均最大冻土深度2.10m，历年最大深度2.51m。

尼尔基水利枢纽主坝的坝体填筑分两期施工，一期施工的非明渠段长1324.31m（桩号1+869.20～3+193.51），心墙底部高程187.50m，顶部高程218.26m。工程于2003年4月16日开工，经过近9个半月的施工（2003年4月16日至10月5日和2004年3月23日至8月16日），冬季停工，于2004年8月16日完工。防渗面积4.16万m²，碾压式

沥青混凝土总工程量 2.5 万 m^3。

二期施工的明渠段长 331.62m（桩号 1＋537.58～1＋869.20），心墙底部高程 182.00m，顶部高程 218.26m。工程于 2004 年 9 月 25 日开工，经过近 4 个半月的施工（2004 年 9 月 25 日至 11 月 9 日和 2005 年 3 月 24 日至 6 月 20 日），冬季停工，于 2005 年 6 月 20 日完工。防渗面积 1.05 万 m^2，碾压式沥青混凝土总工程量约 6400m^3。

非明渠段和明渠段的碾压式沥青混凝土心墙都施工到高程 218.26m 处。为了埋设止水铜片与坝顶防浪墙混凝土连接，处于高程 218.26～218.75m（4 高约 50cm）、宽 50cm、长 1655.93m 的坝顶部位，采用浇筑式沥青混凝土心墙施工工艺。该部分沥青混凝土的施工从 2005 年 6 月 28 日开始，2005 年 7 月 15 日结束。

10.3.2 沥青混凝土配合比设计

（1）原材料选用。尼尔基水利枢纽碾压式沥青混凝土原材料包括沥青材料、骨料、填充料。

1）沥青选用辽宁盘锦生产的欢喜岭 90 号重交通道路桶装沥青。

2）骨料选用内蒙古阿荣旗和库区长发两个料场开采的碱性矿石，运到工地，破碎筛分成 20～15mm、15～10mm、10～5mm、5～2.5mm、2.5～0.074mm 5 级骨料。

3）填料选用哈尔滨市阿城石灰厂生产的小于 0.074mm 石灰岩的矿粉。

（2）施工配合比。通过室内试验、现场试验和生产性试验，确定了碾压式沥青混凝土心墙配合比（见表 10-12），沥青玛琋脂参考配合比见表 10-13。

表 10-12 碾压式沥青混凝土心墙配合比表

材料名称	骨料规格/mm	配合比（按重量计）/%
粗骨料	20～15	11
	15～10	15
	10～5	19
	5～2.5	18
细骨料	2.5～0.074	25
矿粉	<0.074	12
沥青（欢喜岭 90 号）		6.6

表 10-13 沥青玛琋脂参考配合比表

材料	沥青	矿粉	人工砂
重量百分比/%	1	2	3

10.3.3 沥青混合料的制备

（1）骨料加工。为满足施工要求，布置了两套碎石系统。其中一套生产加工粗骨料，由 3 台 PE400×600 颚式破碎机粗破，1 台 PF1007 反击式破碎机和 1 台 PF86 反击式破碎机中碎，1 台 PC64 锤式破碎机，3 台 5 层振动筛筛分，11 套宽度为 500mm 的胶带运输机。另一套主要制砂，设备由 1 台颚式破碎机、1 台锤式破碎机、1 台 3 层振动筛，7 套宽度为 500mm 的胶带运输机组成。

1) 粗骨料加工系统设计能力为 38～50t/h，实际生产能力为 25t/h，每天 3 班制生产粗骨料 600t/d，大于施工高峰期 417t/d 的要求。

2) 细骨料加工系统设计能力为 10～20t/h，实际为 10t/h，每天 3 班制生产细骨料 240t/d，大于施工高峰期 142t/d 的要求。

3) 骨料加工系统和成品骨料净料堆场，其容量满足高峰时段 7～15d 施工要求。

(2) 沥青混合料的拌和。沥青混合料制备系统为成套设备，选用吉林厂生产的 LJ80 型强制间歇式沥青混合料拌和楼。配套设备由配料仓、干燥筒、沥青恒温罐、热油加热器、除尘器、沥青混合料保温罐及中心控制室等设备组成。拌和楼额定生产能力为 60～80t/h。拌制水工沥青混凝土时的实际生产能力达 55t/h 以上，满足沥青混凝土心墙铺筑强度要求，其主要技术指标见表 10-14。

表 10-14　　尼尔基水利枢纽主坝碾压式沥青混凝土拌和系统主要技术指标表

序号	项　　目	单位	指标	备注
1	沥青混凝土铺筑强度	t/h	55	
2	拌和设备生产能力	t/h	＞55	
3	骨料储量	t	3500	考虑 7d 用量
4	矿粉储量	t	223.3	考虑 7d 用量
5	沥青储量	t	300	考虑 10d 用量
6	柴油储量	T	26.0	考虑 6d 用量
7	建筑面积	m²	1200	
8	占地面积	m²	13000	
9	生活福利房屋占地面积	m²	750	
10	系统耗油量	L/h	400	
11	系统用电量	kW	360	

(3) 沥青混合料和过渡料运输。沥青混合料使用 5t 自卸车运输到施工部位后，用改装带料斗的 ZL50 装载机将沥青混合料卸入摊铺机沥青混合料料斗内。

过渡料采用 15t 自卸汽车运到摊铺部位。摊铺机控制范围内采用反铲转料至摊铺机料斗内，控制范围以外的用反铲转料到铺筑部位。

10.3.4　碾压式沥青混凝土心墙施工

(1) 沥青混凝土心墙施工前的准备。

1) 混凝土基座的表面处理。先用钢丝刷将与沥青混凝土相接的基座常态混凝土表面的浮浆、乳皮刷净，用 0.6MPa 左右高压风吹干，局部潮湿部位烘干，使混凝土表面干净、干燥，在已清理的混凝土表面喷洒冷底子油，待其挥发后，开始涂刷砂质沥青玛琋脂。

2) 层面处理。对于连续上升、层面干净且已压实的沥青混凝土，表面温度大于 70℃时，沥青混凝土层面不作处理，连续上升；当下层沥青混凝土表面温度低于 70℃时，采用红外加热器加热，加热时，控制加热时间以防沥青混凝土老化。钻孔取芯后，留下的钻孔应及时回填，将钻孔洗净、擦干，用加热器将孔壁加热至 70℃，再用沥青混合料按 5cm 一层分层回填，人工夯实。

3）沥青混凝土心墙接缝处理。尼尔基水利枢纽主坝碾压式沥青混凝土心墙接缝有与厂房左翼墙连接、导流明渠段和非导流明渠段心墙连接、右岸连接墩和由于停工出现的接头。处理方法如下。

A. 沥青混凝土心墙与厂房左翼墙、右岸连接墩的接缝处理：先将混凝土表面刷净，喷洒冷底子油，涂刷砂质沥青玛𭀫脂，然后人工摊铺沥青混合料，夯实。

B. 导流明渠段与非导流明渠段心墙接缝处理。导流明渠段与非导流明渠段心墙接缝采用斜坡连接，将先施工的心墙接头表面凿出，然后人工摊铺，使沥青混凝土包裹心墙。

C. 沥青混凝土心墙接头处理。沥青混凝土心墙停工接头为横缝连接，连接处理时先将连接横缝做成缓于 1∶3 的斜坡，且上下层横缝位置错开 2m 以上，重新施工时对其表面加热，人工摊铺，振动压实。

（2）冷底子油喷涂与沥青玛𭀫脂涂刷。沥青混凝土铺筑前应对底部的混凝土底座、翼墙进行处理。水泥混凝土表面采用人工用钢丝刷将表面乳皮刷干净，用 0.6MPa 高压风吹干，局部潮湿部位用喷灯烘烤干燥。然后由人工涂刷冷底子油，冷底子油配合比为沥青：汽油＝3∶7。冷底子油涂刷 12h 后，进行人工现场拌制涂刷 2cm 厚砂质沥青玛𭀫脂，涂刷前现将冷底子油表面加热到 70℃，沥青玛𭀫脂温度保持在 130～150℃。

（3）沥青混凝土摊铺。碾压式沥青混凝土摊铺以专用摊铺机施工为主，摊铺机不便铺筑的部位，采用人工摊铺；与翼墙、连接墩接触及心墙底部宽度大于 0.7m 部位采用人工摊铺，其余部分心墙采用机械摊铺。尼尔基水利枢纽主坝碾压式沥青混凝土铺筑施工主要机械设备见表 10-15。

表 10-15　　尼尔基水利枢纽主坝碾压式沥青混凝土铺筑施工主要机械设备表

序号	设备名称	型号	单位	数量	备　注
1	拌和楼	LJ80 型	座	1	60～80t/h
2	摊铺机	WALO	台	1	同时进行沥青混合料和过渡料的摊铺，生产能力 50t/h
3	振动碾	Ammann	台	2	1.5t，心墙沥青混凝土碾压
		BW120AD-3	台	2	2.7t，过渡料碾压
4	装载机	ZL50	台	2	过渡料装车
		ZL50	台	1	改装为沥青混凝土运料车
5	自卸汽车	5t	辆	4	沥青混凝土运输
6	自卸汽车	15t	辆	10	过渡料运输
7	反铲	EX-200	台	1	(1.0m³) 过渡料卸入摊铺机料斗内
8	喷灯		只	3	
9	电子测温仪		只	2	
10	红外经纬仪		台	1	
11	空压机	6m³	台	1	

序号	设备名称	型号	单位	数量	备　注
12	移动柴油发电机	4kW	台	1	
13	取芯钻机		台	1	
14	消防器材		套	5	
15	核子密度仪		台	1	
16	管式红外线加热器		台	2	
17	移动式卸料平台		座	1	
	钢栈桥		座	2	

1）碾压式沥青混凝土心墙采用水平分层，全轴线不分段一次摊铺碾压的施工方法。施工分层厚度为：摊铺厚度23cm左右，压实后厚20cm。

2）人工摊铺段心墙混合料铺筑用方便可拆装的沥青混凝土专用模板，用改装带料斗的 ZL50 型装载机向仓内卸沥青混合料，人工摊平。

人工摊铺施工工艺流程：测量放线→人工立模→铺过渡料→过渡料初碾→沥青混合料摊铺→抽出模板→沥青混合料碾压→沥青混合料与过渡料碾压。

3）碾压式沥青混凝土摊铺采用 WALO 公司的专用摊铺机，该摊铺机可同时进行沥青混合料和过渡料的摊铺，人工配合。摊铺机摊铺作业前，首先将层面除尘清扫干净，使用激光经纬仪标出准确的坝轴线，并用钢丝定位，通过机器前的摄像机可使操作者在驾驶室里通过监视器驾驶摊铺机精确跟踪细钢丝线前进。摊铺机行走速度为 1～3m/min。过渡料在摊铺机控制范围外的，用反铲配合摊铺。

机械摊铺施工工艺流程：测量放线→钢丝定位→摊铺机摊铺→过渡料初碾→沥青混合料碾压→过渡料终碾。

（4）沥青混合料和过渡料碾压。根据沥青混凝土心墙不同的宽度，分别采用德国 BOMAG 公司生产的 BW120AD‐3 型双轮 2.7t 振动碾和瑞士阿曼公司生产的 Ammann 1.5t 振动碾错位碾压，能满足沥青混凝土心墙的压实要求。碾压温度控制为 140～150℃，先静压 2 遍，再振动碾压 6 遍，最后静压 2 遍压平至光亮。振动碾行走速度控制在 25～30m/min。与岸坡结合部位及振动碾碾压不到的部位，采用小型振动夯夯实。两侧过渡料采用 BW120AD‐3 双轮振动碾碾压 8 遍至满足压实要求为止。

10.3.5　浇筑式沥青混凝土心墙施工

尼尔基水利枢纽主坝（非明渠段和明渠段）碾压式沥青混凝土心墙顶部，高程 218.26～218.75m，采用了浇筑式沥青混凝土施工方法。浇筑式施工沥青混凝土心墙高约 50cm、宽 50cm、长 165593m，沥青混凝土工程量约 390m³，施工时间在 6 月 28 日至 7 月 15 日。

浇筑式沥青混合料制备、运输以及入仓手段与碾压式沥青混合料相同，沥青混凝土施工配合比采用场外试验推荐的配合比，其施工配合比见表 10‐16。

　　　　　　　　　　　　浇筑式沥青混凝土施工配合比表

骨料粒径/mm	20～15	15～10	10～5	5～2.5	2.5～0.074	矿粉	沥青
配合比/%	10.3	10.4	16.9	16.0	34.2	12.2	8.0

浇筑式沥青混凝土施工采用提模方式进行，沥青混合料摊铺完成后，立即采用刀式振捣器进行振捣；内部振捣后，采用平板振捣器振捣混合料表面收光，使沥青混凝土表面光滑；振捣完后人工抽出模体。模板是根据浇筑式沥青混凝土施工要求特制的专用模板，模板使于安装和拆卸，长 200cm，宽 50cm，高 30cm（浇筑厚度为 30cm），刀式振捣器为自制，刀片呈三角形布置，刀片宽 15cm，高 28cm。

（1）浇筑式沥青混凝土施工工序：测量放样→模板安装→止水铜片安装→过渡料铺筑→过渡料初碾→无纺布铺设→仓面清理→底层加温→沥青混合料摊铺→沥青混合料振捣→提模板→过渡料碾压。

1）测量放线。用全站仪放出心墙中心线，采用细钢丝固定于心墙上作为沥青混凝土施工时的控制线，在每块模板接头处测好心墙高程，并写在心墙上，作为铺筑沥青混凝土时的水平控制点。

2）模板安装。首先将钢模板按心墙宽度组装，拧紧螺丝，并固定牢。模板安装应从一头开始，用钢销连接，模板接缝应严密，采用搭接法，定位后钢模两侧模板距心墙中心线误差不大于±5mm。采用过渡料挤压的方法固定模板，模板附近采用人工用铁锹铺筑过渡料，远离心墙部位采用人工配合反铲铺筑，过渡料铺筑时应在模板两侧对称进行，避免模板发生位移或变形。

3）止水铜片安装。根据设计图位置安装宽 60cm 的止水铜片（用直径 10mm 钢筋架固定 Z 形止水铜片，一半埋入沥青混凝土心墙内；另一半在之后埋入防浪墙底板内）。

4）过渡料铺筑、初碾。模板安装完毕后，接着从一头对称铺筑过渡料，过渡料铺筑要保证均匀平整，铺好的过渡料先进行初碾，一般 10～15m 为一碾压段，碾压时不带振动，静碾两遍，有条件的应两侧对称碾压，碾压轮与模板的间距控制在 20～30cm。不要挤跑模板，振动碾速度控制在 20m/min 左右。

5）无纺布铺设。过渡料初步碾压后，将无纺布铺入钢模内侧，模板上口外侧搭 10cm，用夹具夹住，沿轴线方向搭接 10cm。在沥青混合料摊铺后，无纺布将混合料与模板隔开，这样沥青混合料不污染模板，还有利于提模。当模板提出后，沥青与过渡料之间又有一层无纺布隔离进而起到保护沥青混凝土心墙的作用。

6）仓面清理与底层加温。模板安装前应将严重污染物清除，无纺布铺完后用高压风将灰尘吹掉即可，沥青混合料铺筑前先将底层心墙表面加热至大于 70℃。

7）沥青混合料摊铺。沥青混合料铺筑前，应保持仓内干燥、干净。施工最后一层时应将封面高程点上返到模板上，并做好标记，以此标记作为封面高程的控制线。

沥青混合料入仓摊铺温度控制在大于 150℃。沥青混合料从一端入仓，用经改装的装载机直接端料入仓，人工配合摊铺找平。

8）沥青混合料振捣。沥青混合料摊铺后，用自制的两台小型刀式振捣器采用行进法进行振捣。先进行内部振捣，插入式振捣时每个部位控制在 20s 左右，振捣器行进速度控制在 2m/min 左右，并观察沥青混凝土表面至不冒泡返油为止。振捣完毕缓慢拔出振捣器，避免刀片处出现裂痕。沥青混凝土内部振实后立即用平板振捣器在沥青混凝土表面走一遍，进一步找平收光。

9）提模板。沥青混凝土振捣完毕，开始提模板，先将无纺布的夹子取下，将无纺布折向心墙，拔出钢销，四人对称面对面站立，垂直将模板缓慢提起，模板提出心墙后，先将模板外侧砂子扫净，然后将模板放到心墙一侧清理、存放。提模时如过渡料将心墙污染，应立即清除。

10）过渡料碾压。当沥青混凝土表面温度小于 70℃后，可以进行过渡料碾压。碾压时振动碾的钢轮与沥青混凝土心墙保留 10cm 左右距离。尼尔基主坝过渡料碾压指标采用干密度控制，干密度大于 $2.15t/m^3$，采用 BW-120 振动碾，先静碾 1 遍，再动碾 6～8 遍，最后静碾 1 遍，一般可以达到设计指标要求。

（2）质量监测分析。尼尔基水利枢纽工程主坝高程 218.25～218.70m，心墙采用浇筑式沥青混凝土，共施工 12d，铺筑沥青混凝土约 390m³。在施工期间，每天都对沥青混合料进行抽提检测。

从检测结果看，设计配合比中沥青含量为 8%，实测结果最大 8.2%，最小为 7.6%，满足规范要求。骨料级配不稳定，个别超径、逊径达 20%。为了保证心墙施工质量，每天根据骨料超径、逊径情况调整沥青混凝土配合比。

沥青混凝土施工结束，按要求钻取沥青混凝土芯样并进行有关技术性能指标分析。在芯样检测结果中，孔隙率最大值为 1.99%，最小值 0.29%，不渗漏，满足设计要求。比负温环境下场外试验平均孔隙率低 0.48%，说明施工质量好于场外试验，可能与低温施工有关。另外，虽然骨料超径、逊径问题较多，但由于沥青含量较大，弥补了骨料级配超径、逊径带来的不足。

根据尼尔基水利枢纽工程浇筑式沥青混凝土场外试验成果及施工经验看，浇筑式沥青混凝土防渗墙，在低负温环境下施工，是可以保证工程质量的。这为我国又增添了一项新的土石坝沥青混凝土防渗墙的结构型式，标志着浇筑式沥青混凝土可以作为一项成熟的施工技术在大型、中型、小型水利水电工程土石坝沥青混凝土防渗墙工程中推广应用。

10.3.6　低温、雨季施工

（1）低温施工措施。碾压式沥青混凝土施工受气候影响较大，根据本工程的施工特点，在环境气温不低于 0℃时，采取下列措施。

1）沥青混合料的出机口温度采用技术条款规定的上限值。

2）沥青混合料的储运设备和摊铺机等加保温设施，保证沥青混合料在运输过程中做到全封闭。

3）沥青混合料水平运输采用保温自卸汽车，垂直运输采用改装的带保温料斗的 ZL50 型装载机，将沥青混合料卸入摊铺机保温料斗（人工摊铺段装载机直接举料卸入仓内）。

4）加强施工组织管理，使各工序紧密衔接，做到及时拌和、运输、摊铺、碾压，特别是尽量缩短碾压作业时间，每一车沥青混合料运输、摊铺碾压全过程控制在 30min 内完成。

5）尽量缩短每一碾压段（按 15m 一个碾压单元），摊铺后及时碾压完，必要时可才用两台振动碾串联碾压，提高碾压速度，缩短碾压时间。

6）加强层面加热，保证层面加热温度达到 70℃ 以上。

7）铺筑现场准备红外线加热器等其他功率较大的加热设备。

（2）沥青混凝土雨季施工。气象预报有连续强降雨时不安排施工；有短时雷阵雨时，遇雨及时停工，雨停立即复工。日降雨量小于 5mm 正常施工，雨季施工采取下列措施。

1）当有大到暴雨及短时雷阵雨预报及征候时，做好停工准备，停止沥青混合料的制备。

2）沥青混合料拌和、储存、运输全过程采用全封闭覆盖方式。

3）沥青混合料及过渡料的铺筑，做到碾压密实后心墙高于两侧过渡料 1～2cm，呈拱形层面以利排水。

4）缩小碾压段，摊铺后尽快碾压密实（每 15m 为一碾压段）。

5）两侧岸坡设置挡水埝，防止雨水流向心墙部位。

6）雨后复工，采用高压风冲洗仓面积水，再用红外线加热器或其他设备加热，加速层面干燥，尽快恢复生产。

7）未经压实而受雨浸水的沥青混合料，应全部铲除。

10.3.7　沥青混凝土施工质量控制与检测

沥青混凝土施工质量控制可分为三个过程：原材料质量控制、沥青混合料拌和质量控制等施工质量检测。

（1）原材料质量控制。沥青混合料所用原材料有沥青、粗细骨料、填充料，施工首先必须做好原材料的质量控制。

1）沥青质量控制。沥青主要进行针入度、软化点、延度三项指标的检测，其他指标必要时进行抽查。每 30～50t 为一取样单位，从 5 个不同部位提取，混合均匀后作为样品检验。每批沥青至少抽取一个样品检验。

拌和楼正常生产情况下，每天从沥青恒温罐取样 1 次，进行针入度、软化点及延度等试验，同时对恒温罐的沥青温度随时检测，保证沥青加热温度控制在规定范围内。

2）骨料的质量控制。骨料质量主要通过原料破碎筛分后经各项物理性试验检测来控制，给拌和系统提供满足级配要求的骨料。主要从热料仓中取样进行级配、超径、逊径含量的检测试验，每 100～200m³ 为一取样单位，且每天不少于 1 次。必要时进行其他项目的技术指标抽样检验。同时监测热料斗中骨料温度，严格控制温度在规定范围内。

3）填充料质量控制。矿粉质量主要通过进货验收检查时进行抽样检验控制。矿粉运到工地后，为妥善保管，防止雨水浸湿，采用专用矿粉罐和仓库。填充料主要进行级配和含水量的检测试验，每批或每 10t 取样验收 1 次，检验合格后才能使用。

（2）沥青混合料拌和质量控制。

1）拌和楼生产按当天签发的沥青混凝土配料通知单进行拌料，配料通知单的依据是：原材料仓的矿料级配、超径、逊径、含水量等指标；二次筛分后热料仓矿料的级配、超径、逊径试验指标；前一单元沥青混合料的抽提试验成果。

2）沥青混合料拌和质量严格按试验确定，按监理工程师批准的配料单生产，称量设备定期校验，配料误差控制在规范规定的范围内。拌和好的沥青混合料取样进行抽提配合比和马歇尔击实试件的各项试验，随时观察外观，保证其色泽均匀，稀稠一致，无花白料，无冒黄烟等异常现象，同时要抽查出机口的温度，使之控制在规定范围内。

（3）沥青混合料铺筑现场质量控制。沥青混合料在铺筑过程中对温度、厚度、宽度、摊铺碾压及外观进行检查控制，在施工过程中，设置质量控制点，严格控制管理。

1）摊铺心墙沥青混合料前，检查立模的中心线和尺寸。模板中心线与心墙轴线的偏差应不超过 10mm。碾压后，沥青混凝土心墙的厚度不小于设计厚度。

2）每层沥青混合料铺筑前，对层面进行清理，用红外线加热器对层面进行加热，温度控制在 70～90℃。

3）心墙铺料碾压后，墙温度降至常温后，用核子密度仪对心墙进行容重、孔隙率、渗透系数无损检验，每隔 10～30m 为一取样单位。

4）沥青混凝土心墙每升高 2～4m，沿心墙轴线方向每 50m 设一个取样断面，用钻机钻取芯样，进行孔隙率、渗透系数和三轴剪切等试验，钻取芯样的长度根据试验项目而定。

5）温度控制。设专人严格对摊铺温度、初碾温度、终碾温度检查控制，掌握适宜的碾压时间。

6）厚度控制。由于碾压式沥青混凝土摊铺时，摊铺机行走履带位于沥青混凝土心墙两侧压实后的过渡料上，因此施工过程中为保证摊铺厚度的均匀性，过渡料摊铺采用人工辅助扒平，确保底层的平整，保证铺筑后的心墙略高于两侧过渡料。为了保证心墙厚度，摊铺机摊铺沥青混合料的速度必须控制均匀。

7）宽度控制。碾压式沥青混凝土施工前测量定出心墙轴线并用金属丝标识，摊铺机行走时，机器前面的摄像机可使操作者在驾驶室里通过监视器驾驶摊铺机精确地跟随细丝前进，保持与心墙轴线重合，从而保证心轴线上游侧、下游侧宽度满足设计要求。

8）碾压控制。振动碾碾压前人工对碾轮清理干净，碾压温度、遍数、方式、速度严格控制，振动碾行走过程中匀速行走，做到不突然刹车或横跨心墙。

9）外观检查。沥青混凝土心墙铺筑时，对每一铺层随时进行外观检查。

（4）施工质量检测。尼尔基水利枢纽主坝碾压式沥青混凝土混合料抽提检测结果见表10-17。尼尔基水利枢纽主坝碾压式沥青混凝土混合料马歇尔稳定度及流值检测结果见表10-18。尼尔基水利枢纽主坝碾压式沥青混凝土防渗心墙无损检测和芯样检测结果见表10-19。

表 10-17　　尼尔基水利枢纽主坝碾压式沥青混凝土混合料抽提检测结果表

项目名称	沥青含量 /%	各级骨料用量/%					矿粉用量 /%
		骨料粒径范围/mm					
		20～15	15～10	10～5	5～2.5	2.5～0.074	
技术要求	6.6±0.5	11±5	15±5	19±5	18±5	25±5	12±1
检查次数	243	243	243	243	243	243	243

项目名称	沥青含量/%	各级骨料用量/%					矿粉用量/%
		骨料粒径范围/mm					
		20～15	15～10	10～5	5～2.5	2.5～0.074	
合格次数	222	233	240	240	242	241	173
合格率/%	91.0	95.9	98.8	98.8	99.6	99.2	71.2
平均值	6.6	9.6	15.0	19.0	17.9	25.3	12.3
均方差	0.20	2.31	2.25	1.95	1.73	1.84	0.95
离差系数	0.03	0.24	0.15	0.10	0.10	0.07	0.08

表 10-18   尼尔基水利枢纽主坝碾压式沥青混凝土混合料

马歇尔稳定度及流值检测结果表

项目名称	混合料密度/(g/m³)	表观密度/(g/m³)	孔隙率/%	稳定度/kN	流值/(1/100cm)
技术要求		＞2.39	＜2	＞5	30～110
检查次数	321	321	321	321	321
合格率/%		100	100	100	100
平均值	2.465	2.440	0.99	6.81	69.98
均方差	0.01	0	0.34	0.87	12.48
离差系数	0	0	0.34	0.13	0.18

表 10-19   尼尔基水利枢纽主坝碾压式沥青混凝土防渗心墙

无损检测和芯样检测结果表

检测对象		检测项目	技术要求	检测次数/组	最大值	最小值	合格次数	合格率/%	备注
压实后沥青混凝土心墙	无损检测	表观密度/(g/m³)	＞2.39	149层9404点	2.481	2.396	9404点	100	重要质量项目
		孔隙率/%	＜3		2.99	0.41	9404点	100	
		渗透系数/(cm/s)	＜1×10⁻⁷	127层2270点	＜1×10	＜1×10⁻⁷	2270点	100	
	钻取芯样	视密度/(g/m³)	＞2.39	21层423点	2.439	2.377	412	97.4	重要质量项目
		孔隙率/%	＜3		2.99	0.41	423	100	
		渗透系数/(cm/s)	＜1×10⁻⁷	20层	＜1×10⁻⁷	不渗水	20	100	

表 10-17、表 10-18 检测结果表明，尼尔基水利枢纽主坝碾压式沥青混凝土防渗心墙沥青混凝土混合料制备精度较高，控制优良。表 10-19 检测结果表明防渗心墙沥青混凝土孔隙率为 100% 满足设计要求，施工质量良好。部分芯样表观密度低于设计要求，主要是受沥青含量波动的影响。

10.4　冶勒水电站堆石坝碾压式沥青混凝土心墙施工

10.4.1　工程概况

冶勒水电站位于四川省西部高原大渡河中游右岸的Ⅰ级支流南桠河上游，凉山州冕宁县和雅安市石棉县境内。枢纽工程由首部枢纽、引水系统和地下厂房三大部分组成。首部枢纽拦河大坝采用沥青混凝土心墙堆石坝，坝顶高程2654.50m，最大坝高124.5m，坝顶宽度14m，坝顶长710m。冶勒水电站枢纽工程为Ⅱ等大（2）型工程，拦河大坝为1级建筑物。

冶勒水电站堆石坝防渗系统由碾压式沥青混凝土心墙、混凝土基座、混凝土防渗墙系统组成，其沥青混凝土心墙堆石坝坝体剖面见图10-4。

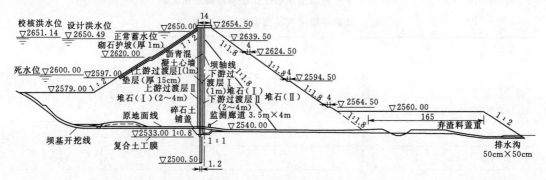

图10-4　冶勒水电站沥青混凝土心墙堆石坝坝体剖面图（单位：m）

拦河大坝沥青混凝土防渗心墙位于坝轴线上游3.7m、高程在2533.00～2653.00m之间，墙体净高120.0m，心墙顶长411m。心墙为梯形结构，顶宽0.6m，向下逐渐加厚，最大底部厚度为1.2m。心墙底部与常态钢筋混凝土基座相接。心墙两侧各设Ⅰ区、Ⅱ区过渡料区。Ⅰ区宽1m，紧贴沥青心墙，随沥青混凝土心墙墙体一次摊铺成型；临近Ⅰ区的为Ⅱ区过渡料区，宽3～5m，心墙料和Ⅰ区过渡料分层施工完毕后填筑。

冶勒水电站碾压式沥青混凝土堆石坝地处高程2560.00m的地区，坝区附近的年平均气温为6.5℃，极端最低气温为－19.5℃，极端最高气温为27.5℃，最低月平均气温为－2.0℃。全年无夏季，冬季长达6～7个月。年平均降雨量为1872mm，年降雨天数近215d，最大风速为10m/s，5—10月为雨季，全年适合沥青混凝土施工有效天数为189d左右，折算年施工天数为162d。冶勒水电站坝区折算沥青混凝土心墙实际施工天数统计见表10-20。

表10-20　　冶勒水电站坝区折算沥青混凝土心墙实际施工天数统计表

项目 \ 月份	1	2	3	4	5	6	7	8	9	10	11	12	全年
平均气温/℃	－2	－0.5	－3	－6.9	9.7	12.9	14.6	13.9	10.9	6.7	3.2	－0.2	6.5
降雨量/mm	36.7	69.1	72.8	122.4	184.4	296.9	252.4	260.2	324.5	176.5	49.2	31.9	1872.8

项目＼月份	1	2	3	4	5	6	7	8	9	10	11	12	全年
降雨天数/d	10.6	13.5	15.6	21.8	24.8	24.8	24.8	23.5	24.8	24.6	15.2	7.8	229.8
极端最低气温/℃	−20	−12	−2.5	−6.0	−4.0	−1.2	3.0	1.5	0.4	−3.0	−9.2	−19.5	
纯施工天数/d	7	9	19	17	14	12	12	12	12	18	20	10	162

冶勒水电站碾压沥青混凝土心墙堆石坝沥青混凝土 3.11 万 m^3，过渡料填筑 18 万 m^3。冶勒水电站于 2001 年 1 月 1 日开工，2003 年 11 月开始进行堆石坝沥青混凝土心墙防渗体施工，2005 年 11 月完工。

10.4.2 沥青混凝土配合比设计

（1）原材料选择。冶勒水电站堆石坝碾压式沥青混凝土心墙原材料包括沥青材料、骨料、填料。

1）沥青采用新疆克拉玛依石化总公司生产的 70 号水工沥青。

2）骨料采用天然的石英闪长岩矿料，在骨料加工系统生产。粗骨料为 20～10mm、10～5mm、5～2.5mm。细骨料为人工砂 2.5～0.075mm。细骨料采用 70％人工砂，30％的天然砂。

3）小于 0.075mm 的填料使用当地绵阳县水泥厂生产的纯石灰岩粉。

（2）施工配合比。经过室内试验和现场摊铺试验，按照矿料级配指数 $r=0.38$，其沥青混凝土心墙配合比见表 10-21；其沥青玛琋脂参考配合比见表 10-22。

表 10-21　　　　冶勒水电站堆石坝碾压式沥青混凝土心墙配合比表

矿料级配指数	沥青用量/%	矿料比例/%					
		20～10mm	10～5mm	5～2.5mm	2.5～0.075mm		<0.075mm
					天然砂	人工砂	填料
0.38	6.7	22.8	17.6	13.5	9.9	23.1	13

表 10-22　　　　冶勒水电站堆石坝沥青玛琋脂参考配合比表

材料	沥青	矿粉	天然砂
重量百分比/%	1	2	1

10.4.3 沥青混合料的制备

（1）骨料加工。冶勒水电站堆石坝碾压式沥青混凝土骨料包括粗骨料、细骨料。由料场开采坚硬干净的石英闪长岩矿料运到骨料加工系统，进行中碎、细碎、筛分，粗骨料粒径为分为 20～10mm、10～5mm、5～2.5mm。细骨料为人工砂 2.5～0.075mm。

根据现场矿料开采情况和施工要求，现场布置的骨料加工系统由中碎、细碎、筛分、胶带输送机、净料场、毛料场组成。

中碎采用功率为 155kW 的强力反击破碎机，设计生产能力为 187t/h；细碎采用功率为 90kW 的立式复合破碎机,设计生产能力为 45～70t/h。骨料筛分能力为 200t/h,净料场、毛料场的储存量能够满足高峰期 7d 的生产需求量。储存量均为 1200m³。

(2) 沥青混合料的拌和。沥青混合料制备系统选用 NF-1300 型拌和楼。其附属设备包括中央控制室、矿料和矿粉给料设备、矿料加热器、热骨料筛分机和储料仓、自动称量系统、沥青脱桶及加热保温设备、文丘里除尘器、沥青混凝土成品料储存罐。

NF-1300 型拌和楼的骨料配料系统采用 4 个容量为 9m³ 的干燥筒,干燥能力为 100t/h,最大耗油量为 840L/h;筛分机分为 4 层,振幅 9mm,外形尺寸为 3700mm×1550mm×1900mm;热料仓分 4 个间隔仓,总容量为 30t。骨料采用累计计量方式,精度为 ±5%,容量为 1300kg,沥青量斗的容量为 150kg,精度为 ±0.3%。矿粉料斗容量为 150kg,精度为 ±0.5%。搅拌器采用强制搅拌方式,搅拌能力为 1000～1300kg/(批次),电动机功率为 45kW。

为确保沥青混合料的生产能力满足施工强度要求,减小骨料的含水量,在沥青混合料拌和场修建了骨料半成品料仓和矿粉仓库,并对骨料半成品料仓搭建了防雨篷。对拌和楼也设置了防雨和保温措施,在各种皮带运输机、混合料运输小车的轨道上方,混合料成品料罐和拌和机主楼等部位搭建不锈钢瓦防雨篷。储料仓、搅拌机、混合料运输小车均设置了保温夹层。对拌和楼改造后,经多次试验和总结,拌和楼的实际生产能力达到 50t/h,满足冶勒水电站工程 45t/h 的施工强度需求。同时在生产过程中,经不断总结,将每盘料拌制过程分为干拌和湿拌两个过程。干拌是指经烘干筒烘干的热骨料与冷矿粉的搅拌;湿拌是指加入沥青后的搅拌。经过多次试验,确定拌和楼的干拌时间为 15s,湿拌时间为 45s,并且在每日生产前和生产后,对拌和楼进行预热和洗楼。预热是将热骨料在拌和楼中进行搅拌,使烘干筒、储料仓、称料仓和拌和机温度达到设计要求温度,以便在生产过程中保持温度稳定,减少废料生产率,预热时间需要 30min。

(3) 沥青混合料和过渡料运输。

1) 沥青混合料运输。沥青混凝土混合料采用 5t 自卸车,将运输到施工部位卸入装载机中,再由装载机将沥青混合料卸入摊铺机沥青混合料料斗内。自卸车四周及箱底都设置有保温材料,并增设防雨盖,防雨盖利用自卸车的液压系统可以自动关闭和开启。装载机为 5t 改装保温罐车。

2) 过渡料运输。过渡料在骨料加工系统堆料场,用装载机装车,采用 15t 自卸汽车运到摊铺部位。摊铺机控制范围内采用反铲转料至摊铺机料斗内。

10.4.4 碾压式沥青混凝土心墙施工

由于冶勒水电站工程地处高寒多雨的自然环境,全年适合沥青混凝土施工有效天数为 189d 左右,折算年施工天数为 162d,严重制约着沥青混凝土防渗心墙的施工进度。为充分利用坝区每年很短的适应沥青混凝土碾压施工的有效时间,以及增加每年沥青混凝土的施工天数,加快施工进度,施工单位研究出了适合高寒多雨地区碾压式沥青混凝土施工方案,并在工程中使用,加快了施工进度,质量完全符合设计指标要求,取得了很好的效果。

高寒多雨地区碾压式沥青混凝土施工方案主要内容是:提高沥青混凝土摊铺层厚,将摊铺层厚由 20cm 提高到 30cm。降低沥青混凝土施工时的环境温度,即在 -6～0℃ 的环境温度下进行沥青混凝土铺筑施工。碾压沥青混凝土日连续铺筑施工2～3层。

（1）施工设备。冶勒水电站堆石坝碾压式沥青混凝土铺筑施工主要机械设备见表10-23。

表 10-23　　　　冶勒水电站堆石坝碾压式沥青混凝土铺筑施工主要机械设备表

序号	设备名称	型号	单位	数量	备注
1	沥青混凝土拌和设备	NF-1300	套	1	道路使用100t/h，工程应用50t/h
2	摊铺机	LXT-30/20	台	1	将德国 DEMAG-DF135C 摊铺机改制，生产能力45t/h
3	振动碾	BW-90AD-2	台	2	1.5t，心墙碾压
		BW120AD-3	台	2	2.5t，过渡料碾压
4	装载机	ZL50	台	2	1台负责过渡料装车；另1台负责摊铺机料斗装料
		ZL50	台	1	转运沥青混合料
5	自卸汽车	5t	辆	4	沥青混凝土运输
6	自卸汽车	15t	辆	10	过渡料运输
7	反铲		台	1	Ⅱ区过渡料摊铺

（2）沥青混凝土铺筑工艺流程。冶勒水电站堆石坝碾压式沥青混凝土铺筑施工，分为机械和人工两大作业区。两者铺筑工艺基本相同，只是机械摊铺采用的是滑动模板，而人工摊铺需要增加模板支撑、校验及模板撤除等工序。沥青混凝土铺筑工艺流程流程如下：测量放线→固定心墙钢丝中心线→摊铺机摊铺心墙沥青混凝土及两侧的Ⅰ区过渡料→初碾Ⅰ区过渡料→摊铺的心墙沥青混凝土温度降到160～165℃时碾压→Ⅰ区过渡料碾压→Ⅱ区过渡料铺筑。

（3）层厚30cm铺筑施工。

1）拌和好的沥青混合料由5t保温车将沥青混合料运输到施工部位卸到装载机保温罐内，装载机保温罐的沥青混合料卸到摊铺机料斗内。同时，由装载机在骨料加工系统备料场内装料，自卸汽车运到填筑部位存放，现场装载机或反铲将所存放的过渡料装到摊铺机过渡料的料斗内。

2）摊铺机同时将沥青混合料摊铺到心墙模板内和过渡料摊铺到心墙两侧Ⅰ区范围内。摊铺机作业时必须保证其前部的远红外线加热器正常工作，作业时的行走速度保持在2m/min左右。

3）用一台1.5t的BW90AD-3振动碾碾压沥青混合料，两台2.5t的BW120AD-3振动碾碾压两侧Ⅰ区过渡料。

4）沥青混合料出机口温度在165～175℃之间，沥青混合料摊铺温度为160～170℃，初碾温度在150～160℃之间，混凝土内的温度下降到135～145℃时终碾。

5）碾压顺序为：无振碾压过渡料1遍→无振碾压沥青混合料2遍→振动碾压过渡料4遍→振动碾压沥青混合料8遍→振动碾压过渡料4遍。振动碾压行走速度为25～30m/min，最后用1.5t振动碾在沥青心墙无振碾压1遍收光，过渡料用2.7t振动碾无振碾压1遍，压平过渡料与心墙接触部位。

（4）日连续铺筑层2～3层的施工。进行日连续2～3层的铺筑施工技术和工艺与单层沥青混凝土铺筑相同，所不同的是基础层面的温度。

连续铺筑时，基础面下1～2cm的温度必须在70～90℃之间，才能保证沥青混凝土的施工质量。沥青混合料终碾遍数控制在12～13遍之间，保证软基础上的沥青混合料被碾压密实。

冶勒水电站大坝沥青混凝土心墙2003年11月22日从高程2533.00m开始进行施工，沥青混合料摊铺层厚30cm，沥青混凝土日铺筑2层于2004年1月6日开始在大坝防渗心墙施工中实施，截至2005年10月3日，冶勒水电站大坝心墙碾压沥青混凝土已铺筑435层，大坝心墙表面从高程2533.00m上升到2641.55m，日连续铺筑施工的有381层。

冶勒水电站大坝心墙碾压沥青混凝土铺筑的435层，用同位素核子密度仪和渗气计对已铺筑的各层沥青混凝土进行无损检测，以监测沥青混凝土质量的稳定性。碾压沥青混凝土的密度大于2.37g/cm³、孔隙率小于3.0%、渗透系数为$1×10^{-9}$，无损检测与钻孔取芯试验结果相符，对其中的48层进行钻孔取芯样，获得的芯样经过室内试验，其密度、孔隙率和渗透系数均符合设计要求。

（5）雨季施工。雨季沥青混凝土施工中运输汽车采取防雨措施，防止雨水进入保温车厢。

1）在保温车接料口四周加设止扣和活动盖板，防止雨水从接料口进入车厢；在后墙板上部压装柔性橡胶条，防止雨水从墙板接缝进入车厢。在汽车上加装卸料防雨措施，防止卸料时车厢外体雨水倾入垂直运输车料斗。施工现场配置心墙防雨篷车、防雨布，以备铺筑中遇雨时使用。

2）垂直运输车料斗设活动盖板，盖板大于料斗口，防止受料时雨水进入料斗。在摊铺机受料斗上面加装活动防雨篷布，防止受料时雨水进入料斗。

3）心墙层面清理与层面加温采取综合防雨措施，即在摊铺机前面设置一组6m×3.5m×3m的移动式组装防雨篷车。若摊铺过程中遇雨，雨量为在机械表面不形成流水的情况下，将篷车连接在摊铺机前面，随摊铺机一起前行，人工在防雨篷车里面将层面积水清除掉，并用加热器将水渍烘干并将层面加热至70℃左右。篷车行走至心墙放大段时，将篷车与摊铺机间的连接器解开，摊铺机继续向前摊铺2～3m。在基座左右岸坡上贴防雨布，基座流水顺防雨布流至水平段后，再分流到上下游过渡料中，确保雨水不流至心墙作业层面上。

4）摊铺后的沥青混合料，随即覆盖防雨帆布，必要时在防雨帆布上对沥青混合料进行碾压。

（6）低温季节施工技术。影响施工质量的主要因素有现场气温情况、风速、雨雪等。为此，针对施工的工艺流程各施工工序，采取了相应的措施，确保低温季节沥青混凝土心墙的施工质量。

1）沥青混合料拌制中骨料的加热温度至180～195℃的上限值，确保沥青混合料的出机口温度在规定的上限175℃左右，低于150℃的混合料作为废料处理。

2）成品储料罐的外层加设保温层，使混合料在成品储料罐储存的过程中尽量减小温

318

度损失。罐内设置管式红外线加热器，适当补偿混合料的温度损失，同时尽量减少存放时间，避免成品沥青混合料的温度损失。

3）沥青混合料的储运设备和摊铺机料斗等均加设保温设施，沥青混合料入仓温度控制在不低于 160℃。在运输过程中保证沥青混合料尽量全封闭，减少其与环境冷空气进行接触，以降低沥青混合料的温度损失。

4）严格控制心墙沥青混凝土铺筑作业的环境温度，在气温 0℃ 以上（极端铺筑作业的环境温度在 -4℃ 以上）、风速 3 级以下的条件下可以进行施工作业。适当提高沥青混合料初碾温度，初碾温度为 155～165℃，及时对摊铺的沥青混合料进行封闭，确保层面碾压密实。

5）低温期心墙沥青混凝土铺筑作业时，必须保证摊铺机前部的远红外线加热器正常工作，将已铺筑的沥青混凝土层面加热到 70℃ 左右；减少摊铺的混合料在基础沥青混凝土接触面的温度损失，确保底部混合料被碾压密实。摊铺过程中及时检测沥青混合料的入仓温度，入仓后每隔 5～10min 检测 1 次温度，以便指挥振动碾适时进行碾压。

6）施工作业时配备防雨帆布，若施工过程中遇下雪，立即在摊铺好的沥青混合料上覆盖帆布，尽量减慢沥青混合料的温降速度，保证碾压过程中混合料温度保持在 140℃ 以上。

7）冶勒地区冬季昼夜温差大，在气温较低和铺筑后下雪时，在心墙上铺盖帆布进行心墙的保温；心墙停止施工时间较长时，则采用帆布将心墙及其两侧过渡料区全部铺盖，然后再在其上铺填厚 20～30cm 的砂或土，以此来进行心墙的保温，复工之前再清除覆盖的砂土。随即进行日连续 2 层铺筑施工，施工质量符合设计的要求。

10.4.5 施工质量控制

（1）原材料质量控制。

1）沥青混凝土原材料进场时，由厂家提供沥青出厂质量检验单，进场后施工单位立即向监理单位申报并组织实施沥青质量抽检。发现不合格的沥青立即清除出场地。将不同批号的沥青分别存放，防止混杂；并采取一定的防火措施。沥青桶在熔化前，仔细清理熔化器、沥青桶的水分，以免沥青溢锅，损坏融化设备，沥青在热料罐的存放时间不大于 48h。

2）矿粉储藏在具有防雨防潮功能的矿粉仓库中，每 50t 抽检 1 次矿粉细度和含水量指标。

3）骨料采用两次筛分，初筛骨料分级存放在各具备防雨措施的骨料仓中，每周检测 1 次级配和含水量，检验初筛和防雨防潮性能；骨料经烘干桶加热后进行二次筛分，二次筛分后的骨料存放在热料仓中，热料仓骨料每施工日抽检 1 次温度和超径、逊径，检验温度控制和调整配料单参数。

（2）沥青混凝土制备质量控制。

1）配料单的签发。沥青混凝土拌和楼在每日开机前，由试验室根据各热料仓级配抽检结果，提交配料单，并经监理工程师审核后签字后生效，且有效期只有 1d。

2）制备程序的控制。由于沥青混凝土制备控制由计算机设定，投料顺序、搅拌时间等各项参数是前期试验工作调试的结果，未经监理工程师同意任何人不得随意改变程序。

3）成品料质量控制。沥青混合料在制备过程中随时进行抽检，出机口温度控制在160～175℃之间。出机口的混合料达到色泽均匀，稀稠一致，无白花料、黄烟及其他异常现象的技术要求。

4）成果提交及抽检。拌和楼沥青混合料的配制称量精度和沥青、粗骨料、细骨料的加热温度与混合料的出机口温度控制在设计允许的范围内。拌和楼中央控制室向监理工程师提供当天每罐沥青混合料打印成果，当拌和楼监理工程师认为需要时，还提供当时的拌和楼生产状况记录。

（3）沥青混凝土铺筑质量控制。

1）施工准备与验收。水泥混凝土基础面采用冲毛或人工凿毛处理，清理后的混凝土表面达到干净、干燥要求。冷底子油配合比例符合设计要求，喷涂均匀。沥青玛琋脂是在冷底子油完全干燥后摊铺，摊铺厚度符合设计要求，无鼓泡、无流淌，表面平整光滑。

2）测量放线与立模。在沥青混凝土心墙摊铺前，沿坝轴线方向每隔10m放样一个控制点，人工摊铺时有明确的中心线标志，控制点之间所用模板牢固、不变形、拼接严密。机械摊铺时中心线由固定的金属丝定位。

3）全面控制沥青混凝土摊铺与碾压。沥青混凝土铺筑前基面必须清洁干燥，并用红外线加热器将表面加热到70℃，且无烤焦现象。沥青混凝土心墙的铺筑应尽量减少横向接缝。当必须有横向接缝时，其结合坡度应处理为1∶3，上下层的横缝应相互错开，错距大于2m，横向接缝应按有关规定处理。

（4）冬季施工质量控制。冬季施工混合料入仓温度控制在165～175℃之间，碾压温度控制在150～160℃之间，气温低于0℃或风速较大时，现场停止施工。冬季沥青心墙铺筑采用分段碾压，摊铺机在正常铺筑条件下，每10～15m为一碾压段。若其他机具有故障，应随时碾压。沥青混合料在拌和楼的保温料罐中保存时间不大于6h，在运输车转运过程历时不超过30min。

（5）雨季施工质量控制。雨季施工的要点不是如何在雨天施工，首先是如何在大雨来临之前，迅速将运输车及摊铺机中的沥青混合料保质保量铺筑好，减少弃料；其次是大雨过后如何迅速恢复生产。冶勒水电站大坝沥青混凝土雨季施工具体措施如下。

1）运输车、装载机、摊铺机均有防雨盖或防雨篷，确保没有雨水进入混合料。

2）下雨天不开工，在施工过程中遇小于5mm雨应立即用防雨布遮盖，要求摊铺机前3m范围内无水珠、仓面干燥，对摊铺后的混合料应用帆布覆盖，混合料在帆布上进行碾压。

3）在施工过程中如突遇雷雨应立即停止铺筑；遇小雨当机械表面或防雨布表面有水珠流动应立即停工，并立即对摊铺机装载机以及新仓面进行防雨遮盖，雨停后经监理工程师验收后方可继续施工。

4）阵雨过后对有雨水污染仓面的处理，要备足棉纱、喷灯，仓面水珠一定要清理干净，必要时用喷灯烤干。机械摊铺时专用摊铺机在阵雨过后必须退后，检查摊铺机下面的仓面是否积水。未碾压的沥青混合料如果被雨淋必须清除。

10.4.6　施工质量检测

沥青混凝土心墙碾压完毕后，进行了质量检测，以便决定是否进行下一单元的施工。检测内容主要有现场无损检测、现场取芯样检测和室内沥青混合料抽提等。检测指标主要是沥青混凝土表观密度（不小于24kN/m³）、孔隙率（≤3％）、渗透系数（≤1×10⁻⁷cm/s）、配合比误差及设计要求的其他指标。

冶勒水电站堆石坝沥青混凝土心墙共铺筑481层，其施工性能检测结果见表10-24。从检测结果可以看出沥青混凝土技术指标满足设计要求。

表 10-24　　　　　　　　　　　　沥青混凝土施工性能检测结果表

序号	项 目 名 称	技术要求	检测次数	测值范围
1	密度/(g/m³)	＞2.37	5210	2.473～2.548
2	孔隙率/％	≤3.0	5210	1.19～3
3	渗透系数/(cm/s)	≤1×10⁻⁷	1582	0.08～3.69
4	马歇尔稳定度（42℃）/N	＞5000	345	8.9～15.8
5	马歇尔流值/(0.1mm)	＞50	345	8.3～133
6	水稳定系数	＞0.85	18	1.02～1.1
7	小梁弯曲（6.5℃）/％	＞1.0	19	1.54～6.03
8	模量数 K（6.5℃）	400～500	10	406～769
9	内摩擦角 φ（6.5℃）/(°)	≥27	10	30.5～34

（1）密度检测。沥青混合料密度检测采用密度瓶法，由于其测试精度较高，解决了理论计算密度的各种弊病。

（2）抽提试验检测。采用离心式抽提试验仪，将沥青混合料用三氯乙烯（或四氯化碳）重新溶解，测试各成分及各级配含量，用来检验拌和楼的配料精度。要求每施工日抽检1组。

（3）容重与孔隙率的无损检测。对于铺筑好的沥青混凝土心墙，无损检测是检验质量的主要手段，要求每层进行检测。核子密度仪利用射线散射及反射技术，能迅速测定沥青混凝土的容重。为了验证核子密度仪测值与芯样测值之间的关系，冶勒水电站工程利用在场外试验期间以及大坝施工初期，进行了大量的率定工作。

（4）钻芯取样检测。对于在无损检测过程中的不合格部位以及出现异常工况部位，要求及时取样检测。正常施工条件下，大坝每升高4m，取芯样3个，检测容重、孔隙率。大坝每升高12m，取芯样12～15个，检测容重、孔隙率、渗透系数及各项力学指标。

10.5　西龙池抽水蓄能电站上水库沥青混凝土面板施工

10.5.1　工程概况

西龙池抽水蓄能电站位于山西省忻州市五台县境内，整个枢纽由上水库、输水系统、地下厂房系统、下水库、地面开关站等建筑物组成。工程等级为Ⅰ等。其中上水库位于滹沱河西河村河段左岸峰顶的西龙池村。通过挖填形成库盆，采用沥青混凝土全库防渗，主要工程建筑物包括一座主坝和两座副坝，主坝、副坝坝型为沥青混凝土面板堆石坝。库底高程为

1460.00m，坝顶高程为1494.50m，库坡及坝体上游坡均为1:2，坝下游坡为1:1.7，主坝最大坝高50.85m，坝顶场地为401m。1号副坝最大坝高为15m，坝顶长221m，2号副坝最大坝高为18m，坝顶长136m。上水库库顶周长为1694m。西龙池抽水蓄能电站上水库平面布置见图10-5。

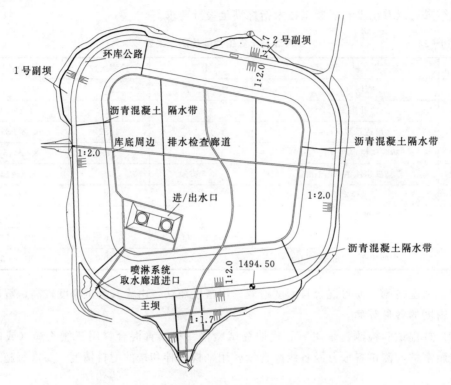

图10-5　西龙池抽水蓄能电站上水库平面布置图

西龙池抽水蓄能电站上水库全库采用碾压式沥青混凝土面板防渗，面板为简式断面结构，面板分库底和库岸两类。其中库底结构从上往下依次厚为2mm沥青玛琋脂封闭层、厚10cm普通沥青混凝土防渗层、厚10cm开级配沥青混凝土整平胶结层、碎石垫层。库岸结构从上到下依次厚为2mm改性沥青玛琋脂封闭层、厚10cm改性沥青混凝土防渗层、厚10cm开级配沥青混凝土整平胶结层、碎石垫层。上水库总防渗面积22.46万m²。沥青混凝土总方量为4.6万m³。

上水库位于严寒地区，气候条件恶劣，冬季漫长，极端最低气温为−34.6℃。

西龙池抽水蓄能电站上水库沥青混凝土面板于2006年5月正式摊铺，2006年12月完工，历时约7.5个月。

10.5.2　原材料和配合比

（1）原材料选用。西龙池抽水蓄能电站上水库沥青混凝土面板所用原材料有沥青、骨料、矿粉、添加材料等。

1）沥青。库底普通沥青混凝土部位采用辽河石化欢喜岭B-90沥青。库岸改性沥青混凝土部位，采用辽河石化欢喜岭B-90沥青掺加SBS添合料改性。由承包人提供配方，在北京路新大成景观公司进行掺配。

2）骨料。粗骨料采用下水库承包人提供的 20～40mm 灰岩半成品骨料破碎加工，分为 19～16mm、16～9.5mm、9.5～4.75mm 和 4.75～2.35mm 四级。细骨料采用天然砂和人工砂掺配，进行级配调整。

3）矿粉。矿粉由水泥厂采购，聚酯网格由业主采购。

4）添加材料。沥青混凝土中采用了木质素纤维和矿物纤维等添加材料，木质素纤维采用 KTL 垦特莱牌木质素纤维。

（2）施工配合比。经过室内试验和现场铺筑试验，确定碾压式沥青混凝土面板整平胶结层、防渗层施工配合比（见表 10-25），塑性沥青玛琋脂及沥青砂浆施工配合比见表 10-26，封闭层沥青玛琋脂施工配合比见表 10-27。

表 10-25　　　　　　整平胶结层、防渗层施工配合比表　　　　　　%

配合比类型	部位	骨料级配/mm					矿粉	沥青
		19～16	16～9.5	9.5～4.75	4.75～2.35	2.35～0		
防渗层	库底	8.3	9.3	11.1	21.3	34.6	7.9	7.5
	斜坡	8.3	9.3	10.2	13.9	43.9	6.9	7.5
整平层	库底	11.5	27.8	29.8	10.6	14.4	1.9	4.0
	斜坡	15.4	28.6	26.9	11.2	11.5	2.4	4.0

表 10-26　　　　　　塑性沥青玛琋脂及沥青砂浆施工配合比表

项　　目	配合比/%			
	细骨料	矿粉	辽河 B-90 沥青	植物纤维
塑性沥青玛琋脂	—	68	30	2
沥青砂浆	60	15	25	—

表 10-27　　　　　　封闭层沥青玛琋脂施工配合比表

部位	矿粉含量/%	沥青		矿物纤维含量/%
		品种	含量/%	
库底	62	B-90	30	8
斜坡	62（初期63）	改性沥青	30	8（初期7）

10.5.3　沥青混合料的制备

上水库沥青混合料生产采用 2 台由辽阳筑路机械有限公司制造的轴反转式拌和楼，型号分别为 LJDW-2000 型和 LJDW-3000 型。

沥青采用导热油加热，通过双层保温管道输送进拌和楼沥青储料罐。骨料初配通过调节 6 种成品骨料配料斗出料口张开度及给料机转速控制，加热、干燥后的骨料在拌和楼筛分后分别储存在 5 个热料仓内。

矿粉有两个来源，其一为采购的袋装矿粉，通过矿粉提升机输送至拌和楼中的冷粉仓；其二来自于拌和系统除尘回收的矿粉，置放于热粉仓。

使用于密级配沥青混合料中的木质素纤维，通过拌和系统中植物纤维添加设备机械打散后，直接输送至搅拌机拌和。使用沥青玛琋脂的矿物纤维，通过人工投放于拌和楼系统的骨料称量设施。

10.5.4 沥青混凝土面板铺筑施工

（1）主要施工配套设备。根据沥青混凝土面板铺筑施工要求，工程所配置的主要设备是运输、摊铺设备，碾压、斜坡牵引、沥青混凝土缝面加热、沥青面板封闭层施工等设备。

1）摊铺设备。本工程库底摊铺采用 2 台 RP951 型路面摊铺机，摊铺宽度为 6.5m，单机生产能力 80t/h。库岸斜坡摊铺设备采用 2 台改造的德国 ABG 生产的 T1-TAN326-2VDT 型摊铺机，摊铺宽度为 4.15m，单机生产能力 50t/h，每台斜坡摊铺机同时配置一台主绞架和斜坡运料小车。每台摊铺机两侧均配备了激光控制系统，人工可通过激光控制系统显示仪非常方便地控制施工面板的摊铺厚度和平整度。

2）运输设备。整平胶结层和防渗层沥青混合料水平运输采用了 12 台改装了的 20t 斯太尔自卸汽车。改装工作主要是在车厢底板和四周都设置了保温材料，加了后挡板和保温顶棚；封闭层的沥青玛琋脂是流态混合料，且出料时只有 100℃ 左右，为了要达到 180℃ 左右的施工温度，专门研制了 5 台利用燃气进行加热的沥青玛琋脂保温运输车。

3）碾压设备。库底碾压设备采用 4 台上海酒井 SW330 型水平振动碾，单台振动压力为 2.95t，钢轮宽度为 1.2m。斜坡碾压设备采用 2 台副绞架车和 4 台 SW330 型坡面振动碾。沥青混凝土边角处及人工摊铺区，采用 4 台 HS66ST 型手扶式振动碾，手扶式振动碾单台碾动力为 1.5t，单机功率为 10.0kW。局部区域配备 4 台小型博士平板夯碾压，单机功率 2.0kW。

4）斜坡牵引设备。本工程共自行研制了 2 台主绞架、2 台运料小车和 2 台副绞架。主绞架是一套全方位系统设备，采用履带行走装置，可对斜坡摊铺机和运料小车进行上、下牵引，也可作为沥青混合料的垂直运输手段，具有 360° 旋转功能。运料小车配有液压自卸装置。副绞架车可对坡面振动碾进行上下牵引，具有履带行走和 360° 旋转的功能。

5）沥青混凝土缝面加热设备。在每台摊铺机的前头两端配置 1～2 套远红外线加热器，红外线加热系统能够在环境气温 −1～27.5℃ 下将前一层沥青混凝土表面加热到 90～110℃；面板水平施工缝及试验取样坑内的加热采用手持式加热枪，枪管直径 3cm，枪口为一个直径 10cm 的铁管。

6）沥青面板封闭层施工设备。沥青面板封闭层为 2mm 的沥青玛琋脂，配备 2 台进口沥青玛琋脂洒布车。该洒布车轮胎为橡胶实心胎，车上配置 2m³ 储料罐，上部设有进料口，料仓内设加热装置，车尾装有喷洒管及橡胶刮片，喷洒宽度为 2.95m。

（2）施工程序与工艺流程。西龙池抽水蓄能电站上库面板总的施工程序是先库底、后岸坡。

施工流程为：垫层施工→整平胶结层施工→防渗层（包括加强防渗层）施工→封闭层施工。其中整平胶结层和防渗层的工艺流程是：沥青混合料的拌和→运输→摊铺→碾压。

（3）工艺试验参数。经过现场铺筑工艺试验，上水库沥青混凝土面板库底、库岸斜坡各层结构沥青混合料铺筑施工参数见表 10-28。

表 10－28   **上水库沥青混凝土面板库底、库岸斜坡各层结构**
沥青混合料铺筑施工参数表

项 目	库底整平胶结层	库底防渗层	斜坡整平胶结层	斜坡防渗层
摊铺厚度/mm	115	110	115	110
摊铺速度/(m/min)	1.0～2.0	1.0～2.0	1.0～2.0	1.0～2.0
摊铺温度/℃	>140	>140	>140	>150
初碾遍数	2遍以上，均无振	2遍以上，均无振	2遍以上，均无振	2遍以上，均无振
二碾遍数	2遍以上，前进有振，后退无振	4遍以上，前进无振，后退有振	2遍以上，前进有振，后退无振	6遍以上，前进有振，后退无振
终碾遍数	至轮迹消失，全部无振	至轮迹消失，全部无振	至轮迹消失，全部无振	至轮迹消失，全部无振
搭接宽度/cm	>10	>10	>10	>10
振动碾运行速度/(km/h)	0～6	0～6	0～6	0～6
条带接缝搭接宽度			与前一条带搭接约15cm	

（4）垫层施工。西龙池抽水蓄能电站上水库垫层料填筑分岸坡碎石垫层和库底碎石垫层，厚度均为60cm（库底局部比如O2S2-4层出露的部位厚度80cm），边坡和库底采用圆弧连接，圆弧半径50.25m，弧长23.3m，最大填筑厚度1.38m。

碎石垫层料采用库盆及坝基开采的弱风化或新鲜灰岩人工破碎加工而成，最大粒径80mm，小于5mm含量20%～35%，粒径小于0.074mm含量小于5%，不均匀系数大于20。表面防护采用乳化沥青，喷护量不小于2kg/m²。

1）库底垫层施工。

A. 施工顺序为：进料→级配检测→铺料→静压→碎石加水→碾压→试验→下一层施工→高程、平整度检测→表面防护。

B. 施工方法。碎石垫层分两层填筑，每层填筑厚度30cm，松铺厚度33～45cm。库底碎石垫层施工，采用汽车运输碎石料，推土机摊铺，18t振动碾碾压，两层摊铺碾压完毕后，人工对表面进行平整碾压。垫层碾压的编数为8遍，行驶速度2～3km/h，碎石静碾后加水5%。表面防护采用乳化沥青防护，施工采用人工配合沥青洒布车喷洒。

2）岩坡碎石垫层施工。

A. 施工顺序为：进料→铺料→坡面测量放线→坡面清理、整平→静压→碎石加水→坡面补平→坡面碾压→试验→下一层施工→高程、平整度检测→表面防护。

B. 施工方法。碎石垫层分两层填筑，每层填筑厚度30cm，松铺33～40cm。岩坡碎石垫层施工采用20t自卸汽车运输碎石料，反铲配合装载机和推土机铺料，人工修整坡面，两台D85推土机牵引（一台用于定位），10t拖碾由推土机牵引进行斜坡碾压，先静压2遍（拖碾每上下一个来回为一遍，碾压采用无振碾压，错距法施工，每轨重叠20cm）。静压完毕后，对碾压后的坡面进行检查，对局部由于不均匀沉降和松铺厚度不均造成的坡面凹陷进行补料整平处理。洒水完毕后，对坡面进行碾压。碾压采用半振碾压

（上行振动、下行不振动），每轨错距重叠 20cm，碾压遍数 8 遍，完成后对各项指标进行检测，合格后再进行一次静压，对坝面进行收光处理。坡面采用乳化沥青防护，采用人工配合沥青洒布车喷洒。

（5）仓面准备。施工前先进行施工放线、场地清理、机械设备检查等准备工作。准备工作完成后将摊铺机开至待摊铺的条幅一端，在待摊铺条幅的开头及结尾端线上放置厚度要与摊铺厚度相同的 2 条厚 11.5cm 的方木；用加热器加热烫平板约 10～15min（如果存在横缝，需同时对横缝进行加热，加热后横缝温度不低于 100℃）。

（6）库底沥青混合料铺筑施工。

1）沥青混合料运输。运输车辆从拌和系统将制备好的沥青混合料运至摊铺机前 10～30cm 处停下，将沥青混凝土卸入摊铺机受料斗内。卸料过程中运输车辆应挂空挡，靠摊铺机推动前进。自卸车边卸料摊铺机同时摊铺前进。

2）沥青混凝土摊铺。库底为水平摊铺，沥青混合料运到现场后，使用改造的徐工集团 RP951 型路面摊铺机摊铺，施工时按整平胶结层、防渗层结构分层施工，一次摊铺碾压施工成型厚度 10cm。同一结构层分条幅进行，库底每条摊铺条幅宽度 6.4m，其中首次摊铺条幅宽度 6.5m。

3）碾压。库底碾压采用上海酒井 SW330 型水平振动碾。接缝两边一起重叠碾压宽度大于 10cm。

4）接缝处理。对于已经形成的条幅边缘应用摊铺机修成 45°角的斜坡，然后进行相邻条幅的摊铺与碾压，库底碾压采用上海酒井 SW330 型水平振动碾。接缝两边一起重叠碾压宽度要大于 10cm。碾压的基本要求是保证摊铺层达到规定的压实度和表面平整度。

5）封闭层涂刷。涂刷封闭层前将防渗层表面清洗干净、干燥。被污染而清理不净的部分，喷涂冷沥青。封闭层的摊铺采用玛蹄脂摊铺车刮刷的方法，摊铺厚度为 2mm，普通沥青玛蹄脂施工温度控制在 160℃，喷洒行进速度控制在 10m/min。

（7）库岸沥青混凝土面板铺筑施工。

1）斜坡沥青混合料运输。由沥青混合料运输车到达斜坡施工位置上方的环库公路后，将沥青混合料分次卸入主绞架的吊斗内（每次不能超过吊斗的提升能力），然后由吊斗将沥青混合料转到运料小车，再由运料小车转入斜坡摊铺机料斗中。

2）斜坡沥青混凝土摊铺及碾压。斜坡（包括反弧段）采取的是 T1-TAN326 斜面摊铺机摊铺。施工方法是：准备工作完成后，主绞架就位，使其牵引的摊铺机对准摊铺条幅，摊铺机的加热器加热烫平板约 10～15min。如有横缝，需同时对横缝加热，加热后横缝温度不大于 100～130℃。对已形成的条幅边缘应用摊铺机修成 45°角的斜面，其摊铺碾压工艺与库底基本相同。

3）接缝处理。对于连续摊铺温度大于 140℃ 的热接缝，与摊铺沥青混合料同时碾压。当接缝在 139～90℃ 时，采用红外加热器加热接缝后摊铺沥青混合料，并在新、老（宽度 10cm）接缝部位增加 1 次碾压。由于施工间歇等原因引起的温度低于 90℃ 的冷接缝，接缝部位处理干净后涂刷 1 层沥青涂料，采用红外加热器加热接缝，控制深度 7cm 处的温度不低于 60℃，并在接缝部位增加 1 次碾压。

4）岸坡封闭层施工。岸坡封闭层为改性沥青玛蹄脂，施工温度控制在 180℃ 左右，沥青玛𤧛脂从运输车转入摊铺车中需要在施工区附近搭建卸料台，由运输车从台上往洒布车上卸料，或使用有起吊功能的设备（如主绞架等）将沥青玛𤧛脂转吊到洒布车储料罐内，由洒布车后进行涂刷。库盆斜坡上部封闭层施工使用手持红外加热器对涂刷面先行加热，采用人工涂刷。

（8）特殊部位施工。特殊部位主要是沥青混凝土与常态混凝土连接接头施工，施工项目包括连接基面处理、整平胶结层、沥青砂浆、冷沥青、沥青玛𤧛脂塑性填料加强网格和防渗层等，主要采用人工作业。沥青混凝土碾压采用 3t 振动碾，防渗层采用层厚 5cm 分 3 层摊铺碾压，靠近常态混凝土边缘部位的整平胶结层及第一层（5cm）防渗层加厚层，采用 0.7t 振动碾和平板夯作业。

（9）低温及雨天作业。

1）低温作业。沥青混凝土摊铺施工在 2006 年 11 月 21 日前完成，根据气温统计，摊铺作业时段平均气温一般大于 5℃，温度低于 0℃ 时停工。部分斜坡封闭层作业在 11—12 月施工，采用了尽量利用日高温时段作业，保温运输车运输，在喷洒车前设置红外加热器提高环境温度，库顶人工涂刷部位采用手持式红外加热器作业等低温作业措施。

2）雨天作业。原则上，降雨天气停止施工。当防渗层施工时突遇降雨，立即停止施工并在停止的地方设置横缝。整平胶结层在降雨较小并确认天气对沥青混合料温度影响很小、不影响施工质量的前提条件下，把运到现场的沥青混合料铺完，如果碾压温度低于温度标准时，立即停止施工设置横缝。重新开始施工前，施工面完全干燥并得到监理工程师确认。

10.5.5 质量控制

在西龙池抽水蓄能电站上水库沥青混凝土面板施工中，从原材料采购、加工，沥青混合料制备到现场铺筑施工结束全过程进行质量控制。

（1）原材料质量控制。工程使用的沥青、骨料、矿粉、聚酯网格等原材料采购、加工后，经施工方、监理方和第三方检测，各项指标符合技术标准要求。

A. 拌和时间和拌和程序进行了控制。整平层混合料骨料与填料干拌 25s→加入沥青后湿拌 35s，防渗层混合料骨料、填料和木质素纤维干拌 45s→加入沥青后湿拌 40s，封闭层玛𤧛脂纤维和矿粉干拌 20s→加入沥青湿拌 180s。

B. 沥青、骨料和沥青混合料温度控制。对沥青、骨料和沥青混合料温度进行检测，对有冒黄烟、白花料、稀稠不匀等混合料，温度大于 180℃ 或小于 150℃ 作弃料处理。

（2）沥青混凝土铺筑施工温度控制。上水库库底、库岸斜坡沥青混合料摊铺碾压温度检测结果见表 10-29。现场约 35000 个温度检测成果表明，除库底防渗层摊铺温度偏高、合格率较低外，其余各项合格率一般大于 99%，表明现场摊铺及碾压温度控制总体合格。

（3）压实度控制。现场采用核子密度计跟踪测试防渗层压实度，对数据偏小部位重新进行了碾压。检测成果表明，终检合格率大于 98.6%。

（4）层厚及平整度控制。在摊铺施工过程对摊铺、碾压厚度及平整度按照技术要求进行了控制和检测，其检测结果见表 10-30。约 18000 点系统检测结果表明，各层沥青混凝土平整度和厚度合格率均大于 95%，一般大于 99%。

表 10-29　　　　　　　上水库、库岸斜坡沥青混合料摊铺碾压温度检测结果表

项目		技术指标/℃	检测数	检测成果/℃			合格数	合格率/%
				最大值	最小值	平均值		
库底防渗层	摊铺	140～160	2677	175	140	164.5	887	33.8
	初碾	>130	1007	147	130	135.8	1007	100
	二碾	>110	1006	140	110	116.1	1006	100
	终碾	>90	1005	118	68	95.6	1004	99.9
斜坡防渗层	摊铺	150～170	6229	177	152	162.1	6195	99.5
	初碾	>140	2076	156	140	143.7	2057	99.1
	二碾	>110	2066	147	110	113.6	2066	100
	终碾	>90	2069	106	78	93.4	2064	99.8
库底整平胶结层	摊铺	140～160（≥140）	2868	175	126	152.3	2854	99.5
	初碾	>120（≥130）	582	157	130	134.3	582	100
	二碾	>100（≥110）	583	135	103	114.4	578	99.1
	终碾	>90（≥90）	576	131	85	93.4	575	99.8
斜坡整平胶结层	摊铺	140～160	6341	169	132	151.8	6228	98.2
	初碾	>120（≥130）	1891	154	112	133.9	1885	99.7
	二碾	>100（≥110）	1889	137	100	113.9	1884	99.7
	终碾	>90（≥90）	1889	115	82	93.2	1885	99.8

注　（　）数字为承包人实际控制值。斜坡防渗层包括反弧段。

表 10-30　　　　　　　　　沥青混凝土面板厚度及平整度检测结果表

部位	设计值/cm	允许误差/mm	检测数	检测成果/mm			合格数	合格率/%
				最大值	最小值	平均值		
斜坡防渗层	厚度 10	+15～−10	3042	+15	±0	+4.0	3015	99.1
	平整度小于 10		3147	9.0	0.3	3.4	3147	100
库底防渗层	厚度 10	+15～−10	3266	+20	−8	+2.3	3108	95.2
	平整度小于 10		3002	11.7	0.3	2.2	2996	99.8
斜坡整平胶结层	厚度 10	+15～−10	1690	+25	−20	+4.7	1648	97.5
	平整度小于 10		1534	10.0	0.0	4.3	1533	99.9
库底整平胶结层	厚度 10	+15～−10	1328	+9.0	±0	+0.5	1328	100
	平整度小于 10		1382	8.7	0.0	3.5	1382	100

（5）质量检测。

1）渗透性能检测。在拌和楼机口取样进行沥青混凝土渗透性能检测共 35 组，均满足技术指标要求，其检测结果见表 10-31。

2）热（力）学性能检测。在拌和楼机口取样进行各类混合料热（力）学指标检测，其结果见表 10-32。检测成果表明斜坡整平胶结层水稳定性检测指标合格率 80%，其余部分除个别试件个别指标不合格外，各种性能检测指标总体合格。

328

表 10 - 31　　　　　　　　　　沥青混凝土机口取样渗透性能检测结果表

工程部位	检测数	技术标准/(cm/s)	检测值/(1×10^{-4} cm/s)			合格数	合格率/%
			最大值	最小值	平均值		
库底整平胶结层	6	$5\times10^{-3}\sim1\times10^{-4}$	16.4	6.0	10.4	6	100
斜坡整平胶结层	9	$5\times10^{-3}\sim1\times10^{-4}$	21.9	6.9	12.9	9	100
库底防渗层	9	$\leqslant10^{-8}$	无渗透	无渗透	无渗透	9	100
斜坡防渗层	11	$\leqslant10^{-8}$	无渗透	无渗透	无渗透	11	100

表 10 - 32　　　　　　　　沥青混凝土机口取样热（力）学性能检测结果表

部位	项目		单位	检测数	最大值	最小值	平均值	合格数	合格率
库底整平胶结层	斜坡流淌值		mm	4	0.2	0.2	0.2	4	100
	水稳定性		%	3	95.5	87.8	90.4	3	100
斜坡整平胶结层	斜坡流淌值		mm	7	0.4	0.0	0.2	7	100
	水稳定性		%	10	103.2	81.8	92.3	8	80
库底防渗层	斜坡流淌值		mm	9	0.62	0.33	0.48	9	100
	水稳定性		%	9	106.7	90.2	98.5	9	100
	柔性试验	25℃	%	1	17.6	17.6	17.6	1	100
		2℃	%	1	14.1	14.1	14.1	1	100
	弯曲应变		%	10	4.9	2.3	3.6	10	100
	拉伸应变		%	10	1.6	1.0	1.3	10	100
	冻断温度		℃	10	−32.5	−39.8	−36.2	9	90
	膨胀		%	1	0.16	0.16	0.16	1	100
斜坡防渗层	斜坡流淌值		mm	12	0.76	0.19	0.49	12	100
	水稳定性		%	11	99.1	90.1	92.9	11	100
	柔性试验	25℃		1	17.0	17.0	17.0	1	100
		2℃		1	13.1	13.1	13.1	1	100
	弯曲应变		%	12	5.71	4.12	4.892	12	100
	拉伸应变		%	12	1.93	0.98	1.577	11	91.7
	冻断温度		℃	12	−38.6	−44.0	−41.2	12	91.7
	膨胀		%	1	0.24	0.24	0.24	1	100

　　3）现场取芯检测。施工取芯检测以压实密度和孔隙率检测为主，并对防渗层抽样取芯样进行了热（力）学、渗透性能试验。

　　A. 检测结果表明，防渗层和斜坡整平胶结层 240 个芯样密度和孔隙率检测，合格率大于 98%；但库底整平胶结层孔隙率合格率仅 82.9%，与沥青含量合格率相符，符合一般规律。

　　B. 热（力）学、渗透性能试验试验结果表明，除部分芯样密实度、库底沥青混凝土防渗层低温冻断温度 −28.80～−33.26℃ 未满足设计指标要求外，无论是冷接缝还是条带中间部位，斜坡防渗层低温冻断温度，各部位孔隙率、拉伸应变及弯曲应变和膨胀性均满足技术指标要求。

（6）缺陷处理。

1）库底整平胶结层摊铺试验 B009 条带处理。库底整平胶结层摊铺试验 B009 条带（面积 650m²），由于在配合比适配阶段，密度偏高、渗透系数偏小，不满足技术规范要求。采用了铲除处理，重新施工后该条带的密度、空隙率和渗透系数达到技术规范要求。

2）反弧段加厚防渗层 Sa67－68（2）和 Sa220 密度偏低条带处理。加厚防渗层 Sa67－68（2）和 Sa220 条带经检测密度和孔隙率不合格，分析原因是由于沥青混合料的摊铺温度偏低、初碾温度没能控制好，造成了碾压后密度不够的缺陷。采用红外加热和平板夯击实处理后，取芯检测发现 Sa220 条带仍有 1 个芯样密度偏低，决定对 Sa220 条带采用铲除重铺处理，重铺处理后取芯检测合格。

3）斜坡防渗层个别部位密度偏低。2006 年 10 月 24 日监理工程师对斜坡防渗层个别质量怀疑部位，取芯抽检 6 个（其中 1 个位于横接缝部位）有 4 个孔隙率不合格，检测值为 4%～8%，采用红外线加热器对相关部位加热后进行补充碾压处理。为此对斜坡防渗层进行了加密取芯检测，共钻取了 21 个芯样，孔隙率均检测合格。

10.6 呼和浩特抽水蓄能电站上水库沥青混凝土面板施工

10.6.1 工程概况

呼和浩特抽水蓄能电站位于内蒙古自治区呼和浩特市东北部的大青山区，电站枢纽主要由上水库、水道系统、地下厂房系统、下水库组成，工程等别为Ⅰ等，工程规模为大（1）型。主要建筑物按 1 级建筑物设计，次要建筑物按 3 级建筑物设计。

呼和浩特抽水蓄能电站上水库位于料木山顶峰的东北侧，建筑物主要包括沥青混凝土堆石坝、库盆和排水系统。库底高程 1900.00m，库顶高程 1943.00m，顶宽 10.0m，库顶轴线长 1818.37m。全库盆采用沥青混凝土面板防渗，面板坡度为 1：1.75，防渗总面积为 24.48万 m²，其中库底防渗面积为 10.11万 m²，库岸防渗面积为 14.37万 m²。沥青混凝土面板面板采用简式结构，面板厚 18.2cm，从底部到面层依次厚为 8cm 整平胶结层、厚 10cm 防渗层、厚 2mm 的封闭层，以及根据面板结构和施工需要增加的加厚层和加筋网，其上水库平面

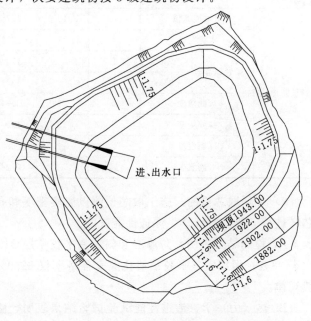

图 10－6 呼和浩特抽水蓄能电站上水库平面布置图

布置见图 10 - 6。

库区所在流域属于中温带季风亚干旱气候区，具有冬长夏短、寒暑变化急剧的特征。冬季可长达 5 个月，漫长而寒冷。上水库年平均气温 1.1℃；极端最高气温 35.1℃，极端最低气温 -41.8℃，设计冻断温度不低于 -43℃；全年沥青混凝土面板可施工天数约 120d。

呼和浩特抽水蓄能电站上水库 2010 年 6 月开工，沥青混凝土心墙施工在 2011 年 6 月施工进场，2013 年 7 月底完工，2013 年 8 月 8 日开始蓄水。

10.6.2 沥青混凝土配合比设计

（1）原材料选用。呼和浩特抽水蓄能电站上水库沥青混凝土防渗面板所用原材料有改性沥青、粗细骨料、填料等。

1）现场采用的改性沥青是 SBS 聚合物改性沥青，通过对收集到的 13 种改性沥青进行对比试验后选择 5 号改性沥青。该沥青是以 5 号改性沥青为原料，通过添加改性剂，并经工地改性设备和改性工艺生产，所配制沥青混凝土冻断温度平均值达到 -47.7℃，最高限值为 -45.8℃。

2）骨料为料场开采大理石加工而成，最大粒径为 16mm，粗骨料 C_v 的分级为 2.36 ~ 4.75mm、4.75 ~ 9.5mm、9.5 ~ 13.2mm、13.2 ~ 16mm，细骨料为 1.18 ~ 2.36mm、0.6 ~ 1.18mm、0.3 ~ 0.6mm、0.15 ~ 0.3mm 的人工砂。填料为小于 0.075mm 大理石矿粉。

（2）施工配合比。根据设计给出的基准配合比，按照敏感性试验要求拟定了其他 4 组配合比。防渗层配合比的优选原则是：在满足密度、孔隙率和斜坡流淌值的条件下，冻断温度低于 -45℃ 采用 5 号改性沥青，试验结果各组配合比的孔隙率、渗透系数都满足设计要求，通过配合比敏感性试验确定了防渗层施工配合比（见表 10 - 33）。

表 10 - 33 防渗层施工配合比表

骨料通过各筛孔的通过率/%										沥青/%
16mm	13.2mm	9.5mm	4.75mm	2.36mm	1.18mm	0.6mm	0.3mm	0.15mm	0.075mm	
100	96.6	95.6	89.3	65.4	50.0	27.2	17.6	14.2	11.0	7.3

10.6.3 沥青混合料的制备

呼和浩特抽水蓄能电站上水库沥青混凝土拌和系统由一座徐工 3000 型沥青拌和楼构成，额定生产能力为 180 ~ 240t/h。拌和系统同时考虑生产普通和改性沥青混合料，系统可根据需要切换生产方式。但为考虑生产效率，每天生产一种混合料。沥青混凝土拌和时主要控制好热料仓各层材料的温度、合理的投料顺序、拌制时间和出机口温度。上水库沥青混凝土拌和系统主要技术参数见表 10 - 34。

表 10 - 34 上水库沥青混凝土拌和系统主要技术参数表

型 号	LQC240
名牌生产能力/(t/h)	180 ~ 240
冷料斗数量及容积	冷料斗 6 个，单斗容积 8m³

型　号	LQC240
燃油储存系统	20t 柴油＋50t 燃料油
热骨料仓	5 个, 总容积 25m³
粉料罐	2×50m³ 矿粉仓和 1 个 50m³ 的回收矿粉仓
布袋除尘	粉尘排放浓度小于 30mg/m³
沥青罐	普通沥青 (3×50t)＋改性沥青罐 (2×50t＋30t)
改性沥青装置	40m³
卸油槽	2×20t
成品保温料仓	200t
计量精度	矿料与填料	≤±0.5%
	沥青	≤±0.3%
温度控制精度	规定值±5℃

10.6.4　施工工艺试验

现场施工工艺试验就是验证室内配合比试验成果的合理性和各项检验指标, 确定合理的施工参数, 包括各层摊铺方法、厚度、碾压方式、初碾、复碾、终碾温度、接缝处理等。依据配合比试验、现场工艺性试验结果, 施工碾压参数控制见表 10-35。

表 10-35　　　　　施工碾压参数控制表

整平胶结层					
到场温度/℃	165~170	碾 2 遍	初碾温度/℃	130~140	不振动
摊铺温度/℃	140~160	碾 2 遍	复碾温度/℃	110~120	振动
摊铺厚度	松铺 92mm 压实 80mm	碾 2 遍	终碾温度/℃	90~95	不振动
平整度要求/mm	−10~+15				
防渗层 (加厚层基本相同)					
到场温度/℃	改性 170~180	碾 2 遍	初碾温度/℃	140~145	不振动
摊铺温度/℃	改性 150~170	复碾 2 遍	复碾温度/℃	110~115	前进振动 后退不振动
摊铺厚度	松铺 110mm 压实 100mm	碾 2 遍	终碾温度/℃	90~95	
平整度要求/mm	0~+10				

通过历次摊铺试验确定的沥青混合料拌和温度及时间的控制要求是: 防渗层沥青混合料拌和的骨料温度为 170~200℃, 沥青温度为 150~180℃, 混合料出机口温度为 160~190℃; 干拌时间 15s, 湿拌时间 70s, 卸料用时 5s。整平层沥青混合料拌和的骨料温度170~200℃, 沥青温度为 150~180℃、混合料出机口温度为 160~190℃; 干拌时间 15s, 湿拌时间 45~50s, 卸料用时 5s。

10.6.5 面板铺筑施工

（1）主要施工设备。平面摊铺主要使用机械为徐工集团 RP951 型摊铺机、上海酒井 SW330 型水平振动碾、运输车、小型机具等；斜坡摊铺主要使用机械为主、副绞架车、运料小车（加工）、德国 ABG326 型路面摊铺机，山东酒井 SW330 型斜面振动碾、自卸车等；封闭层施工机械为沥青玛琋脂摊铺车、沥青玛琋脂加热运输车、主绞架（斜坡）。沥青防渗面板主要施工机械见表 10-36。

表 10-36 沥青防渗面板主要施工机械表

序号	设备名称	型号	主要参数	数量	备注
1	摊铺机	RP951	摊铺宽度 6.4m 摊铺速度 18m/min	1	库底
2	主绞车架	ZJC100X3-100	斜坡牵引力 10t 垂直起吊 12t 配 4.5m³ 吊罐	2	库坡
3	副绞车架	SH350 反铲底座	反铲斗容 1.2m³ 配 21.8kN 卷扬机	2	库坡
4	斜坡摊铺机	TITAN326	摊铺宽度 6.4m 带接缝加热器	2	
5	双钢轮振动碾	SW330	27.2kW	5	
6	手扶式振动压路机	HS66ST	3.9kW	2	
7	玛琋脂撒布车	TMS-3000	摊铺宽度 3.0m 罐容量 1.9m³	2	库底、库坡
8	玛琋脂运输车	GTP10	液化气加热 容积 4m³	2	
9	自卸车	ND3250B34	213kW，20t	7	

（2）施工顺序。呼和浩特抽水蓄能电站上水库沥青混凝土防渗面板按先库底后斜坡进行施工，基本施工顺序为：整平层→加厚层→防渗层→封闭层。

铺筑施工过程可概括为：沥青混凝土拌制→沥青混合料出机口质量检测→沥青混合料运输→沥青混合料摊铺→初碾→复碾→终碾。

呼和浩特抽水蓄能电站上水库沥青混凝土摊铺施工方案依据选用的施工设备并结合拌和站的出料能力，确定库底每个摊铺条带宽度为 6.4m，斜坡摊铺条带宽度为 4.25m（库坡圆弧端为上宽 4.25m，下宽 2.12m 的梯形），全库盆（每层）共划分 86 个库底摊铺条带，421 个斜坡摊铺条带。为保证混合料温度，受料过程中应严格控制混合料不得超过汽车箱板高度，运料车辆需进行保温覆盖，且在同一现场停放时间不得大于 20min，若 20min 内不能进行卸料作业，卸料车司机必须联系机械队当班负责人，并调整车辆运送部位。

（3）仓面准备。仓面准备工作内容为：拟摊铺部位工作面试验合格、试验孔封堵完毕、裂缝处理完毕、条带测量初始测量完成；然后对拟摊铺区域进行表面清理、接缝角度检查接缝处灰尘处理、仓面油污处理及其他必要的工作。完成工作面检查后进行测量放线，进行拟摊铺条幅的仓面验收，签发准铺证。具体措施为如下。

1）确认工作面的试验情况（垫层料或整平层、加厚层），裂缝处理验收情况，安排测量放条带线并进行条带初始测量，安排洒条带线，修复试验孔，并对仓面进行清理。

2）斜坡条带宽度确定。测量初始测点每摊铺条带测设1排，其中库底及斜坡直线段每10m设1个点，圆弧段每5m设1个点；初始点测量时应采用小棱镜测量。

3）油污处理。出现油污时及时采取干净棉纱将油污擦除，然后用水清洗，必要时加入少量洗衣粉等消除油污。时间较长的油污，对污染范围松动表层凿除后，涂刷一层热沥青。

4）已摊铺条幅接缝处理。对于接缝坡度大于45°的部位，采取人工凿除的办法将坡度修整成小于45°。

5）接缝处堆积灰尘，该处采取钢丝刷将堆积灰尘清理，然后用高压风吹干净。

6）质检员对拟摊铺条幅进行复检，检查合格后向监理工程师申请准铺证，并将一份交工程部施工员，作为要料申请单的附件。施工员收到质保部签送到准铺证后，申报拟摊铺施工区域沥青混合料类型和方量。

（4）库底沥青混凝土铺筑施工。

1）沥青混凝土摊铺。库底沥青混合料平面摊铺主要使用机械为徐工集团RP951型摊铺机摊铺，摊铺宽度为6.4m，并配有加热振动板。

2）库底碾压。为更好地控制碾压温度、保持碾压效果及连续施工，碾压作业以20～30m长的摊铺条带为一个单元进行碾压。温度达到要求之后，振动碾按照划分的长度单元进行1次静碾，之后进行复碾，碾压2遍（前振后不振），保持振动碾的速度不大于100m/min。碾压从已摊铺条幅往新铺层开始碾压，轮迹重叠15cm，均匀行驶，不骤停骤起，滚筒保持湿润，质检员进行温度、碾压遍数控制。复碾对外侧的边缝碾压，应距边缘10cm，并注意不要压塌45°边缘。若在碾压过程中对边缘造成损坏的，应在混合料温度下降之前及时人工修整恢复。终碾温度达到要求之后，静碾碾压1遍或至轮迹消失，保持振动碾的速度在0～100m/min之间。

3）接缝碾压。接缝碾压随摊铺跟进，横缝接缝碾压时，碾压机从已铺条带伸入新铺层15cm碾压、往后渐移，直至骑缝压实，振动碾压2遍，然后静压1遍成型。纵缝接缝碾压时，冷接缝与热接缝碾压方法均为纵向，从已铺伸入新铺15cm，振动碾压2遍，然后静压1遍。纵缝、横缝碾压不计入碾压遍数中。封头处碾压，用封头方木支撑、边缘30cm用振动夯实，碾压至封头10cm处，拆方木支撑、人工修45°边坡。接缝开放端的碾压方法：采用SW330振动碾进行2遍以上的静碾，在接缝边留置约10cm不碾压。当接缝开放端的角度大于45°时，必须用振动夯进行修整。如果在开放端部位出现碾印，将用平板夯进行处理。

4）接缝处理。摊铺过程中不允许出现横缝，纵缝的处理分为冷缝和热缝的处理。

A. 热缝处理。热缝处理是在相邻条幅的混合料已经预压实到至少90%，但温度仍处于100℃以上，适用于碾压情况下的接缝。防渗层、加厚层的热缝处理是对先铺层接缝处层面应用摊铺机将边坡压成45°，然后进行相邻条幅的摊铺与碾压，接缝两边一起由碾压机压实。整平胶结层的热缝如果温度下降太快可用红外加热器加热至90℃以上。

B. 纵向冷缝施工。前一条幅摊铺时，先利用振动压板压到收工前最后条幅的边界，包括边缘与层面呈 45°斜面，再用后续的振动碾压实到离接缝 10cm 处。对已冷却的上一个铺筑好的条幅进行下一条幅铺筑时，应用装在摊铺机旁的红外线接缝加热器对接缝加热，以使接缝整合平滑，加热温度应控制在 100~130℃之间。使用加热器加热施工接缝，必须保证加热深度不小于 7cm，并应严格控制温度和加热时间，防止因温度过高而使沥青老化。摊铺机因故停止工作时，应及时关闭加热器。对冷缝 45°斜面进行加热时，其加热方向应与斜面基本平行，并尽量靠近加热面。

新条幅初碾前，先对已摊铺条幅用 SW330 振动碾进行碾压，在对新铺条幅进行初碾时，振动碾边缘应伸入已完工条幅至少 10cm 范围进行碾压。确保搭接位置接缝质量，碾压至少 2 遍，确保前进振动、后退静止的碾压方式。

C. 横向冷缝的施工。横向冷缝施工类似于纵向冷缝施工。摊铺部分碾压完毕后，用平板夯或 HS66ST 振动碾沿横向冷缝方向充分碾压并振动碾把冷缝开放端修整成 45°然后涂上冷沥青。开始接在冷缝摊铺新部分前，用加热器加热已摊铺部分边缘（横缝）部位，并保证至少 10mm 深度处的温度高于 100℃。用平板夯、振动夯或 HS66St 振动碾对已摊铺和新摊铺部分进行碾压，保证至少 10cm 的覆盖宽度，保证接缝表面以下 7cm 处的温度高于 60℃；当开始新摊铺条幅初碾的同时对已摊铺条幅进行碾压。

施工缝是沥青混凝土的质量薄弱环节，在施工过程中，应对冷接缝施工条带做好记录。冷缝在施工完毕后，应及时对接缝按照规范和技术要求对接缝施工质量进行检测，若发现接缝处施工孔隙率偏低，则组织作业队对裂缝进行后处理。处理方法为：用红外线加热器对接缝处进行加热，然后用夯具夯实。

（5）斜坡沥青混凝土铺筑施工。

1）斜坡沥青混合料摊铺。库岸斜坡沥青混合料采用主绞架车、运料小车（加工）、德国 ABG326 型路面摊铺机组合进行摊铺，采取自下而上纵向进行，摊铺宽度为 4.25m。

2）斜坡碾压。库坡摊铺碾压配置 2 台 SW330 型振动碾：一台负责起弧段的平碾，一台由副绞架牵引，负责库坡碾压。碾压的基本要求是保证摊铺层达到规定的压实度和表面平整度，开放端的碾压方法与库底一致。

斜坡碾压要求及方法同库底一致，所不同的是斜坡碾压需要牵引，利用副绞车牵引斜坡碾压机械完成斜坡碾压。在摊铺过程中因施工布置问题，碾压滞后摊铺一定距离，施工过程中易出现接缝碾压温度偏低、初碾温度偏低等问题，施工过程中具体控制要求如下。

A. 为能及时进行碾压，碾压单元以 15~20m 一个单元进行碾压作业，以保持施工的连续性。

B. 接缝碾压因靠近副绞车侧，须尽早进行碾压，初碾在确保安全的前提下，应斜向开始。

C. 在无法进行初碾部位，温度下降过快时，应对摊铺部位进行保温覆盖。

D. 严格控制碾压振动方式，确保前进振动、后退静止的碾压方式。

3）防渗层接缝处理。库坡的接缝要求与库底基本一致，由于坡面施工时，碾压不能及时跟进，在施工时，除增加加热器数量，减慢摊铺速度（由 1.2~1.5m/min 控制在 0.8~1.2m/min 之间）和增加加热持续时间外，在接缝处设置 1 台小型振动夯，跟进摊铺机对接缝进行夯实。同时，让斜坡碾尽早跟进对接缝进行碾压。

4）斜坡封闭层施工。涂刷封闭层前，将防渗层表面清理干净、干燥。被污染而清理不净的部分，喷洒冷沥青。对接缝不平处（包括横缝与纵缝），采用手持式加热枪将接缝加热，使混合料松软，然后用方锹铲平，最后人工夯实。玛琋脂运输车至拌和楼接料后匀速行驶，卸料至吊罐后转运卸入玛琋脂洒布车料斗内。玛琋脂洒布车就位接料之后，洒布车加热保温，待温度达到要求之后玛琋脂洒布车放刮板调整洒布厚度1mm，开启卸料阀门。进行涂刷时洒布车应匀速行驶，速度保持在4～10m/min，库坡作业时牵引台车助力行驶作业，作业时应对厚度进行检查（3点/条，由作业人员自检、质检员复检），施工接头重叠10cm左右。沥青玛琋脂的涂刷温度控制在170～180℃，在防渗层摊铺完毕后应及时进行，对沥青表面进行清洗，验收合格后，进行沥青玛琋脂摊铺。沥青玛琋脂摊铺分两层施工，上下层之间骑缝1.5m；原则上当天刮布第一层的，在冷却后立即完成第二层刮布，以保证层间黏结。根据工艺试验，第一层刮布完成后，待玛琋脂表面不黏鞋时即可进行第二层刮布。

5）特殊部位施工。特殊部位主要是库底摊铺圆弧段和库坡圆弧段施工。

A. 库底摊铺圆弧段施工。为库底与库岸连接因圆弧面过渡与平面相切段，在库底圆弧段进行沥青混凝土摊铺中，在反弧段摊铺完成进行斜坡直线摊铺时，摊铺机应重新调整摊铺厚度（可在摊铺机的熨平板下放置与松铺厚度一致的方木，以达到控制的目的），以避免出现摊铺厚度达不到设计要求的现象。

B. 库坡圆弧段施工。沥青混凝土面板的库坡圆弧段施工条幅为梯形，上部宽度4.25m，下部宽度1.95～2.4m不等。施工采用机械摊铺，施工方法为：条带宽度1.95～2.8m范围内的条带，在条带边缘设置方木，方木厚度同摊铺条幅松铺厚度，摊铺机单侧进料、送料摊铺。与相邻条带接缝段红外加热器改为可调式，调整幅度大于60cm，在摊铺机摊铺行进过程中，安排一名操作人员负责调整控制加热器与加热面的距离。当摊铺宽度大于2.8m时，摊铺机改为正常进料，仍设置方木控制边线，人工调整加热器位置。当摊铺宽度大于3.5m时改为摊铺机控制摊铺边线，人工控制加热器。在摊铺过程中，对方木边线应进行修边和夯实处理。

（6）人工摊铺区施工。

1）人工摊铺区施工前，先对细部结构混凝土表面进行检查，对缺陷进行修补。

2）沥青混凝土面板与混凝土刚性建筑物的连接面不允许有锚栓、支杆等构件穿过面板。沥青混凝土与混凝土的连接，先将混凝土表面的水泥浆硬壳用钢丝刷或凿毛机凿毛，清出完好的混凝土，用压缩空气清除所有附着物。后在混凝土表面喷刷GB填料专用胶，待其成丝状时再铺设塑性过渡材料，然后铺沥青砂浆。混凝土表面在涂刷冷沥青前应烘干。

3）对廊道混凝土上的止水槽用塑性填料嵌填。在止水槽嵌填之前，应将混凝土表面及止水片（带）表面清除干净，涂GB专用胶水，最后嵌填塑性填料。

4）沥青砂浆施工。人工卸下沥青砂浆然后摊开，分为两层施工：底层为32cm，上层为30cm。每层最大厚度控制在35cm以内。然后在其上铺上木板，用平板夯压实，加厚层5cm由人工摊铺完成，采用小振动碾或平板夯压实，防渗层10cm由摊铺机摊铺。

10.6.6 质量控制

（1）温度控制。摊铺及碾压温度用手持温度计进行测量，探针从摊铺厚度1/2处水平插入，待温度稳定后视为摊铺温度，并记录温度数据。由于特殊原因，现场碾压温度难以达到控制标准时，应采取保温措施或停止施工。

（2）现场整平层和防渗层摊铺厚度控制。

1）由水平尺配合钢尺检查控制摊铺厚度，并作为评定依据，同时由布设在碾压条带上的测点计算测量结果作为复核检测数据备查。

2）碾压完毕后，由水平尺配合钢尺复核检查开放端厚度作为下一层摊铺时接缝边的厚度控制依据；水平尺气泡居中视为水平，然后采用钢尺垂直摊铺面的测量值视为摊铺厚度。

3）条幅中间厚度测量采用原位测量，根据摊铺时布设的测点计算摊铺厚度，来评价摊铺厚度，如有异常，应及时查明原因。测点布设按照排铺条幅，直线段每10m一点，圆弧段每5m设1个点。

4）封闭层设计厚度为2mm，分两层涂刷，每层涂刷厚度为1mm，由专用仪器测量涂刷厚度。

5）整平胶结层、加厚层、防渗层松铺厚度依次为9.2cm、6cm、11cm。碾压完成后应不小于设计值8cm、5cm、10cm，整平胶结层、防渗层、封闭层允许误差分别为$-4\sim$ $+40$mm、$0\sim+10$mm、$-0.5\sim+0.5$mm。摊铺完成后各层铺筑面应平整，不允许突变，在3m范围内的不平整度不超过10mm，其检测次数为每一条幅每10m测1点。

（3）质量检测。

1）在摊铺碾压后及时安排进行无损检测，边施工边检测，每50m² 范围内，在条幅表面和接缝面上各选一测点，并在坝面温度与气温接近的条件下用密度仪进行孔隙率检测，对铺筑质量可疑的部位增加测点。

2）每条带铺筑完成后，应及时进行钻孔取芯检测，每500~1000m² 至少取样1组，对沥青混凝土的孔隙率、渗透系数、铺设厚度和力学性能进行检验，并将试验数据及时提交施工现场质控人员，及时分析原因或调整现场控制方式。

（4）沥青混凝土缺陷处理。在2013年3月对沥青混凝土面板复工前检查中发现库岸已摊铺辗压完成，但未覆盖防渗层的库岸整平胶结层出现裂缝、局部鼓包现象，主要分布在库坡试验段、东侧库坡开挖回填分界区、堆石坝区、环库路开口区域（人工摊铺区）处，共计发现369条不同规格及形状的裂缝。对部分裂缝较集中的条带采取挖除后重新摊铺整平层的处理措施，挖除后剩余裂缝数量193条，最大长度超过20m，最大深度达6cm以上；鼓包主要分布在北侧直线段库底圆弧段上方10~20m范围内，共计35处，半径为0.4~1m。

1）造成整平层裂缝的主要原因。

A. 温度应力的影响。上水库冬季环境温度较低，实测最低温度可达-39℃，而整平层室内试验结果表明整平层沥青混凝土冻断温度约为-21℃，整平层直接暴露在低温环境下近4个月。

B. 进入2月以来，上水库自然环境温度昼夜温差较大。3月安全监测单位提供的温度监测数据显示整平层内部和表面昼夜温差可达 25℃ 左右。因此，温度应力及基础约束的作用是造成开裂的主要原因。

C. 根据裂缝规模分析，场内斜坡试验段及北侧岩坡区域裂缝开度较大，且两侧形成较大错台的部位底部垫层料铺筑后沉降期太短，垫层料产生不均匀沉降。其次是库岸顶部约 3.0m 范围垫层料采用反铲夯实，压实效果不及振动碾碾压效果。

D. 纵向裂缝全部位于条带间施工缝位置，说明施工阶段冷缝加热及碾压工艺存在不足。

E. 斜坡垫层料整体平整度较差，摊铺过程中没有及时调整摊铺厚度。

2）造成鼓包的主要原因。

A. 整平层上部及环席路上的积雪溶化后，渗入该部位垫层料中，使垫层料中含水较高，经过昼夜反复冻融后，造成局部面板鼓包。

B. 从前期开挖后所揭露的地质情况来看，岩石岸坡存在着地下出水点，其所排出的水受到昼夜反复冻融。

C. 整平层层厚未达到设计要求，抗拉性能有一定减弱。

D. 初春后天气较暖整平层内外温差较大，且温差随日照、时间有一定变化，产生较大的温度应力，也是一个因素。

3）整平层缺陷处理措施。

A. 裂缝处理。裂缝宽度较小，裂缝两侧无明显错台，直接采用沥青砂浆或热沥青灌缝，压实处理；条带间纵向裂缝当裂缝宽度较小时，按照设计要求的整平层施工冷缝处理的原则进行红外线加热重新处理。当缝宽度较大时，采用灌注沥青砂浆或热沥青处理，裂缝密集部位挖除重新摊铺；所有裂缝在进行防渗层摊铺前骑缝铺设宽 50cm 的防裂土工布。

B. 鼓包处理。将鼓包区域切开后挖除，并对底部垫层各项指标进行检测，不合格的，必须将垫层料挖除后重新人工铺筑压实，然后重新摊铺整平层。鼓包处理完毕后，对鼓包区域进行加厚处理，加厚厚度 5cm（整平层）。

C. 孔隙率偏大部位处理。大面积部位挖除重新摊铺；局部区域采取对其表面加热碾压的方式进行处理。

D. 厚度偏薄部位的处理。将厚度偏薄区域加厚以弥补该区域厚度不足。

参 考 文 献

［1］ 中国葛洲坝集团公司．三峡工程施工技术．二期工程卷．北京：中国水利水电出版社，2003.

［2］ 中国葛洲坝集团公司．冶勒水电站工程施工技术．北京：中国电力出版社，2008.

［3］ 向永忠，朱志坚．冶勒水电站防渗体工程施工技术．北京：中国电力出版社，2010.

［4］ 岳跃真，郝巨涛，孙志恒，刘增宏．水工沥青混凝土防渗技术．北京：化学工业出版社，2006.

［5］ 李伟，杨树忠．北方寒冷地区沥青混凝土心墙施工技术．北京：中国水利水电出版社，2006.

［6］ 王德库，金正浩．土石坝沥青混凝土心墙施工技术．北京：中国水利水电出版社，2006.

［7］ 李维科，郑沛溟，王风福，王德库，李伟．尼尔基水利枢纽主坝碾压式沥青混凝土心墙施工技术．北京：中国水利水电出版社，2005.

［8］ 祁世京．土石坝碾压式沥青混凝土心墙施工技术．北京：中国水利水电出版社，2000.

［9］ 张怀生．水工沥青混凝土．北京：中国水利水电出版社，2004.

［10］ 武汉水利电力学院．高等学校教材建筑材料．北京：中国水利水电出版社，1979.

［11］ 中国水利水电工程总公司．工程机械使用手册．北京：中国水利水电出版社，1997.

［12］ 吕永航，方志勇．抽水蓄能电站施工技术．北京：中国水利水电出版社，2014.